WINE

酒类工艺与技术丛书

啤酒生产工艺与技术

PIJIU

SHENGCHAN GONGYI YU JISHU

关 苑 童凌峰 童忠东 编著

化学工业出版社

·北京·

本书是酒类工艺与技术丛书之一。

全书共分为十一章，主要内容包括啤酒酿造基础知识，啤酒酿造的原料辅料，麦芽制造，啤酒酿造，啤酒发酵，啤酒的后处理，啤酒包装与灭菌，特种啤酒酿造，啤酒酿造过程弊病分析与质量控制，啤酒副产物的综合利用与水处理技术及质量指标，啤酒的检测技术与解决方案。

本书可供从事啤酒生产、研究的技术人员和管理人员阅读，也可供相关院校的师生参考。

图书在版编目（CIP）数据

啤酒生产工艺与技术/关苑，童凌峰，童忠东编著. —北京：化学工业出版社，2014.7

（酒类工艺与技术丛书）

ISBN 978-7-122-20519-3

Ⅰ.①啤… Ⅱ.①关… ②童… ③童… Ⅲ.①啤酒酿造 Ⅳ.①TS262.6

中国版本图书馆CIP数据核字（2014）第083336号

责任编辑：夏叶清　　文字编辑：荣世芳

责任校对：宋　玮　　装帧设计：刘丽华

出版发行：化学工业出版社（北京市东城区青年湖南街13号　邮政编码100011）

印　　装：北京虎彩文化传播有限公司

710mm×1000mm　1/16　印张23¾　字数478千字　2014年8月北京第1版第1次印刷

购书咨询：010-64518888　　售后服务：010-64518899

网址：http://www.cip.com.cn

凡购买本书，如有缺损质量问题，本社销售中心负责调换。

定　　价：89.00元

编委会

丛书序

国家发布的《食品工业“十二五”发展规划》中指出，到2015年，酿酒工业销售收入将达到8300亿元，年均增速达到10%以上；酒类产品产量年均增速控制在5%以内，非粮原料酒类产品比重提高1倍以上。

“十二五”期间，酿酒工业的发展应以“优化酿酒产品结构，重视产品的差异化创新”为重点，针对不同区域、不同市场、不同消费群体的需求，精心研发品质高档、行销对路的品种，宣传科学知识，倡导健康饮酒。注重挖掘节粮生产潜力，推广资源综合利用，大力发展循环经济，推动酿酒产业优化升级。

为加强企业食品安全意识，提高抵御金融危机能力，加快行业信息化建设，促进酿酒行业的可持续发展。中国酿酒工业协会针对不同酒种要求按照“控制总量、提高质量、治理污染、增加效益”的原则，确保粮食安全的基础上；根据水果特性，生产半甜型、甜型等不同类型的果酒创新产品。

编写《酒类工艺与技术》丛书的宗旨，希望对我国酿酒行业进一步发展与科技进步起到积极的推动作用。

节能、可再生能源和碳利用技术已成为当今世界应对环境和气候变化挑战的重要手段，伴随着新技术在工业化生产中的应用，传统经济模式将逐步被低碳经济模式所替代。为加快中国酿酒行业产业链低碳化进程，加速中国酿酒行业在节能减排新技术领域的发展是当今科学与工程研究领域的重要前沿。

生态酿酒是个系统工程，也是一个重要的责任工程，每个酿酒企业乃至整个酿酒行业理应重视。诚然，做好生态酿酒需要大量的人力、物力、财力投入，更需要先进的技术支撑、配套设备的跟进，甚至是社会相关方方面面的系统配合和支持。

丛书共分六册，包括《白酒生产工艺与技术》、《啤酒生产工艺与技术》、《红酒生产工艺与技术》、《黄酒生产工艺与技术》、《果酒生产工艺与技术》、《药酒生产工艺与技术》。

为了有效地推动酒类生产与加工和技术研究领域的发展步伐，从而促进我国酿酒行业经济发展，从前瞻性、战略性和基础性来考虑，目前应更加重视酿酒行业的应用技术与产业化前景的研究。因此，本丛书的特点是以技术性为主，兼具科普性和实用性，同时体现前瞻性。

为了帮助广大读者比较全面地了解该领域的理论发展与技术进步，我们在参阅大量文献资料的基础上进行了编写。相信本丛书的出版对于广大从事酒类生产与加工和开发研究的科技人员会有所帮助。

丛书编委会

前言

我国的啤酒工业从起步到现在，已经走过了一个多世纪。从20世纪以来，我国就开始重视啤酒行业的发展，提出政府要支持啤酒行业的发展，以带动酿酒工业的蓬勃发展。有关专家表示，我国的啤酒行业成本相对较低，啤酒行业日趋成熟，工业化生产技术水平不断提高，人员素质大幅提高，国内投资环境越来越好，各种有利因素使越来越多的国外企业选择我国作为酿酒工业的基地。至今中国啤酒产量已连续十二年位居世界第一。中国啤酒行业已经向集团化、规模化发展，啤酒企业也走向现代化、信息化。

另外，国家发改委与工业和信息化部联合发布的《食品工业“十二五”发展规划》指出，到2015年，酿酒工业销售收入将达到8300亿元，年均增速达到10%以上；酒类产品产量年均增速控制在5%以内，非粮原料酒类产品比重提高1倍以上。“十二五”期间，酿酒工业的发展应以“优化酿酒产品结构，重视产品的差异化创新”为重点，针对不同区域、不同市场、不同消费群体的需求，精心研发品质高档、行销对路的品种，宣传科学知识，倡导健康饮酒。注重挖掘节粮生产潜力，推广资源综合利用，大力发展循环经济，推动酿酒产业优化升级。

本书是作者在三十多年专业教学经验的基础上，吸收国内外先进的啤酒生产理论、技术等，精心编写而成。

本书共分为十一章，内容主要包括啤酒酿造基础知识、啤酒酿造原料、麦芽制造、啤酒酿造、啤酒发酵、啤酒的后处理、啤酒包装与灭菌、特种酿造啤酒、啤酒酿造过程弊病分析与质量管理等，作者对啤酒工业技术进行了分类和总结。

全书内容翔实，通俗易懂，图文并茂，实用性强，专业应用实例众多，是一本十分有价值的“啤酒生产工艺与技术”的科普著作。

在本书编写过程中，得到中国酿酒工业协会、青岛啤酒、燕京啤酒、华润雪花啤酒、哈尔滨啤酒、珠江啤酒、钱江啤酒、中国农业大学、山东农业大学、《华夏酒报》等单位及许多啤酒酿造专家和同仁的热情支持和帮助，提供有关资料并对本书内容提出了宝贵意见。高占义、余忠友、岑冠军等参加了本书的编写与审核工作。安凤英、来金梅、王秀凤、吴玉莲、黄雪艳、杨经伟、杨经涛、王书乐、高新、周雯、耿鑫、陈羽、董桂霞、张萱、杜高翔、丰云、蒋洁、王素丽、王瑜、王辰、王雷、王月春、韩文彬、周国栋、陈小磊、方芳、高巍、冯亚生、周木生、赵国求、吕仙贵、冯路等为本书的资料收集及整理付出了大量精力，在此一并致谢！

由于编写时间仓促，加之编者水平有限，不妥之处在所难免，恳请读者指正。

编者

2013 年 7 月

目录

第一章 啤酒酿造基础知识

第二章 啤酒酿造原料

第三章 麦芽制造

第四章　啤酒酿造

第六章 啤酒的后处理

第七章　啤酒包装与灭菌

第八章　特种酿造啤酒

第九章　啤酒酿造过程弊病分析与质量管理

第十一章　啤酒副产物综合利用与水处理技术及质量指标

第十一章 啤酒的检测技术与解决方案

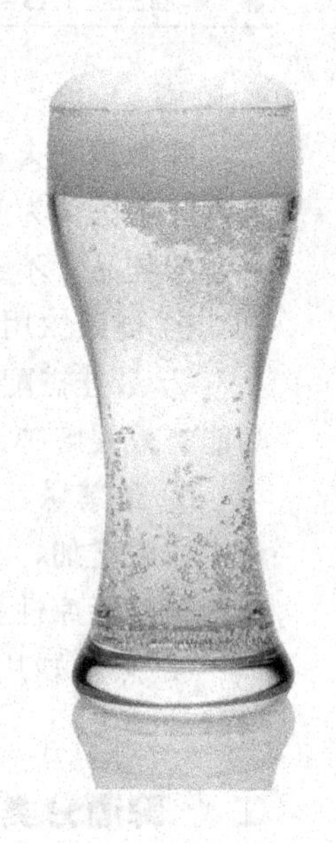

第一章 啤酒酿造基础知识

啤酒是人类最古老的酒精饮料，是水和茶之后世界上消耗量排名第三的饮料。啤酒于20世纪初传入中国，属外来酒种，根据英语Beer译成中文“啤”，称其为“啤酒”，沿用至今。啤酒是以大麦芽、酒花、水为主要原料，经酵母发酵作用酿制而成的饱含二氧化碳的低酒精度酒。现在国际上的啤酒大部分均添加辅助原料，有的国家规定辅助原料的用量总计不超过麦芽用量的50%。在德国，除出口啤酒外，德国国内销售的啤酒一概不使用辅助原料。在2009年，亚洲的啤酒产量约5867万升，首次超越欧洲，成为全球最大的啤酒生产地。

第一节 概述

一、酒、酒度与啤酒

1. 酒

凡含有酒精（乙醇）的饮料和饮品，均称做酒。

2. 酒度

酒饮料中酒精的百分含量称做“酒度”。酒度有以下3种表示法。

① 以体积分数表示酒度。即每100mL酒中含纯酒精的毫升数，白酒、黄酒、葡萄酒均以此法表示。

② 以质量分数表示。即100g酒中含有纯酒精的克数，啤酒以此法表示。

③ 标准酒度。体积分数50%为标准酒度100度，即体积分数乘以2即是标准酒度的度数。

3. 啤酒

啤酒最下火，啤酒营养丰富，含有大量糖分、蛋白质、17 种氨基酸和 12 种维生素。中医认为啤酒性凉，因此适合容易便秘、口渴的热性体质的人喝，也是夏天解暑的佳品。不过，由于含有大量糖分，多饮易发胖。啤酒有四种饮用表示法。

① 健康饮用量：成年男性一次不要超过 750mL，女性则不要超过 450mL。

② 最佳搭配：坚果和大豆。坚果中的脂肪和纤维会减缓酒精吸收速度。大豆则能有效缓解啤酒肚的发生。

③ 最禁忌：喝啤酒时，最好不要和海鲜、火锅汤等搭配，否则会导致人体血液中尿酸增加，容易形成结石或引发痛风。另外啤酒本身就属凉性，如果再和黄瓜、苦瓜等凉性食物搭配，容易引起腹泻。

④ 烹调妙用：最适合做汤菜和炖菜，比如啤酒鸭、啤酒牛肉等，格外增香增鲜。

二、 啤酒分类

我国最新的国家标准规定：啤酒是以大麦芽（包括特种麦芽）为主要原料，加酒花，经酵母发酵酿制而成的、含二氧化碳的、起泡的、低酒精度（2.5%～7.5%）的各类熟鲜啤酒。

啤酒是当今世界各国销量最大的低酒精度的饮料，品种很多，一般可根据生产方式、产品浓度、啤酒的色泽、啤酒的消费对象、啤酒的包装容器、啤酒发酵所用酵母菌的种类来分。国内有按如下方式划分的。

1. 根据啤酒色泽划分

（1）淡色啤酒（Pale Beer）　淡色啤酒是各类啤酒中产量最多的一种，按色泽的深浅，淡色啤酒又可分为以下三种。

① 淡黄色啤酒。此种啤酒大多采用色泽极浅、溶解度不高的麦芽为原料，糖化周期短，因此啤酒色泽浅。其口味多属淡爽型，酒花香味浓郁。

② 金黄色啤酒。此种啤酒所采用的麦芽溶解度较淡黄色啤酒略高，因此色泽呈金黄色，其产品商标上通常标注 Gold 一词，以便消费者辨认。口味醇和，酒花香味突出。

③ 棕黄色啤酒。此类酒采用溶解度高的麦芽，烘烙麦芽温度较高，因此麦芽色泽深，酒液黄中带棕色，实际上已接近浓色啤酒。其口味较粗重、浓稠。

（2）浓色啤酒（Brown Beer）

（3）黑啤（Stout Beer）

2. 根据啤酒杀菌处理情况划分

（1）鲜啤酒（Draught Beer）

（2）熟啤酒（Pasteurimd Beer）

3. 根据原麦汁浓度划分

（1）低浓度啤酒（Small Beer）

（2）中浓度啤酒（Light Beer）

（3）高浓度啤酒（Strong Beer）

4. 根据发酵性质划分

（1）顶部发酵（Top Fermentating） 使用该酵母发酵的啤酒在发酵过程中，液体表面大量聚集泡沫发酵。这种方式发酵的啤酒适合温度高的环境（16～24℃），在装瓶后啤酒会在瓶内继续发酵。这类啤酒偏甜，酒精含量高，其代表就是各种不同的爱尔啤酒（Ale）。

（2）底部发酵（Bottom fermenting） 顾名思义，该啤酒酵母在底部发酵，发酵温度要求较低，酒精含量较低，味道偏酸。这类啤酒的代表就是国内常喝的窖藏啤酒（Larger）。

5. 根据生产方式划分

按生产方式，可将啤酒分为鲜啤酒和熟啤酒。鲜啤酒是指包装后不经过低温灭菌（也称巴氏灭菌）而销售的啤酒，这类啤酒一般就地销售，保存时间不宜太长，在低温下一般为一周。熟啤酒，是指包装后经过低温灭菌的啤酒，保存时间较长，可达三个月左右。

6. 根据包装容器划分

按啤酒的包装容器，可分为瓶装啤酒、桶装啤酒和罐装啤酒。瓶装啤酒有350mL 和 640mL 两种；罐装啤酒有 330mL 规格的。

此外，按消费对象可将啤酒分为普通型啤酒、无酒精（或低酒精度）啤酒、无糖或低糖啤酒、酸啤酒等。无酒精或低酒精度啤酒适于司机或不会饮酒的人饮用。无糖或低糖啤酒适宜于糖尿病患者饮用。

三、 啤酒特征与质量标准及质量问题

1. 啤酒的特征

啤酒的特征表现在多方面。在色泽方面，大致分为淡色、浓色和黑色 3 种，不管色泽深浅，均应清亮、透明、无浑浊现象；注入杯中时形成的泡沫应洁白、细腻、持久、挂杯；有独特的酒花香味和苦味，淡色啤酒较明显，且酒体爽而不淡，柔和适口，而浓色啤酒苦味较轻，具有浓郁的麦芽香味，酒体较醇厚；含有饱和溶解的 CO_2，有利于啤酒的起泡性，饮用后有一种舒适的刺激感觉；应长时间保持其光洁的透明度，在规定的保存期内不应有明显的悬浮物。

2. 国家强制质量标准要求（GB）

各国不尽相同，中国的啤酒质量标准如下：中华人民共和国国家标准（11 度、12 度优级淡色啤酒，GB 4927—2001）适用于以麦芽为主要原料，加酒花经酵母发酵酿制而成的、含有 CO_2 的、起泡的、低酒精度的优级淡色啤酒。

感官指标：应符合啤酒的感官指标 规定。

理化指标：应符合啤酒的理化指标 规定。

保存期：11 度、12 度的啤酒，保存期≥120 天。

3. 啤酒的质量问题

主要有以下3个问题。

(1) 非生物稳定性　指不是由于微生物污染而产生浑浊沉淀现象的可能性。啤酒是一种稳定性不强的胶体溶液，在保存过程中易产生浑浊沉淀现象，最常见的啤酒非生物浑浊是所谓蛋白质浑浊。

(2) 风味异常　由于原料、生产工艺、酵母、生产过程中的微生物管理等问题，可引起啤酒的风味异常。主要表现为口味粗涩，苦味不正，有氧化味、酵母味或酸味等。

(3) 喷涌现象　啤酒在启盖后发生不正常的窜沫现象。严重时会窜出流失多半瓶啤酒，其主要原因为原料大麦在收获时受潮感染上霉菌等。

四、 啤酒的功能性

1. 啤酒的生理功能

啤酒的历史很悠久，可以上溯到古埃及或美索布达米亚文化时期，当时啤酒是作为预防药或治疗药使用的。从此历史事实考虑，啤酒应该主要从医学方面探讨其对人健康影响的生理作用。

埃及素称啤酒为“液体面包”，所含营养成分非常均衡，对人健康有益。啤酒成分中维生素及矿物质含量非常均衡，蛋白质中所含人体必需氨基酸占12%～20%，并且成为一种极易吸收的胶体状态，所溶CO_2或酒花刺激消化器官，促进对营养成分的吸收，起到增强体质的作用。所含酒精成分也有刺激血液循环等作用。

(1) 啤酒是液体面包　一大瓶啤酒（633mL）的热量约250kcal，这主要是所含酒精被吸入体内，完全分解所产生的。在瑞士疗养所作为结核病患者的营养剂，一天允许饮用一瓶。

(2) 脚气的防止　人体缺乏了维生素，就会发生对应的特有生理机能缺乏症状，缺乏维生素B_1就会患脚气或多发性神经炎症状而感到疲劳。这是因为羧基酶活性降低，代谢失调，丙酮酸、乳酸积蓄所致。维生素B_2是成长促进因子，与体内氧化还原有关，缺乏维生素B_2后就会使成长迟缓，产生口唇炎。维生素B_6是抗皮炎的因子，与磷酸酯形态的辅酶关系到氨基酸代谢。缺乏烟酸就会患癞皮病。啤酒中含有丰富的水溶性维生素，哥伦布航海时代就曾船载啤酒供船员饮用，防止脚气的发生。

(3) 防止动脉硬化　以WHO标准，成人血压为140mmHg，最低血压不足90mmHg是正常的；最高血压在160mmHg以上，最低血压在90mmHg以上均称为高血压。高血压病中有90%为本态性高血压症，由于其他病症（如肾病、内分泌疾病等）而成高血压症者称之为二次性高血压症。本态性高血压症除遗传的神经系、肾脏或血管壁的异常外，如摄取过量食盐或过度的精神压力等外因也会导致该疾病发生。啤酒含盐低，酒精浓度低，有预防动脉硬化的说法。

(4) 促进血液循环　饮用啤酒之后，血液中出现几种酶，使血液中的血纤维蛋白溶解活性上升。血纤维蛋白是血纤维蛋白原在凝血酶原作用下生成的不溶性蛋白质，与血小板一同凝结成血栓，成为脑溢血等疾病的原因。适度饮用啤酒，使血液循环加快，可以预防血栓的形成。少量饮用啤酒可以使产妇的乳量增加，增加母乳中维生素的含量。在妊娠期内应控制饮酒，产后适当饮用啤酒可以促进血液循环，加速产后体力的恢复。

啤酒中所含橙皮苷（hesperidin）及芦丁（rutin）均有强化毛细血管的作用，从化学角度讲，两者都是黄酮素的诱导体，统称为生物黄酮类。其作用机制还未明确，可能有直接作用于毛细血管，减少毛细血管的透过性，增大毛细血管壁抵抗性的功用。事实上，将水溶性化合物注射于静脉之后，由于小动脉的扩张，也会使血压下降。

生物黄酮类具有损害透明质酸酶（hyala-noidase）扩散的作用，因而有抑制切断毛细管壁或抑制切断其他结合组织透明质酸高分子结合的作用，所以黄酮类常用于预防和治疗由于毛细血管壁抵抗性减弱或透过性增大所产生的紫斑病、脑血管出血或视网膜出血等病症。啤酒中就含有这种生物黄酮类，同样芦丁也作为改善出血倾向或高血压的处方药。

(5) 消解不眠、诱导安眠 啤酒含有酒花，酒花有增加食欲、入睡、安眠作用。德国人常用酒花作浴液沐浴，对不眠病、神经过敏、肌肤粗糙以及斑点有特殊功效。最近日本用酒花作家庭浴剂。日本过去曾用荞麦皮作枕头，而现在则有用酒花作枕头填充料的，这是因为酒花中所含蛇麻酮有镇静作用，枕之入睡，更可使人熟睡。有许多人睡前喝点啤酒，觉得有酒意之后入睡会睡得更好，所以啤酒在西方国家常被作为安眠剂饮用。

(6) 活化胃的作用　啤酒中含有种种活化胃作用的成分，首先含有适量酒精，促进食物从胃流向小肠，并且很容易吸收，是其最大特征。碳酸气刺激胃壁，促进胃液的分泌，增进食欲；酒花的爽快苦味也刺激食欲，有助于消化。啤酒所含蛋白质成分也有刺激胃酸分泌的作用，Pfeiffer 等通过实验证明，啤酒及白葡萄酒增加食欲的效果优于同浓度的酒精。

① 促进胃酸的分泌。MeArthur 等用几种饮料与啤酒比较其对人胃酸分泌的影响，按胃酸分泌效果的强弱顺序排列：牛乳＞啤酒＞咖啡＞红茶＞可乐＞饮料水。牛乳或啤酒分泌效果强与其中所含蛋白质有关。酒精也与胃酸分泌有关。啤酒中酒精浓度在4%～5%，与其他含酒精饮料相比相当低，低浓度的酒精刺激胃促进了胃酸的分泌，进一步促进胰脏分泌出胰蛋白酶。事实上，酒精浓度高的威士忌、白兰地却没有刺激胃酸分泌的作用。饮啤酒后血液中促胃酸激素（gastrin）的浓度上升。

Singer 等探索啤酒刺激胃酸及促进胃酸激素分泌的成分，它是一种具有透析性、相对分子质量为1000以下的物质。

Wierik and Veenstra 研究了啤酒和胃酸及激素分泌的问题，凡具有强有力刺激胃酸分泌作用的物质，都具有促进胃酸激素分泌的作用，因此可以说促胃酸激素是刺激分泌胃酸的中间体。促胃酸激素是哺乳动物幽门腔黏膜所分泌的肽激素，刺激胃腺壁细胞分泌出硫化氢。促胃酸激素根据硫化氢的有无可分为两种，都是17个氨基酸残基构成的十七肽，第十二个氨基酸残基未被硫化的称作促胃酸激素Ⅰ（G－17－Ⅰ），被硫化了的称作促胃酸激素Ⅱ（G－17－Ⅱ），最终的四肽（Trp－Met－Asp·phe－NH_2）是共通的，两者的活性都一样。

Chacin. J 等研究了酒精及酒精饮料对胃酸的分泌及代谢的影响。低浓度（2%～16%）精制酒精作用于胃黏膜，激起强烈的胃酸分泌，高浓度（20%以上）反而起抑制作用。啤酒和葡萄酒同样促进了胃酸的分泌，拉姆酒及威士忌就没有促进作用。呼吸代谢的机能与其有同样的倾向，即低浓度乙醇和低浓度酒精饮料对胃酸的分泌和代谢的亢进机能是通过氧化作用进行的。

② 促进胆囊分泌胆汁的功用。Flores 及 Valenzuela 以健康男子为对象研究了啤酒对胰脏分泌的影响，结果发现只饮用酒精饮料的没有促进作用，饮用啤酒后促进胃酸激素及缩胆囊素（cholecystokinin）的分泌明显增加。缩胆囊素又名缩胆囊肽，是从上部肠黏膜游离出的激素，能促进胰脏分泌消化酶和刺激胆囊的收缩。

（7）防止便秘　啤酒的整肠作用，即防止便秘的效果是其他酒精饮料所没有的，这与啤酒中所含维生素 B_1、维生素 B_2、泛酸、生物素、水溶性维生素有关。啤酒中的维生素呈胶体状，易于吸收，作为肠内双歧乳杆菌、嗜酸乳酸菌（acidophilus）、粪链球菌等乳酸菌的营养成分，发挥着促进乳酸菌繁殖的作用。乳酸菌利用其他食品中所含营养成分进行繁殖、发酵而产生乳酸，使肠内成为酸性。乳酸具有杀菌作用，乳酸杆菌可以利用女性阴道内分泌的肝糖进行繁殖，使阴道保持乳酸酸性，防止致病菌的侵入。一般乳酸菌以外的细菌，除特殊的细菌外，在这种乳酸酸性状态下是不能繁殖起来的，有害的大肠菌或产气荚膜羧状菌（clostricliumperfringens）、拟杆菌属等细菌在酸性化的肠道内受到抑制，改善了肠内环境，使肠作用得到充分发挥。总之，饮用啤酒增加肠内乳酸菌、抑制肠内有害菌、促进肠作用的功用是非常显著的。

（8）促进激素的分泌　看到酸性食物常使人流出唾液，与这一现象一样，肠内乳酸菌所产生的乳酸同样会刺激诱发肠的蠕动，使之活泼化，随之消化酶分泌旺盛，缓解了便秘。另外，啤酒原料中的酒花，也有刺激消化系统、促进消化酶分泌的作用；啤酒中的二氧化碳同样有提高肠胃功能、防止便秘的作用。便秘的一个原因是胆汁不足，胆汁的功能是将高分子植物纤维、脂溶性营养成分溶解于胃液，帮助消化和吸收。饮用啤酒，可以增加促胃酸激素（gastrin）、缩胆囊素等激素的分泌，这些激素促进了胆汁的分泌，起到缓泻的作用而缓解便秘的发生。另外，啤酒中所含绿原酸（chlorogenic acid）具有促进胃液及胆汁分泌的作用，酒精与胃液的分泌有关，与其他酒精饮料相比，啤酒的酒精浓度非常低，这种低浓度酒精可适当地刺激胃液的分泌，进一步刺激胆汁的分泌。但是高浓度的威士忌却出现相反的效果。饮水不足也是便秘的原因之一。饮用啤酒是现代人补充水分的好办法，促进肠蠕动，可以缓解便秘，并且啤酒中所含水溶性微细食纤维可以洗除肠壁上的宿便，所以啤酒是有预防疾病功能的保健饮料。但是饮酒必须坚守适当的原则，为了缓解便秘，饮用1瓶（630mL）可谓适量。

（9）利尿作用　啤酒具有促进尿排泄的作用。因此，肝病、尿道结石轻度患者饮用啤酒有一定的好处，被认为是西方医祖的波古拉底斯所写医方中就记载着：为了增加发疹性病人的排尿量，使其饮用大麦芽煮汁。现在已知啤酒中含有异黄酮配糖体的槲皮素（quercitrin $C_{12}H_{20}O_{12}$）具有利尿作用，另外，啤酒中的酒精也有利尿作用。

（10）啤酒促进女性青春美　Couwenbergs（1998）将72名健康人分为饮用啤酒组（36名）及饮用葡萄酒组（36名）两组，分别在饮用酒后测定血浆中的男性激素二氢睾酮及女性激素雌甾二醇，结果饮啤酒者男性激素的合成受到抑制，女性激素的水平上升。另外，饮用啤酒后催乳激素（prolactin）的分泌得到诱发，受啤酒刺激所生成的催乳激素，女性较男性的要多。催乳激素是从脑下垂体前叶细胞分泌出的生长激素，由128个氨基酸构成，有3个S—S结合的肽。生物体内有两种激素——催乳激素分泌因子（PIF）和促进因子（PRF）进行分泌的调节。催乳激素主要与乳腺发达、乳汁分泌有关，如前所述，产后哺乳期饮用啤酒为好的原因就在这里。另外，催乳激素还有刺激性腺促进子宫分泌孕（甾）酮黄酮体（progestelon）的功能。催乳激素对卵巢或副肾是雄激素（androgen）调节因子之一。这些激素的分泌会更显示出女性的婀娜多姿青春美。

2. 啤酒成分的药理功能

（1）酒精　啤酒的酒精含量不高，其所含维生素、矿物质以及均衡的营养成分比较容易进入肠内，很快被人体吸收，补充体力弱者所需的营养，并且促进了血液循环，促进了胆汁的分泌，所以说啤酒是一种整肠剂，且有利尿效果。啤酒中的酒精有预防心脏病的效果，其理由是适量酒精可以提高血中高密度脂蛋白的浓度，防止血中胆固醇的积蓄。

（2）二氧化碳　啤酒中含有大量二氧化碳，二氧化碳刺激味觉神经，饮后使人有清凉爽快感，使胃膨胀，显出空腹感，帮助其他成分的吸收，并且刺激胃壁、促进胃液的分泌，使胃肠的作用更加活跃。刺激味觉神经也是二氧化碳的作用之一。

（3）酒花　酒花原产于欧洲，酒花内苞的基部和花表面所附着的黄色颗粒含苦味，称作蛇麻素颗粒，其中所含苦味、芳香的葎草酮在欧洲作为芳香性苦味健胃药、利尿药、镇静药使用。此外，酒花中还含有蛇麻酮等苦味物质，并含有葎草萜（humulene）、香叶烯（myrcene）等精油成分，另外，还含有单宁成分。

葎草酮在投料过程的煮沸期间变成异葎草酮，构成啤酒苦味的主要成分。我国淡色下面发酵啤酒中异葎草酮的含量在$2.0\times10^{-5}\sim3.0\times10^{-5}$（20～30ppm）。异葎草酮对酵母、革兰阳性细菌有抗菌能力，所以自古以来就用于易于腐败的饮料。啤酒中还含有其他苦味成分，如副葎草酮（cohumulon）、加葎草酮（adhumulon）成分，统称为葎草酮。这些成分在煮沸时异性化，分别变成异葎草酮（isohumulon)。这些物质进一步氧化分解，分别称为葎草酸（humulinic acid）、副葎草酸（cohumulinic acid）、加葎草酸（adhumulinic acid）。

酒花的苦味成分具有激素、单宁等种种药理效果，镇静作用、催眠作用、抗菌作用、抗生物质作用、健胃作用是其主要方面。酒花的苦味成分在饮用时使喉咙干渴感延续，这是其重要作用之一。其二，这些成分有促进胃液分泌的作用。其三，有助消化，从而起到增进食欲的作用。

（4）绿原酸（chlorogenic acid）　绿原酸除有使中枢神经兴奋作用外，还有促进胃液、胆汁分泌的作用。在体内加水分解后，生成奎尼酸（quinic acid）、咖啡酸（caffeic acid）。

（5）生物黄酮类（bioflavonoid）　橙皮苷（hesperidin）又名维生素P，与芦丁（rutin）同属黄酮诱导体，均有强化毛细血管的作用，总称为生物黄酮类。这种化合物常用于毛细血管壁抵抗减弱、透过性增大而发生的紫斑病、脑血管出血、视网膜出血的预防及治疗。将其水溶性化合物进行静脉注射，由于动脉的扩张可降低血压，生物黄酮素可以抑制透明质酸酶扩散。

① 芦丁。与橙皮苷同样具有抑制血管透过性的作用，常用于改善出血倾向或高血压处方药。

② 槲皮苷（quercitrin）。广泛分布于植物界的黄酮醇配糖体，具有利尿作用，和橙皮苷、芦丁同属黄酮衍生物，槲皮苷（quercitrin）、杨梅苷（myricitrin）等物质均以槲皮酮为母体，其侧链不同。

③ 植物雌激素类（phytoestrogen）。Rosenblum 等于 1992 年通过气相色谱质量分析法，从啤酒中检出了源于植物雌激素类物质，表现出生物学的活性。

（6）咖啡酸（caffeic acid）　啤酒中所含的咖啡酸（caffeic acid）有抑制组胺（histamine）从肥胖细胞游离出来的功能，同时还可阻止 5-脂（肪）加氧酶及白（细胞）三烯的生成。

五、 保健性能成啤酒行业发展新动向

自从中国酿酒工业协会发出了《关于减少酒精饮料危害计划》的通告以来，“高度酒向低度酒转变；蒸馏酒向酿造酒转变；粮食酒向水果酒转变；普通酒向优质酒转变”的基本方向，现已逐步落实。并提出要倡导科学、健康的饮酒理念，引导消费者理性消费，降低酒精危害人体健康的概率。

我国是个传统饮酒大国，饮酒人数众多，受酒伤害者也不在少数。因此，如何降低酒精危害便成为一个多方面的系统工程。

在最近一系列关于啤酒的研究中，我们发现：啤酒除了含有少量酒精外，还含有大量对人体健康有益的成分。例如，每升啤酒含有 3.5g 蛋白质的水能产物——肽和氨基酸，它们几乎可以 100%地被人体吸收利用；啤酒中的碳水化合物和蛋白质的比例约在 15∶1，最符合人类的营养平衡；啤酒中有丰富的矿物质和微量元素，钠和钾的比例在 1∶（4～5），这一比例有助于保持人体细胞内外的渗透压平

衡，也有利于人们解渴和利尿；每升啤酒中约含有 40mg 的钙、100mg 的镁及 0.2～0.4mg 的锌，足够人们每日的需要量；啤酒中含有的 50～150mg/L 的硅，有利于保持骨骼的健康；每升啤酒中还有 0.48～0.56mg 的铬，铬可加速胆固醇的分解和排泄，起到预防冠心病的作用，且有激活胰岛细胞的功能；啤酒中还含有大量维生素，如维生素 B_1、维生素 B_2、烟酰胺、泛酸、胆碱等，特别是叶酸的重要来源，它有助于降低人体血液中的半胱胺酸含量，而血液中的半胱胺酸含量高会诱发心脏病；啤酒中还含有从麦芽和酒花中来的各种有特殊功能的活性成分，如多酚、黄酮类及苦味物质，均对人体有特定的保健功能。

近几年，啤酒花中黄腐酚的保健及药理作用又成了研究的热点。许多文章报道了黄腐酚的抗氧化、抗变异及抑制癌细胞生长和扩散的潜在功能及其机理，并研究了酒花品种及提取方法对黄腐酚含量的差异，有的文章还研究了改进啤酒生产工艺以保留更多的黄腐酚成分。此外，相关技术人员也针对啤酒中其他的保健成分正在进行探索和实验，为开发啤酒的保健功能展现了广阔的发展前景。

如今，国外一些企业已根据研究成果创新了各种啤酒生产工艺来保留或增加一些功能成分，并开发出有各种保健功能的特种保健啤酒。如美国一家啤酒厂生产了一种富含维生素 B、叶酸及多种维生素的“斯坦皮德啤酒”；瑞典的 Lund 大学利用专利加工技术生产出一种富含 β-葡聚糖的可降胆固醇的啤酒；德国克罗斯特啤酒厂研制出了富含抗氧化物的“抗衰啤酒”；美国最大的 AB 公司推出了强力的 BE（B-to-the-E）啤酒。

目前，国内生产的如具有“改善胃肠道功能（对胃黏膜有辅助保护作用）”的保健啤酒、具有“延缓衰老”功能的益生啤酒，这些经科学论证的保健啤酒的发展思路，为进一步推广饮用具有“保健性能”的啤酒拓宽了道路，引领了方向。另外，大多数啤酒厂在保留了传统发酵工艺的基础上，采用了露天圆柱体锥底发酵罐进行现代啤酒发酵，可大大缩短发酵时间，提高生产效率。

随着我国啤酒行业的迅速发展，各大小啤酒厂努力在扩大生产规模、提高啤酒质量、降低生产成本、增强企业竞争力上下工夫。就降低原料成本而言，可通过适当提高辅料比例或采用优质价廉的原料替代传统大麦来实现。如果在不影响啤酒风味、色泽，保证产品质量的前提下，以优质价廉的小黑麦替代传统大麦酿造风格独特的特种啤酒，不仅可减少资金外流，降低产品成本，而且亦可加速推广小黑麦在我国大面积种植，并逐步形成粮食市场，使原料、生产、销售成为一条龙，促进我国农业与谷物加工业的发展。

目前，我国啤酒市场竞争激烈，各大小啤酒厂家均在降低产品成本、扩大啤酒花色品种上下工夫。建议在开发研制新型啤酒之前，应先做好市场调研工作，使之口味符合当地多数消费者的需求。例如，南方人喜稍甜的口味，而北方人喜稍苦的口味；寒冬适合饮用酒体醇厚、酒精度稍高的啤酒；酷暑适合饮用口感淡爽、杀口、酒精度稍低的啤酒，夏季的10°低醇啤酒就很畅销。已研制出的7°淡爽型的啤酒不仅口味纯正，泡沫持续性好，而且还可降低产品的成本。

六、 啤酒的成分

我们在前面提到过，啤酒主要有四种成分——大麦、水、酒花和酵母，每种成分都有很多复杂的特性。

1. 麦芽

大麦是一种谷物的种子，其外观与小麦很相似。在用大麦酿啤酒之前，必须先让它发芽，这是一个自然的变化过程。

首先，要创造条件让大麦发芽（图 1-1）。只要将大麦先在水中浸几天，将水排干后，让大麦在15.5℃下保持五天，它就会发芽。在这种条件下，大麦的种皮会裂开，开始抽芽，这时的大麦叫做绿麦芽。同所有种子一样，大麦中含有的营养可以维持种子的生长，直至它通过光合作用自已制造营养。在发芽过程中，大麦释放的酶会将这些淀粉养分转换成糖，维持麦芽的生长。发芽过程的关键是在刚刚出现糖转化酶，但大部分淀粉尚未被转化的时候，停止大麦的萌芽过程，最终这些酶会生成糖，供酵母形成啤酒中的酒精。

当这个自然过程释放出酶以后，逐渐升高温度，将绿麦芽烘干。麦芽风味和颜色的浓淡取决于干燥过程中的温度。最后一个处理步骤是除去发芽过程中长出的小根茎，然后就可以将麦芽用于酿酒了。大多数酿酒厂都会购买符合规格要求的已经发芽的大麦。

图 1-1 发芽的大麦
（卡罗来纳酿酒公司供图）

图 1-2 酒花
（卡罗来纳酿酒公司供图）

2. 酒花

用于酿造啤酒的酒花（图 1-2）是啤酒花藤的花，它属于大麻属（大麻科）。酒花与另一种大家可能听说过的大麻属植物是近亲，那就是大麻，但与大麻不同的是，酒花不会对精神产生作用。酒花中含酸，所以啤酒会有苦味，此外还含有油，赋予啤酒一些口味和芳香。往啤酒中添加酒花还能抑制某些细菌的形成，这些细菌会让啤酒变质。

酒花种类千差万别，往啤酒中添加不同的酒花会形成不同的口味、香味和苦涩度。在美国，酒花主要在华盛顿州种植。德国、英格兰南部和澳大利亚也种植酒花。

3. 酵母

酵母是一种单细胞微生物，它的作用是生成啤酒中的酒精和二氧化碳。用于酿制啤酒的酵母也多种多样。就像发酵面包要用发酵生面团（酵头）中的酵母形成特有的口味一样，在啤酒中使用不同的酵母也会给啤酒带来不同的口味。

啤酒酵母主要分两大类——麦芽酒酵母和陈贮啤酒酵母。麦芽酒酵母为顶部发酵的酵母，也就是说，在发酵期间，它会浮到啤酒表面附近，通常比较适宜的发酵温度是21℃左右。陈贮啤酒酵母为底部发酵的酵母。它的发酵速度较慢，发酵温度较低，约为10℃。

七、 世界十大最好的啤酒

（1）WESTVLETEREN（比利时）　生产特拉普啤酒（Trappist）的几个啤酒厂里，WESTVLETEREN是其中产量最小的一个，它们只会出口非常有限的小部分产品。这种棕色的啤酒有着细腻的白色泡沫，口感滑润，以焦糖味为主，带有微量的梨子、葡萄和洋李的味道。WESTVLETEREN是比利时啤酒的最高典范，它的口感超强，酒精含量也高。

（2）ALESMITH BARREL AGED SPEEDWAY STOUT（美国）　这种啤酒的各个方面都如此完美，以至于容易让人忽略了它所蕴涵的惊人力量。无论是大木桶装、小木桶装还是瓶装，都能让你的嘴巴充斥着无尽的快乐。啤酒散发出浓郁的巧克力芬芳和酒香，极其稠密的口感混合着巧克力、薰香、咖啡和波旁酒的味道。

（3）MAIDSON EXTRA STOUT（新加坡）　SMG公司的麦城黑啤酒由于不过滤酵母，所以营养相当丰富，除富含有一定量的低糖分子和氨基酸外，还含有维生素C、维生素H，酒精含量≥3.7%，糖度（原麦汁浓度）12°BX左右，它的氨基酸含量比普通啤酒高3～4倍，且发热量也很高，每100mL黑啤酒的发热量大约为77kcal，因此是啤酒佳品，人称“黑牛奶”。

（4）DIEU DU CIEL PéCHé MORTEL（加拿大）　当这种浓稠的黑啤酒被倒出来，它会形成奶油般的深棕色泡沫。啤酒本身看起来晶莹剔透，香味丰富而又均衡，馥郁的黑巧克力、洋李、蜜糖和浓重的苦甜咖啡气味，再加上草莓的芳香立刻都扑鼻而入。这种酒味道醇厚并带有一种砂糖的粗砺感，同时又很黏稠。将麦芽的甜味和咖啡的苦味复杂而微妙地结合在一起，最后嘴里还回荡着啤酒本身淡淡的味道，这种酒让人的味觉体验几乎发挥到极限，让人非常享受。

（5）ROCHEFORT TRAPPISTES（比利时）　外表看起来，这种啤酒为深棕色并带有棕色的泡沫；尝起来，带有些许坚果和深色水果的清香，特别是无花果的香味，还有咖啡、巧克力和太妃糖的味道。口感甜香，带有轻微的酒精味，久久回旋在唇齿之间。这种酒味道香醇，可以说是罗塞福酒厂（Rochefort）最好的啤酒了。

(6) NRREBRO BRYGHUSNORTH BRIDGE EXTREME（丹麦） 啤酒呈深琥珀色，有着适度的奶油状泡沫。浓郁的啤酒花味道与焦糖、深色麦芽的香味混在一起，喝到嘴里，酒香伴着苦味的啤酒花在口腔中散布开来，然后慢慢转变成可口的麦芽味道。所以，味道虽然浓烈，但会被美味的麦芽调和。

(7) ALESMITH SPEEDWAY STOUT（美国） 诱人的深色液体混合着苦味和麦芽味，喝下后，酒精味让你的舌头感觉干燥。这种酒的颜色为深黑色，上面带有棕黑色泡沫，散发着浓郁的咖啡香，同时伴有巧克力、麦芽和怡人的烘烤味。

(8) THREE FLOYDSDREADNAUGHT IMPERIAL（美国） 这是一种软酿酒（soft brew），味道浓烈、干爽而且酒精含量高，啤酒呈金黄色，味道极其浓郁香醇。它有着优质啤酒花的特色，带有柠檬口味，奶油状的泡沫让你回味无穷。

(9) WESTVLETEREN EXTRA（比利时） 这种棕色的液体带着浓郁的水果发酵香味，尝起来有种甜果和香料的感觉，味道醇厚，喝的时候要慢慢体味它的淡淡清香。而且它竟然还带有木香、皮革和面团以及枣仁、葡萄干和太妃糖的香味。它的味道丰富而且均衡，均衡中带着绚烂，是一种需要慢慢品尝的国际顶级啤酒。

(10) DOGFISH HEAD WORLD WIDE STOUT（美国） 这种啤酒为深黑的红木色泽，带有少量的棕色泡沫，同时，弥漫着浓郁的深色水果、干香蕉、麦芽、花香、朗姆酒和酒精的芬芳。它是甜麦芽、深色水果、香蕉和朗姆酒味道的完美结合，浓郁香醇、口感纯正。

八、 中国著名啤酒

1. 青岛啤酒

青岛啤酒是中国最有知名度和最受到国际认可的啤酒品牌，创始于1903年。

1903年8月，来自英国和德国的商人联合投资40万马克在青岛成立了日耳曼啤酒公司青岛股份公司，采用德国的酿造技术以及原料进行生产，古老的华夏大地诞生了第一座以欧洲技术建造的啤酒厂——日耳曼啤酒公司青岛股份公司。经过百年沧桑，这座最早的啤酒公司发展成为享誉世界的“青岛啤酒”的生产企业——青岛啤酒股份有限公司。1993年，青岛啤酒股份有限公司成立并进入国际资本市场，公司股票分别在中国香港和上海上市，成为国内首家在两地同时上市的股份有限公司。

目前，青岛啤酒公司在国内19个省、市、自治区拥有50多家啤酒生产厂和麦芽生产厂，构筑了遍布全国的营销网络，现啤酒生产规模、总资产、品牌价值、产销量、销售收入、利税总额、市场占有率、出口及创汇等多项指标均居国内同行业首位。

2. 华润雪花啤酒

华润雪花啤酒（中国）有限公司成立于1994年，总部设于中国北京，其股东是华润创业有限公司和全球第二大啤酒集团 SABMiller。

2002 年，华润雪花全力将雪花啤酒塑造成为全国品牌，雪花啤酒以清新、淡爽的口感，积极、进取、挑战的品牌个性深受到全国消费者的普遍喜爱，成为当代年轻人喜爱的啤酒品牌。2005 年，雪花啤酒以 158 万千升的单品销量成为全国销量第一的啤酒品牌。2006 年再创历史新高，以 303.7 万千升的销量，再次蝉联中国啤酒行业单品销量第一的桂冠。

3. 燕京啤酒

燕京 1980 年建厂，1993 年组建集团，在发展中燕京本着“以情做人、以诚做事、以信经商”企业经营理念；始终坚持走内涵式扩大生产道路，在滚动中发展，年年进行技术改造，使企业不断发展壮大；坚持依靠科技进步，促进企业发展，建立国家级科研中心，引入尖端人才，依靠科技抢占先机；积极进入市场，率先建立完善的市场网络体系，适应市场经济要求，目前全国市场占有率达到 12%以上，华北市场 45%，北京市场在 85%以上。经过 20 年快速、健康的发展，燕京已经成为中国最大啤酒企业集团之一，连年被评为全国 500 家最佳经济效益工业企业、中国行业百强企业。高品质的燕京啤酒先后荣获“第 31 届布鲁塞尔国际金奖”、“首届全国轻工业博览会金奖”、“全国行业质量评比优质产品奖”，并获“全国啤酒质量检测 A 级产品”、“全国用户满意产品”、“中国名牌产品”等多项荣誉称号。燕京啤酒被指定为“人民大会堂国宴特供酒”、中国国际航空公司等四家航空公司配餐用酒，1997 年燕京牌商标被国家工商总局认定为“驰名商标”。

4. 金星啤酒

金星啤酒集团创建于 1982 年，占地面积 100 万平方米，建筑面积 60 万平方米，拥有 25 条现代化的瓶装生产线和 1 条易拉罐生产线。集团啤酒年生产能力 200 万吨，是全国食品行业和河南省重点企业，连续五年进入中国啤酒企业四强，2000 年以来连续被评为河南省工业百强企业和郑州市工业 20 强企业。金星总结出了“独资建厂，自我复制、小步快跑”的扩张模式，这种模式也被业内人士称为“第三种扩张模式”。“既要经济效益，又要白云绿水”，公司非常注重环境的绿化和美化工作，建立了花园式企业，并于 2004 年 6 月正式通过了国家工业旅游示范点的验收工作，成为中西部啤酒行业旅游示范点。公司现有员工 6000 余名，主导产品有金星、蓝马两大系列啤酒 60 多个品种，畅销河南、山西、贵州、安徽、河北、江苏、云南、广西、湖南、山东等 20 多个省。企业和产品曾先后获得“全国食品行业质量效益型企业”、“河南省著名商标”、“钓鱼台国宾馆国宴特供酒”、“中国名牌产品”、“绿色食品”、“全国食品行业质量效益型企业”等多项省级和国家级以上殊荣。

5. 哈尔滨啤酒

哈尔滨啤酒始于 1900 年，由俄罗斯商人乌卢布列夫斯基创建，是中国历史最悠久的啤酒品牌。

1993 年安海斯-布希（AB）公司收购青岛啤酒 5%的股权，并于 1995 年成立百威（武汉）国际啤酒有限公司。2004 年，哈尔滨啤酒有限公司被 AB 公司收购，成为旗下全资子公司。

经过百年的发展，哈啤集团已经成为国内第五大啤酒酿造企业。2002 年，哈啤集团成为首家荣获“中国名牌产品生产企业”称号的黑龙江企业。三年后，哈啤集团再度当选，成为黑龙江省首家连续两度夺得这一殊荣的企业。

目前，哈啤集团共有 8000 多名全职员工，并在国内四省共设 13 家主要酿造厂。

6. 珠江啤酒

广州珠江啤酒集团有限公司于 1985 年建成投产，是一家以啤酒业为主体，以啤酒配套和相关产业为辅助的大型现代化啤酒企业，是全国文明单位、国家环境友好企业，目前，珠啤集团本部产能突破 150 万吨。

7. 中华啤酒

浙江钱江啤酒集团生产的“中华啤酒”，在 1992 年就成为北京人民大会堂国宴用酒，如今又成了钓鱼台国宾馆的国宴特供酒，中华啤酒选用优质大麦、啤酒花、水作为主要原料，采用先进的工艺精心酿制而成。

第二节 啤酒酿造原理、过程与生产工艺流程

一、啤酒的酿造原理

大麦、水、酒花和酵母，啤酒工人就是用这四种简单的原料制造啤酒的。并不是简单地将每种原料按比例混合在一起就能产生啤酒。将大麦变成可发酵糖，让酵母生存繁殖并将糖变成酒精，整个过程需要经过一系列复杂的生物化学反应。商业酿酒厂要使用先进的设备和流程来控制数百项指标，让生产的每个批次的啤酒口味都保持一致。

麦芽汁沸煮过程是酿造过程中的一个环节，啤酒的大部分口味都是在这个环节中形成的。

二、啤酒酿造过程的演变

一般啤酒的制造过程称为酿造，在家庭作坊或工业化的工厂均可酿造啤酒。非营利性质的啤酒酿造一般称为家庭酿造。酿造啤酒通常会受到国家的法律和税收方面的管制，在 19 世纪晚期，各国通常仅允许酒厂进行商业运营。英国政府在 1963 年颁布了允许家庭酿造啤酒在市场销售的法律，澳大利亚和美国也分别于 1972 年和 1979 年出台了相关法律开放家庭酿造产品的市场销售。

我国啤酒的正规化生产起源于 19 世纪末，20 世纪 50～60 年代，随着国家的

经济的复苏和人民生活的改善，政府斥资兴建了一批啤酒厂，使我国的啤酒生产业初具规模，至20世纪80年代，我国经济快速增长，啤酒产业也得了空前的发展，并迅速成为了一个啤酒大国。

早期的啤酒生产，设备落后，且监控过程大多采用人工方式，再加上啤酒生产的长时性特点，使人工任务量过大，很容易出现质量问题。后期虽然开始启用一些控制设备，但多数控制过程简单，可视性差，生产过程数据不能进行有效的保存分析，控制精度和灵活性也欠佳。近些年来在计算机及检测设备的配合下，借助监控组态软件平台，目前国内啤酒生产企业可根据不同需要选择不同控制方案，实现生产过程温度、压力等参数的精确调节，确保生产工艺要求。几十年来的啤酒产业发展，是一个工业化到自动化不断演变的制造过程。啤酒产业的未来也应与其他流程行业相似，逐渐向管控一体化方向过渡，使生产数据更好地整合到经营决策渠道，生产控制模型将愈加趋于合理，智能化程度也将得到进一步提高。

随着计算机的迅速普及，监控组态软件技术的日益成熟，人们开始运用组态软件进行啤酒生产过程自动化控制，避免了人为操作的失误，具有足够的灵活性，控制过程精度也有了很大的进步。生产过程历史数据的有效保存，也为厂家进行控制过程分析、控制曲线改进、进一步提高产品质量提供了良好的原始数据参考。

三、啤酒的酿制过程

酿造啤酒，实际上是将淀粉转换成被称为“麦汁”的含糖液体，再利用酵母将麦汁发酵成含有酒精的啤酒。啤酒的酿制过程见图1-3。

酿造的第一个步骤称为淀粉糖化，在这个阶段，淀粉源（通常是大麦麦芽）与热水混合形成麦汁（Wort）。热水与碾碎的麦芽混合，制成混合液“醪液”。混合液在“糖化锅”内静置1～2h后，淀粉转化成糖，甜麦汁从麦糟中被滤出。淀粉糖化之后，则开始进行“洗糟”，酿造者透过清洗麦糟来尽可能汲取可发酵的麦液。将麦粒从麦汁与洗糟水过滤出来的过程称为“麦汁分离”（Wort separation），传统的麦汁分离方式（Lautering）是以麦芽的皮与壳作为自然的滤层，而许多现代化的啤酒厂则采用板框式压滤机以提高生产效率。他们也以连续洗糟的方式来搜集更多原麦汁及洗糟水的混合液，按生产批次可以收集多次洗糟的麦汁，每个批次的麦汁可以制作不同口感的啤酒，这被称作“多次洗糟”式酿造。

经过洗糟的甜麦汁被打入称为“铜锅”（由于传统的糖化锅均为铜质）的容器中煮沸。麦汁中的水分在1h左右的煮沸过程中逐渐蒸发，但糖分与其他成分则保留下来，煮沸使发酵糖（低分子淀粉）的作用更有效率，将麦汁煮沸的过程也同时破坏了醪液中酶的活性。啤酒花也在这个阶段加入原液中，使啤酒带有特有的苦味、风味与香味，啤酒花亦可分段加入。啤酒花煮沸时间越长，啤酒苦味也就越浓，但啤酒花香则越少。

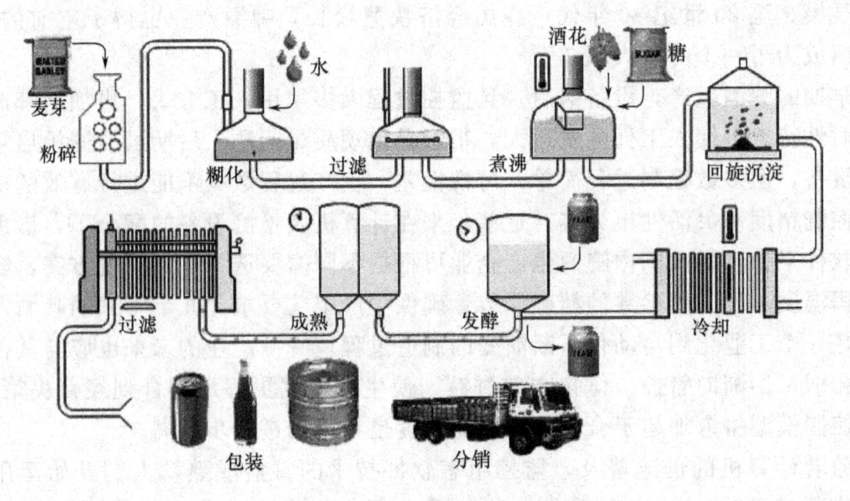

图 1-3 啤酒的酿制过程图

煮沸的苦麦汁冷却后即可添加酵母。某些酒厂会将苦麦汁引入酒花浸取装置(装满了酒花的小桶)，这个过程可加强酒花香味并过滤酒花糟。不过一般而言，苦麦汁冷却后就会直接进入发酵罐，在此与酵母结合以进行发酵。

发酵的过程大约需时一周至一个月，发酵时间长短则视酵母种类与啤酒浓度而定。悬浮在麦汁中的悬浮粒子在发酵过程中沉淀，酵母在发酵结束时亦会沉淀至溶液底部，得到清澈的啤酒（澄清）。

发酵有时会分为前酵和后酵两阶段进行。当大部分酒精于前酵产生后，啤酒即被移至另外的容器进行后酵（二次发酵）。二次发酵的目的是为了延长啤酒的保存期限，或是提高啤酒的清澈度。发酵完成的啤酒会以啤酒桶、铝罐、玻璃或塑胶瓶罐包装。

四、 啤酒生产工艺流程

啤酒生产工艺是采用发芽的谷物作原料，经磨碎、糖化、发酵等工序制得。按现行国家产品标准规定，啤酒的定义是："啤酒是以麦芽为主要原料，加酒花，经酵母发酵酿制而成的，含有二氧化碳气、起泡的低酒精度饮料"。

啤酒生产设备是根据生产工艺确定的，选择不同的工艺就要使用不同的设备，这是在啤酒企业建设初期需要考虑的问题；设备确定后，工艺就必须根据设备状况来设计，这是啤酒企业在生产运营过程中应当认真考虑的问题，否则就会造成投资的反复和反复的投资。那么，一般而言，啤酒是怎么生产出来的，啤酒生产的工艺流程是怎样的，啤酒生产中会应用到哪些设备呢？下面就做一个简要的介绍。

一个典型的啤酒生产工艺流程见图 1-4（不包括制麦部分）。

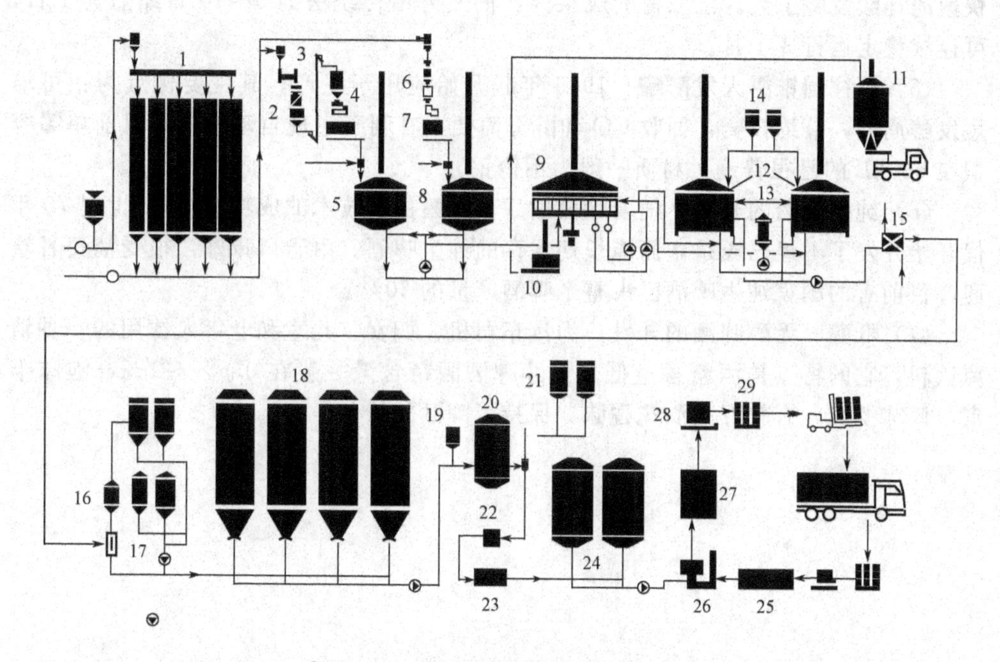

图 1-4 典型的啤酒生产工艺流程图

1—原料贮仓；2—麦芽筛选机；3—提升机；4—麦芽粉碎机；5—糖化锅；6—大米筛选机；7—大米粉碎机；8—糊化锅；9—过滤槽；10—麦糟输送；11—麦糟贮罐；12—煮沸锅/回旋槽；13—外加热器；14—酒花添加罐；15—麦汁冷却器；16—空气过滤器；17—酵母培养及添加罐；18—发酵罐；19—啤酒稳定剂添加罐；20—缓冲罐；21—硅藻土添加罐；22—硅藻土过滤机；23—啤酒精滤机；24—清酒罐；25—洗瓶机；26—灌装机；27—杀菌机；28—贴标机；29—装箱机

注：本图来源于中国轻工业出版社出版、管敦仪主编的《啤酒工业手册》一书。

五、 啤酒生产技术

啤酒生产技术主要有以下七种。

（1）浓醪发酵　1967 年开始应用于生产。是采用高浓度麦汁进行发酵，然后再稀释成规定浓度成品啤酒的方法。它可在不增加或少增加生产设备的条件下提高产量。原麦汁浓度一般为 16°P 左右。

（2）快速发酵　通过控制发酵条件，在保持原有风味的基础上，缩短发酵周期，提高设备利用率，增加产量。快速发酵法工艺控制条件为：在发酵过程某阶段提高温度；增加酵母接种量；进行搅拌。

（3）连续发酵　1906 年已有啤酒连续发酵的方案，但直到 1967 年才得到工业化的应用，主要应用国家有新西兰、英国等。由于菌种易变异和杂菌的污染以及啤酒的风味等问题，使啤酒连续发酵工艺的推广受到限制。

（4）固定化酵母生产啤酒　1970 年开始研究的固定化酵母生产啤酒，目的在于大幅度缩短发酵周期，实质上是为了克服菌种变异、杂菌污染问题，而且是更为快速的连续发酵工艺。已取得的成果为：前发酵由传统法的5～10日缩短为1日，可连续稳定运行3个月。

(5) 圆柱圆锥露天发酵罐　1966年起开始应用于生产。其主要优点为：可缩短发酵周期，节约投资，回收CO和酵母简便，有利于实现自动控制。目前单罐容积在600kL的已很普遍，材质一般为不锈钢。

(6) 纯生啤酒的开发　随着除菌过滤、无菌包装技术的成功，自20世纪70年代开始开发了不经巴氏杀菌而能长期保存的纯生啤酒。由于口味好，很受消费者欢迎，目前有的国家纯生啤酒已占整个啤酒产量的50%。

(7) 低醇、无醇啤酒的开发　为汽车司机、妇女、儿童和老年人饮用的一种清凉饮料，它的特点是酒精含量低。无醇啤酒酒精含量一般在0.5%～1%，泡沫丰富，口味淡爽，有较好的酒花香味，保持了啤酒的特色。

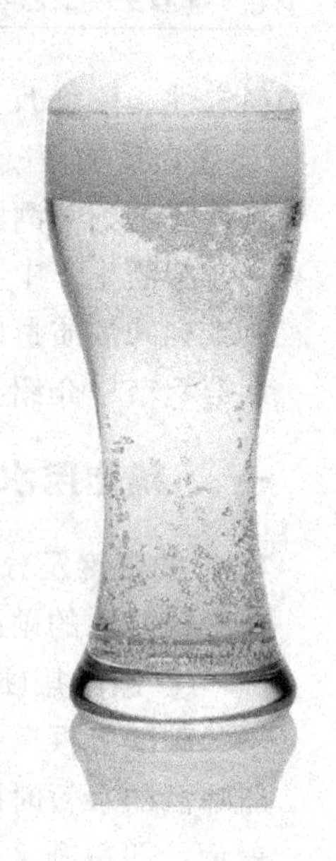

第二章 啤酒酿造原料

酿造啤酒的四种基本原料是水、麦芽、酒花、酵母。原料是啤酒质量的基础，在啤酒生产中具有极其重要的作用。

在啤酒的质量控制中，一般对啤酒原料的用料考究是十分重要的。想要酿造出营养丰富、口味新鲜、外观怡人的啤酒，选择上乘的啤酒原料是目前各大酿酒商所经过的一道必然工序。

第一节 酿造用水

水是啤酒酿造最重要的原料，啤酒中水的含量高达95 %，故酿造用水被称为“啤酒的血液”。世界著名啤酒的特色都是由各自的酿造用水所决定的，酿造水质不仅决定着产品的质量和风味，而且还直接影响着酿造的全过程。因此，正确认识和合理地处理酿造用水，提高酿造用水的质量，对于合理控制糖化过程中各种酶反应、物质分解、麦汁性质、糖化收率及最终啤酒质量都具有十分重要的意义。

啤酒生产用水包括加工水及洗涤、冷却水两大部分。加工用水中投料水、洗糟水、啤酒稀释用水直接参与啤酒酿造，是啤酒的重要原料之一，在习惯上称酿造用水。洗酵母水、啤酒过滤用水等也或多或少地会进入啤酒。

啤酒酿造用水的性质，主要取决于水中溶解盐类的种类和含量、水的生物学纯净度及气味。它们将对啤酒酿造全过程产生很大的影响，如糖化时水解酶的活性和稳定性、酶促反应的速度、麦芽和酒花在不同含盐水中溶解度的差别、盐和单宁-蛋白质的絮凝沉淀、酵母的痕量生长营养和毒物、发酵风味物质的形成等，最终还影响到啤酒的风味和稳定性。

啤酒生产中，不同用途的水有不同的质量要求。以糖化用水要求最高，它直接关系到啤酒质量的好坏。水处理原理及技术在本节不在讨论范围内，具体将在第十章第六节中介绍。

一、 精化用水的质量要求

1. 水的硬度及分类

(1) 水的硬度

① 碳酸盐硬度（暂时硬度）。指溶解在水中的钙离子、镁离子以及碳酸根离子、碳酸氢根离子、硫酸根离子、氯离子和硝酸根离子所形成盐类的浓度。我国青岛啤酒的水暂时硬度为0.749mmol/L。过去，我国水的硬度常以德国硬度（°dH）表示，即每升水中含有10mg氧化钙称为1度。现在，均以法定计量单位mmol/L表示。

② 非碳酸盐硬度（永久硬度）。水的永久硬度，主要由硫酸钙、硫酸镁、氯化钙、氯化镁、硝酸钙和硝酸镁组成。我国青岛啤酒水的永久硬度为0.57mmol/L。

③ 总硬度。把暂时硬度和永久硬度相加之和称为总硬度。我国青岛啤酒水的总硬度为1.319mmol/L。

酿制浅色啤酒，要求水的总硬度不超过4.28mmol/L (12d)，硬度过高会使糖化醪酸度降低，从而影响糖化和发酵，其后果是造成啤酒质量下降。

(2) 硬度的分类　硬度的分类方法有以下两种。

① 以碳酸盐硬度和非碳酸盐硬度来分。碳酸盐硬度即钙和镁的碳酸氢盐溶解于水形成的硬度，由于该硬度的水在加热煮沸时可分解成溶解度很小的$CaCO_3$、$MgCO_3$沉淀而使水的硬度降低，所以该硬度又称为暂时硬度，包括$Ca(HCO_3)_2$、$Mg(HCO_3)_2$。

非碳酸盐硬度是钙和镁的硫酸盐、硝酸盐或氯化盐等溶于水形成的硬度。由于加热煮沸也不沉淀，又称为永久硬度，包括$CaSO_4$、$MgSO_4$、$CaCl_2$、$MgCl_2$、$Ca(NO_3)_2$。

② 以钙硬度和镁硬度来分。钙硬度（简称钙硬）即钙盐所形成的硬度，包括$Ca(HCO_3)_2$、$CaCl_2$、$Ca(NO_3)$、$CaSO_4$；镁硬度（简称镁硬）即镁盐所形成的硬度，包括$Mg(HCO_3)_2$、$MgSO_4$、$MgCl_2$、$Mg(NO_3)_2$。钙硬度和镁硬度是硬度指标的基础。

2. 用水的质量要求

众所周知，啤酒某些风味和典型性形成和酿造水的特性有密切关系。世界驰名的啤酒均和它具有特点的酿造水关系密切。啤酒酿造用水水质要求见表2-1。

表 2-1 啤酒酿造用水水质要求

项目		要求
糖化用水	外观	无色透明，无悬浮物及沉淀物
	口味	味感清爽，无咸、苦、涩、泥臭味、铁腥味等异味
	pH 值	以 6～7 为好
	硬度	浅色啤酒在 8 度以下，最高不超过 12 度，其中暂时硬度以 2～5 度为好；浓色啤酒总硬度可在 14 度以上
	有机物	高锰酸钾消耗量应为 0～3mg/L
	总溶解盐类	固形物含量以 150～200mg/L 为宜，最高不超过 500mg/L
	铁盐	以 Fe^{2+} 计，应小于 0.3mg/L
	锰盐	以 Mn^{2+} 计，不得超过 0.5mg/L，0.1mg/L 以下最好
	硅酸盐	以 Si_2O_3 计，应在 30mg/L 以下
	重金属离子	符合饮用水要求
	硫酸钙	以 1～1.5g/L 为宜
	氯化物	按 Cl^- 计，最适含量为 20～60mg/L，亚氯酸盐含量不超过 50mg/L
	氮化合物	硝酸盐应在 0.2mg/L 以下，最高不超过 0.5mg/L，亚硝酸盐和氨态氮最好无检出，最高含量不超过 0.01mg/L 和 0.5mg/L
	有害微生物	1mL 水中细菌不得超过 100 个，大肠杆菌和八叠球菌无检出
酵母洗涤用水		总溶解盐类应大于 200mg/L，以维持足够渗透压，绝对不能用蒸馏水。适量的 Ca^{2+}、Mg^{2+} 能促进酵母凝集
滤棉洗涤用水		严格控制有机物含量，硬度特别是暂时硬度小于 6 度
啤酒稀释用水		应调整 pH 值，去氯，去盐，排除空气，含氧量小于 0.3mg/L，充二氧化碳，并进行巴氏杀菌，预冷至 0℃左右再使用

① 水的化学指标 Fe^{2+}＜0.5mg/L，Cl^- 20～60mg/L，Cl_2＜0.3mg/L，Si_2O_3＜30mg/L，氨基氮＜0.5mg/L。硝酸态氮、亚硝酸态氮不允许存在，硝酸盐＜0.2mg/L。

② 水的卫生指标细菌总数不得超过 100 个/mL，不得有大肠杆菌和八叠球菌。

③ 对啤酒酿造用水可采用加石膏改良、加酸改良、离子交换法、反渗透法等方法进行处理。

另据资料介绍，酿造醇厚型的啤酒，要求水中具有较高的含盐量，以增加酒的醇厚性。而酿造淡爽型啤酒要求的含盐量很低，所以各厂家应根据自己产品的特点选择适合本厂产品风格的水质及水质处理方法。水质处理的方法较多，如加酸法、添加石膏或氧化钙法、电渗析法、离子交换法等。

二、 不同啤酒品种对水的残碱度 RA 值的要求

酿造用水除具有无色透明、无悬浮物或沉淀物，符合生活饮用水标准外，还应具备如下要求：水的残碱度 RA 值为－5～10mmol/L。水的残碱度 RA 值是酿造水

质量指标中十分重要的一项，根据 Kolbach 残碱度的计算方法，人们可以预测水中降酸碱度的 HCO_3^- 和增酸碱度的 Ca^{2+}，Mg^{2+} 对于酿液、麦汁和啤酒 pH 值的影响程度，从而又可以判断糖化中各种酶的反应、物质分解过程、麦汁过滤时麦皮物质的洗脱和煮沸中酒花苦味质的变化情况。因此 RA 值是分析和评价水质、合理处理酿造用水的重要根据之一。

1. 水的残碱度 RA 值的计算方法（Kolbach 法）

（1）水的总碱度（GA） 水的碱度与水中硬度具有相同的表达意义。因为在多数情况下，碳酸氢根只与钙离子、镁离子结合成为相应的盐，所以当水中不含有 $NaHCO_3$ 时，水的总碱度实际上就是水中的碳酸盐硬度。

（2）抵消碱度（AA） 抵消碱度是钙离子和镁离子增酸效应所抵消的碳酸盐的碱度。从以下反应可以看出钙离子、镁离子与氢离子的定量关系。

$$3Ca^{2+} + 2HPO_4^{2-} \longrightarrow Ca_3(PO_4)_2 \downarrow + 2H^+$$

即 3mol 的钙离子可以释出 2mol 的氢离子，但考虑到反应不完全的因素，实际计算需要附加系数，即 $Ca^{2+}:H^+=7:2$；又因为镁离子的增酸效应只有钙离子的一半，所以又有 $Mg^{2+}:H^+=7:1$ 的关系。

（3）RA 值的计算公式 水的残碱度 RA 值是水的总碱度与抵消碱度的差。RA 值的计算公式为：RA＝GA－AA＝GA－(钙硬/3.5＋镁硬/7.0)。

注：GA，AA，RA、钙硬和镁硬的单位均为 mmol/L。

2. RA 值与麦汁 pH 值的关系

从 RA 值计算公式可以看出：当总碱度高于抵消碱度时，RA 值为正值；当增酸效应强，即抵消碱度高于总碱度时，RA 值为负值；增酸效应愈强，RA 值愈小，麦汁的 pH 值也愈低。

3. 水的 RA 值对啤酒生产过程的影响

如前所述，水的 RA 值高低，会使醒液和麦汁的 pH 值升高或降低，由此对啤酒的生产过程产生一系列的影响。

（1）对酶的影响 在糖化过程中 pH 值对各种酶尤其是 α-淀粉酶有显著的影响。在 pH 值为 5.2～5.8 时，pH 值愈低，酶作用愈好。当 pH 值高时，α-淀粉酶受到抑制，糖化时间延长，最终发酵度也会因 β-淀粉酶的钝化而降低，β-葡聚糖酶也表现出较低的活性，从而导致麦汁黏度升高，同时内肽酶只分解出少量的可溶性氮，使蛋白质分解为氨基酸的速度减慢；当 pH 值在 6～6.2 时，氨肽酶和二肽酶的活力几乎全部丧失；磷酸酶也同样受到抑制，因此只有少量的无机磷酸盐从有机磷酸盐（如肌醇六磷酸钙镁）中分解出来，与碳酸氢盐反应形成磷酸盐沉淀，导致麦汁中磷酸盐含量明显减少，降低了麦汁中的缓冲能力。

（2）对糖化收得率的影响 由于酶的作用受到抑制，麦汁的稠度升高，因此会出现过滤困难和洗糟不净问题，一般可使糖化收得率降低 2%～3%。

（3）对麦汁性质的影响 当醛液的 pH 值较高时，第一道麦汁和洗糟水会将麦皮中对口味不利的物质洗脱，像聚合指数较高的多酚，致使成品啤酒的色度升高，口味生硬、淡薄；某些在酸性条件下凝集的蛋白质在较高的 pH 值下凝集不利，使啤酒易形成浑浊。

（4）对酒花苦味质利用率的影响　pH 值高时，酒花的利用率较高，但苦味较粗糙，许多对口味有害的物质从酒花中浸出，会使啤酒产生刺激口味，如水的 RA 值较高时，建议酒花的添加量应适当减少。

（5）对发酵的影响　前面已经说过，糖化过程中较高的 pH 值会抑制麦芽中许多酶的作用，而使麦汁中氨基酸不足和麦汁醪度升高，这也会给发酵带来不利的影响。氨基酸不足会降低发酵速度；醪度高的麦汁中往往含有高分子蛋白质，这些蛋白质附着在酵母细胞表面，使酵母过早地形成块状沉淀而沉降下来，所以啤酒的真正发酵度与最终发酵度差距较大，成品啤酒的组成不理想，泡沫性能和稳定性也较差。

4. 不同的啤酒品种对水的残碱度 RA 值的要求

不同的啤酒品种对水的残碱度 RA 值有不同的要求，浅色啤酒 RA 值＜0.89mmol/L，深色啤酒 RA 值＞0.89mmol/L，黑色啤酒 RA 值＞1.78mmol/L。

酿造浅色啤酒对水质的要求较高，RA 值应小于 0.89mmol/L。从理论上讲水的 RA 值等于 0.89mmol/L 已能满足浅色啤酒的生产要求，但是随着人们对浅色啤酒低色度的追求，希望水的 RA 值更低甚至是负值。世界上四种典型啤酒的酿造水分析结果见表 2-2。

表 2-2　世界上四种典型啤酒的酿造水分析结果

项目 \ 啤酒品种	慕尼黑 (Munich)	比尔森 (Pilsen)	多特蒙德 (Dortmund)	维也纳 (Wien)
总硬度/(mmol/L)	2.64	0.29	7.31	6.88
碳酸盐硬度/(mmol/L)	2.53	0.23	3.00	5.51
非碳酸盐硬度/(mmol/L)	0.11	0.05	4.37	1.37
钙硬/(mmol/L)	1.89	0.18	6.54	4.07
镁硬/(mmol/L)	0.75	0.11	0.82	2.82
RA 值/(mmol/L)	1.89	0.16	1.02	3.94
SO_4^{2-}/(mg/L)	9.0	5.2	290	216
Cl^-/(mg/L)	1.6	5.0	107	39

三、糖化用水的处理

1. 提高酸度的方法

（1）加硫酸钙　将它加入水中的目的是使麦芽汁维持在适宜的酸度。但硫酸钙的用量不能过大，一般 1t 糖化用水加硫酸钙 100～150g。硫酸钙应选用溶解度较好的优质品。

（2）加酸法　用乳酸、磷酸、磷酸二氢钾或硫酸，将糖化用水的 pH 值调整至所需的要求。

(3) 离子交换法　采用氢型阳离子交换树脂，可以除去水中的阳离子，同时由于树脂上的 H^+ 被交换下来，因此，流出液的 pH 值下降，这种水能够达到糖化用水的要求。

2. 除盐的方法

对含溶解盐类较多，总硬度在 3.21～7.85mmol/L 的硬水，可用电渗析法除盐，经处理后，水的硬度可降低到 0.0357～0.178mmol/L。

四、其他用水的处理要求

酿造水中 Ca^{2+} 至少应为 40～50mg/L，相当于 1.07～1.25mmol/L，这对于防止草酸盐引起的啤酒喷涌是十分重要的，所以自古以来人们就反对用软水或硬度很低的水酿造啤酒。采用离子交换法处理后的水，往往要用石膏或氯化钙增硬至这一最低要求。

另外要求酿造水中钙离子、镁离子的比例要适当，即 $Ca^{2+}:Mg^{2+}>3:1$。镁离子过高会使啤酒产生苦味，通常生产上控制酿造水的镁硬度 0.89mmol/L。当镁硬度高时，应先脱阳离子，然后再用石膏或氯化钙增加非碳酸盐硬度，使钙离子、镁离子保持合理的比例。

不同的啤酒品种对水中盐的含量要求也不同。根据德国啤酒专家纳尔蔡斯 (Narziss) 的观点，醇厚型啤酒要求水中具有较高的含盐量，而清爽啤酒则要求水的含盐量很低。进行水处理时，应根据自己的产品特点合理地选择处理方法，避免盲目处理水，造成不必要的浪费。

第二节　啤酒大麦

大麦在人工控制的外界条件下发芽和干燥的过程，即为“制麦”。其目的首先是大麦生成各种酶，以供制麦芽汁催化剂之用。第二是使大麦粒中淀粉、蛋白质在酶的作用下达到适度溶解。第三是通过麦芽的焙燥除去麦芽中多余的水分和生腥味，产生干麦芽特有的色、香、味，以便保藏和运输。

大麦除用于制麦芽外，还可作为生产啤酒的辅料。一般使用量在 20% 以下，此时可用麦芽中的酶进行分解，高于此量时，则必须使用酶制剂。用大麦作辅料制成的啤酒，泡沫好，非生物稳定性较高，口感也不错，同时可以提高谷物利用率，降低成本，是啤酒工业技术上的一项改革。

用大麦作辅料制成的啤酒最大特点是：泡沫较好，但由于其含有半纤维素和高浓度的 α-葡聚糖，所制成的麦汁黏度高，易造成麦汁和啤酒过滤困难，应采取相应措施。另需要注意的是，麦皮中的多酚易影响啤酒色度；大麦淀粉糊化温度不高，仅为 51.5～59.5℃，可以和麦芽一同粉碎下料。但由于大麦粒比麦芽坚硬，韧性大，单独用辊式粉碎机粉碎较困难。

一、大麦的品种

大麦依麦粒在穗轴上的排列方式可分为六棱、四棱、二棱大麦。

二棱大麦是六棱大麦的变种，麦穗扁形，沿穗轴只有对称的两行籽粒，由此得名。二棱大麦籽粒均匀整齐，比六棱、四棱大麦淀粉含量相对较高，蛋白质含量相对较低，是酿造啤酒最好的原料，近年来也注意到六棱大麦的应用。四棱大麦一般不用。

大麦是酿造啤酒的主要原料，之所以适于酿造啤酒是由于：①大麦便于发芽，并产生大量的水解酶类。②大麦种植遍及全球。③大麦的化学成分适合酿造啤酒，其谷皮是很好的麦汁过滤介质。④大麦是非人类食用主粮。

二、大麦子粒的构造组成

大麦麦粒（图 2-1）主要由胚、胚乳、皮层 3 大部分组成。

(1) 胚　胚含有供叶胚芽和根芽使用的带生长锥体的胚基，胚位于胚乳附近，一个很薄的组织层将胚和胚乳分开。

(2) 胚乳　胚乳由许多胚乳细胞组成，这些细胞含有淀粉颗粒。随着发芽的不断进行，胚乳细胞变得疏松起来，为胚部的根芽叶芽提供必需的能量。胚乳细胞的细胞壁为半纤维素、麦胶物质和蛋白质构成的稳定框架结构。胚乳被蛋白质含量丰富的糊粉层所包围，此糊粉层是制麦时形成酶的最关键的起点。糊粉层稳固的蛋白质中，还贮存着其他物质，如脂肪和色泽物质等。

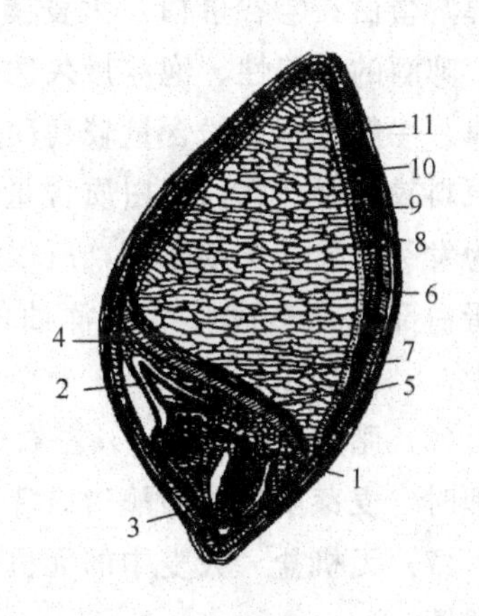

图 2-1　大麦麦粒（纵切图）

1—胚基；2—叶胚芽；3—胚根基；4—盾状体；5—上皮层；6，7—空细胞；8—糊粉层；9—种皮；10—果皮；11—谷皮

(3) 皮层　麦皮由 7 个不同的皮层组成，主要分为 3 层：糊粉层之外最里面的一层为种皮，种皮包围着整个麦粒，且只能让水透过，水中溶解的盐分则被挡住，这一点是由种皮的半渗透性决定的。种皮之外为果皮，果皮和种皮紧密生长在一起。果皮包围着种皮，而果皮又被谷皮包围。背皮和腹皮保护着麦粒。谷皮主要由纤维素和半纤维素组成。谷皮中含有的某些微量物质对啤酒质量不利，其中包括硅化物、单宁等苦味物质。

三、大麦的化学组成

大麦的主要化学成分是淀粉，其次是蛋白质、纤维素、半纤维素和脂肪等。

(1) 淀粉　它是以淀粉粒的形式存在于胚乳细胞的细胞质中。淀粉粒中97%以上是淀粉，0.29%～0.7%是无机盐，0.6%是脂肪酸，含氮化合物占0.5%～1.59%。在淀粉粒中，支链淀粉占769%～839%，直链淀粉占179%～249%。淀粉占大麦干质量的65%左右。

(2) 纤维素　纤维素主要存在于大麦皮壳中，占大麦干重的4%～9%。纤维素是与木质素、无机盐结合在一起的，它不溶于水，吸水会膨胀。

(3) 半纤维素　半纤维素是细胞壁的主要组成部分，占麦粒干重的4%～10%。半纤维素不溶于水，但易被热的稀酸或稀碱水解成五碳糖和六碳糖。

(4) 蔗糖　蔗糖集中存在于大麦的胚里，占麦粒干重的1%～2%，是麦粒发芽时的养料。

(5) 蛋白质　大麦含蛋白质9%～12%，主要存在于胚乳、糊粉层和胚中。按蛋白质在不同溶液中的溶解度，可将大麦蛋白质分成4类：①清蛋白；②球蛋白；③醇溶蛋白；④谷蛋白。大麦蛋白质含量和种类与大麦的发芽能力、酵母菌的生长、啤酒的适口性、泡沫持久性以及非生物稳定性等有密切关系。如果不使用辅助原料，一般选用淀粉含量较高而蛋白质含量稍低的二棱大麦为发酵用原料；使用辅助原料较多时，就以蛋白质含量较高的六棱大麦作发酵原料。含蛋白质多的大麦，因为发芽力强，发芽旺盛，所以制麦芽时损失较大，糖化时浸出率低。蛋白质中的球蛋白部分是造成啤酒冷浑浊的主要成分，而醇蛋白和谷蛋白则大部分进入麦糟中。

(6) 脂肪　大麦含3%左右的脂肪，主要聚集在麦粒的糊粉层中。麦芽在干燥处理时，麦芽中的脂肪酶遭破坏，因此脂肪仍留在麦芽中，很少会转到麦芽汁中。

(7) 无机盐　大麦中的无机盐约占大麦干重的3%，主要是磷酸钾、磷酸镁和磷酸钙。

(8) 多酚物质　大麦含多酚物质0.1%～0.2%，主要集中存在于胚乳、糊粉层和种皮中。多酚物质与蛋白质共同加热，会生成不溶性沉淀物。

四、啤酒酿造对大麦的要求

(1) 外观　麦粒有光泽，呈淡黄色，子粒饱满，大小均匀，表面有横向且细的皱纹，皮较薄。

(2) 物理检验　①千粒重35～45g。②能通过2.8mm筛孔径的麦粒，应占85%以上。③将大麦从横面切开，胚乳断面应呈软质白色，透明部分越少越好，这表明蛋白质含量低，这种麦粒不仅淀粉含量高，而且在浸渍时吸水性好，出芽率高。④新收大麦必须经过贮藏后熟才能得到较高的发芽率和发芽力。发芽率是指全部样品中最终能发芽的麦粒的百分率，要求不得低于96%；发芽力是指在发芽3d之内发芽麦粒的百分率，要求达到85%以上。

（3）化学检验　①淀粉含量在65%以上。②含水量在12%～13%。③在15℃浸泡48h，大麦含水不低于42%。④蛋白质含量为9%～12%，其中1/3～1/2的蛋白质可溶解于麦芽汁中。

五、啤酒大麦的质量标准

（1）感官检验　色泽：良好大麦有光泽，淡黄，不成熟大麦呈微绿色；受潮大麦发暗，胚部呈深褐色；受霉菌侵蚀的大麦则呈灰色或微蓝色。

气味：良好大麦具新鲜稻草香味，受潮发霉的则具有霉臭味。

谷皮：优良大麦皮薄，有细密纹道；厚皮大麦则纹道粗糙，间隔不密。

麦粒形态：麦粒以短胖者为佳，浸出物高，蛋白质低，发芽快，容易溶解。

夹杂物：杂谷粒和砂土等应在2%以下。

品种纯净度和麦粒整齐度：优良的大麦应具有品种纯净度，即不夹杂不同品种、不同产地和不同年份的大麦；单一品种也要求麦粒均匀整齐。

（2）物理检验　千粒重：以无水物计千粒重应为30～40g，二棱大麦较六棱大麦重，千粒重高浸出物相应亦高。

麦粒均匀度：按国际通用标准，麦粒腹径可分为2.8mm、2.5mm、2.2mm三级。2.5mm以上麦粒占85%者属一级大麦，2.5～2.2mm者为二级，2.2mm以下为次大麦，用作饲料。

胚乳性质：胚乳断面可分为粉状、玻璃质和半玻璃质三种状态。优质大麦粉状粒为8000以上。

发芽力和发芽率：发芽成熟阶段的麦粒，3d内发芽的麦粒百分数为发芽力，应达到90%以上；5d内发芽的麦粒百分数为发芽率，应达到95%以上。

水敏感性：将100颗麦粒置于盛4mL和8mL水的平面皿内，120h后，检查两者已发芽的数量。如果相差10%以下，为极轻微水敏感性；10%～25%为轻微水敏感性；26%～45%为水敏感性；45%以上为严重水敏感性。

吸水能力：在特定的浸麦条件下［(14±0.1)℃］浸72 h后其水分含量在50%以上为优良；47.5%～50%为良好；45%～47.5%为满意；45%以下为不佳。

（3）化学检验　水分：侧定水分是计算干物质的基础。原料大麦水分不能高于13%，否则，不能贮存，易发生霉变，呼吸损失大。

蛋白质：蛋白质含量一般要求为9%～12%。蛋白质含量高，制麦不易管理，易生成玻璃质，溶解性差，浸出物相应地低，成品啤酒易浑浊。

浸出物：间接衡量淀粉含量的方法，一般为72%～80%（干物质计）。

（4）酿造大麦的质量标准　轻工业部于1978年制订出部颁标准，至1986年12月经国家啤酒大麦专家组审定，正式制订和通过了啤酒大麦国家标准，1993年修订，编号为QB—1416—93，内容见表2-3。

表 2-3 我国啤酒大麦质量标准

项目	二棱和六棱		
	优级	一级	二级
外观	淡黄色，具有光泽，无病斑粒，无霉味和其他异味	淡黄色或黄色，稍有光泽，无病斑粒，无霉味和其他异味	黄色，无病斑粒，无霉味和其他异味
夹杂物含量/%＜	1.0	1.5	2.0
破损率/%＜	0.5	1.0	2.0

理化指标

项目	二棱			多棱		
	优级	一级	二级	优级	一级	二级
水分/%≤	13	13	13	13	13	13
千粒重/g（无水物）≥	42	38	36	40	35	30
发芽力/%≥	92	90	85	92	90	85
发芽率/%≥	97	95	90	97	95	90
大麦浸出物含量（无水）/%	80	76	74	76	72	70
蛋白质含量（无水）/%	12	12.5	13.5	12.5	13.5	14
选粒试验（2.5mm以上）/%	80	75	70	75	70	65

第三节 啤酒麦芽

一、概述

大麦芽为禾本科一年生草本植物大麦的成熟果实经发芽干燥而成，表面黄色或淡黄棕色，胚乳很大，乳白色，粉质，味微甜，以色黄粒大、饱满、芽完整者为佳。

大麦芽是酿造啤酒的主要原料，麦芽的成分和质量直接影响啤酒的风味和质量，故称麦芽为“啤酒的骨架”。通常情况下100kg大麦可制成80kg麦芽。

如今啤酒种类日趋多样化，许多产品以其特有的泡沫、色度、香味、口味以及丰满性在市场上占有特殊地位，这意味着要生产不同的啤酒，就应添加一些特别的麦芽，以突出该产品的典型特征，这些麦芽被称为特种麦芽。

特种麦芽能赋予啤酒以特殊的性质，影响到啤酒的生产过程、色、香、味及其稳定性，一般分为小麦麦芽、黑麦芽和焦香麦芽等。

小麦芽：一般色度不高，酶活力较强，主要用来调节麦汁的性质，可作为啤酒添加剂使用，一般只掺用5%～10%，以提高啤酒的醇厚性和泡沫性能。还有的添加

10%～20%的小麦芽，能显著提高啤酒的麦芽香气，使啤酒泡沫如牛奶般洁白细腻。

黑麦芽：通过特制的麦芽焙炒转炉焙制而成，色度在800～1200EBC之间。黑色，具有苦咖啡香味。可用黑麦芽酿制黑、褐色啤酒。

焦香麦芽：各色焦香麦芽酶活力很微弱或没有，并有浅色和深色等之分，色度在30～400EBC之间，多用于制造中等浓色啤酒，能增进啤酒的醇厚性，给予一种焦糖和麦芽香味，并有利于改善啤酒的酒体、泡沫性和非生物稳定性，在上面啤酒及下面啤酒中应用均很普遍。

① 浅色焦香麦芽：具有浓郁焦香味，色度在30～100EBC之间。浅黄色，具有典型的令人愉快的焦香味，甜中微苦。

② 深色焦香麦芽：具有浓郁焦香味，色度在100～400EBC之间。深黄色，具有典型的令人愉快的焦香味，甜中微苦。

③ 巧克力色焦香麦芽：具有浓郁巧克力味，色度在100EBC左右。淡黄色，具有典型的令人愉快的甜香味。

④ 咖啡色焦香麦芽：具有浓郁咖啡味，色度在400EBC以上。黄褐色，具有典型的令人愉快的咖啡苦味。

使用量一般为啤酒原料的3%～15%。黑麦芽多用于酿造深、浓色啤酒和黑啤酒，以增加啤酒色度和焦苦味，使用量一般为啤酒原料的5%～15%。国内有些生产厂家生产的澳麦芽，一般采用澳大利亚进口大麦和先进的现代麦芽工艺进行加工生产。

二、 麦芽质量指标

麦芽质量与啤酒质量的关系是不言而喻的，用好麦芽更容易做出好啤酒。在国家行业标准QB1686—93中规定，淡色麦芽的感官要求是“淡黄色，有光泽，具有麦芽香味，无异味，无霉粒”，理化要求被列为11项指标，即夹杂物、水分、糖化时间、色度、煮沸色度、浸出物、粗细粉差、黏度、α-氨基酸、库值、糖化力。近年来，随着酿造技术的发展，对麦芽也出现了一些新的分析项目，如脆度、均一性、DMS-P，β-葡聚糖等，麦芽分析越来越趋向精细化。下面我们就针对淡色麦芽探讨一番这些要求的含义是什么以及为什么提出这些要求，如此便可找到解开麦芽与啤酒关系的钥匙。

1. 麦芽的感官要求

麦芽的颜色是大麦原色和工艺处理过程共同作用的结果。大麦的自然颜色为淡黄至金黄，在制麦的过程中由于浸麦使麦皮中的色素物质被部分浸出，干麦芽一般呈淡黄色。如原大麦在收获期遭下雨天气，根据程度会变为暗黄色至灰色，严重时还会出现黑头、霉斑及呈粉红色的镰刀菌丝等情况。欧洲大麦常有这种情况，北美也有时遇到。这种大麦制成的麦芽颜色也会发暗或发灰。欧洲一些品种的大麦具有蓝色糊粉层，大麦腹部显示出灰蓝色，这是由于含有特殊的苷所致。这种大麦麦芽腹部仍略带灰蓝色，不过不影响麦汁的色度。浸麦水的性质也影响麦芽颜色，硬度过高麦芽表面会附着碱渍而发白，铁、锰离子过高会发暗。

颜色不正的大麦一般缺少光泽，颜色正常但过年度的大麦也会失去光泽，这种情况会因水分的增高而加剧，制成的麦芽也会缺少光泽。洗麦不彻底的麦芽光泽性差。有光泽的麦芽储存时间过长也会逐步失去光泽。用硫磺熏蒸的麦芽虽然表观色泽淡一些，但缺少光泽而呈惨白色。麦芽的香气成分极其复杂，焙焦温度越高生成越多。另外，相同温度下生成量与水分正相关，如麦芽进入焙焦期水分过低，虽提高温度香气也不明显。如原大麦污染霉菌或储存期过长，麦芽会有杂味，如霉味、尘土味、纸板味等。制麦过程控制不当也会使麦芽带来异味，如浸麦水生物耗氧量过高会带来腐败味；浸麦过度或通风不良会带来酸味或气味沉闷；溶解过度会有生青味；干燥期升温太快会有焦糊味等。

霉粒的产生一般分为三种情况：一是原大麦产生的，即大麦收获期遇连雨天气，霉菌会滋生在表皮沟褶处，在麦芽上会明显看到霉迹；二是大麦储存期产生的，即高水分的大麦在通风不良的环境中会长霉；三是制麦过程产生的，一般集中滋生在暴露的胚部，形成一个明显的灰色霉点，其原因是掉皮损伤的胚部因营养丰富而成为霉菌良好的培养基。霉菌在厌氧的条件下滋生更快，故通风不良或发芽期延长会使霉粒增加。

一般来说新大麦外观颜色对麦汁色度没有明显影响，但陈大麦由于氧化严重会有影响，特别是煮沸色度，这会进一步影响啤酒的色度。因为有些麦芽的不正常色泽是储存期长或污染霉菌而导致的，所以会影响啤酒的口味。霉菌的代谢产物还会引起啤酒喷涌。用不同性质的浸麦水制成的麦芽都会给啤酒带来相应的口味，洗麦不净或浸水时间过短还会给啤酒带来涩味并使啤酒泡沫发黄。二氧化硫的残存有二重性，既有抗氧化作用又能经酵母代谢转化为硫化氢等，给啤酒带来异味。

一般来说麦芽的香气是与焙焦温度直接相关的，这就对啤酒质量产生了连带问题，可能造成DMS-P高，啤酒口味沉闷不爽；可凝固性氮高，麦汁不清，酵母峰值下降，影响双乙酰还原；啤酒亮度差，保质期缩短；脂肪氧化酶、多酚氧化酶高，啤酒色度高，老化味重等等。所以说麦芽的外观不仅仅是表面问题，其背后的原因与啤酒质量密切相关。

2. 麦芽的理化要求

（1）麦芽的物理成分指标

① 水分。很多用户往往把商品麦芽的水分看成是单纯的经济指标，采取超标扣重的方式处理。

其实，水分是重要的质量指标，通过干燥使麦芽水分达到较低水平是为了取得理化性质的稳定性，这就要求出炉水分不超过5%。

商品麦芽的水分与出炉水分密切相关。在立筒仓储存的条件下，麦芽水分的增加是有限度的，一般每月仅增加0.05%左右。因此，从商品麦芽水分可大致推测出炉水分。出炉水分的意义非同小可，它与焙焦条件直接相联系。如在北方秋季，在干燥炉麦层温度83℃3个小时焙焦的条件下，出炉水分在4%左右；麦层温度如降为80℃，出炉水分将达到5%左右；而出炉水分达到6%左右，麦层温度可能在77℃以下。麦层出炉水分高意味着生产厂家能源成本的降低，这是以降低麦芽的酿造性能为代价的。麦芽内部好多重要的化学反应都是在80℃以上才加快进行的，如色度和香气的形成、高分子氮的凝固、氧化酶类的失活、DMS-P的挥发等，因此透过麦芽水分就可推知这些指标的状况。

有些麦芽的水分高是由于储藏条件不好引起的。如在平库中放置，水分每月将增加0.2%以上，露天放置水分增加更快。可通过对麦芽生产厂家的干燥记录和仓储设施判断麦芽水分的增加是何原因。

麦芽水分高会降低麦芽风干浸出率，因此对啤酒生产过程的影响主要体现在降低麦汁收率。另外，还会影响粉碎过程。水分低于5%，干法粉碎会过碎，影响过滤并使麦皮不良成分溶出过多；高于7%，经粉碎机辊子碾压将成饼状，影响糖化效果。出炉水分高的麦芽对啤酒质量的影响主要体现在麦芽香气不足、口感不爽、光泽欠佳、保质期短；焙焦正常而储藏期吸潮过度的麦芽虽不影响可凝固性氮指标，但会严重影响定型麦汁的色度进而影响啤酒的色度并加速老化。

② 杂质。将杂质误作经济指标的用户更加普遍。杂质，它既然属于不入流的异类，杂质多，首先说明清选有问题，不是清选设备配备不到位就是分级机筛板规格不合理。一个配套完善的清选工序，要配备初清选以除大杂和轻杂，为后处理减少负担；还要配备圆孔筛或窝眼筛以除豆类和半粒麦；最后通过分级机将小粒麦和燕麦等不适于酿造的麦类分离掉。而各地蜂拥而上的中小麦芽厂，有些投资压到不可思议的程度，首先简化的就是第一道工序——清选。

(2) 麦芽的综合理化指标

① 一般检验（标准协定法糖化试验）。

② 色度和煮沸色度。麦芽色度的形成因素较为复杂，包括大麦的原始色度、氨基氮与糖类的美拉德反应形成类黑精的色度、多酚氧化形成的色度以及其他有机、无机氧化物的色度。而煮沸过程又加剧了美拉德反应和多酚氧化反应，故一般麦芽的色度高，煮沸色度也高。

色度和煮沸色度的高低与原料和过程都有关系，蛋白质高的大麦或跨年度的大麦数值较高，浸麦度、发芽水分、发芽期干燥升温速度、焙焦温度和时间这些过程参数都与其正相关，氨基氮水平与其呈强正相关。麦汁浊度增加的色度是一种掩盖的假性色度，这种情况下的色度差趋于变小。

③ 总酸和pH值。麦芽的总酸有大麦中带进来的，如脂肪酸，也有在发芽的过程中逐步积累起来的，其成分主要有磷酸、各种氨基酸以及三羧酸循环过程中的中间产物和衍生产物，如乙酸、丙酸、柠檬酸、苹果酸、琥珀酸、丙酮酸等。其生成原因如下：通过磷酸酯酶的作用从脂类化合物中释放出磷酸；糖代谢产生的丙酮酸进入三羧酸循环过程产生各种有机酸；发芽过程中氨基酸发生转氨作用生成相应的酮酸；大麦有机硫化物中生成少量的硫酸或酸性硫酸盐。

因此，溶解度高的麦芽，其总酸相对高，正常情况下，它与氨基氮有较强烈的对应关系。如相对过高，说明发芽条件不正常，如通风不足、浸麦过度、发芽温度过高等。适当的酸度会增加口感的柔和性。总酸过高，会提高啤酒的酸度，引起口味不协调。特别是当制麦过程中污染了醋酸菌，产生的乙酸会使口感“尖酸”。总酸过低对口感的丰满性有影响。

发芽中离解出的磷酸盐对麦汁的氢离子浓度具有缓冲作用，因此麦汁的pH值波动较小。pH值如低于5.8，说明溶解过度或乳酸菌污染，如高于6.1，说明溶解不足或焙焦不够。当然这也与品种有关，一般蛋白质高的品种总酸相对较高，pH值相对较低，可溶性氮降低，蛋白质凝聚不好，也影响酵母的凝集性。以上理化指标的形成机理都较复杂，不是哪一类酶专一作用的结果，而是各类酶和其他因素综合作用的结果，其形成结果也不是单一的化学成分，故曰综合理化指标。

(3) 有关蛋白溶解的指标

① 库值。可溶性氮与总氮之比定义为库值，是判定麦芽的溶解度的工具之一。按一般的标准，溶解良好的麦芽在40%～44%，超过46%为过溶解，而低于38%为溶解不足。

麦芽溶解主要包括蛋白质溶解、淀粉溶解和细胞降解，蛋白质的溶解是主要方面。在正常的原料质量和良好工艺的条件下，这三方面是协调进行的，故用蛋白溶解度就可以对麦芽的溶解度做出基本判断。但由于原料的蛋白质含量不同，即使库值一样，麦汁可溶性氮的含量也不同。作为麦汁的功能组分，可溶性氮的含量更为重要。酿造师为达到整体工艺效果，所关注的不仅是可溶性氮的比例，还应关注可溶性氮的绝对数量，因此将库值与总氮联系起来考虑才更有意义。

比如，蛋白质为12.5%、库值为40%的加麦芽，其可溶性氮可达800mg/100g；而蛋白质为10%、库值为45%的澳麦芽，其可溶性氮仅为720 mg/100g。这也说明，库值对于不同蛋白质水平的麦芽应有不同的水平。

库值低的麦芽，麦汁中相应低分子氮也低，即可溶性氮低，这就影响酵母的营养，使发酵过程不正常；还使啤酒口味的骨架感差，常常寡淡如水；库值过低的麦芽往往连带浊度高，如在酿造过程中不采取针对性的措施则存在早期沉淀的风险，所有的改善措施不是增加物耗就是增加能耗或降低生产效率，总归以提高成本为代价。库值低对提高啤酒的泡持性有利。可溶性氮过高的啤酒爽口性差。

② 氨基氮。作为酵母70%可同化氮源的氨基氮来说，重要性是不言而喻的。也正是因此，它似乎成了判断麦芽质量的重要指标，特别是在当前啤酒企业面临巨大成本压力，拼命增加辅料的情况下，对麦芽的氨基氮的要求更有走火入魔的趋势。氨基氮原本也是衡量芽蛋白溶解度的一个重要指标，其正常范围在150～165mg/100g麦芽，超出范围即为溶解不足或过溶解。但目前似乎要求越高越好，无人关心过溶解的问题，这就产生了一系列的连带问题。

a. 氮是蛋白质分解的末端产物，蛋白质在分解为氨基氮的过程中伴随着一系列中间产物的积累，这就是说氨基氮是与可溶性氮相生相随的，一般来说，高氨基氮必以高库值为前提，除非总氮很高。

b. 氨基氮是类黑精形成的前体物质，高氨基氮一般也会带来高色度，除非大幅度降低焙焦温度，而这样做又带来了麦芽整体内在质量的降低。

与代表麦芽溶解度的其他指标一样，氨基氮也应有一个合理的区间，当然这一区间的上限不能单独控制，应结合库值与总氮一并考虑，如在低蛋白麦芽的条件下，为了多加辅料，单纯要求高氨基氮就会导致蛋白质溶解度的严重失衡，即便发酵过程顺利，制成的啤酒也降低了泡沫性能与适口性，这种情况下，不如选择溶解度适中的高蛋白品种或小麦芽更能保证整体质量。

(4) 有关淀粉分解的指标

① 麦芽的主要成分是淀粉。淀粉的分解产物又是麦汁固形物的最主要成分，在制麦过程中分解仅5%～10%，其余部分要靠制麦中增长的淀粉酶在糖化过程中加以分解。表示淀粉分解能力的糖化时间和糖化力也是一对孪生兄弟，联系密切又有区别。淀粉能够被糖化的总量取决于糖化力。它以β-葡聚糖为主导，也与α-淀粉酶有关。从分解过程来说，α-淀粉酶是第一推动力。

② 黏度。黏度是液体流动的阻力，麦汁的黏度取决于浸出物的浓度和组成。协定法糖化麦汁折算成8.6%浸出物的黏度值定义为协定麦汁黏度，它主要取决于胚乳细胞壁中β-葡聚糖大量降解的情况，胚乳细胞壁降解得好，β-葡聚糖大量分解为己糖和戊糖，黏度就会大幅下降。

协定法黏度高的麦芽往往会带来过滤问题，伴生的问题是降低糖化室麦汁收得率、降低糖化周转批次、劣化麦汁质量和提高生产成本，应提到应有的高度。目前一般通行的优良标准即小于1.6cp过于宽泛，统计说明溶解良好的麦芽应达到1.55cp以下，1.5cp以上几乎肯定会产生过滤问题。

第四节 辅助原料

一、概述

辅料主要指未发芽的谷类、糖类及糖浆等。使用辅料的目的，主要是降低啤酒的蛋白质含量，延长啤酒的保质期，改善啤酒的风味以及出于经济方面的考虑，以降低成本。啤酒厂经常掺入部分未发芽的大米或其他谷类代替麦芽作为辅助原料，也有用淀粉或各种糖类，如蔗糖等。

一般绝大多数国家生产啤酒均使用辅料，世界各国啤酒辅料用量差别很大，欧洲和美国用玉米，东方各国大多用大米，非洲一些国家使用木薯淀粉。唯独德国除外，德国严格遵循其1516年制定的《啤酒纯净酿造法》，啤酒酿造只允许使用水、麦芽、酒花和酵母四种原料，不允许添加辅料。不过，最近随着荷兰喜力啤酒与德国啤酒的合作成功，其政策也有所松动。

目前，在中国主要使用大米和淀粉糖浆作为辅料，大约用量为总原料的30%左右。

二、大米

大米淀粉含量高于其他谷类，蛋白质含量低。用大米代替部分麦芽，不仅麦汁的浸出率高，而且可以改善啤酒风味、降低啤酒的色泽。但大米用量不宜过多，否则将造成酵母繁殖力差、发酵迟缓的后果。

一般大米的种类有粳米、籼米、糯米等。啤酒厂采用的大多数是碎粒的籼米，比较经济。无论采用何种大米，大米必须经过精碾，除去大米表皮的蛋白质细胞层，降低蛋白质含量，减少脂肪含量，以提高啤酒质量。

大米的形状分为短、中、长等类型，啤酒厂多使用短形，主要因为短型品种浸出物高，而糖化黏度低，易于麦汁过滤。多数啤酒厂的大米用量在20%～30%，多的可达到40%～50%，高者可达到70%～80%（外加酶糖化法）。在美国，由于其麦芽酶活力高，大米的用量一般可达50%以上。

我国的大米淀粉含量比大麦、玉米高出10%～20%，而蛋白质含量低于两者3%左右，因此我国用大米代替部分麦芽，既可提高出酒率，又对改善啤酒风味有利。

我国啤酒厂用大米的数量一般在1/5～1/3，若采用外加酶糖化的工厂，大米的用量可达50%左右。

大米需要预加工，将大米粉碎成颗粒状，浸湿后，在蒸汽加热的料辊上压成薄片，并使之糊化。这样的加工制品，其特点是在制备麦汁时可以不经糊化，直接与麦芽混合下料，适用于浸出糖化法。大米的化学成分见表2-4。

表2-4 大米的化学成分

大米名称	成分	极限值	正常数值	大米名称	成分	极限值	正常数值
碎米	水分	8～15	11～13	大米片	水分	8～13	8～10
	淀粉	—	82～85		淀粉	75～85	79～81
	浸出物	75～97	92～95		浸出物	75～97	90～95
	蛋白质	5～8	6～7.5		蛋白质	6～9	6～8
	脂肪	0.3～1.5	0.3～0.4		脂肪	0.3～2	0.3～0.5
	粗纤维	—	0.3～0.5		粗纤维	0.5～2.5	0.5～1
	灰分	—	0.4～1.5		灰分	—	0.5～1

三、玉米

欧美国家较普遍用玉米作为辅助原料，而我国一般都使用大米。玉米所含的蛋白质、纤维素比大米多，脂肪含量高出大米好几倍，而淀粉的量比大米少10%左右。

我国除甜种玉米适于食用外，其他品种如马齿种、硬粒种和软粒种的玉米均可作辅料。

玉米所含的淀粉较易糊化和糖化，酿成的啤酒味道醇厚，有特殊香味，而且玉米不含易引起啤酒浑浊的花色苷，有利于啤酒的保存。

玉米中的油脂会使啤酒产生异味，而且减弱啤酒起泡力，因此去除油脂是必要的。玉米的油脂绝大部分积存在胚芽中，除去胚芽的玉米就可使用。另外，在贮存过程中油脂被氧化，会败坏啤酒风味，因此挑选玉米时，应注意贮存时间。

玉米淀粉的性质与大麦淀粉大致相同，但玉米胚芽含油质较多，影响啤酒的泡持性和风味，除去胚芽，就能除去大部分的玉米油。脱胚玉米的脂肪含量不应超过1%。以玉米为辅助原料酿造的啤酒，口味醇厚。玉米为国际上用量最多的辅助原料。

使用玉米作辅料时必须注意脱胚，玉米胚中含有较多的脂肪，容易氧化、败坏，直接影响着啤酒的泡沫、口味和风味；另外，脱胚过程中也除掉了玉米外皮，减轻了玉米的苦味质；还要尽量使用新玉米，因为玉米在贮存过程中，胚中脂肪含量会逐渐提高，存放1～2年，脂肪含量可高达2.5%～5.0%，而正常值为1.5%～3.0%。

玉米作辅料常用的三种形式：玉米颗粒，将玉米脱皮，然后磨成颗粒，最后干燥至水分为12%～14%为止；玉米片，粗玉米颗粒在高温辊筒之间挤压，挤压过程中淀粉被糊化；玉米淀粉，制作时除去胚部和全部蛋白质，仅保留玉米淀粉，因此容易分解。

四、小麦

小麦属于禾本科的小麦属，它是世界上最早栽培的农作物之一，小麦也是世界上种植最多的谷物，经过长期的发展，已经成为世界上分布最广、面积最大、总产量第二、贸易额最多、营养价值最高的粮食作物之一。

但是一般适宜酿造的小麦品种很少，只能选用含蛋白质含量低的白小麦品种。因此，因内啤酒厂很少用它作辅料，即使用作辅料，添加量也较小，仅为5%～10%，主要用以提高啤酒的泡沫性能，如果添加量过大，将导致啤酒过滤困难。正因为如此，国外小麦啤酒多为不过滤啤酒。

德国的白啤酒以小麦芽为主原料，比利时的兰比克啤酒是用大麦芽配以小麦为辅料酿造的具有地方特色的上面发酵啤酒。小麦品种有硬质小麦和软质小麦，啤酒工业宜采用软质小麦。小麦的可溶性高分子蛋白质含量高，泡沫性能好，但因其不易进一步分解，也容易造成非生物稳定性问题；花色苷含量低，有利于啤酒的非生物稳定性，风味也很好，但麦汁色泽较大米辅料略深；麦汁中含有较多的可溶性氮(与大米辅料比较)，发酵较快，啤酒的最终pH值较低。小麦和大米、玉米不同，富含α-淀粉酶和β-淀粉酶，有利于缩短糖化时间。

一般小麦的化学成分为：水分11.6%～14.8%、脂肪1.50%～2.30%、淀粉57.2%～62.4%、粗纤维2.20%～2.50%、蛋白质11.5%～13.8%、灰分1.80%～2.30%。

五、 黍米

为禾本科植物黍的种子。一般颖果圆形或椭圆形，平滑而有光泽，长约3mm，乳白、淡黄或红色，种子白色、黄色或褐色，性黏或不黏。

我国华北、西北多有栽培。在缺乏麦芽的非洲，糖化投料时黍米的使用量可高达40%。黍米的浸出物含量很高，脂肪特别少。由于黍米淀粉的糊化温度为68～76℃，所以使用黍米酿造啤酒非常适宜。

黍米的化学成分为：去壳黍米含灰分（ash）2.86%，精纤维（crudefiber）0.25%，粗蛋白（crude protein）15.86%，淀粉（starch）59.65%，含油5.07%，其中饱和脂肪酸为棕榈酸（palmiticacid）、二十四烷酸（carnaubic acid）、十七烷酸（daturic acid），不饱和脂肪酸主要有油酸（oleic acid）、亚油酸（linoleic acid）、异亚油酸（isolinoleic aced）等。蛋白质（protein）主要有白蛋白（albumin）、球蛋白（globulin）、谷蛋白（glutelin）、醇溶谷蛋白（prolamine）等种类。黍米又含黍素（miliacin）、鞣质（tannin）及肌醇六磷酸（phytate）等。

六、大豆

大豆（学名：Glycine max），中国古称菽，属豆科，有豌豆、黄豆等，是一种其种子含有丰富的蛋白质的豆科植物。大豆呈椭圆形、球形，颜色有黄色、淡绿色、黑色等，故又有黄豆、青豆、黑豆之称。

目前大豆制品被引入啤酒辅料行列，大豆有上百种之多。大豆的平均组分为水分11.0%、油脂16.5%、蛋白质38.11%、糖类24.2%、纤维4.8%、矿物质4.8%，氮6.1%。

一般大豆经过去油脂，得到豆片或豆粉，其组分含量为水分10.4%、油脂0.4%、浸出率35.9%、浸出率（干重）40.1%、蛋白质42.5%、糖化力125mg/(g·h)。

由于大豆蛋白含量高（主要是球蛋白），因此有人说，使用大豆能增强啤酒的醇厚性和提高啤酒泡持性。事实上，进入麦汁的蛋白质仅为一小部分（占20%），据称，大豆片含有丰富的维生素和生长素，能提高酵母的发酵机能，但只能少量使用，每桶（118L）只宜加入28.4～113.5g。同未发芽的大麦和小麦一样，大豆只含α-淀粉酶，发芽时，α-淀粉酶活力不增加。

七、 糖与糖浆

产糖丰富的国家和地区，一般使用量为原料的10%～20%，添加的种类主要有蔗糖、葡萄糖、转化糖、糖浆等。

另外，产糖丰富的国家考虑使用糖类和糖浆作为辅料时一般使用量在10%～20%，使用方便，可直接投入煮沸锅中，也可下酒时添加，可以降低啤酒色度，提高发酵度，改善啤酒风味。但应注意，糖类和糖浆作辅料，用量过多，会使酵母营养不良，啤酒口味淡，泡沫性能差。

1. 糖

国内商品糖的种类很多，有蔗糖、转化糖、葡萄糖以及焦糖（用糖制成的着色剂）等。大部分分为如下4类。①蔗糖。蔗糖是由甘蔗或甜菜制取的，使用形式为结晶糖（99%浸出物）或液体糖浆（约65%浸出物）。结晶糖不应发生变化，以避免饮用啤酒时后味平淡。②葡萄糖。葡萄糖由淀粉经酸分解制成。它具有不同的商品形式：含浸出物约65%的糖浆；含浸出物80%～85%的浓缩葡萄糖；结晶葡萄糖等。工业葡萄糖含有一定量的糊精，通过一定的措施可完全转化为可发酵性糖。③转化糖。转化糖由蔗糖经酶或稀酸水解制成，它是果糖、葡萄糖和蔗糖的混合物。商品转化糖有两种形式——糖浆和浓缩转化糖。④焦糖。焦糖可用于上面发酵啤酒（如德国Alt啤酒），或用于上面发酵法制成的麦芽啤酒和营养啤酒的增色。

一般对糖类（淀粉、转化糖、甘蔗糖或甜菜糖）加热，可形成高着色力的黑色水溶性分解产物，通过适当稀释后即可得到焦糖。

另外，制作焦糖时，使用糊精含量低的淀粉糖和糖浆比含量高的更适宜，因为糊精在一定条件下与啤酒混合时，由于乙醇的作用而使糊精变得不溶，容易产生浑浊。因此，焦糖可以部分加入煮沸麦汁，部分加入冷啤酒，但需注意，使用的焦糖必须符合卫生要求，溶于啤酒后必须清亮透明。普通商品焦糖与着色啤酒的分析见表2-5。

表2-5 普通商品焦糖与着色啤酒的分析

分析内容	着色啤酒	焦糖
色度 EBC	约5800	17500
pH 值	3.65	4.10
浸出物/(g/100g)	35.5	50.2

一般德国制造麦芽啤酒和甜啤酒时，为防止酒精含量增高，不能把糖加入麦汁，而应在啤酒过滤之后加入清酒罐中。加糖后，啤酒的原麦汁浓度须符合规定要求。

国内一般生产淡色啤酒时，在糖化过程中将糖直接加入煮沸锅中，麦汁中可发酵性糖的含量升高，含氮物质的数量下降。这样，啤酒具有较低的色度和较高的发酵度。由于啤酒中含有较少的含氮物质，因而有利于啤酒保持其风味和口味稳定性。

2. 糖浆

一般啤酒生产中常用的糖浆主要是玉米糖浆和大麦糖浆。

糖浆是通过煮或其他技术制成的、黏稠的、含高浓度的糖的溶液。制造糖浆的原材料可以是糖水、甘蔗汁、果汁或者其他植物汁等，由于糖浆含糖量非常高，在密封状态下不需要冷藏也可以保存比较长的时间。

玉米糖浆的制作方法是先将玉米加工成淀粉，然后将淀粉水解制成糖浆。玉米糖浆易与水或麦汁混合，是无色、非结晶和中性口味的，这种糖浆在糖化、过滤工段很少使用，通常是直接加入煮沸锅。其好处在于参与糖化和过滤过程的物料全部是麦芽，因此能够达到最高收得率。煮沸终了，麦汁可以提高到15%～18%。高浓麦汁可在发酵之前稀释，也可直接进行高浓度发酵，灌装前进行后稀释。使用这种“液体辅料”比使用大米或玉米粉粒方便得多。

第五节 其他辅助原料

一、酶制剂

正确使用酶制剂，合理利用酶生物技术，使之在啤酒生产过程中发挥出最大功效。

啤酒生产过程是一个产酶、用酶及灭酶的过程，啤酒酿造中的很多工艺条件都是依据酶的特性来决定的。将现代酶技术与传统啤酒酿造技术相结合，不仅对稳定和提高啤酒质量有益，而且对降低生产成本、弥补麦芽质量缺陷、增加花色品种、增加效益都大有好处。

酶制剂种类很多，功效不一，使用在啤酒生产过程中的工序也不一样，目前啤酒生产常用酶制剂有耐高温α-淀粉酶、β-淀粉酶、糖化酶、蛋白酶、复合酶、α-乙酰乳酸脱羧酶、溶菌酶等。在实际生产中使用酶制剂首先要了解各种酶的作用机理、特性、底物和最终产物，并要设计好应用的目的和所要达到的效果。其次，为了达到某种目的而选用酶制剂用于生产时，必须针对性地选择合适的酶制剂和应用方法。再次，确定酶制剂最佳用量。酶制剂用量不是一成不变的，应根据生产实际在实验的基础上灵活调整。酶制剂用量与酶的活力有关，企业确定酶的用量首先要检测产品的酶活力是否与标识一致，然后根据生产商推荐的添加量，设计用量梯度方案进行实验，在保证作用效果的前提下选择最低的添加量。

一般高品质的啤酒来自优质稳定的原料，完善合理的工艺，先进的设备及管理，合理使用酶制剂只是一种辅助方法。因此，啤酒生产企业应根据本厂产品风格、生产原料及各种生产系数等有目的地选择使用酶制剂。

现将几种常用酶制剂的特性简要向读者介绍。

1. α-淀粉酶

淀粉分解酶是一类酶，主要指α-淀粉酶和β-淀粉酶，另外还包括支链淀粉酶。

α-淀粉酶只可作用于淀粉分子内任意α-键，且从分子链的内部进行，故又称内淀粉酶，属于内切酶。在水溶液中α-淀粉酶能使淀粉分子迅速液化，产生较小分子的糊精，故也被称为液化酶。α-淀粉酶作用于直链淀粉，分解产物为6～7个葡萄糖单位的短链糊精及少量的麦芽糖和葡萄糖，糊精还可以进一步水解。

大麦本身含α-淀粉酶很少，发芽后，在赤霉酸的催化诱导作用下，在糊粉层处产生大量的α-淀粉酶（图 2-2），并向胚乳部分分泌。麦芽中 93%的 α-淀粉酶分散在胚乳中，7%分散在胚中。

α-淀粉酶在水分含量高、通风量足、麦层中 CO_2 浓度低的条件下容易形成；较高的发芽温度（17V）只能加快酶的形成速度，而酶活力却不及低温者（13℃）；α-淀粉酶最适宜的形成条件是先高温后低温（17℃/13℃），见表 2-6。

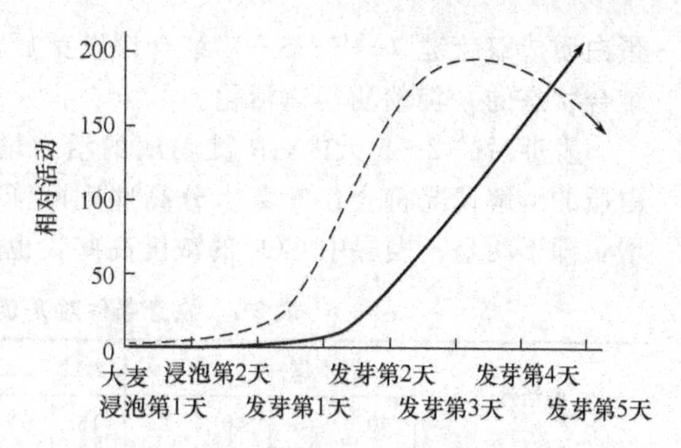

图 2-2　**α-淀粉酶的形成**（虚线为呼吸曲线）

表 2-6　发芽条件对 α-淀粉酶活性的影响

酶活性	浸麦度/%			发芽温度/℃			发芽时间/天				3 天后 CO_2 含量/%		
	40	43	46	13	17	17/13	1	3	5	7	0	10	20
α-淀粉酶/ASBC	58	63	92	68	62	75	0	24	50	63	74	65	62

该酶作用于淀粉时是从长链内部开始的，可以任意切断 α-1,4-葡萄糖苷键，故又称内淀粉酶。α-淀粉酶作用于直链淀粉时，其分解产物为 6～7 个葡萄糖单位的短链糊精及少量的麦芽糖和葡萄糖，糊精还可以进一步缓慢地水解为 α-麦芽糖和葡萄糖。α-淀粉酶作用于支链淀粉时只能任意水解 α-1,4-键，既不能分解也不能越过 α-1,6-键，接近 α-1,6-键时水解速度减慢，其分解产物为 α-界限糊精、麦芽糖和葡萄糖，最小作用底物为麦芽三糖。

常用的 α-淀粉酶有耐高温 α-淀粉酶、真菌 α-淀粉酶。啤酒生产中常用的耐高温 α-淀粉酶一般由地衣芽孢杆菌产生，pH 值在 5.0～7.0 内较稳定，尤以 pH＝6.0 为佳，作用淀粉的最适温度为 90℃。中温 α-淀粉酶也应用到啤酒生产中。单独使用耐高温 α-淀粉酶比单独使用中温 α-淀粉酶麦芽糊精收率高，透光率也较大，但黏度较高，将两者结合起来使用则可互相弥补不足，得到很好的效果。

耐高温 α-淀粉酶 pH 值最适范围为 5.5～7.0；温度最适范围为 90℃以上；钙离子浓度为 50～70mg/kg；参考用量为 0.1%。

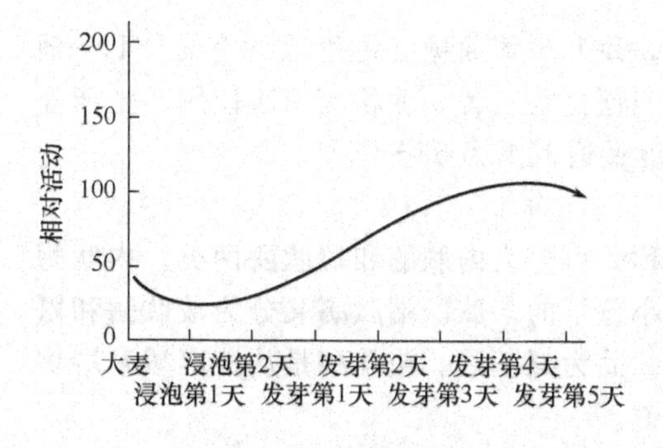

图 2-3　**β-淀粉酶的形成**

2. β-淀粉酶

β-淀粉酶是麦芽中与 α-淀粉酶并列的主要淀粉酶。

大麦中含有大量游离的和以结合状态存在的 β-淀粉酶（图 2-3），游离的 β-淀粉酶位于糊粉层，其活性在 60～200°WK，与大麦的品种和蛋白质含量有关；结合状态的 β-淀粉酶位于胚乳，与不溶性的蛋白质成双硫键（—S—S—）结合。发芽后，由于蛋白酶的作用，双硫键被切断，结合状态的β-淀粉酶得以活化。

发芽后的2～5天内，β-淀粉酶的活力增长最快；低温发芽（13～15℃）与蛋白质的溶解情况符合；发芽水分高些则酶活增长较快，但若超过43%，酶活力的增长即不明显；表层中CO_2的浓度高些，也利于β-淀粉酶活力的增长（表2-7）。

表2-7　发芽条件对β-淀粉酶活性的影响

酶活性	浸麦度/%			发芽温度/℃			发芽时间/天				3天后CO_2含量/%		
	40	43	46	13	15	17	1	3	5	7	0	10	20
β-淀粉酶/°WK	322	366	361	251	263	230	120	247	347	366	316	320	331

β-淀粉酶分解直链淀粉和支链淀粉是从分子链的非还原性末端开始，作用于α-1,4-葡萄糖苷键，依次水解下一个麦芽糖单位，同时发生转位反应，生成β-麦芽糖。作用于直链淀粉时可将其完全分解为麦芽糖；分解支链淀粉时到α-1,6-键附近停止，剩下带有分支点的糊精，称为α-界限糊精。最终产物为麦芽糖和β-界限糊精的混合物。β-淀粉酶只能作用于α-1,4键，不能水解α-1,6键，是一种耐热性较差，作用速度较缓慢的糖化型淀粉酶。

β-淀粉酶只有在α-淀粉酶的协同作用下才能产生大量的糊精，同时提供多种非还原性末端，实现快速糖化的目的。

3. 支链淀粉酶

支链淀粉酶又称R-酶、界限糊精酶或脱支酶。主要起降低支链糊精含量的作用，是淀粉酶中不可缺少的组成成分。大麦中此酶活力很低，但发芽3天后酶活力即快速增长，发芽7天后，酶活力增长约20倍，干燥后，酶活力下降很少。

4. 糖化酶

糖化酶又称葡萄糖淀粉酶，它能将淀粉从非还原性末端水解α-1,4-葡萄糖苷键，产生葡萄糖，也能缓解水解α-1,6-葡萄糖苷键，转化成葡萄糖。

pH最适范围4.0～4.5；温度最适范围58～60℃；抑制剂为大部分重金属；参考用量为50U/g。

5. 普鲁兰酶

普鲁兰酶能水解淀粉和糊精中的支链α-D-1,6-葡萄糖苷键生成含有α-D-1,4-葡萄糖苷键的直链低聚糖。所以，该酶可以和糖化酶或者α-淀粉酶一起使用，生产高麦芽糖浆。pH最适范围为4.2～4.6；温度最适范围为55～65℃。

6. 蛋白酶

蛋白酶是分解蛋白质肽键一类酶的总称，可分为内肽酶和端肽酶两类。内肽酶能切断蛋白质分子内部肽键，分解产物为小分子的多肽。端肽酶又分为羧肽酶和氨肽酶两种。此外还有一种二肽酶，它分解二肽为氨基酸。羧肽酶是从游离羧基端切断肽键，而氨肽酶则从游离氨基端切断肽键。

通常说的蛋白酶多是指内肽酶，而羧肽酶、氨肽酶和二肽酶总称为肽酶或端肽酶。蛋白酶根据其最适 pH 不同分为酸性蛋白酶、中性蛋白酶、碱性蛋白酶。中性蛋白酶最适温度为 50℃（pH 7.2）；pH 最适范围 6.8～8.0（37℃）。

7. 纤维素酶

纤维素酶是由绿色木霉经深层发酵制成的液体产品，是降解纤维素生成葡萄糖的一组酶的总称，它是由 C1 酶、α-1,4-葡聚糖酶（也称 CX 酶）、α-葡聚糖苷酶组成。C1 酶能在降解天然纤维素的过程中起主导作用；CX 酶水解溶解纤维素衍生物或者膨胀和部分降解纤维素；α-葡聚糖苷酶能水解纤维二糖和短链的纤维寡糖生成葡萄糖。温度最适范围为 50～55℃；pH 值最适范围为 4.0～5.0。

一般纤维素酶包括内 9-葡聚糖酶、外 β-葡聚糖酶、纤维二糖酶、内木聚糖酶、外木聚糖酶、阿拉伯糖苷酶、木二糖酶等，这些酶都能分解半纤维素的相应成分。

半纤维素酶在原料大麦中含量很少，主要在发芽过程中产生。一般在发芽 4～5 天时酶活力达到最高值，但由于此类酶不耐热，在干燥时大部分被破坏，所以在成品麦芽中半纤维素酶含量极少。在这些半纤维素酶当中，β-葡聚糖酶是最为重要的，它可以分解 β-葡聚糖，降低麦芽汁及成品啤酒的黏度，加快过滤速度，提高成品啤酒的稳定性。大麦经发芽后，β-葡聚糖酶的活力可增长近 10 倍。

8. α-葡聚糖酶

α-葡聚糖酶是一种葡萄糖内酶，能使麦芽和大麦 α-葡聚糖（1,4-α-葡聚糖，1,3-α-葡聚糖）分解为 3～5 个葡萄糖单位的低聚糖。该酶可使麦芽汁的黏度降低，提高过滤速度。常用的 α-葡聚糖酶主要包括内-α-葡聚糖酶、外-α-葡聚糖酶及其复合酶试剂（如 B2 葡聚糖酶混合酶、耐温 α-葡聚糖酶复合酶等）。温度最适范围为 50～60℃；pH 值最适范围为 5.0～7.0。

9. α-乙酰乳酸脱羧酶

α-乙酰乳酸脱羧酶可催化 α-乙酰乳酸分解为 2,3-丁二醇。双乙酰含量是影响啤酒风味的重要因素，对啤酒质量具有决定性的影响，是品评啤酒成熟与否的主要依据。它的形成途径为：糖类→丙酮酸→α-乙酰乳酸→双乙酰。α-乙酰乳酸脱羧酶可调节双乙酰前体物质走支路代谢途径，从而控制双乙酰的含量，能催化 α-乙酰乳酸直接形成羟基丁酮，从而有效防止双乙酰的生成，使发酵周期大大缩短。温度最适范围为 35～45℃；pH 值最适范围为 5.0～6.5。

10. 复合酶

单一酶制剂在啤酒生产上应用时，总会有一定的局限性，而将单一酶制剂制成复合酶制剂则可弥补各个酶的缺点，得到较好的效果。如 α-淀粉酶耐温不耐酸，而 α-淀粉酶不耐温，两者结合起来使用则可起到互补协同作用。

国外商品化的复合酶制剂较多，如丹麦 NOVO 公司生产的 Celluclast 复合酶及含 α-淀粉酶和 α-葡聚糖酶的 Brew 2N 2zym eGP 复合酶，美国 Snyder 公司生产的含有 α-淀粉酶、α-葡聚糖酶和蛋白酶的 α-葡聚糖混合酶等复合酶制剂。我国也有一些公司和科研单位研制出了复合酶制剂，如黑曲霉 F27 固体曲（含有 B2 葡聚糖酶、A2 淀粉酶和液化酶），安徽聚星公司的由芽孢杆菌得到的复合酶制剂（含有

B2 葡聚糖酶、A2 淀粉酶和蛋白酶)。

二、常用杀菌剂

啤酒厂为卫生单位，其整个酿造过程就是一个保护有益微生物，使其茁壮成长、发挥作用、产生良好的代谢产物的过程，同时也是屏除与杀灭有害微生物、与有害菌作斗争的过程。为避免有害微生物的侵害，使用各种杀菌剂就是最有效的手段。为正确使用杀菌剂和避免杀菌剂伤人事故的发生，现就啤酒厂常用杀菌剂的杀菌原理及使用注意事项简述如下，这些杀菌剂包括使用在外部环境方面的，也包括使用在参与酿造过程的容器设备管线的杀菌与清洗方面的。

1. 火碱（NaOH）

杀菌原理：高 pH 值使细菌蛋白质变性，从而杀死细菌。火碱杀菌效果随温度升高而升高，从 46℃起温度每升高 7℃杀菌效果增加一倍。

注意事项：火碱对纤维、皮肤具有强烈腐蚀作用，溶解于水时释放出大量的热量，因此在往火碱液添加火碱时应注意：缓慢倒入，使火碱溶解放出的热量及时散出，不至于有局部沸腾，喷出火碱片或火碱液伤人。若火碱溅入眼中，应用大量清水冲洗。若皮肤粘上固体火碱，应先用干布将火碱片擦去，再用大量的水进行冲洗，不应直接进行冲洗，因直接冲洗时火碱溶于水放热易烧伤皮肤。

2. 甲醛（HCHO）

杀菌原理：甲醛可使细菌蛋白质变性，从而杀死细菌。

注意事项：甲醛具有强烈刺激性气味，对皮肤有腐蚀作用，特别是对眼睛有灼辣刺激。若甲醛溅入眼中，应用大量清水冲洗。配置和使用甲醛时应注意不要溅出。甲醛在温度较低时（甲醛贮存温度 8～40℃）易起聚合反应，形成不溶于水的白色多聚甲醛，沉淀在容器底部，但在受热的情况下可以解聚。使用时注意要让甲醛溶解均匀，冬天存放时要把甲醛放在温度稍高一点的地方。另外，用甲醛熏蒸时注意用量，一般每 $4m^3$ 空间使用 35mL 福尔马林（37%～40%），配合加入 17.5g 高锰酸钾做氧化剂，效果更好。此法最好与硫磺熏蒸交替进行。

3. 硝酸（HNO_3）

杀菌原理：硝酸具有强氧化性，从而可杀死细菌。酸碱可使微生物表面的两性物质电离，从而改变细胞膜的通透性，影响微生物的新陈代谢，高浓度的酸、碱均可使菌面蛋白质及核酸水解，使酶类失去活性，杀灭细菌。

注意事项：硝酸具有强氧化性、脱水性、腐蚀性，并且在溶于水时释放出大量的热。因此在使用硝酸时必须十分小心。浓硝酸具有脱水性，它从有机物中脱去 H_2O 使有机物炭化，从而引起皮肤深度烧伤。它对皮肤或衣物有腐蚀作用，从以上可知，当皮肤溅上浓硝酸时应先用干布擦拭，然后再用水冲洗，以免烫伤皮肤。

4. 漂白粉

杀菌原理：漂白粉有效成分为次氯酸钙：

$$Ca(ClO)_2 + H_2O \longrightarrow HClO + CaCl_2 + O_2$$

其中 HClO 具有强氧化性，可杀死细菌。

注意事项：由于 HClO 具有强烈刺激性，对上呼吸道黏膜刺激尤其强烈，因此在用漂白粉进行地面杀菌时最好戴上防毒面具。同时它具有强氧化性和漂白作用，在杀菌完毕后，应对溅上漂白粉液的胶靴或衣物及时清洗，以免使胶靴氧化和衣物褪色。

5. 双氧水（H_2O_2）

杀菌原理：$H_2O_2 \longrightarrow H_2O+$［O］，

其中［O］具有强氧化性，可杀死细菌。

注意事项：H_2O_2 遇热不稳定，易分解，光照、加热能促使其分解，在使用、搬运时应小心，以免由于震荡使桶内压力过高而破裂。

6. 热水、蒸汽

杀菌原理：高温使细菌蛋白质变性而杀死细菌。

注意事项：热水温度一般大于 80℃，蒸汽温度在 110℃以上，尤其蒸汽是一个放热过程，在使用时注意不要溅到或喷到身上，以免烫伤。使用蒸汽前，应先将调节阀或控制阀后管线上各阀门及倒淋排掉冷凝水，防止汽、水混合冲击。待排完积水后再缓慢开启蒸汽调节阀或控制阀，开启阀门时，一定要缓慢，由小到大逐步开启，使蒸汽压力控制在规定范围内。

7. 磷酸（H_3PO_4）

杀菌原理：低 pH 值将细菌杀死。

注意事项：磷酸为中强酸，虽然腐蚀性不是很强，但在配制时也要小心。

8. 硫磺（S）

杀菌原理：硫燃烧以后生成 SO_2，SO_2 具有杀菌能力。

注意事项：硫磺一般用来进行空间杀菌，SO_2 具有强烈刺激性。

使用时注意密封空间，达到一定杀菌时间后，敞开排净，确实排净后再进入，以免造成窒息伤人。注意硫磺用量 3～4g/m^3，墙壁和地面洒一些水可增大杀菌效果。另外，SO_2 对金属器皿有腐蚀性，可事先搬出。

9. NF-10，NF-20

杀菌原理：酸洗或碱洗（前者为酸性洗涤剂，后者为碱性洗涤剂），它所含的表面活性剂可去除蛋白质、啤酒石、酒花树脂、淀粉颗粒等有机物质，从而除菌，具有强烈的腐蚀性。

注意事项：循环使用时（CIP），间歇用清水冲净，用清水时防止被稀释。要配合使用消毒剂，防止二次污染，尽量避免与皮肤接触。

10. 盐酸（HCl）

杀菌原理：低 pH 值杀死细菌。

注意事项：盐酸具有挥发性、刺激性、腐蚀性，因此在使用盐酸时应注意不要溅在皮肤和衣物上。

11. NF-101（主要成分 CH_3COOH）

杀菌原理：低 pH 值杀死细菌。

注意事项：具有强烈的腐蚀性，在使用时应十分小心。

12. 酒精

杀菌原理：75%浓度的酒精对微生物有杀灭作用。醇类有脱水作用，其分子能穿透菌体进入蛋白质分子链的空隙内，使菌体蛋白质变性或脱水沉淀，造成微生物死亡。同时，乙醇还能溶解酯类分泌物，所以乙醇又具有机械的除菌作用。

注意事项：一般用于阀门、管线接口、取样阀、超净台及小部件的擦洗、浸泡。70%（重量计）、77%（容量计）杀菌效能高，若加入些稀酸、稀碱效果更好。所以应注意将存放配制好的酒精容器密闭好，以防挥发，改变酒精浓度后会失去杀菌效果。如杀菌部位表面太脏或水分太多，应先搽干搽净后再消毒。

13. 其他

过氧化物类杀菌剂及清洗剂都可能对皮肤造成一定的损伤，要根据使用说明书仔细对照，掌握其有效成分和杀菌原理，正确使用和操作，注意劳动防护。

第六节 啤酒花

酒花，学名蛇麻（Humulus Lupulus L），又名忽布（Hop），在植物学上属于荨麻目大麻科葎草属，系多年生攀援草本植物，一般可连续高产 20 年左右。雌雄异株，啤酒酿造中使用的酒花是未受精的雌花。雌花花体为绿色或黄绿色，呈松果状。

一般成熟的新鲜酒花经干燥压榨，以整酒花使用，或粉碎压制颗粒后密封包装，也可制成酒花浸膏，然后在低温仓库中保存。其有效成分为酒花树脂和酒花油。每公斤啤酒的酒花用量为 1.4～2.4kg。

一、啤酒花的作用

酒花是啤酒酿造中不可缺的最重要的添加物质，它有以下几方面的作用：①赋予啤酒香味和爽口苦味。②提高啤酒泡沫的持久性。③促进蛋白质沉淀，有利啤酒澄清，有利于啤酒的非生物稳定性。④酒花有抑菌作用，加入麦芽汁中能增强麦芽汁和啤酒的防腐能力。

二、酒花花朵的结构

酒花有雌雄两种，在啤酒生产中用的是雌花。了解酒花花朵的结构（图 2-4），对于进一步熟知酒花内容物非常重要。

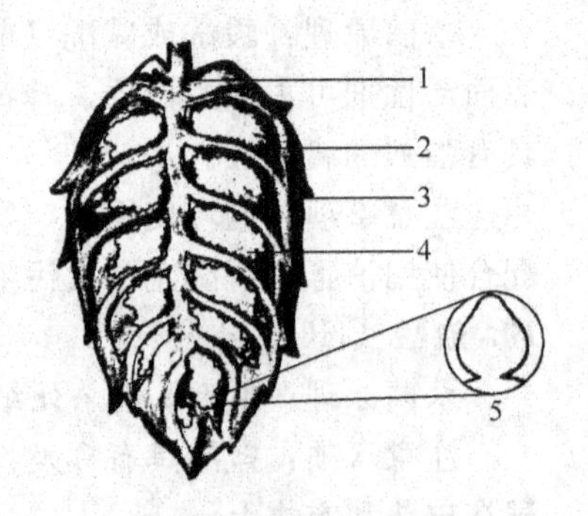

图 2-4 酒花结构

1—花轴；2—花苞；3—苞叶；4—蛇麻腺；5—蛇麻腺放大图

三、 酒花的组成与性质

酒花的化学成分非常复杂，对啤酒酿造有特殊意义的三大部分为酒花树脂（苦味物质）、酒花精油、多酚物质。

（1）酒花树脂　酒花树脂可分为硬树脂和软树脂，而软树脂又由α-酸、β-酸及未定性树脂组成。

① α-酸。α-酸是蓬草酮及其同族化合物合葎草酮、加蓬草酮、前蓬草酮和后蓬草酮的总称。

α-酸一般是啤酒中苦味的主要成分，新鲜酒花含5%～11%的α-酸，它具有苦味和防腐能力，能增加啤酒的泡沫稳定性。α-酸在热、碱、光作用下变成异α-酸，其苦味比α-酸更强。在酒花与麦汁煮沸过程中α-酸异构率为40%～60%。

α-酸呈菱形结晶，浅黄色，易溶于乙醚、乙烷、甲醇等有机溶剂。

α-酸在水中溶解度很小，微溶于沸水，其溶解度随pH值不同而有很大差别，pH值愈高，溶解度愈高。如麦汁pH值为5.2时，溶解度只有85mg/L；当pH为6.0时，其溶解度则高达500mg/L。

② β-酸。新鲜酒花含5%～11%的β-酸，干酒花一般为3%～6%。β-酸为白色针状或长菱形结晶，苦味不如α-酸强，很难溶于水，防腐能力较α-酸弱，在空气中稳定性也小于α-酸，易氧化成苦味较大的软树脂。一般啤酒中的苦味物质，β-酸约占15%。α-酸不能与醋酸铅作用形成不溶性铅盐，故利用这种性质可将α-酸和β-酸分开。

③ 软树脂与硬树脂。新鲜成熟的酒花，所含苦味成分主要为α-酸和β-酸。在酒花干燥和贮藏过程中，α-酸和β-酸会不断被氧化，变成软树脂，进而氧化成硬树脂，而硬树脂在啤酒酿造中无任何价值。如果硬树脂含量超过酒花树脂总量的20%，就被视为陈酒花，使用价值降低或不能使用。如下式所示：

$$\left.\begin{matrix}\alpha\text{-酸}\\ \beta\text{-酸}\end{matrix}\right\}\xrightarrow{\text{氧化}}\left\{\begin{matrix}\alpha\text{-软树脂}\\ \beta\text{-软树脂}\end{matrix}\right\}\xrightarrow{\text{氧化聚合}}\text{硬树脂}$$

（2）酒花油　气味芳香，易氧化，氧化物不利于啤酒风味。易挥发，延长麦汁煮沸时间有利于α-酸异构化，但酒花油几乎全部挥发。实质上酒花油是酒花蛇麻腺除酒花树脂外的另一种分泌物，主要是在酒花成熟后期酒花树脂已大部分合成完毕后形成的。酒花油的含量和组成主要取决于酒花品种，当然与种植条件、气候和土壤、酒花成熟度及酒花的处理方法也有一定的关系。

① 酒花油的成分。酒花油成分极其复杂，含萜烯、倍半萜、酯、酸、醇和酮等，一般了解较清楚的是香叶醇、葎草烯以及香叶烯等。

目前酒花中含有0.5%～2%的酒花油，已检出的在200种以上，其中75%为菇烯碳氢化合物、25%为含氧化合物。菇烯碳氢化合物的主要成分有单体萜烯（如香叶烯、α-葎烯和β-葎烯）和倍半萜烯（如葎草烯、β-石竹烯、β-法呢烯）；含氧化合物的成分包括酯类（如4-癸酸甲酯、异丁酸异丁酯、异丁酸-2-甲基一丁酯）、酸类（如己酸和甲基庚酸等）、醇类（如芳樟醇、香叶醇等）、醛类（如异丁醛、异戊醛等）和酮类（如蓬草二烯酮及其他甲基酮类等）。

② 酒花油的性质和作用。一般酒花油为黄绿色至棕色液体，易挥发，溶于乙醚、酯及浓乙醇；酒花油不易溶于水和麦汁，大部分酒花油将在麦汁煮沸过程中，和热、冷凝固物一起被分离出去；酒花油易氧化，其萜烯碳氢化物的某些成分均易氧化为相应的环氧化物及醇类，某些此类转化物质被认为是酒花香味的主要来源，如葎草烯环氧化物等。

酒花油在贮藏过程中由于树脂化和聚合作用，香味逐渐消失。同时酒花油中的一些由萜烯醇类和脂肪酸形成的酯类在贮藏过程中，经水解作用，释出脂肪酸（如异戊酸），使酒花产生一种奶酪异臭，这些异臭在麦汁煮沸时是容易被蒸发掉的。香型酒花的蓬草酮与香叶烯之比一般大于苦型酒花，这也是区别苦酒花、香酒花的一种方法。

（3）多酚物质　对啤酒的作用是双重的，第一，在麦汁煮沸及冷却过程中，能沉淀蛋白质，提高啤酒稳定性；第二，多酚的残留是造成啤酒浑浊的主要因素之一。啤酒浑浊物中的花色苷有20%来自酒花，80%来自大麦。

一般由于多酚物质会与蛋白质结合形成沉淀物，因此啤酒中如果有多酚物质存在，就会引起啤酒浑浊。

目前酒花含多酚物质4%～8%，其主要成分为花色苷、单宁和儿茶酸（素）等，是一种非结晶混合物，也是影响啤酒风味和引起啤酒浑浊的主要成分，日益受到重视。低分子多酚对啤酒酒体是有益的，能赋予啤酒一定的醇厚性；氧化了的高分子多酚则会导致啤酒风味生硬粗糙，并使色泽加深。多酚物质既具还原性，又具氧化性，一方面它可使啤酒中的一些物质避免氧化，另一方面在氧化状态下又能够催化脂肪酸和高级醇形成醛类，直接或间接地促进啤酒口味老化。

多酚物质在麦汁煮沸时有沉淀蛋白质的作用，能使麦汁澄清，利于啤酒口味丰满，提高苦味质量，但这种沉淀作用会在麦汁冷却、发酵甚至过滤、装瓶后的啤酒中继续进行，从而导致啤酒浑浊，影响啤酒的稳定性。

四、酒花品种及其典型性

目前，国外四个酒花最大的生产国家是美国、德国、英国和捷克，约占世界酒花产量的80%以上，其中美国和德国两个国家就约占世界总产量的50%以上。在品质方面，德国和捷克以其香型酒花最负盛名，英国则以其传统酒花香味好而著称于世，而美国则以其新品种占绝对的优势。

中国人工栽培酒花的历史已有半个多世纪，始于东北地区，目前在新疆、甘肃、内蒙古、黑龙江、辽宁等地都建立了较大的酒花原料基地，仅新疆的酒花种植面积就达2666多公顷。

虽然中国的野生酒花有悠久的历史，但栽培酒花的历史却只有90多年。1921年，黑龙江省尚志县一面坡首先开创了我国栽培酒花的先河；1940年前后，青岛啤酒厂创建了李村酒花种植园，开始栽培酒花。新中国成立后，我国才开始大面积栽培酒花，不仅满足了国内啤酒业的需要，而且还有较多的产品出口，2002～2011年十年期间，我国栽培酒花的产品出口量达到300万～500万吨。

目前，国内主要酒花品种及其典型性如下：

① 一面坡1号晚熟品种，茎为绿色，叶为心脏形，花体呈圆锥形，花体较小，呈黄绿色，产量中等，抗病力弱。7月下旬开花，9月中旬成熟。

② 一面坡3号中熟品种，茎为绿色，叶分为3～5个掌状裂片，花体长，呈淡绿色或黄绿色，产量高，香味较好，软树脂含量较低。

③ 青岛1号中熟品种，茎为绿色或绿褐色，叶分为3～5个掌状裂片，花体大而长，呈淡绿色或黄绿色，产量高，香味及软树脂含量一般。6月下旬开花，8月中旬到9月中旬成熟。

④ 青岛2号早熟品种，茎为紫褐色或绿色，叶分为3～5个掌状裂片或心脏形，花体小而密，呈卵形，黄绿色或绿色，香味好，适应性强，产量低，软树脂含量比青岛1号略低。6月初开花，7月下旬成熟。

⑤ 萨士1号。萨士1号（Sa-1）是从日本三宝乐引进的品种，和捷克萨士（Saaz）同属于香型酒花。

⑥ 马可波罗。从美国联合酒花公司引进的品种，属于高α-酸的苦型酒花品种，其α-酸含量一般在12%～14%。

五、 酒花制品与性质

将酒花直接加入麦芽汁共煮时，仅有30%左右的有效成分进入到麦芽汁中，而且酒花的贮藏比较麻烦，因此有必要先把酒花中的有效成分提取出来，然后在麦芽汁煮沸一定时间后或在滤酒后或在成品酒中加入，这样不仅解决了酒花贮藏的困难，相应增加了煮沸锅的有效容积，而且减少了酒花有效成分因长时间受热造成的损失。

目前常见的酒花制品有酒花粉、酒花浸膏、异构酒花浸膏、酒花油等。

1908年英国首次使用酒花浸膏生产啤酒；1925年，德国人库尔巴哈先生（Kolbach）报道了酒花浸膏专利；1960年前后，各种酒花制品大批问世。

酒花制品的优点：因为体积小，贮存、运输方便，费用大为降低；酒花有效成分利用率大为提高，即苦味质的收得率高；酒花制品几乎可以无限期地贮存。因此，可在酒花收成好的年份里贮存酒花，不受酒花市场价格剧烈波动的影响；采用酒花制品，不需使用酒花分离器，使用旋涡沉淀槽分离即可，简化了糖化工艺；酒花制品可以准确地控制苦味质含量，因而添加可实现自动计量。

1. 颗粒酒花

颗粒酒花已成为世界上使用最广泛的酒花制品，其产量已占全部酒花产量的50%以上，最大的生产和使用国是德国和美国。颗粒酒花就是把整酒花粉碎，经过磁性分离，筛分出金属石块等杂物，干燥成含6%水分的酒花粉，然后进入压粒机

图 2-5　颗粒酒花

（同时充入液态 CO_2 或液氮）压制成直径为 2～8mm、长约 15mm 的短棒状颗粒（图 2-5），经过冷却筛选（筛选出的细粉可以进入压粒机重新利用）后再抽真空或者充入氮气、二氧化碳等惰性气体包装而成。

根据加工方法的不同，颗粒酒花又可以分为 90 型颗粒酒花、75 型颗粒酒花、45 型颗粒酒花及预异构化颗粒酒花。

（1）90 型颗粒酒花（普通颗粒酒花）　90 型颗粒酒花因减少了部分水分及梗叶等杂物，只为酒花原重的 90%。一般用铝箔包装，每袋 5kg 或 10kg。此种颗粒酒花所含的 α-酸量，由所采用的酒花品种所决定。加工过程中，α-酸损失较小。

（2）45 型颗粒酒花（浓缩颗粒酒花）　45 型颗粒酒花质量只为酒花原重的 45%，α-酸和酒花油含量比 90 型颗粒酒花高，α-酸可高达 20%。加工过程 α-酸损失大，因而成本高，价格贵，而且需要比较复杂的设备。

（3）预异构化颗粒酒花　这种颗粒酒花系将 α-酸预先异构化，再制成颗粒。即将上述添加 $Mg(OH)_2$ 的稳定型颗粒酒花在不超过 80℃下绝氧加热，在 2h 内可较容易地将 α-酸镁盐转化为异 α-酸镁盐，其转化率可达 90%以上，但对酒花其他成分则影响不大。酒花油损失约 10%，β-酸损失 5%～10%。预异构化的 α-酸镁盐可提高 α-酸的利用率高达 60%。其生产流程为：整酒花经粉碎筛分去杂质后，添加 1%食品级 $Mg(OH)_2$，压粒后再经绝氧加热冷却包装而成。

2. 酒花浸膏

是利用萃取剂将酒花中 α-酸多量萃取出的树脂浸膏，是以 α-酸为主体成分的酒花制品，主要优点是提高了 α-酸的利用率。按萃取剂的不同可分为有机溶剂（乙醚、石油醚、乙醇等）萃取浸膏和超临界 CO_2 萃取浸膏。

① 外观：透明黄色液体。

② 气味：啤酒花特有的味道。

③ 用途：赋予啤酒爽口的口感和特有的芳香，有助于清除麦汁中的蛋白质，使啤酒清澈透明，有助于发泡，并具有防腐功能。

④ 生产工艺。将原料粉碎后，采用液态 CO_2 萃取技术生产而成。本品的主要成分为 α-酸、β-酸等。α-酸 45%±2%，β-酸＞15%，水分≤1.0%。

整个工艺过程在接近常温条件下进行，产品完整保留了天然酒花的特点及香气，在啤酒酿造中可以部分或全部替代啤酒花。产品稳定性好，能够避免 α-酸氧化产物对啤酒风味产生不利影响。

酒花浸膏是以液态、超临界二氧化碳或以水为介质，以颗粒酒花为原料提炼而成的稠膏状液体（图 2-6）。常见的酒花浸膏品种有二氧化碳酒花浸膏、异构酒花浸膏、

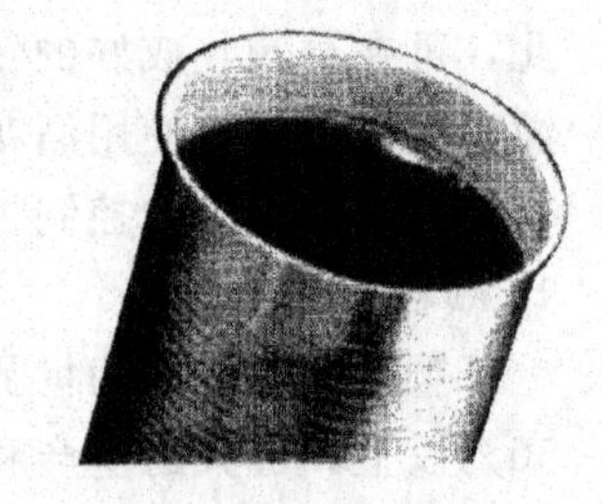

图 2-6　酒花浸膏图片

（二氢）还原异构酒花浸膏、四氢还原异构酒花浸膏、六氢还原异构酒花浸膏等。

各个品种的酒花浸膏均有如下的优点：酒花浸膏是浓缩产品，体积小，包装简单、实用，因而贮存、运输非常方便；酒花浸膏是一种高度精炼的天然酒花制品，不受酒花收成年限、品种差异和变化的限制，每年、每批酒花浸膏的质量、味道和总苦味质都非常稳定，所酿造的啤酒质量当然也就很稳定；按照产品所要求的指标，根据标明的α-酸含量，可以精确计算出酒花浸膏的添加量，方便地控制啤酒的苦味值，便于精确计算；和传统酒花产品一样，酒花浸膏也有利于提高啤酒泡沫的稳定性和附着力，也有杀菌防腐的功能。

需要注意的是：因为酒花浸膏不含单宁等物质，不宜单独使用，必须与颗粒酒花搭配使用，才能达到理想的蛋白质凝聚和沉淀效果。

(1) 二氧化碳酒花浸膏　二氧化碳酒花浸膏是以颗粒酒花为原料、以液态或超临界二氧化碳为介质提炼而成的酒花浸膏。二氧化碳酒花浸膏含有酒花中的大部分成分，比原花和颗粒酒花更加稳定，能给啤酒带来所需的苦味和香味成分。其利用率较原花高出20%，同颗粒酒花相差不大。

① 制备过程。将颗粒酒花重新粉碎，利用液态二氧化碳在10～12℃，5.5～6.0MPa条件下进行萃取，然后在15～20℃回收浸膏；或者利用超临界二氧化碳在50℃、30MPa条件下进行萃取，然后在较高温度回收浸膏。由于液态二氧化碳是选择性溶剂，它不收集硬树脂、单宁、脂肪以及石蜡、植物色素，因而其酒花油含量与原花最为接近，这也是通常所指的酒花浸膏；而超临界二氧化碳由于在较高温度下萃取，因而会损失一些酒花精油。两种酒花浸膏的成分见表2-8。

表2-8　超临界二氧化碳酒花浸膏和液态二氧化碳酒花浸膏成分　单位：%

成分	超临界二氧化碳酒花浸膏	液态二氧化碳酒花浸膏
α-酸	25～55	30～60
β-酸	25～40	15～45
酒花油	1.5～3	3～6
硬树脂	5～11	0
软树脂	≥80	≥90
水	1～7	0～3
脂肪和石蜡	4～13	2～8
植物色素	1～2	0
单宁	0～5	0
无机盐	0～1	0

② 产品性质。液态二氧化碳酒花浸膏和超临界二氧化碳酒花浸膏是黏稠状膏体，高于50℃能流动，前者呈浅绿棕色、淡黄色，而后者由于含有较多的植物色素，因而颜色较深，多呈绿色。二者溶于乙醇和多数有机溶剂，不溶于水，呈弱碱性。常用包装形式为1kg、2kg、5kg、10kg及200kg涂漆铁罐，每罐均标明α-酸

含量。

③ 贮存条件。40℃以下贮存。在适当的贮存条件下，两年之内二氧化碳酒花浸膏的软树脂和酒花油成分稳定不变。

④ 添加方法及添加量。通常将浸膏罐一端或两端击穿，用兜将其吊在煮沸麦汁中。大桶装浸膏可直接用泵泵入煮沸锅。添加时间同原花、颗粒酒花类似。添加量可参照所需的苦味值、酒花利用率和 α-酸含量计算。

$$\text{二氧化碳酒花浸膏（kg）}=\frac{\text{最终啤酒的苦味值（BU）}\times\text{最终啤酒的数量（hL）}}{3500}$$

(2) 异构酒花浸膏　异构酒花浸膏是以二氧化碳酒花浸膏为原料，仅以水为介质提炼而成的纯异构 α-酸标准化水溶液，是传统酒花产品酿制而成的啤酒中能找到的天然苦味酸，其标准含量是 30％（300g/L）。异构酒花浸膏具有醇厚、圆润、柔和的苦味，是衡量其他异构和还原酒花制品的相对苦味强度的基准。其相对苦味强度为 1.0mg/L＝1.0 个口感苦味单位。

① 产品性质。常用包装形式为 5kg、20kg 塑料圆桶，可以精确调节苦味。根据产品所要求的指标，可以将异构酒花浸膏添加到清酒中，精确地控制啤酒的苦味值，因而，要比在煮沸锅中添加更经济实惠，更能提高其利用率。另外，如果发酵阶段发现已添加的酒花未能达到预定的苦味值，使用异构酒花浸膏可以挽救产品，使其达标。

② 贮存条件。贮存温度在 2～8℃，长期高温存放会损耗产品中的异 α-酸。

③ 添加方法及添加量使用前，先将异构酒花浸膏加热到 15～25℃，然后搅动，使之混合均匀；将混合均匀的异构酒花浸膏添加到粗滤之后的酒液中即可；建议添加异构酒花浸膏之后，再进行啤酒的精滤；添加量可按如下公式计算：

$$\text{异构酒花浸膏（kg）}=\frac{\text{最终啤酒的苦味值（BU）}\times\text{最终啤酒的数量（hL）}}{0.3\times\text{异构酒花浸膏利用率}\times 10000}$$

（在发酵后添加时）异构酒花浸膏利用率为 0.80；（在煮沸锅添加时）异构酒花浸膏利用率为 0.60。

四氢异构酒花浸膏具有清爽、纯正、柔和、无后苦的苦味特征，口感令人满意。

3. 酒花油

在超临界 CO_2 萃取制备 α-酸浸膏的废液中，存在大量的 β-酸和酒花油；在适当的条件下进行萃取，可获得一种含 20％左右的酒花油和 70％β-酸及其衍生物、α-酸、多酚物质含量极少的固体树脂浸膏，即 β-酸酒花油；β-酸酒花油替代麦汁煮沸中最后一次添加的酒花，可提供新鲜的酒花香气，添加的数量可通过试验确定。

酒花精油是酒花腺体的另一重要成分，经蒸馏后成为黄绿色油状物，是啤酒重要的香气来源，特别是它容易挥发，是啤酒开瓶闻香的主要成分。

(1) 香型酒花油　香型酒花油是由高 α-酸含量的二氧化碳酒花浸膏中分离得到的 α-酸和酒花油成分组成，含酒花所有的香味，不含苦味质。由于经过深加工，几乎已经除去了所有的α-酸。该产品主要用来为耐光性啤酒提供新鲜酒花香味，可完全取代麦汁煮沸过程中添加的香花。其标准含量为10%～15%（100～150g/L）。

图 2-7 酒花

一般3.5kg香型酒花油中酒花油的含量相当于30kg高α-酸含量的颗粒酒花中酒花油的含量，因此贮存运输方便。香型酒花油能使啤酒具有耐光性，日光照射后不会产生令人讨厌的不良味道（如日光臭），因而可用来生产白瓶啤酒。

（2）β-酒花油　β-酒花油是由高α-酸含量的二氧化碳酒花浸膏中分离得到的β-酸和酒花油成分组成，但还含有少量的α-酸（通常是0.3%～1.5%）。

建议不要用该产品来酿制耐光性啤酒。其标准含量为8%～12%（80～120g/L），贮存运输方便，3.5kg酒花油是15～20kg高α-酸含量的颗粒酒花中酒花油的含量。酒花如图2-7所示。

六、酒花（制品）的贮藏

添加酒花的传统方式是使用整酒花，但这种方法不太经济，酒花有效成分的利用率仅30%左右。为了提高酒花利用率，方便运输和贮存，人们研制出了许多酒花制品便于贮藏。

一般新收酒花含水量高达75%～80%，用人工干燥方法使花梗脱落，此时酒花含水量降至69%～89%。可以让花片吸湿回潮，使含水量上升至10%左右，然后包装，贮藏在0℃的干燥处。为了防止酒花油的挥发，人工干燥酒花时，干燥温度一般控制在50℃以下。

许多环境因素如微生物的侵害、空气中氧的作用以及较高的温度和湿度均能加速酒花的变质和氧化，另外光线对酒花的贮存也是有害的，它可使酒花的颜色变白。因此，只有在低温、隔氧、避光和干燥的环境中贮存酒花，才可以较长时间地保持其色泽、香味和α-酸含量。当酒花储存时间过长，或已氧化变质，其中的酚酸、儿茶素、花色苷等物质过多会产生苦涩感，同时也使啤酒色度加深。良好的酒花呈黄绿色，陈年酒花则由于被氧化而变成褐色或红色；酒花中的单宁物质与铁盐呈蓝黑色，单宁物质氧化后变成红色鞣酐均会增加啤酒色度；酒花用量过大，添加时间不同等均会在一定程度上影响啤酒色度。

归纳起来，酒花的贮存应注意以下七个方面：①酒花包装应严密，压榨要紧，抽真空排除空气，必要时包装容器内充入氮气或二氧化碳隔绝；②酒花应在0～2℃下保存；③酒花包应放置在木制栅格上；④酒花仓库要干燥，相对湿度在60%以下；⑤室内光线要暗，以免酒花脱色；⑥且仓库内不能放置其他异味物品；⑦贮存的酒花应先进先少，防止积压。

七、 提高啤酒酒花香气的方法

啤酒的酒花香气一直是酿酒科技工作者关心且难以解决的课题。我国目前生产的啤酒多属淡爽型，酒花香味一般都不够突出，时有时无，这给啤酒风味带来很大缺憾，也降低了产品市场竞争力。

愉悦的酒花香气给人以美的享受。酒花香气主要来源于酒花，而酒花香气又主要集中在酒花油中。酒花油在酒花中的含量仅为0.5%～2.0%。酒花香味成分中主要物质为含氧化合物酸、醇、酮及碳水化合物草烯、香味烯等，这些物质成分极易氧化、聚合而失去应有作用，改变了原有的呈味性能。笔者根据生产实践，谈谈如何提高啤酒花香气。希望对同行有所启迪。

1. 优质的酒花原料

选用优质香型酒花是保证啤酒酒花香气的最根本的措施和途径。应选择包装严密不漏气，内外质量一致，成熟度适宜，花粉及软树含量≥10%，外观花球整齐，无碎片，色泽黄绿均匀，无斑点，香味突出，无辣、酸、臭等异杂味，无树叶、硬梗、纸片等夹杂物的酒花，用手揉有油腻，有弹性。这些是优质酒花应具备的特征。

2. 良好的贮存条件

酒花的贮存条件对其质量有很大的影响。贮存条件有严格的要求，由于酒花香味成分易挥发，易氧化聚合，应将酒花置于低温、干燥、避光处。贮存温度为0～2℃，再充入氮气或二氧化碳惰性气体加以保护，效果更佳。应特别注意严禁与汽油、丙酮等易挥发性物品混放，以防止串味，影响啤酒酒花风味。

3. 正确的酒花粉碎方法

为了提高酒花利用率，整酒花已被粉碎酒花所取代。粉碎酒花在麦汁煮沸时反应更迅速，更彻底，对啤酒质量无不利影响，也不必担心酒花中多酚物质过多浸出，相反，增加了酒花香气和良好的蛋白质稳定性，延长了啤酒保质期。但酒花的粉碎工艺条件对其香味成分影响很大，粉碎应在低温下进行，粉碎间温度不应超过4℃，粉碎后的酒花应尽快投入使用，不宜久放。否则在常温下使用万能粉碎机进行粉碎，粉碎后又很快装入塑料袋中，放入糖化或煮沸锅等热源附近，会加速酒花油挥发。投入生产后不仅啤酒香气不明显，反而会导致啤酒苦涩味加重。

4. 科学的添加方法

传统的酒花添加方法是先少后多，先苦后香，先阵后新，如此对酒花成分有效部分利用是不合理的，酒花利用率低。酒花煮沸时间短，酒花中有效成分苦味质、单宁、酒花油不能全部溶解于麦芽汁中，浪费很大，应对传统酒花添加方法加以改进。即把先少后多添加方法改为煮沸10～20min后全量一次加入，或先多后少二次添加法，这也是国外通用的酒花添加方法。此法使麦汁中酒花有效成分含量大幅度增加，相应减少了酒花用量，这主要是得益于煮沸时间长，有效成分溶出多，即α-酸、β-酸溶出量增加，从而提高了酒花香气。实践证明，煮沸时间对酒花有效成分溶出量有直接关系。煮沸时间长，常异构化生成更多的异 α-酸。异 α-酸更容易溶于麦汁，苦味更加柔和。异 α-酸是啤酒苦味和防腐力主要成分。

我国多采用二次添加法。初沸时不加酒花，利用麦皮中多酚物质与麦汁中蛋白质结合。煮沸 40～50min 时加入第一次酒花，一般为苦型酒花，加量较大，占总是 60%左右。煮沸结束前 15～20min，加入第二次酒花，多为香型酒花或优质新鲜酒花，但酒花香气与最后一次香型酒花加量有密切关系。最后一次加量有利于较多香味成分浸出，但利用率低，可以将其收集起来作为下批麦汁煮沸时的第一次酒花使用。当然，酒花本身质量会对啤酒香气产生较大影响，使用陈旧酒花或高温下贮存的酒花，啤酒香味会变得淡而无味。

第七节 酵母

高质量的啤酒酵母才能生产出高质量的啤酒。

酵母属兼性微生物，在供氧和缺氧的条件下都能生存。酵母接种后，开始在麦汁充氧的条件下恢复其生理活性，然后以麦汁中的氨基酸为主要氮源和以可发酵性糖为主要碳源进行有氧呼吸，并从中获取能量而生长繁殖，同时产生一系列代谢副产物，麦汁中的氧被耗尽后，酵母即在无氧的条件下进行酒精发酵。

麦汁经过啤酒酵母的发酵，便酿制成啤酒。由于酵母不仅进行酒精发酵，而且其新陈代谢的产物还影响啤酒的口味和特点，所以了解酵母的结构和组成、新陈代谢、繁殖和生长及其分类非常重要。不同的酵母菌种有一系列不同的特性。

在微生物分类系统上，通常分为门、纲、目、科、属、种。以此分类方法，则啤酒酵母属于真菌门、子囊菌纲、内孢霉目、内孢霉科、酵母属、啤酒酵母种。

一、 酵母细胞的结构和组成

1. 酵母细胞的结构

酵母菌是单细胞真核微生物。酵母菌细胞的形态通常有椭圆形、球形、卵圆形、腊肠形、柠檬形或藕节形等，比细菌的单细胞个体要大得多，一般为（1～5）μm×（5～30）μm。酵母菌无鞭毛，不能游动（图 2-8）。

酵母菌具有典型的真核细胞结构（图 2-9），有细胞壁、细胞膜、细胞核、细胞质、液泡、线粒体等，有的还具有微体。

酵母菌呈椭圆球形，有明显的细胞核和大小不等的液泡，用显微镜观察时，15 倍目镜与 40 倍的物镜组合即可看到。细胞大小因酵母种类、环境条件不同而差异很大，注意观察时视野不能太亮。

一般酵母菌的大小约为细菌的 10 倍，长度不超过 100μm。由于这个长度还是太小，因此用放大镜看不到酵母菌。直接参与发酵的酵母通常为（3～7）μm×（5～

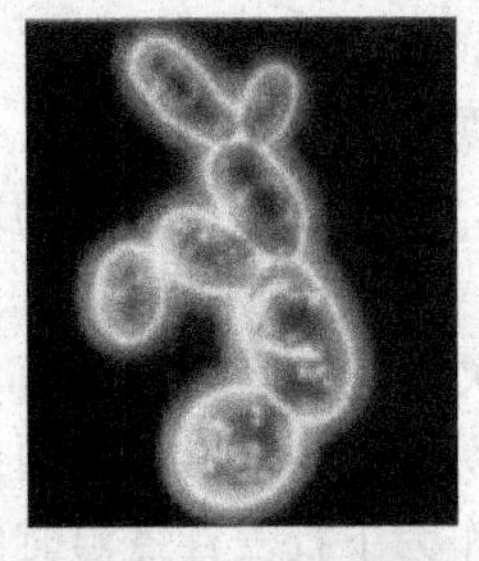

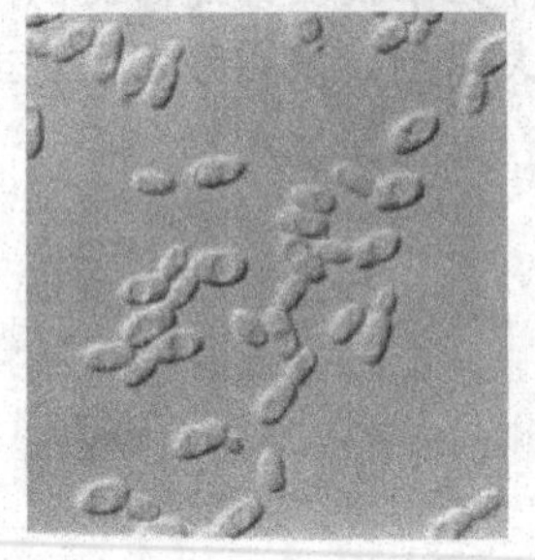

图 2-8　酵母菌的形态、大小结构

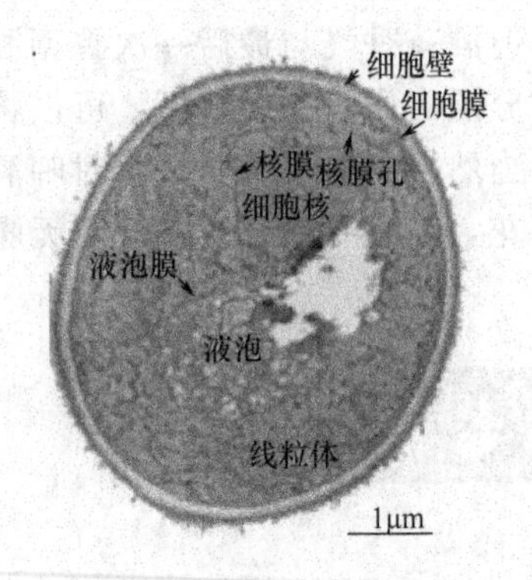

图 2-9　典型的真核细胞结构

14)μm。细胞为多端芽殖，偶尔有假菌丝，形成1～4个平滑椭圆形囊孢子，菌落平滑，偶尔有突起，不透明。

(1) 细胞壁　细胞壁位于细胞的最外层，具有一定的弹性，决定着酵母细胞的形状和稳定性，约占细胞质量的30%，壁厚100～200nm。细胞壁由大分子的物质组成，主要成分为30%～40%的甘露聚糖（即酵母胶体）和30%～40%的葡聚糖。位于细胞外部的甘露聚糖与磷结合，而位于细胞里面的葡聚糖与硫以酯键连接，总复合物还包括蛋白质和酶，它们通过细胞膜分解物质进行输送，所以细胞壁的结构具有重大意义。除此之外，细胞壁还含有蛋白质、脂肪、矿物质。酵母细胞的细胞壁结构见图2-10。

(2) 细胞膜　细胞膜紧贴细胞壁的内面，厚度约150nm，是一层半透性的膜，构成细胞壁的基础物质。细胞膜调节着细胞内的渗透压，调节着营养物质的吸收和代谢产物的排出，形成酵母细胞的渗透框架。同时，细胞膜可分离出胞外酶，胞外酶由酵母细胞形成，但在酵母细胞外起作用。

(3) 细胞质　酵母细胞中充满着细胞质，细胞质主要由酶形式的蛋白质组成。细胞质中含有丰富的核糖体，核糖体是合成蛋白质的地方。此外，细胞质还含有线粒体，线粒体的主要功能是通过呼吸为酵母细胞提供能量。

(4) 细胞核　细胞核直径为0.5～1.5μm，经染色后可以观察到。细胞核被核膜所包围，其主要化学组成是脱氧核糖核酸DNA和蛋白质，是遗传物质的承载体，控制着酵母的新陈代谢。

(5) 液泡　在显微镜下，常可看见酵母细胞中充满水性细胞液的液泡，酵母细胞可在液泡中短时间贮存代谢产物，此外液泡中还有细胞的磷酸盐贮仓（聚偏磷酸盐颗粒）。

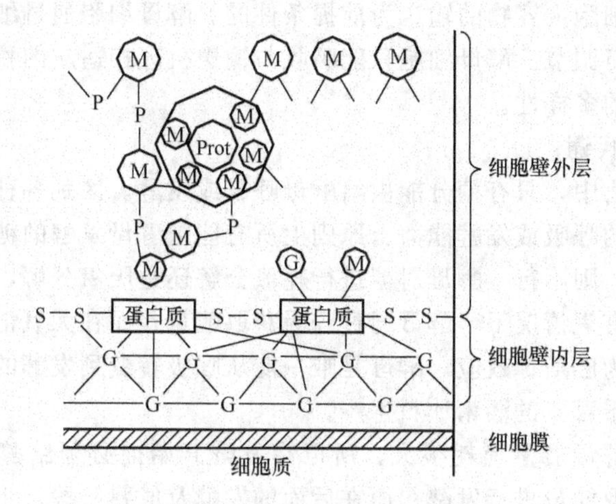

图 2-10 酵母细胞的细胞壁结构

M—甘露醇；P—磷酸盐；G—葡聚糖；S—硫；Prot—蛋白质

2. 酵母的组成

酵母是用以进行啤酒发酵的微生物。啤酒酵母又分上面发酵酵母和下面发酵酵母。

一般酵母细胞大约含有75%的水。酵母绝干物质主要由蛋白质和碳水化合物组成，蛋白质45%～60%，碳水化合物23%～35%，脂肪4%～7%，矿物质6%～9%。

酵母中贮存的碳水化合物中，最重要的是糖原，此外还有海藻糖。糖原是由葡萄糖残基组成的分支葡聚糖；海藻糖是由2个葡萄糖单元组成的二糖，这些碳水化合物以特殊颗粒形式贮存于细胞质中，并在酵母细胞营养缺乏时被分解，从而给细胞提供能量。除碳水化合物外，细胞质中还贮存了类脂质形式的脂肪。内质网贯穿于整个细胞质将其分为许多反应空间。

此外，酵母还含有丰富的维生素和酶，尤其是维生素含量很高，特别是维生素B_1和维生素B_6，因此说未过滤啤酒（如小麦啤酒）含有大量的维生素实不为过。

二、 酵母的新陈代谢

生命的典型特征是生长和繁殖。维持生命需要持续的物质转化即新陈代谢。新陈代谢的作用在于：吸收可利用的物质作为营养，将其转化为机体本身的物质，获得生命功能所需的能量。因此，有机物质是酵母必需的，特别是糖形式的碳水化合物。酵母既可以在有氧的情况下利用糖（耗氧性），又可以在无氧情况下分解糖（厌氧性）。

酵母的新陈代谢如下：一般，耗氧且释放能量多的过程称为呼吸，厌氧且释放能量少的过程称为发酵。通过呼吸和发酵获取能量的反应过程非常复杂且步骤繁多，每个反应步骤都由特殊酶催化。在酵母细胞中，酶以一定的细胞结构连接。酶的呼吸链主要在线粒体上，而酶的发酵主要在细胞质的基础物质中进行。有机物的呼吸或发酵是以细胞内容物的输送为前提条件的。酵母细胞通过细胞壁吸收营养物质，由细胞膜进行调节。酵母细胞只能吸收与输送机理相适应的物质，而这又取决于酵母细胞中酶的多样性。

1. 碳水化合物的代谢

在碳水化合物中，只有糖分能供给酵母呼吸或发酵。区别各种酵母的重要标准是它对不同糖分的呼吸或发酵能力。原则上所有能被酵母发酵的糖，也可以被酵母呼吸消耗；反之，则不行。酵母对糖进行耗氧分解还是厌氧分解，这主要取决于有无氧气存在，在有氧情况下，酵母通过呼吸获取能量；而在无氧情况下，则进行发酵，这种转变称为巴斯德效应。酵母是唯一能从呼吸转变到发酵的生物，正是基于这种转变才有了千百年的酒精饮料生产。

快速起发对酵母能量消耗很大，所以在发酵开始前必须给酵母提供足够的氧气，以使酵母获取能量进行发酵。而在后面的发酵及成熟阶段，生产过程在无氧状态下进行。

对于啤酒酵母来说，主要碳水化合物的来源是低分子糖。酵母可以利用许多单糖、双糖和寡糖，而聚糖如淀粉和纤维素，则不能被酵母利用。了解哪些糖能被酵母发酵，这对啤酒酿造来说十分重要。可发酵的碳水化合物（按照酵母利用的顺序）如下。

① 单糖。如葡萄糖、果糖、甘露糖、半乳糖。

② 双糖。如麦芽糖、蔗糖。

③ 三糖。如棉子糖、麦芽三糖（并非所有的酵母都能利用）。

一小部分糖没有被发酵，而是以化学能量的形式贮存于酵母细胞中，必要时用于维持生命功能。细胞中最重要的化学贮藏物是腺苷二磷酸（ADP）和腺苷三磷酸(ATP)，ATP参与每个生命过程，是生命所必需的能量贮藏物和转载物，没有ATP，酒精发酵根本不可能进行。一般酵母葡聚糖是一种不溶性的有分支聚合物，主链以β-1,3糖苷键结合，同时在链间穿插有β-1，6，是由1500个葡萄糖残基聚合而成的线性分子。作为细胞壁的内层物质，它维持细胞壁的强度，当细胞处于高渗的环境下而收缩时，它能维持细胞的弹性。

2. 蛋白质的代谢

蛋白质代谢指蛋白质在细胞内的代谢途径。各种生物均含有水解蛋白质的蛋白酶或肽酶，这些酶的专一性不同，但均能破坏肽键，使各种蛋白质水解成其氨基酸成分的混合物。

酵母需要氮化合物来合成酵母细胞自身的蛋白质。在无机氮中，酵母主要利用氨盐，但麦汁中的氨盐含量很少，酵母的主要氮源为氨基酸和低分子肽。

酵母不能直接将麦汁中的氨基酸合成自身细胞蛋白质。蛋白质的代谢过程由一系列复杂的生化过程组成。因此这些转化过程与发酵副产物的形成密切相关，比如高级醇、连二酮、酯和有机酸等。由氨基酸形成高级醇即所谓的杂醇油就是这种转变的一个实例，氨基酸脱羧形成高级醇，亮氨酸脱羧可形成异戊醇。

酵母新陈代谢产物的形成以及分解取决于许多因素，比如温度、压力、pH 值等。发酵副产物的含量对啤酒的口味和气味影响很大，“啤酒发酵”中将对此进行讲述。

3. 矿物质的新陈代谢和生长因子

在无机氮中，酵母主要利用铵盐，但麦汁中的铵盐含量很少，酵母的主要氮源为氨基酸和低分子肽。此外，酵母的新陈代谢还取决于足够的矿物质和生长因子，这些物质的作用不可低估。部分离子对酶促反应影响很大，如 K^+ 与 ATP 一起促进所有的酶促反应，对于能量代谢和细胞壁的物质输送很重要；Na^+ 使酶活化，在细胞膜的物质输送中起重要作用；Ca^{2+} 可以被锰离子、镁离子所取代，延缓酵母退化，促进凝固物的形成；Mg^{2+} 对有磷参与的反应十分重要，特别是在发酵中不可取代；Cu^{2+} 很少的量就会抑制某些酶；Fe^{3+} 对酶的呼吸代谢很重要，可促进酵母出芽增殖；Mn^{2+} 在代谢中可取代 Fe^{2+}，可促进细胞繁殖和细胞形成；Zn^{2+} 有利于蛋白质的合成，Zn^{2+} 需求量为 0.2mg/L 麦汁，缺锌可使发酵出现问题；SO_4^{2-} 是酵母合成细胞自身物质所必需的；PO_4^{3-} 对高能物质的形成很重要，没有此离子，发酵不能进行，缺乏 PO_4^{3-} 对酵母状况很不利；NO_3^- 可被细菌还原为 NO_2^-，对细胞有毒性，极不利于发酵。

在正常麦汁中，上述盐或离子的含量是足够的。对于酵母来说，重要的生长因子是维生素，如维生素 H（生物素）、泛酸。

生长因子的定义为具有刺激细胞生长活性的细胞因子。是一类通过与特异的、高亲和的细胞膜受体结合，具有调节细胞生长与其他细胞功能等多效应的多肽类物质。存在于血小板和各种成体与胚胎组织及大多数培养细胞中，对不同种类细胞具有一定的专一性。通常培养细胞的生长需要多种生长因子的协调作用。

三、 酵母的繁殖和生长

啤酒酵母的繁殖和生长可划分为六个不同阶段。

① 调整期：也称为起始阶段，是进行新陈代谢的活化过程。

② 加速期：此阶段紧接调整期，细胞分离速度加快。

③ 对数增长期：在此阶段，细胞呈对数增长，增殖速度最大且保持恒定。

④ 减速期：由于各种因素，比如底物减少，抑制生长的代谢物增加等，对数增长期有一定的时间限制，随后进入增殖速度逐渐减小的减速期。

⑤ 稳定期：这一阶段微生物的数量保持恒定。

⑥ 死亡期：在此阶段，细胞死亡数多于形成的新细胞数，细胞数减少。

在以上六个生长阶段中，每个生长阶段的时间长短和强度主要受底物、温度和酵母生理状态的影响。底物必须含有生长必需的营养物，同样，底物的水分含量、pH 值和氧气浓度对生长也很重要。

水是有生命物体的主要组成部分，在微生物的生命过程中起着重要作用，总之只有当底物水分至少达到 15%时，微生物才能生长。利用不同的最佳 pH 值可区分不同的微生物，酵母主要在酸性条件下生长。酵母生长时供氧的重要性已在前面讲过，在啤酒厂，在添加酵母后给麦汁通风，可以促进酵母生长，即调整期和形成新一代的时间可以缩短。

温度对微生物的生长影响也很大，每种微生物都有自身的最佳生长温度，在最佳生长温度下，调整期和形成新一代的时间最短。微生物不仅可在最佳温度下生长，也可在一定温度范围内生长。对于酵母属的啤酒酵母来说，生长温度范围一般在0～40℃，最佳生长温度为25～30℃。

微生物细胞的生理状况（代数、营养状况）决定了调整期的长短。在对数增长期，转载于新底物上的酵母细胞代谢活化非常快。对于啤酒厂来说，这意味着要想起发迅速，最好使用取自主发酵期间的酵母，并将其立刻添加至接种麦汁中。

啤酒酵母的老化和变质可以对啤酒的口感质量造成极为不好的影响，为了避免这种不良影响，可以适时地、有规律地添加调节酵母；但是调节酵母添加的次数越多，发酵的啤酒被污染的可能性就越大，而采用新的酒米曲再生技术可以避免反复添加调节酵母而引起酵母被污染的风险。

四、 啤酒酵母的分类

啤酒厂使用的酵母主要是啤酒属酵母，而啤酒属酵母中又有众多的种类。

按细胞长与宽的比例，可将啤酒酵母分为三组。第一组的细胞多为圆形、卵圆形或卵形（细胞长/宽<2），主要用于酒精发酵、酿造饮料酒和面包生产。第二组的细胞形状以卵形和长卵形为主，也有圆或短卵形细胞（细胞长/宽≈2），这类酵母主要用于酿造葡萄酒和果酒，也可用于啤酒、蒸馏酒和酵母生产。第三组的细胞为长圆形（细胞长/宽>2），这类酵母比较耐高渗透压和高浓度盐，适合于用甘蔗糖蜜为原料生产酒精。

啤酒工厂为了确保酵母的纯度，进行以单细胞培养法为起点的纯粹培养，为了避免野生酵母和细菌的污染，必须严格啤酒工厂的清洗灭菌工作。

1. 培养酵母和野生酵母

① 培养酵母。也叫纯酵母，是从野生酵母中选育出来的，经过长时间的驯养、反复使用，具有正常生理状态和特性的适合啤酒酿造的酵母。

② 野生酵母。不能够被生产控制利用的酵母，统称为野生酵母。它们特别容易通过原料进入啤酒厂，能使啤酒中产生令人不舒适的口味和气味，并导致啤酒浑浊。培养酵母和野生酵母的区别见表2-9。

表2-9　培养酵母和野生酵母的区别

区别内容	培养酵母	野生酵母
细胞形态	圆形或卵圆形	圆形、椭圆形、柠檬形等多种形态
抗热性能	在水中53℃，10min死亡	能够耐比培养酵母较高的温度
孢子形成	形成孢子慢，孢子较大，略带棱角	形成孢子快，孢子小，像油滴
糖类发酵	对葡萄糖、半乳糖、麦芽糖、果糖等均能发酵，能全部或部分发酵棉子糖	绝大多数不能全部发酵葡萄糖、半乳糖、麦芽糖、果糖、棉子糖等糖类

2. 上面酵母和下面酵母

实际生产中最常使用的酵母有两大类：上面酵母和下面酵母，二者形态上存在着明显差别。上面酵母又叫表面酵母、顶面酵母，其母细胞和子细胞能够长时间相互连接，形成多枝的芽簇（图 2-11）；下面酵母又叫底面酵母、贮藏酵母，其母细胞和子细胞增殖后彼此分开，几乎都是单细胞或几个细胞连接（图 2-12）。

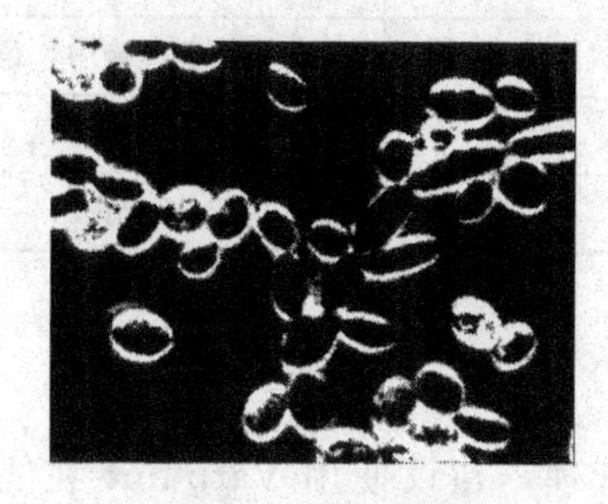

图 2-11 上面酵母

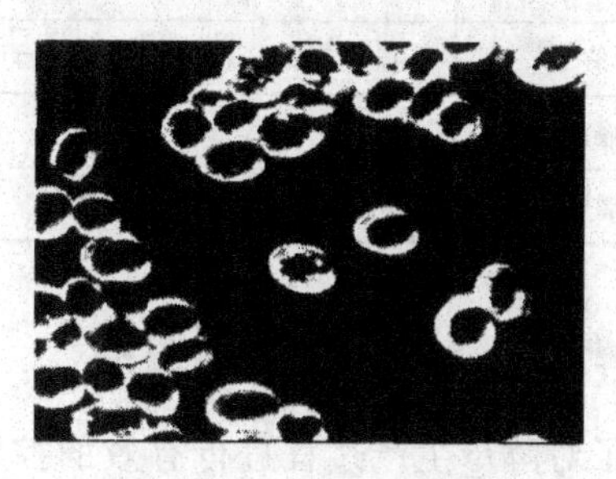

图 2-12 下面酵母

上面酵母和下面酵母的区别见表 2-10。

表 2-10 上面酵母和下面酵母的区别

区别内容	上面酵母	下面酵母
细胞形态	多呈圆形，多数细胞聚在一起形成芽簇	多呈卵圆形，单细胞或几个细胞连接
孢子形成	较容易形成孢子	很难形成孢子
最高生长温度	37～40℃	31～34℃
发酵温度	14～25℃	4～12℃
低于 5℃时生长状况	受到抑制，生长较差	部分生长
实际发酵度	60%～65%	55%～60%
对棉子糖发酵	只发酵 1/3 棉子糖	能全部发酵棉子糖
呼吸及发酵代谢	呼吸代谢占上风	发酵代谢占优势
发酵风味	酯香味较浓	酯香味较淡
发酵终了	发酵终了，大量细胞悬浮液面；发酵结束降温后，也会凝集沉淀	发酵终了，大部分酵母凝集沉淀
酵母回收	回收量较大	回收量较小

当然，上面酵母和下面酵母的性质也不是一成不变的，有时也会有所变化，例如对棉子糖的发酵，某些下面酵母也仅能发酵 1/3 的棉子糖。

3. 凝聚酵母和粉状酵母

凡是发酵时容易发生凝聚而沉淀的下面酵母，称为凝聚酵母。发酵液澄清快，过滤前的酵母数相对较低。一般凝聚酵母容易发生凝聚。

粉状酵母又叫絮状酵母，不易凝聚，细胞之间比较分散。上面酵母和下面酵母均有粉状酵母。凝聚酵母和粉状酵母的区别见表2-11。

表2-11 凝聚酵母和粉状酵母的区别

区别内容	凝聚酵母	粉状酵母
发酵时情况	酵母易于凝聚沉淀（下面酵母） 或凝聚后浮于液面（上面酵母）	不易凝聚
发酵终了	很快凝聚，沉淀致密或浮于液面形成致密厚层	长时间浮于酒液中，很难沉淀
发酵液澄清	较快	较慢
发酵度	较低	较高

五、啤酒酵母生产过程的监控

为了对酵母生产过程进行有效的控制与管理，建议使用Varinline在线检测系统。在该检测系统中，所有的检测仪器可以有效地对整套酵母再生设备进行检测，决不漏掉一个死角。为了保证很高的检验质量，这套仪器采用的是酒精检测仪器，它们可以正确地按照酵母生产过程的条件进行发酵质量检测，确定合适的麦芽汁添加时间和添加量。酵母发酵时产生的较高的酒精浓度可由于进一步的酵母再生而降低，保持在一个合适的水平上。经过成功的酵母再生之后，还可以剩余大约20%的酵母用于新的酵母再生过程。

在经过一定次数的再生发酵后，酵母再生罐将被彻底清空进行全面的消毒，然后装入刚从实验室培养出来的新鲜酵母菌。

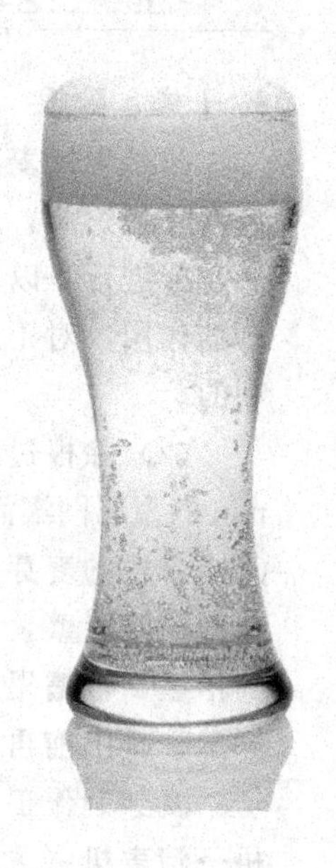

第三章 麦芽制造

麦芽制造（简称制麦）是指把原料大麦制成麦芽的一系列过程。发芽后制得的新鲜麦芽叫绿麦芽，经干燥和焙焦后的麦芽称为干麦芽。麦芽制造是啤酒生产的开始，麦芽制造工艺决定了麦芽的种类和质量，从而决定了啤酒类型，并最终直接影响到啤酒质量。

一般在人工控制的条件下，经浸麦、发芽、干燥、除根的操作过程，生产上称为制麦。制麦前的大麦须除杂与分级，以2.2mm、2.5mm、2.8mm孔径的筛面将麦粒分成大、中、小三级分开投料，以便浸麦、发芽和麦芽的溶解度均匀一致。

麦芽制作工艺过程如下。

1. 浸麦

①提高大麦的含水量，使大麦吸水充足，达到发芽的要求。麦粒含水25%～35%，即可均匀发芽，但对酿造用麦芽，要求胚乳充分溶解，含水必须达到43%～48%。②通过洗涤，除去麦粒表面的灰尘、杂质和微生物。③在浸麦水中适当添加石灰乳、Na_2CO_3、NaOH、KOH、甲醛中任何一种化学药物，可以加速麦皮中有害物质（如酚类、谷皮酸等）的浸出，提高发芽速度和缩短制麦周期，还可适当提高浸出物，降低麦芽的色泽。

2. 发芽

未发芽的大麦，含酶量很少，多数是以酶原状态存在，通过发芽，使其活化和增长，并使麦粒生成大量的各种酶类，随着酶系统的形成，胚乳中的淀粉、蛋白质、半纤维素等高分子物质在酶的作用下得以分解成低分子物质，使麦粒达到适当的溶解度，满足糖化的需要。

3. 干燥、除根

（1）干燥麦芽　①麦根易吸水，带根不利于储藏。②麦根中含有苦涩味物质、色素及蛋白质，对啤酒的风味、色泽和非生物稳定性不利。除根应在麦芽干燥出炉后立即进行，以不超过8h为宜，以免吸湿后不易除尽。③除根的过程同时起到冷却的作用，对于减少昆虫的侵扰，防止色泽和风味的变化，避免酶活性降低是有利的。

（2）除根过程　①麦芽的除根是利用除根机完成的，一般是用一个转速为20r/min的金属网滚筒，内装螺旋状搅刀，以同一方向旋转，搅刀转速为160～240r/min。②当带根的麦芽由一端进入随着搅刀转动时，部分麦芽互相撞击而使麦根脱落；部分抛向滚筒壁，在撞击摩擦中使麦根脱落。脱落的麦根穿过滚筒的网眼掉落在下边的槽里，被槽里的螺旋推动器推向一端而被收集。③脱了根的麦芽从滚筒的另一端卸出，排出前再经过一次风选，将粉尘及轻微杂质除去，同时麦芽也得到了冷却。

麦芽制作工艺过程为：原大麦→仓储（6～8周）→称重→风选→除铁→除芒机→清麦机（去杂）→分级机→称重→中间仓→浸渍大麦→发芽→焙燥（干燥塔）→除根→仓储，见图3-1。

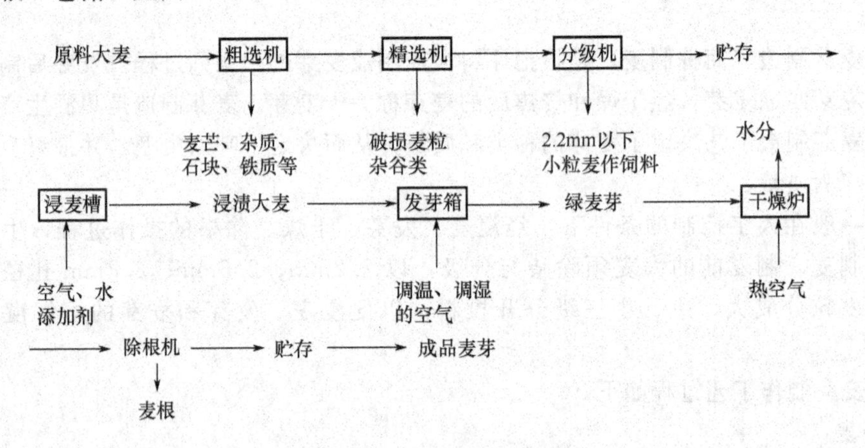

图3-1　麦芽制作工艺过程

制麦的主要目的是使大麦吸收一定的水分后，在适当的条件下发芽，产生一系列的酶，以便在后续处理过程中使大分子物质（如淀粉、蛋白质）溶解和分解。绿麦芽通过干燥会产生啤酒所必需的色、香、味等成分。制麦过程如图3-2所示。

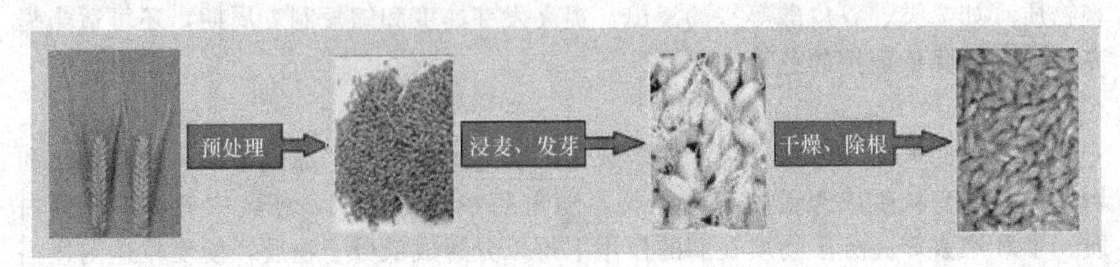

图3-2　制麦过程

近年来，随着我国农业产业结构的调整和啤酒麦芽生产的国产化，加速了啤酒大麦生产的专业化和区域化。

第一节 大麦的预处理

一、 大麦的要求与清选

1. 大麦的要求

国内许多酿造者往往忽视对大麦预处理的要求，因而在生产实践当中出现效果不理想的结果。大麦的一般理化要求见表 3-1。

表 3-1 大麦理化指标要求

外观	千粒重	水分	蛋白质	浸出率
淡黄色有光泽	38～42g	8%～12%	9.1%～11.0%	76%～80%

如果大麦的蛋白质含量高，则淀粉含量相对就要低，浸出率也低，而且分解困难，形成的深色物质多。因此，一般应选用蛋白质含量较低的大麦。

2. 大麦的清选

一般原料大麦中会混有各种杂质，如砂石、麦芒、杂谷、秸秆、尘土、木屑、铁屑、麻绳及伤粒大麦、半粒大麦等，对制麦工艺不利，这不仅会影响制麦设备的安全运转，也会影响麦芽的质量和啤酒的风味，因此在投料前需经处理。

清选后的净麦夹杂物不得超过 0.15%；麦粒的整齐度，即腹径 2.2mm 以上麦粒达 93%以上；精选率一般为 80%～90%。清选后的大麦见图3-3。

图 3-3 清选后的大麦

① 粗选。粗选是大麦清选的第一道工序，就是要除去糠、灰、各种杂质和铁屑。粗选机是通过圆眼筛或长方形眼筛除杂。圆眼筛是根据横截面最大尺寸即种子的宽度进行分离；长方形眼筛则是根据横截面的最小尺寸即种子的厚度进行分离。

粗选的方法主要有风析和振动筛析两种。风析主要是除尘及其他轻微杂质；振动筛析主要是为了提高筛选效果，除去夹杂物。振动筛共设三层，第一层筛子（5.5mm×20mm）主要筛除大土块、大石块、木块、麻绳、秸秆等大夹杂物；第二层筛子（3.5mm×20mm）主要筛除中等杂质，如其他谷物种子；第三层筛子（2.0mm×20mm）主要筛除小于2mm的小粒麦和小杂质，麦粒进出口的抽风口去除轻微杂质。

大麦粗选设备包括去杂、集尘、除铁、除芒等机械。除杂集尘常用三层振动平筛或风力粗选机进行；除铁用磁力除铁器，麦流经永久磁铁器或电磁除铁器除去铁质；脱芒用除芒机，麦流经除芒机中转动的翼板或刀板将麦芒打去。

② 精选。大麦发芽之前要精选，精选一般在浸麦前进行，主要是除掉与麦粒腹径大小相同的杂质，包括荞麦、野豌豆、草籽、半粒麦等。利用杂粒与大麦长度不同的特点进行分离。

一般精选使用的设备为精选机，又称杂谷分离机，常用的精选机也有碟片式和滚筒式。

(a) 碟片式精选机。一组同轴安装的圆环形铸铁碟片，碟片的两侧工作面制成许多特殊形状的袋孔，当碟片在大麦堆中转动时，短粒物料被嵌入袋孔而被带到较高位置，由于孔底逐步向下倾斜，短粒物料受本身的重力作用从袋孔中倒出，落入收集槽中。长粒物料因长度较袋孔长，虽能进入袋孔，但其重心仍在袋孔之外，当碟片还未带到一定高度，即从袋孔中滑落，使长粒物料和短粒物料分离。碟片精选机结构见图3-4。

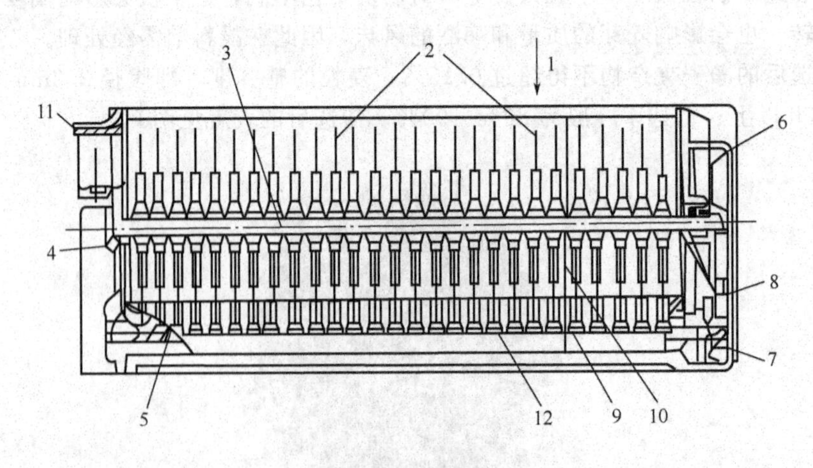

图3-4　碟片精选机结构

1—进料口；2—碟片；3—轴；4—轴承；5—绞龙；6—大链轮；7—小链轮；8—链条；9—隔板；10—孔；11—长粒物粒出口；12—淌板

(b) 圆筒式精选机。国内多采用卧式圆筒精选机，它的主要结构由转筒、碟形槽和螺旋输送机组成。见图3-5、图3-6。

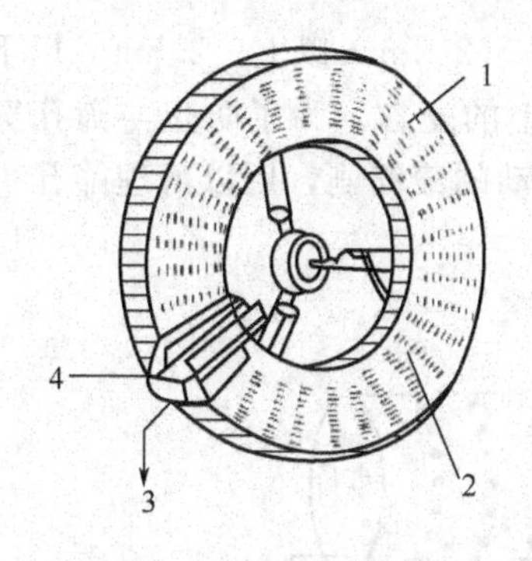

图 3-5 碟片的工作情况

1—碟片；2—叶片；3—短粒出口；4—盛物槽

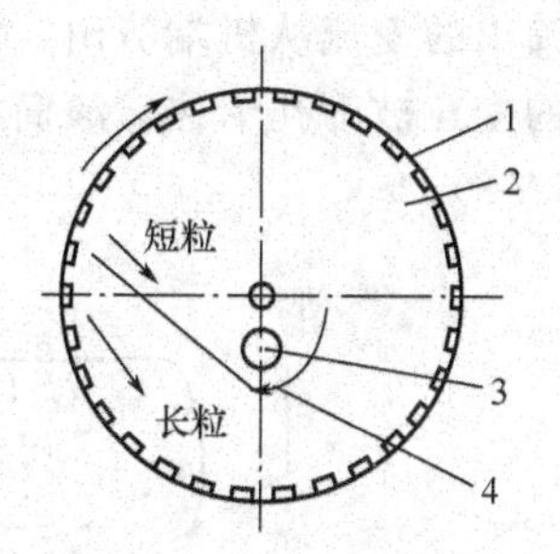

图 3-6 滚筒的工作情况

1—滚筒；2—袋孔；3—绞龙；4—收集槽

转筒由钢板卷成，直径为 400～700mm，长度为 1～3m，其大小取决于精选机的能力。转筒转速为 20～50r/min，精选机的处理能力为 2.5～5t/h，最大可达 15t/h。转筒钢板上冲压成直径为 6.25～6.5mm 的孔洞，分离小麦时，圆筒有约 60°的倾斜度，麦流进入转筒后，半粒麦、杂谷等几乎可以全部嵌入孔洞，长形麦粒、大麦粒不能嵌入孔洞。在转动时，嵌入孔洞的半粒麦、杂谷等被带到一定高度才落入收集槽道内，由螺旋输送机送出机外而被分离；不能嵌入孔洞的长形麦粒、大粒麦升至较小角度即落下，回到原麦流中而不被分出。分离界限可以通过调节孔眼的大小和收集槽的高度来改变：分离界限过高，易使杂粒混入麦流，导致质量下降；过低又会将部分短小的大麦带入收集槽，造成损失。此外，还要根据大麦中夹杂物的多少调节转速与进料流量，以保证精选效果或者进行第二次精选。

二、 大麦的分级

为得到颗粒整齐的麦芽、保证浸渍的均匀性、保证发芽的整齐度、获得粗细均匀的麦芽粉，必须要进行分级。分级就是把清选后的大麦按腹径大小用分级筛分成几个等级，一般将大麦分成 3 级。分级标准为：Ⅰ级大麦筛孔规格 2.5mm×25mm，麦粒厚度 2.5mm 以上；Ⅱ级大麦筛孔规格 2.2mm×25mm，麦粒厚度 2.2mm 以上；Ⅲ级大麦会落入筛底，麦粒厚度 2.2mm 以下，不能像前两级那样用来制麦芽，但可作为饲料使用。

分级设备主要是分级筛，主要包括圆筒分级筛和平板分级筛两种。

1. 圆筒分级筛

圆筒用铁板冲孔后卷成，分成几节筒筛，布置不同孔径的筛面，圆筒用齿轮带动。筛分的大麦由分设在下部的 2 个螺旋输送机分别送出，未筛出的一级大麦从最末端排出。

一般在旋转的圆筒筛上分布不同孔径的筛面，一般设置为 2.2mm×25mm 和 2.5mm×25mm 两组筛。圆筒略有倾斜，倾斜度小于 10°，麦流先经 2.2mm 筛面，筛下小于 2.2mm 的粒麦；再经 2.5mm 筛面，筛下 2.2mm 以上、2.5mm 以下的麦粒；未筛出的麦流从机端流出，即是 2.5mm 以上的麦粒。为了防止与筛孔宽度相同腹径的麦粒被筛孔卡住，滚筒内安装有一个活动的滚筒刷，用以清理筛孔（见图 3-7、图 3-8）。

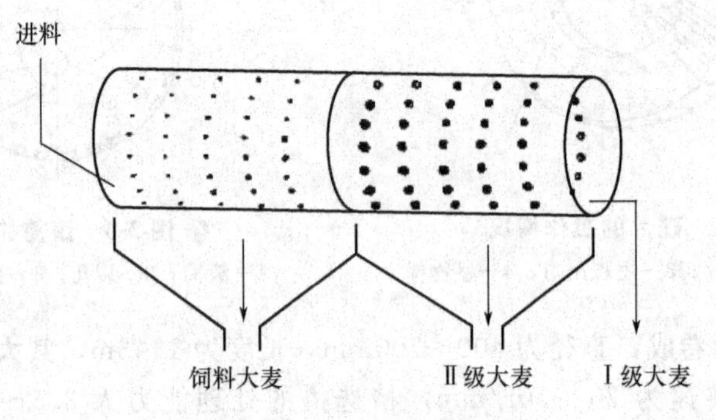

图 3-7 圆筒分级筛结构

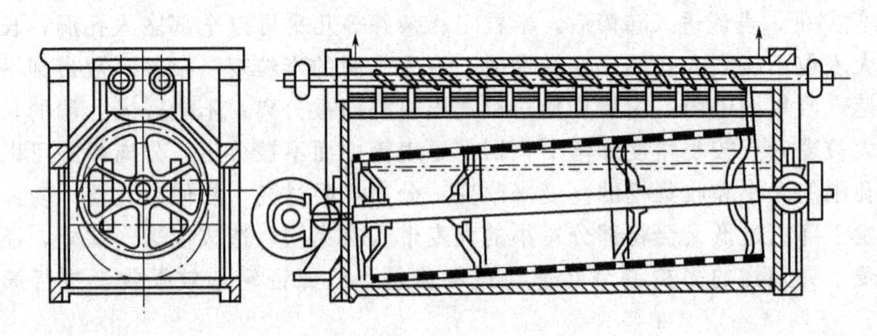

图 3-8 圆筒分级筛设备

2. 平板分级筛

麦粒在筛面做往复运动时，受到两个力的作用——与运动方向相反的摩擦力和保持自身运动方向的惯性力，当惯性力大于摩擦力时，麦粒才会运动。由于筛面运动方向有周期性的改变，惯性力也产生相应变化，所以麦粒只沿筛面来回运动。当筛面填满麦粒，而在筛的另一端又不断进料时，由于进、排料水平的差异使麦粒沿着筛面移向出口。因此麦粒在筛面上振动停留的时间较长，有充分自动分级的机会。

一般由多层重叠排列的平板筛组成，用偏心轴以 120～130r/min 的转速转动，使筛板处于振动状态，偏心轴距 45mm，筛面振动时，大麦均匀分布于筛面。每层筛板均设有球筛、筛框、弹性橡皮球和收集板。筛选后的大麦经两侧横沟流入下层筛板，继续分选。

筛板有矩形和正方形两种，共分成三组，上层为 4 块 2.5mm×25mm 的筛板，中层为两块 2.2mm×25mm 的筛板，下层为两块 2.8mm×25mm 的筛板。大麦平板分级筛见图 3-9。

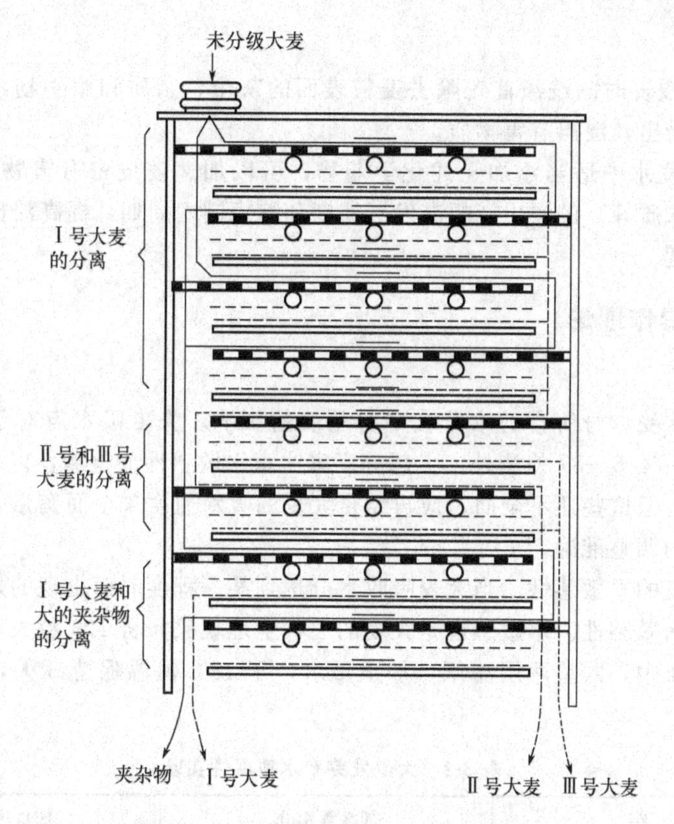

图 3-9 大麦平板分级筛工作示意图

第二节 浸麦操作与方法

大麦经过浸麦，吸收一定水分，通过一定的方式使之发芽的过程称为大麦的发芽，发芽后的麦芽称为绿麦芽。

一、 浸麦的目的与要求

1. 浸渍目的

① 使大麦吸收充分的水分，达到发芽的要求。麦粒含水 25%～35%即可达到均匀的效果，但对酿造用麦芽，要求胚乳充分溶解，含水必须达到 43%～48%。国内最流行的浸麦度为 45%～46%，而欧美有些厂家为 42%～45%浸麦度时即转入发芽箱，并在发芽箱适当喷水。

② 在浸麦水中适当添加石灰乳、$NaCO_3$、NaOH、KOH、甲醛等中任何一种化学药物，可以加速酚类、谷皮酸（testinic acid）等有害物质的浸出，并有明显的促进发芽和缩短制麦周期之效，能适当提高浸出物。

2. 浸渍要求

① 一般浸麦时的洗涤首先除去麦粒表面的灰尘、杂质和微生物，并将漂浮在表面的麦壳捞出，浸出有害物质。

② 在浸麦水中适当添加上述化学药物，可以加速麦皮中有害物质（如酚类、谷皮酸、苦味质等）的浸出，提高发芽速度和缩短制麦周期，提高浸出物含量，降低麦芽的色度。

二、浸麦操作理论

1. 大麦吸水

大麦吸水受本身所含的水分和本身基质的影响。大麦吸水点对于新的大麦品种，除按GB 7416—87检测外，大部分厂家注意水敏感性的检测，以确定调整浸麦和发芽工艺，但这些还不全面，应再结合大麦的吸水速度来全面衡量，才能使浸麦和发芽工艺的调整准确。

（1）大麦的水敏感性　当大麦吸收水分达到某一程度时而出现的发芽受到抑制的现象称为水敏感性。水敏感性是大麦的一种生理现象，将100粒大麦放入直径为9cm的培养皿中，内垫两层滤纸，加适量水，于18℃恒温保持3天，其结果见表3-2。

表3-2　大麦发芽率水敏感性实验

种　类	加水量4mL	加水量8mL
水敏感性大麦	发芽率90%以上	发芽率30%以下
非水敏感性大麦	发芽率98%左右	发芽率80%左右

一般认为加水量为4mL与8mL时产生的两个发芽率之差小于10%者为轻度水敏感性，10%～25%为低水敏感性，26%～45%为水敏感性一般，若达45%以上者则为重度水敏感性，就会严重影响大麦发芽率，此时需要采取措施破坏其水敏性。破坏水敏性的办法有分离皮壳和种皮，断水通风，浸麦度在32%～35%时进行长时间的空气休止，适当降低浸麦度（38%～40%），也可适量添加H_2O_2、$KMnO_4$或其他氧化性物质，将大麦加热到40～50℃，保持1～2周。

（2）大麦的吸水过程　正常浸麦水温为12～18℃，浸麦时水分的吸收可分为3个阶段。

① 第一阶段。浸麦6～10h，吸水迅速，水分总量的60%在此时被吸收。

② 第二阶段。从10～20h，麦粒吸水速度很慢，几乎停止。

③ 第三阶段。浸麦20h后，当供氧充足时，麦粒又开始吸水，此阶段的吸水特点是缓慢、均匀。

（3）大麦的吸水速度及影响因素

水分势是水的能量状态的一种表现。水的净扩散是以势能逐渐下降的形式表现的（即高水分势向低水分势扩散），纯水的水分势规定为零。

大麦吸水的条件是水与大麦之间存在水分势差。

细胞的水分势与三个因素有关：细胞溶质的浓度（浓度越高，吸水越强）；细胞的水合势（即细胞与水的结合能力）；膨胀压（即水进入细胞后，内容物膨胀对单位面积细胞壁上所施加的压力），此值越大，说明细胞内部的压力越强，阻止水进入的能力越强。

第一阶段，主要是细胞的水合势起作用。吸水形势是干湿部分由前沿隔开，水分到达部位立即吸水膨胀，其含水量随时间成正比。第二阶段，主要是膨胀压起作用。麦粒吸收了一定量的水分后，细胞的水合势变小，膨胀压增大，当膨胀到一定程度时，细胞的水分势就趋于零了，吸水过程也就停止了。第三阶段，随着水分的吸收，麦粒内部的高分子物质就有一部分溶解了，使细胞溶质的浓度增加了，从而导致吸水速度增加。影响大麦吸水速度的因素如下。

① 浸麦水温。8～16℃为宜，最高不超过 20℃ 。

② 麦粒大小。麦粒小吸水快，麦粒大吸水慢。

③ 含氮量。蛋白质含量越高吸水越慢，蛋白质含量越低吸水越快。

④ 麦粒的胚乳状态。麦粒中粉状粒含量高吸水快，玻璃质粒多吸水慢。

一般不同品种、产地的大麦，其吸水速度和吸水量是不同的，大麦各部位的吸水速度及含水量也是不同的，尤其是浸渍初期，细胞的水分势很低，所以吸水快；当吸收了一定的水分后，随着细胞水分势的提高，吸水速度下降。主要原因为大多数大麦在浸泡时水分由近端（胚芽端）进入，也有部分大麦由远端（背部）进入。然后，谷壳内的水分在毛细管力的作用下，通过果皮和细胞膜组成的半透膜进入胚乳。麦粒下部吸水快，上部吸水慢，胚部含水量高（65%～70%），胚乳含水量低(40%左右)。一般情况下，大麦水分由分级后的 11.0%～13.5%增长至 43%～48%，体积增长约为 30%（20%～40%），质量增加约 60%。

影响麦粒吸水速度的因素主要有浸麦时间、浸麦温度、麦粒大小及大麦的品质。浸麦开始时，吸水很快，然后吸水速度逐渐减慢。若水温偏高会导致吸水速度快（表 3-3），浸麦时间短（表 3-4），吸水不均匀，容易染菌和霉烂，并且物质溶解得多，呼吸作用也增强，损失增加。因此，要求浸麦用水温度需控制在 10～20℃，最佳温度范围为 13～ 18℃。麦粒小吸水快，麦粒大吸水慢。浸麦 24h 后水分增长率随麦粒的增大而减小，长时间浸麦后，小粒麦粒较大粒麦粒吸水快。麦粒中粉质

表 3-3 水温与吸水速度的关系

水温/℃	大麦原始水分/%	浸渍 16h 后水分/%	浸渍 40h 后水分/%	浸渍 63h 后水分/%	浸渍 87h 后水分/%	浸渍 112h 后水分/%
10	13.1	2.95	36.4	39.2	41.4	43.3
15.6	13.1	32.8	39.3	42.5	44.0	46.2
21.3	13.1	34.2	42.1	44.9	46.7	48.2

表 3-4 水温与浸麦时间的关系

水温/℃	浸麦时间/h		
	浸麦度 40%	浸麦度 43%	浸麦度 46%
9	47.5	78	101
13	34	54	78.5
17	30	46.5	73
21	21	28	44.5

粒含量高的大麦比玻璃质粒含量高的大麦吸水快；含氮量低（即淀粉含量高）及皮薄的大麦吸水速度快，细胞溶解性好，成品麦芽蛋白酶活力高。除此之外，通风供氧可增强麦粒的呼吸和代谢作用，从而加快吸水速度，促进麦粒提前萌发。

2. 通风与供氧

（1）通风供氧方式　一般情况下，通风供氧主要有浸水通风、泵送、空气休止、喷淋及冲洗等几种方式。浸水通风就是在浸麦过程通入压缩空气，把槽底部的麦粒翻到上部，这也可同时起到洗涤搅拌的作用，有利于麦粒均匀接触氧气；泵送就是使麦粒从一个浸麦槽送到另一个浸麦槽，使麦粒与空气接触；空气休止是指在麦粒浸渍断水期间进行空气休止，使麦粒接触空气，并定时通风（或吸风）；喷淋是指麦粒浸渍一段时间后断水，向麦层中喷淋水雾，由于水雾夹带着吸收的氧气进入麦层，使麦粒既接触氧气又吸收水分，同时还带走麦粒呼吸时产生的热量和 CO_2；冲洗是在浸麦一段时间后，进行长时间的空气休止，再进行短时间的浸水，再重复这个过程，这种方法特别适合于水敏感性强的大麦。

（2）缺氧主要因素　水温是影响通风量的主要因素，水温越高，耗氧量越大。大麦吸水后，呼吸强度激增，需消耗大量的氧。

① 在缺氧的情况下，麦粒将进行分子内呼吸，产生酸、醇、酯等物质，发出酸味和水果味，抑制胚芽生长。在浸麦过程中，需通入足够的空气以维持正常生理功能的需要。而且通风还可排出麦粒呼吸时产生的 CO_2 和热量，避免麦粒霉烂、窒息。若在浸麦槽底部通风，还能起到对麦粒的翻拌作用。

② 水中溶解氧在浸麦近 1h 时就会全部耗尽，远不能满足正常呼吸的需要。但如果麦粒长时间缺氧，又将导致分子内呼吸，最终破坏胚的生命力。

③ 通风供氧可以增强麦粒的呼吸作用和代谢作用，促进麦粒萌发。萌发后，吸水更快，因此后期通风供氧量应更多些。特别是水敏感性强的大麦、发芽力弱的大麦和休眠期长的大麦，通风供氧极为重要。

3. 浸麦用水与水中添加剂

（1）浸麦用水　软水浸麦使大麦吸水速度快，但溶出的可溶性物质较多，尤其是无机盐类溶出较多，影响发芽质量；水质硬度过大，不但浸麦的时间长，而且很多无机离子进入麦粒中，也会引起不正常的生理变化，进而影响发芽和酶的活力。

另外，水中也不应含有过多的铁和锰的化合物，以免在通风时受空气中氧的作用，生成氢氧化物沉淀附着在大麦的表皮上，使麦芽色泽不正常。所以浸麦用水以中等硬度的饮用水为佳。

一般来说，浸麦用水应为中等硬度且符合饮用水的标准。根据浸麦工艺的不同，浸麦耗水量为大麦质量的3～9倍。

(2) 浸麦水中添加剂　浸麦过程中，为了防腐、催芽和有效地浸出谷皮中的有害成分，常添加一些化学药品，常用的主要有以下几种。

① 石灰 (CaO)。加量为1～3kg/t大麦。一般在洗麦后加入浸麦水中，并通风搅拌促进氧化钙溶解与均匀混合，作用如下。

a. 洗涤、杀菌，消除污垢和异味。

b. 与麦粒呼吸产生的CO_2起中和作用，有助于发芽力的提高。

c. 浸出麦皮中的多酚物质、苦涩物质等有害成分，有利于改善啤酒的色泽、风味和非生物稳定性。

② 甲醛 (HCHO)。用量为40%的甲醛溶液1～1.5kg/t大麦，作用如下。

a. 杀灭表皮上的微生物，起防腐作用。

b. 降低麦芽中的花色苷含量，提高啤酒的非生物稳定性。甲醛与麦芽自身所含的酰胺结合生成类似酰胺树脂的化合物，对花色苷有吸附作用。

c. 抑制根芽生长，降低制麦损失。一般在最后一次浸麦水中添加。

③ 赤霉素。是一种良好的催芽剂，它可以提高麦芽的溶解度和酶含量，加速发芽，缩短制麦周期。用量为0.1～0.5mg/kg，可以加在最后一次浸麦水中，也可以在发芽时喷洒。

④ H_2O_2。用量为1.5kg/t水，有强烈的氧化灭菌作用，可使大麦提前萌发，有利于休眠大麦及敏感性大麦，可促进麦芽的溶解和蛋白质的分解。但价格较高，需要控制好浓度。

⑤ 赤霉酸 (GA)。用量为0.05～0.15g/t大麦，可提高麦芽的溶解度和酶含量，能刺激发芽，缩短发芽周期1～2天。在最后一次浸麦水中加入，搅拌要匀，用量不可过多。

⑥ 高锰酸钾。用量为0.2kg/t大麦，可杀菌消毒，提高发芽率，使发芽均匀整齐。在第一次浸麦水中添加。

4. 浸麦度与萌芽率

浸渍后的大麦所含水分的百分数叫浸麦度，一般浅色麦芽的浸麦度为41%～44%，深色麦芽的浸麦度为45%～48%。其计算公式如下：

$$\text{浸麦度}(\%)=\frac{\text{浸麦后质量}-(\text{原大麦质量}-\text{原大麦含水量})}{\text{浸麦后质量}}\times 100$$

生产中检查浸麦度的方法是：浸麦度适宜的大麦握在手中软，有弹性，用手指捻开胚乳，浸渍适宜的大麦有省力、润滑感觉，中心尚有一白点，皮壳易脱离；浸渍不足的大麦，皮壳不易剥下，胚乳白点过大，咬嚼费力；浸渍过度的大麦，胚乳呈浆泥状，微黄色。

萌芽率又称露点率，表示开始萌发而露出根芽的麦粒所占的百分数。检测方法是：在浸麦槽中任取浸渍大麦 200～300 粒，分开露点和不露点麦粒后，计算出露点麦粒的百分数，重复测定 2～3 次，求其平均值。萌芽率 70%以上为浸渍良好，优良大麦的萌芽率一般为 85%～95%。

三、 浸麦设备与方法

1. 浸麦设备

一般用于浸麦的设备称为浸麦槽。浸麦槽的结构要满足浸麦的要求，使麦粒吸水均匀，发芽整齐。传统浸麦设备多为锥柱形，现代浸麦设备多为平底形。

（1）传统锥柱形浸麦槽　该设备在槽的锥体部位装有多孔环形通风管，槽中心安装一根升溢管，上端装有旋转式喷料管。通风时料水随风力沿升溢管上升，从喷料管喷出，既达到了通风效果，又起到了翻拌作用。更有改进的是去掉升溢管和喷料管，在锥底装有喷头可达到同样效果，但浸麦槽容量小。

如图 3-10 所示，这是国内应用最普遍的浸麦设备，一般柱体高 1.2～1.5m，锥度为 45°，麦层厚度为 2～2.5m。这类浸麦槽多用钢板制成，包括 2～4 个槽体，而且槽体设有可调节的溢流装置、清洗喷射系统。槽底部有较大的滤筛锥体，配有供新鲜水的附件、沥水的附件以及排列滑板、二氧化碳抽吸系统和压力通气系统。

（2）新型的平底浸麦槽　平底形浸麦槽装在筛板上，筛板与槽底之间装有通风管，保证了通风和抽取 CO_2 均匀，槽上方装有喷淋管，可给空气补充水分，避免麦层颗粒干皮，另外还装有出料装置实现自动出料，投料量可达到 300t。

国内已有直径为 17m 的平底浸麦槽，投料量为 250t 大麦，如图 3-11 所示，有通风、抽吸 CO_2、水温调节系统及喷雾系统等各项设施。平底槽的直径远大于高

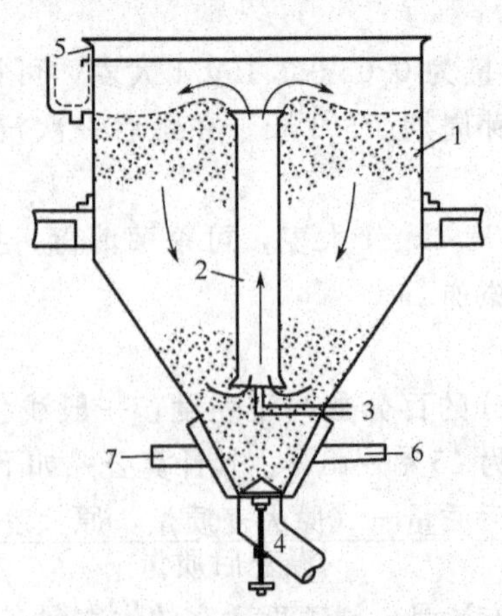

图 3-10　带中心管的浸麦槽

1—浸麦槽体；2—中心洗麦管；3—压缩空气进入；4—已浸大麦出口；5—浮麦收集槽；6—新鲜水进口；7—废水出口

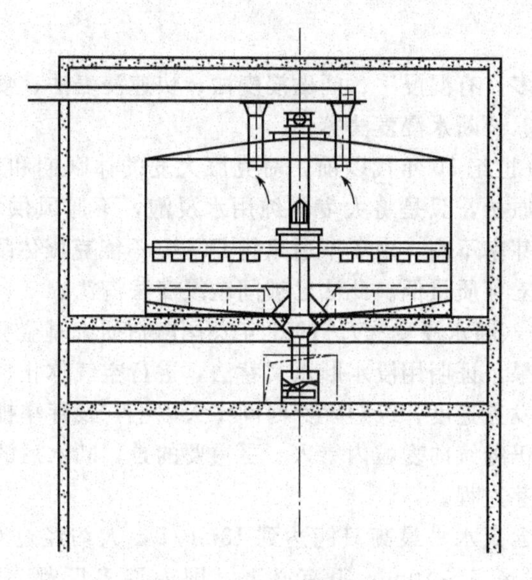

图 3-11　平底浸麦槽

度，一般高度为 3m，直径达 5～20m。进出料用三臂的、可上下移动的特种翼片搅拌器以协助分料、拌料和卸料，槽底部全部采用可通风的筛板。这类浸麦槽适用于大批量浸麦，还具有发芽箱的特征，可使麦层通风均匀，供氧、供水及时，排除 CO_2 彻底，有利于麦粒提早萌发和均匀发芽。

（3）现代化浸麦车间布局　现代化浸麦车间布局见图 3-12。

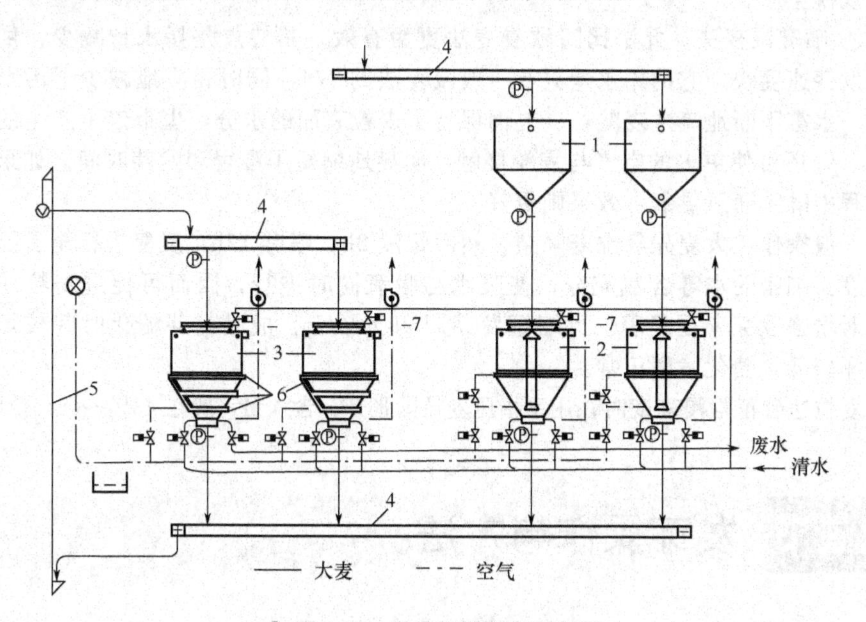

图 3-12　现代化浸麦车间布局

1—投料立仓；2—带中心洗麦管的预浸泡槽；3—主浸麦槽；4—螺旋输送机；5—斗式提升机；6—通风管；7—CO_2 抽出管

2. 浸麦方法

浸麦的方法很多，有湿浸法、间歇浸麦法、快速浸麦法、喷雾浸麦法、温水浸麦法、多次浸麦法、长断水浸麦法等。

① 湿浸法。20世纪50年代以前，对克服大麦的休眠期和水敏感性尚无对策，所以浸麦方法也很原始，只是将大麦单纯用水浸泡，不通风供氧，只是定时换水。此法吸水较慢，发芽率不高。由于不通风排CO_2，不能克服休眠期和水敏感性的影响，制麦周期长，麦芽质量低。此法已被间歇浸麦法淘汰。

② 间歇浸麦法（断水浸麦法）。1957年英国酿造研究基金会（B. I. R. F）公布了他们多年实验结果，证明用浸水断水交替法，进行空气休止，通风排CO_2，能提高水敏感性大麦的发芽速度，缩短发芽时间1天以上，发芽率提高。实际在断水期间，麦粒表面水分仍继续向麦粒内渗入。更重要的是，断水后的通风加强了麦粒与氧接触，加速了发芽进程。

通常浸麦水中含氧水平最高只能达到13mg/L，大约经过0.5～1h即可耗尽，故每隔0.5～1h通风5～10min很有必要。国内许多厂都是每隔2h通风10～20min，有待改进。浸断时间不是一成不变的，应根据室温、水温、大麦特性来确定，常用浸2断6、浸4断4或浸4断6。在可能的条件下，应尽可能延长断水时间。对水敏感性大麦，可适当延长第一次断水时间。

③ 快速浸麦法。此法适合于箱式发芽。在发芽箱中连续通入湿空气，氧气供应充分，使浸麦和发芽时间大为缩短。但空气耗量大，且对空气调湿要求高，只适于大规模生产。

④ 喷雾浸麦法。此法比间歇浸麦法更为有效，其特点是耗水量减少，供氧充足，发芽速度快。它的用水量只有一般浸麦法的1/4，同时相应地减少了污水处理负担。水雾不断地流洗麦粒，一方面保持了麦粒表面的水分，也带走了产生的热量和CO_2，还可使更多的空气与麦粒接触，明显地缩短了浸麦和发芽时间。如果在喷水过程中继续通风供氧，效果则更好。

一般操作：大麦先经洗麦除杂，然后每浸2h，喷雾12h，反复进行至所要求的浸麦度。细密的水雾含氧充分，使吸水与吸氧同时进行，因而可促进麦粒呼吸作用，对增强发芽率更显著。可缩短发芽期25%以上，成品麦芽糖化时间较短，麦汁色泽较低，糖化发酵正常。

麦粒达到正常浸麦度时，用手指压麦粒即张开，含水量一般在43%～48%范围内。

第三节 发芽操作与方法

麦芽生产中，麦粒的萌发首先必须均匀地吸收水分，满足其生理要求。当浸麦度达到25%～30%时，胚细胞内生理活性物质与糊粉层内各种酶类活性加强，伴随外界供氧，促进细胞呼吸，加强代谢作用，进而开始生长发芽。

一、 发芽的目的与方式

对未发芽的大麦，仅含少量酶，且多为非活性。在发芽过程中酶被激活，同时形成大量的新酶。麦芽中存在的酶种类很多，与酿造有关的酶类有α-淀粉酶、β-淀粉酶、蛋白酶、半纤维素酶、磷酸酯酶、氧化还原酶等。

大麦发芽的目的有两个：第一，形成各种酶类，并使原来存在于大麦中的非活化酶类得到活化和增长；第二，使麦粒中的高分子物质（淀粉、蛋白质、半纤维素等）得到部分溶解，以利于糖化。

1. 胚乳的溶解

大麦发芽时胚乳所含的高分子物质，在各种水解酶的作用下，生成低分子的可溶性物质，并使坚韧的胚乳变得疏松的现象，就是胚乳的溶解。

在胚乳中，淀粉以颗粒状态存在，并被胚乳细胞壁包围（胚乳细胞壁的主要成分为半纤维素），细胞之间由蛋白质连接。因此，发芽便从分解蛋白质开始，从而使胚乳细胞壁暴露出来，然后再分解半纤维素，最后是分解淀粉。

根据 Palmer 的研究，靠近胚的部位酶含量比尖部多，酶活性高，所以麦粒的溶解是从胚部附近开始的，然后沿着上皮层逐渐向麦尖发展，缓慢至全部胚乳。发芽开始后，由糊粉层所分泌的蛋白酶首先溶解联结胚乳细胞的蛋白质薄膜使胚乳细胞分离，并使胚乳细胞壁暴露出来，与半纤维素酶接触。在半纤维素酶分解胚乳细胞壁后，蛋白酶进一步分解包围淀粉颗粒的蛋白质支撑物，使淀粉颗粒得以与淀粉酶接触而被分解。这样一系列的酶解过程，使整个胚乳细胞由坚韧变得疏松。

在麦粒里，物质的变化往往是同时进行的，发芽时胚乳中各种物质的变化取决于物质的组成、酶的活化和形成的种类及数量（酶活力）、发芽的条件等。

2. 含氮量的影响

大麦中蛋白质含量和制麦特性随收获季节不同而不同，制麦时，蛋白质的水解作用相当重要。胚在发育时，胚乳内的蛋白质在蛋白酶的作用下水解成肽和氨基酸，水解产物是发酵时酵母新陈代谢所必需的物质。胚乳细胞壁与淀粉小颗粒之间的蛋白降解同样需要蛋白酶的作用。制麦时，与细胞壁相联的蛋白质网络的非正常分解，将会抑制麦汁中碳水化合物的进一步溶解。通常，麦芽的溶解和发酵时酵母生长所需的游离α-氨基氮和肽，都是在制麦时蛋白酶的作用下产生的。

为了获得令人满意的胚乳溶解效果，并提高麦芽浸出率，麦芽的总氮含量应适度（1.5%～1.7%）。然而最近有人对“大麦中含氮量高、酶活力也高”的说法提出了质疑。此外，证明尽管低氮、粉状大麦比相应的高氮、玻璃状大麦发芽快，但含氮量、酶活力与溶解度之间的关系不是很明显。

3. 发芽过程的物质变化

大麦浸渍吸水膨胀，至发芽结束时，浅色麦芽根芽的长度为麦粒的 1～1.5 倍，根芽数目约为 5 根，茁壮、新鲜、均匀是发芽旺盛和麦粒溶解均匀的象征，深色麦芽的根芽长为麦粒的 2～2.5 倍。叶芽生长在麦粒的背部、果皮和种皮的内部。浅色麦芽的叶芽平均长度相当于麦粒长度的 7/10 左右，其中 2/3～3/4 者约占 75%；深色麦芽的叶芽平均长度相当于麦粒长度的 4/5 以上。

发芽开始后，胚乳内的淀粉质在紧靠盾状体的一端开始崩解，细胞层开始溶解，并逐渐扩展到胚乳，直至麦粒尖端。麦粒由坚硬富有弹性变成松软，用手捻时，感觉松软、润滑，并出现湿润白浆，这是溶解良好的表现；否则呈泥状或糊状，麦粒尖端保持原大麦特征，干燥后尖端质硬，易造成玻璃质和褐色粒、硬粒，浸出率低。大麦单颗粒发育过程如图 3-13 所示。

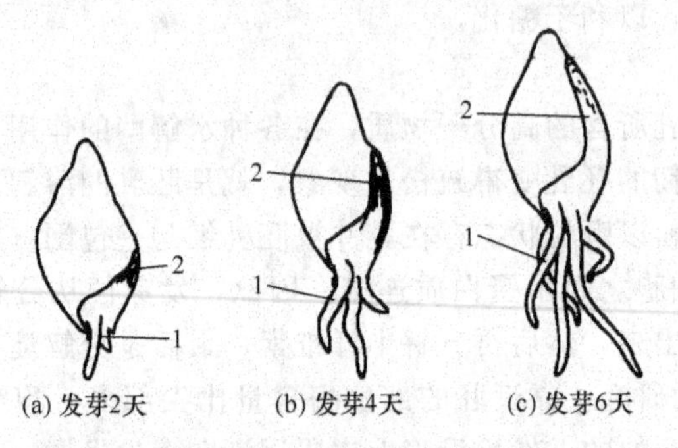

图 3-13　大麦单颗粒发育过程

1—根芽；2—叶芽

未发芽的大麦中只含有少量的酶，并且大多被束缚而无活性。发芽过程中，酶原被激活，并形成大量的新酶类。产生各种水解酶的部位在麦粒的糊粉层。

大麦粒发芽开始时，利用胚中有限的营养，生长出幼根和幼芽，并释放出赤霉酸（GA）进入糊粉层，在这些赤霉酸的催化作用下，各种水解酶在糊粉层被合成与释放，当酶进入胚乳后，胚乳内的淀粉、蛋白质、半纤维素等营养物质被酶分解，使胚乳溶解，从而完成大麦颗粒内含物的转变。

4. 发芽方式

大麦发芽的方式有：①萨拉丁发芽箱发芽；②麦堆移动式发芽体系发芽；③劳斯曼转移箱式制麦体系发芽；④发芽-干燥两用箱发芽。

一般发芽的方法按设置条件，也可分为地板式、通风式、塔式和连续式等。通风式包括箱式和罐式。现以单箱间歇通风式发芽法为例，来说明发芽管理：将浸麦后的大麦送入发芽箱，立即进行翻拌，使浸麦水从箱底排出。麦层厚度 0.6～1m，麦层过厚影响通风，麦层内温差过大。麦层过薄设备和动力不经济，且麦层容易干燥。在润湿堆积阶段，开始时通入 10～14℃的干燥空气，除去麦粒表面多余的水分，然后再通入 10～14℃ 的湿空气，用来调节麦层的温度，使麦层温度逐渐升高，在 24h 内达到 14℃。

浸麦后的大麦在这样的温度下，经 24h 以后开始发芽。由于呼吸作用，麦层温度逐渐升高，须连续通入 10～14℃的湿空气，控制温度，每天约升温 1℃，使第 5

天达到 18～20℃，以后继续保持这个温度或逐渐下降至 14℃发芽。温度须保持 20℃以下，每日早、中、晚各通风 1 次，麦层上、下温度相差 1～2℃。发芽旺盛期翻拌要勤，后期停止翻拌和通风，使根芽凋萎。

二、发芽条件

(1) 温度

① 低温制麦（12～16℃）。低温制麦时大麦的根、叶、芽生长缓慢，生长均匀，呼吸损失较少，水解酶活力较高，细胞壁蛋白质溶解较好，浸出物较多，制麦损失低，成品麦芽色度低。所以生产浅色麦芽宜用低温制麦。但是低温制麦将明显延长时间，相应地增加了动力消耗和设备台数。

② 高温制麦（18～22℃）。制深色麦芽一般采用高温制麦，以保证产生足够的低分子糖和低分子氮，从而形成色素。如果用高温制备浅色麦芽，则必须缩短发芽时间。高温制麦有一系列弊端，如制麦损失高，浸出物下降，水解酶活力低，随之而来的后果是麦芽溶解不良、麦汁过滤性能差、麦汁收率低、色度偏高等。

③ 低高温结合制麦。前 3～4d 用 12～16℃，后几天用 18～20℃，甚至 22℃，以保证溶解完全。对于蛋白质含量高、有休眠期、永久性玻璃质难溶的大麦可采用此工艺。

(2) 水分（浸麦度）　浅色麦芽 45%～46%，深色麦芽 48%（原因是高浸麦度能提高淀粉和蛋白质的溶解度，有利于形成色素）。

(3) 通风量（麦层 CO_2）　发芽前期及时通风供氧、排出 CO_2，有利于酶的形成；发芽后期应适当减少通风量，后期维持麦层 4%～8%的 CO_2 含量，既可以抑制麦芽发育，减少制麦损失，也有利于麦芽溶解。麦层通风对麦芽质量的影响见表 3-5。

表 3-5　麦层通风对麦芽质量的影响

项　目	麦根量/%	呼吸损失/%	浸出物量/%
通风不足	3.1	3.6	75.65
通风正常	5.9	5.9	77.79
通风过量	6.9	6.9	79.61

(4) 发芽周期　发芽周期为 7d 左右（60～70h 浸麦时间）。新工艺发芽时间为 4～5.5d（48h 浸麦时间）。

(5) 赤霉酸 GA3 的应用　赤霉酸 GA3 有诱导水解酶形成的作用。外加赤霉酸 GA3 可将传统发芽周期从 6～7d 缩短至 4d 左右，减少制麦损失 1%～4%，提高浸出物 2%左右，提高糖化力和可溶性氮。赤霉酸 GA3 对玻璃质高的大麦或者具有休眠期的大麦效果更显著。赤霉酸 GA3 可以在最后一次浸麦水中添加，用量为每公斤大麦 0.05～0.2mg，也可以于浸麦完毕出槽至发芽箱之际喷洒于麦粒表面，这样可以提高赤霉酸 GA3 的利用率，用量可适当减少，但必须喷洒均匀。赤霉酸 GA3 溶液的配制方法为先将赤霉酸 GA3 溶于乙醇，然后用浸麦水稀释，随用随配，以防失效。

(6) 浸麦水中加碱　碱性水浸麦可以溶出谷皮中部分多酚物质。NaOH 可以吸收 CO_2，从而加速浸麦过程呼吸作用。碱性水可以抑制微生物，用石灰水还有杀菌功能。国内外早期都普遍在浸麦水中添加大麦质量 0.1%的石灰（制成石灰乳加入），后来用 0.1%的碱（NaOH 或 $NaCO_3$），其效果更好。

一般而言，发芽室内相对湿度应维持在 85%以上，通入适量的饱和新鲜湿空气供麦粒呼吸作用；发芽最适温度为 13～18℃，如温度过低发芽周期长，过高则呼吸旺盛，物质消耗多，并容易霉烂；应避免阳光直射，否则会促进叶绿素的形成而损害啤酒风味。

绿麦芽质量要求：①有新鲜味，无霉味及异味，握在手中有弹性和松软感。②发芽率不低于 85%。③浅色麦芽的叶芽伸长度为麦粒长度的 3/4 者占麦芽总数 70%以上；浓色麦芽的叶芽伸长度为麦粒长度 4/5 者占麦芽总数的 75%以上。④将麦皮剥开，用拇指和食指搓捻胚乳，若呈粉状散开，有润滑细腻感为好；虽能捻开，但感觉粗重者为溶解一般；搓捻时成团状或搓不开者为溶解不良。

三、 催芽

在最后一次浸麦时或发芽初期，采用 0.15×10^{-6}GA 处理，对促进与调节麦节生长有良好的效果。它能缩短发芽期 2～3d，减少制麦损失 0～4%，提高浸出物 2%左右，促进淀粉酶、半纤维素酶和蛋白分解酶等多种酶的活力，能打破麦粒的休眠，提高发芽力，并能改善机械损伤麦粒和低酶活力大麦的溶解性。

四、 发芽技术

制麦过程是人工控制的大麦种子发芽生理反应的一个阶段。在这一阶段中，大麦种子需要有足够的水分、适当的温度和充足的氧气条件才能正常萌发溶解，这三大要素既是大麦种子生化反应的促进因素，又可形成种子生化过程中的制约条件。正确认识三大要素对大麦种子萌发的影响，是制定制麦工艺与技术的关键。

1. 根芽和叶芽长度的控制

从发芽第 2 天开始，经常检查叶芽伸长和根芽凋萎情况；在发芽旺盛期减少翻拌次数并使麦芽结块，均能促使根芽生长；大麦品种纯、清洗好、浸麦时间和通风足够，发芽温度、水分不太低，发芽时间足够，可以达到叶芽伸长均匀的目的。

一般根芽的长短与麦芽类型有关，浅色麦芽的根芽短些，长度为颗粒长度的 1～1.5倍，深色麦芽的根芽要长些，为颗粒长度的 2～2.5 倍。叶芽长度用几个阶段来衡量，即相当于颗粒长度的 0，1/4，1/2，3/4，1 倍和 1 倍以上，浅色麦芽要求 75%的麦芽的叶芽长度为颗粒长度的 3/4 倍。

根芽有主根和须根，生长卷曲，从外观上判断发芽状况相对难些；叶芽在果皮、种皮和皮壳之间沿着尖部生长，剥开皮壳可以很直观地与颗粒长度相比较，所以从叶芽的长短可以判断发芽大致时间和溶解状况。

2. 发芽工艺条件的控制

首先是防止麦芽发霉条件的控制，应选择发芽率高、无霉粒和病害粒少的大麦，提高精选、分级效果；浸麦时充分洗涤，加强灭菌，换水时强烈翻拌；进出料时防止麦粒破伤；严格执行卫生制度，发芽箱、通风道等及时清洗和灭菌；发芽期间麦温不超过20℃。

控制发芽工艺技术条件，主要是使麦粒具备足够的发芽水分、发芽温度、通风供氧、发芽时间以及光线。发芽后期，还要保持相当数量的二氧化碳气体，以便控制呼吸强度来保证发芽质量。

(1) 发芽水分　发芽水分对麦粒的溶解影响较大，它由浸麦度和整个发芽期间吸收的水分所决定。发芽是麦粒进行强烈生理作用的过程，只有麦粒的水分达到一定程度之后，才会发芽。麦芽类型不同，要求物质溶解的程度也不同，所需的浸麦度也不同。

一般在适当的温度和有足量空气的条件下脱离休眠状态开始发芽，根芽开始生长形成新的组织。大麦发芽力通常以百分数表示。测定大麦发芽力是啤酒工业检验大麦质量的最通常方法，习惯检查三天内发芽的麦粒百分数，正常值应达到90%以上。

另外，通常制造浅色麦芽，大麦浸渍以后的含水量控制在43%～46%；制造深色麦芽，大麦浸渍以后的含水量控制在45%～48%，在此条件下，有利于酶的形成和酶活力的提高，有利于麦粒溶解，也有利于色泽的形成。如果发芽水分过低，麦芽生长不正常，蛋白质分解受到限制，麦芽溶解受阻，生物化学变化不完全；水分过高，发芽旺盛，热量释放多，温度不易调节，叶芽过长，物质消耗过多，且当麦温升高时，有霉烂的危险。所以，保持大麦发芽水分是很重要的。

在发芽过程中，由于呼吸产生热量，麦粒中水分蒸发，同时麦粒的呼吸又会形成一部分水分（发汗），而这部分水分远不及挥发所损失的水分，所以，为了保持麦粒固有水分，发芽室必须保持较高的相对湿度，并及时给麦粒提供水分。而通风发芽法水分散失较大，更需要注意保持水分，通入的风要经调温、调湿处理，通入饱和的湿空气，发芽室内空气的湿度要求在95%以上。

现在为了缩短生产周期，一般将发芽开始（浸麦结束）时麦粒含水量控制在38%～41%，若水分不足，在进入发芽箱后继续喷水增湿，并通风搅拌均匀，最终使浅色麦芽的含水量为43%～46%。

(2) 发芽温度　在一定温度范围内，温度越高，发芽越快，催化产生麦芽糖的酶活性在30℃下应该比在20℃下来的高，所以30℃下小麦发芽产生的麦芽糖多。适当的温度是发芽的重要条件，发芽温度直接影响发芽速度和麦粒溶解程度。过去只控制发芽过程中的麦层温度，但麦层温度受外界气候温度影响很大，在天气比较炎热的季节，颗粒呼吸旺盛很难降温，而冬季颗粒萌芽又缓慢。现代制麦车间制冷和加热设备都能满足工艺要求，从浸麦开始就可以控制温度，一般分为低温发芽、高温发芽和低高温结合发芽三种方法。生产淡色麦芽，发芽温度控制在13～18℃（浓色麦芽24℃）为宜，这对蛋白酶、β-葡聚糖酶和淀粉酶的增加以及促进麦粒溶解和降低消耗都是有利的。

酶的活力取决于温度。在一定温度下酶的活力是可以改变的，在低温下，酶活力几乎可以无限度地保持，但随着温度的上升，酶的活力迅速下降。

低温发芽法一般将温度控制为12～16℃。低温发芽时根芽、叶芽生长缓慢且均匀，呼吸缓慢，麦层温升幅度小，容易控制，麦粒的生长和细胞的溶解较一致，酶活性也较高，溶解较好，浸出物含量较高，制麦损失低，适宜制造浅色麦芽。但也不能因发芽温度过低而延长发芽时间。发芽温度可由高到低，也可由低到高。

高温发芽法一般将温度控制为18～22℃，适宜制造深色麦芽。高温发芽特点为根芽、叶芽生长迅速，呼吸旺盛，酶活力开始形成较快，而后期不及低温发芽的高，麦粒生长不匀，制麦损耗大，浸出率低，细胞溶解较好，蛋白溶解度低，从而导致麦芽汁过滤性能差，收得率低，色泽高。发芽温度对发芽的影响见表3-6。

表3-6 发芽温度对发芽的影响

项目	温度/℃	发芽3天	发芽4天	发芽5天	发芽6天	发芽7天	发芽8天	发芽9天
千粒质量/g	13～17	39.6	39.2	38.7	38.2	37.9	37.7	37.5
	15～20	39.0	38.6	38.0	37.6	37.2	—	—
	19～22	38.9	38.3	37.7	37.2	37.0	—	—
（可溶性氮：总氮）/%	13～17	27.4	35.4	38.3	36.8	37.6	36.5	37.0
	15～20	31.2	33.4	35.5	34.2	31.9	—	—
	19～22	30.5	33.1	32.1	31.2	30.0	—	—
（氨基氮：总氮）/%	13～17	8.9	11.2	13.3	14.5	14.0	14.2	14.6
	15～20	10.3	10.5	10.7	11.1	10.8	—	—
	19～22	10.0	10.8	10.4	10.8	10.6	—	—
浸出物（干物质）/%	13～17	75.8	78.4	79.2	79.4	79.7	79.6	79.7
	15～20	77.6	78.3	78.6	78.2	79.3	—	—
	19～22	77.9	78.3	78.5	78.2	78.2	—	—

对蛋白质含量高、永久性玻璃质难溶的大麦，应采用低高温结合法发芽。开始3～4d麦温保持12～16℃，后期维持18～20℃，这样制得的麦芽溶解良好而且酶活力高。也可采用先高温17～20℃、后低温13～17℃的控制方法，亦能制出好麦芽。还有的采用低—高—低的发芽方式，前12d控制在14～16℃，然后升温至18～20℃，最高不得超过22℃，后期绿麦芽凋萎自然降温至12～14℃，也能得到质量优良的麦芽。

确定发芽温度时需要根据制麦设备条件、大麦品种和质量，通风温度和排风来灵活掌握，另外，还应兼顾麦粒叶芽的生长速度，根据叶芽生长的快慢来控制麦温。

从表3-6可知，发芽至第5天以后，高温发芽的麦粒其千粒质量、可溶性氮对总氮的比率、氨基氮对总氮的比率及浸出物等均偏低。

(3) 通风供氧　在麦芽生产的浸麦工序，大麦籽粒充分吸水，经人工调控使其群体同步发育，这是发芽的最初阶段，换句话说，浸麦也是发芽的过程，二者不可分割。大麦没氧时，很快就会利用水中的溶解氢的呼吸作用提供麦粒代谢所需的能量，在一定范围的提高氧水平则增大呼吸强度并促进酶的产生，而当氧分压降低时，呼吸作用就被抑制，任何时期缺氧都会导致生长及酶生成作用的停滞。

大麦发芽过程中，需要提供足够的新鲜空气以供其呼吸之用。发芽初期的麦粒呼吸旺盛，温度上升，CO_2浓度增大，当CO_2浓度达到4%～8%时会抑制麦粒呼吸，严重的会因麦粒内分子间呼吸造成麦粒内容物的损失，或产生毒性物质使麦粒窒息。这时需通入大量新鲜空气以促进颗粒发芽、生长和各种酶的生成，但通风过多也会导致麦粒内容物消耗过多，发芽损失增加。

在发芽后期，麦层中应减少通风，使CO_2在麦堆中适度积存，浓度达到5%～8%，以抑制根芽和叶芽生长，利于β-淀粉酶的形成和麦粒的溶解，提高麦粒中低分子氮的含量，减少制麦损失。

通风供氧的方式，有间歇通风、连续通风和循环通风。间歇通风是定时向麦层中通入一定温度的饱和湿空气，使麦温回到工艺要求的范围内；连续通风是要求进风风量小，风速低，风温与麦温的温差小，进风温度比麦温低1～2℃即可；循环通风是将从麦层中排出的空气不完全当作废气排放，而是取其一部分与新鲜空气按一定比例混合，回入送风机，此法利用了废气中的热量，因此可节约能源。

目前多数麦芽厂在浸麦和发芽操作中，仅是按设定的时间量间隔通风；如今不少麦芽厂针对不同通风方法测定供氧的效果，从而进行设备改造和工艺调整，逐步达到优化制麦工艺的目的。

(4) 发芽时间　具体发芽时间是由发芽条件和麦芽类型决定的。一般传统的生产方法，浅色麦芽一般掌握在6～7天，深色麦芽多控制在8～9天。发芽温度越低，水分越少，麦层含氧越贫乏，麦粒生长便越慢，发芽时间就长。近年来，人们对发芽机理有了更深的认识，采用了特定的处理方式来调整发芽时间，如改进浸麦方法、改良大麦品种、添加赤霉酸等，已使发芽时间缩短至4～5天。

(5) 光线　发芽过程中应避免阳光直射，以防止形成叶绿素而损害啤酒的风味。

五、发芽设备

1. 发芽米成套程控设备

(1) 发芽工艺　采用南京农业大学研发的成熟的发芽工艺系统，最贴近工业化生产需要。

(2) 罐式发芽　规避了目前发芽米设备停留于试验设备的现状，适合各种生产能力的发芽米成套设备。

(3) PLC 控制　由南京中医药大学信息技术学院研发，采用先进的可编程控制系统，优秀的人机交流界面，生产实现自动化。

2. 发芽设备的维护

箱式发芽设备有发芽室、发芽箱、翻麦机、空调箱、进出料设施，每年大修，全面检查，拆修或更新损耗部件，发芽室的墙和顶部涂刷防霉涂料，箱体涂刷防锈涂料。日常做到勤检查、勤加油、勤调节，无油渗漏等现象，并做到以下几点。

① 启动各种电动机时，操作人员应等运转正常。电流稳定后，方可离开。

② 翻麦机运转中应注意电流表指针读数是否正常，有无异常声响，行程开关和挡铁器是否有效。如发现问题，应立即停车检修，齿轮传动部件要定期加油，并防止油箱漏油。

③ 翻麦机、刮麦铲设置的电气连锁装量应符合操作要求，转移车道轨对准后方可开车，以防操作失误造成碰撞，而发生机械人身事故。

第四节　鲜麦芽干燥与焙焦操作

一、干燥和焙焦的定义

未干燥的麦芽称为绿麦芽。绿（鲜）麦芽用热空气强制通风进行干燥和焙焦的过程即为干燥。脱水分成萎凋和焙焦两个阶段：①水分由42%～45%降至10%左右称萎凋阶段，此期绿麦芽脱水较易。②水分由10%左右降至5%以下称焙焦阶段，此期麦芽脱水较困难，主要进行化学反应和脱水，形成麦芽特有的色、香、味。

二、干燥目的、过程与要求

1. 干燥的目的

① 便于贮藏：绿麦芽水分含量为41%～46%，通过焙燥水分为2%～5%，终止酶的作用，停止麦芽生长和胚乳连续溶解。

② 除去绿麦芽生腥气味，使麦芽产生特有的色、香、味。

③ 使麦根易于脱落。麦根味苦，且吸湿性强，经过干燥除根，使麦根不良气味不致带入啤酒中。

2. 绿麦芽干燥的操作过程

由于麦芽干燥设备类型很多，所以麦芽干燥的具体操作方法也不尽相同，但对麦芽干燥的全过程来说，基本上可分以下三个阶段。

(1) 低温脱水阶段　经过强烈通风，将麦芽水分从41%～43%降至20%～25%，排出麦粒表面的水分，即自由水。控制空气温度在50～60℃，并适当调节空气流量，使排放空气的相对湿度维持在90%～95%。

(2) 中温干燥阶段　当麦芽水分降至20%～25%后，麦粒内部水分扩散至表面的速度开始落后于麦粒表面水分的蒸发速度，使水分的排除速度下降，排放空气的相对湿度也随之降低，此时应降低空气流量和适当提高干燥温度，直至麦芽水分降至10%左右。

(3) 高温焙焦阶段　当麦芽水分降至10%以后，麦粒中水分全部为结合水，此时要进一步提高空气温度，降低空气流量，且适当回风。淡色麦芽麦层温度升至80～85℃，深色麦芽麦层温度升至95～105℃，并在此阶段焙焦2～2.5h，使淡色麦芽水分降低至3.5%～4.5%，浓色麦芽水分降至1.5%～2.5%。

干燥操作时，首先要检查干燥炉的排风口是否打开，回风口是否关闭，进料阀门及下料的管路阀门（高效炉除外）是否关闭，蒸汽散热器的新风口是否关闭，门是否关闭以及风扇是否开启，然后通知锅炉需要用蒸汽的时间。开始进料，卸料结束后开始干燥，开启风机，打开干燥温度自动记录装置，并定期检查和调整进风温度和排风温度，做好记录。焙焦结束后，关闭好蒸汽阀门，停止供汽，打开排风窗，关闭风机、回风窗，将风扇的开启程度定为零。

三、干燥期间的物质变化

1. 水分变化

① 水分下降。绿麦芽含水分41%～46%，干燥前要求大风量排湿，风温50～60℃，麦温40～50℃，经过10～12 h排除游离的水分，使麦芽水分降至10%～12%。

② 要求风量问题。一般浅色麦芽要求风量大一些、温度低一些、水分下降更快一些；深色麦芽则要求风量小一些、温度高一些、水分下降慢一些。

③ 含水量问题。浅色麦芽的含水量降至3.0%～5.0%，深色麦芽的含水量降至1.5%～3.5%。水分的除去包括凋萎和焙焦两个阶段。

a. 凋萎阶段。也叫低温脱水阶段。要求大风量排潮，风温为50～60℃，麦温控制在40～50℃，经过10～12h排除游离水分，水分降至10%～12%。

b. 焙焦阶段。随后逐步升温进入高温焙焦阶段。要求此过程中，浅色麦芽水分下降至3.5%～4.5%，深色麦芽水分下降至1.5%～2.5%，浅色麦芽的焙焦温度控制在80～85℃，深色麦芽控制在95～105℃，焙焦时间维持在2～3h。前期排潮主要排除游离水分，因而速度较快；进入焙焦阶段，脱水较慢，主要为结合水。

必须注意，排潮阶段不能升温过急，否则易产生玻璃质粒。水分在10%左右，麦温不得超过50℃。

2. 酶的变化

干燥前期当水分在20%以上，麦温在40℃以下时，叶芽可继续生长，胚乳细胞继续溶解，低分子糖和可溶性氮含量不断增长，此阶段的物质变化与发芽期类似。一般酶不仅取决于温度的高低，还与麦芽中的含水量有直接关系。麦芽的含水量越少，酶对高温的抵抗能力越强，这也是为何在麦芽干燥的前期要低温脱水，而后期才高温焙焦的原因。

一般干燥时，通风量越大、温度越高，水分排出便越快。由于麦芽的酶活对温度很敏感，所以干燥过程中酶活损失很大。故干燥前期必须用低温，尽快排潮，后期逐渐升温，浅色麦芽焙焦温度较低，时间短，所以，浅色麦芽酶活性高于深色麦芽。从表3-7看出，干燥前期α-淀粉酶活性略有上升，β-淀粉酶不如α-淀粉酶耐温，到焙焦阶段活性损失一半以上。蛋白酶在干燥阶段有增有减，但总趋势下降。

表3-7　绿麦芽不同干燥温度酶活性变化　　单位：%

酶名称	绿麦芽	低温干燥期的凋萎麦芽	焙焦温度/℃			
			70	80	90	100
α-淀粉酶		100	116	109	108	95
β-淀粉酶	100		69.1	55.8	38.0	28.2
内肽酶		100	103	105	106	—
氨肽酶	100		—	355	368	270
羧肽酶		100	104.6	94.7	83.9	76.0
内-β-葡萄糖酶	100		99	96	80	55
外-β-葡萄糖酶	100		45.6	40.1	30.9	27.4
纤维二糖酶	100		68	68	60	58
脂肪酶	100		98	92	86	81
磷酸酶	100		38.8	38.8	30.9	24.5
过氧化氢酶	100		16.0	16.0	2.4	0.2
过氧化物酶	100		24.1	24.1	11.2	7.5
多酚氧化酶	100		73.9	73.9	72	68.0

① 淀粉酶活性在干燥前期（70℃前）继续增长，当温度超过70℃，酶活力迅速下降，α-淀粉酶活力较β-淀粉酶下降更快。经过干燥后淡色麦芽的糖化力残存60%～80%，浓色麦芽的糖化力残存30%～50%。

② 蛋白酶活性在凋萎阶段继续增长，后期迅速下降，淡色麦芽的蛋白酶残存量为80%～90%，浓色麦芽蛋白酶残存量为30%～40%。

③ 半纤维素酶超过60℃时，酶活迅速下降，干燥后残存量为20%左右。

④ 麦芽糖酶干燥前期继续增长，干燥后期残存量为90%～95%。

3. 糖类的变化

干燥前期在高水分和40℃温度情况下，各种淀粉水解酶继续催化淀粉水解，糊精和低分子糖有所增加。当水分降至15%以下，温度继续上升时，淀粉水解趋于停止。由于氨基酸与低分子糖形成类黑素，将消耗一部分可发酵性糖。干燥过程中β-葡萄糖和戊聚糖将继续被酶分解为低分子物质，这有利于降低麦汁浓度，改进过滤性能。

4. 蛋白质的变化

干燥初期蛋白质继续分解，低分子氮略有增加，但由于类黑素的形成，干燥麦芽的可溶性氮有所下降。干燥前后总氮不变，但组成成分有变。

5. 碳水化合物的变化

麦芽干燥前期，水分含量高时，淀粉继续分解，主要产物是葡萄糖、麦芽糖、果糖和蔗糖。当温度继续升高，水分降低到15%以下时，淀粉水解趋于停止。在干燥过程中，β-葡聚糖和戊聚糖（麦胶物质）将继续被酶分解为低分子物质，以利于麦汁浓度的降低，改进麦芽汁及啤酒的过滤性能。干燥麦芽中β-葡聚糖和戊聚糖的含量较凋萎麦芽相对减少（表3-8），浅色麦芽较深色麦芽淀粉分解量少。

表3-8 干燥过程中β-葡聚糖和戊聚糖的变化

单位：mg/100g麦芽浸出物干物质

项　目	凋萎麦芽	干燥麦芽
麦胶物质总量	297	284
β-葡聚糖	142	135
戊聚糖	155	149

6. 含氮物质的变化

干燥前期，蛋白质在酶的作用下继续分解，可溶氮和甲醛氮含量显著增加；在后期，由于形成类黑素会消耗甲醛氮，所以数量会显著下降。干燥过程中，除蛋白质的分解外，还有少量蛋白质受热凝固，使麦芽中凝固性氮含量有所降低。深色麦芽较浅色麦芽降低的幅度大，见表3-9。

表3-9 干燥过程中麦芽含氮物质的变化

单位：mg/100g麦芽浸出物干物质

麦芽种类		可溶性氮	凝固性氮	永久性可溶性氮	甲醛氮
浅色麦芽	绿麦芽	510	144	366	87
	凋萎麦芽	511	141	370	83
	干麦芽	505	134	371	77
深色麦芽	绿麦芽	506	108	398	73
	凋萎麦芽	518	140	376	75
	干麦芽	396	68	328	50

7. 类黑素的形成

类黑素是麦芽的重要风味物质，对麦芽的色、香、味起决定性作用。类黑素是还原糖与氨基酸或简单含氮物在较高温下相互作用形成的氨基糖，其作用条件要求水分不低于5%，干燥温度达80～90℃时，反应加速，100～110℃时反应加强。作用最适pH值为5.0，以相对分子质量最低的糖和含氮物作用速率最快，该反应又称为美拉德反应。类黑素是褐色至黑色的胶体物质，有香味和着色力，对啤酒的起泡性和泡持性有利；它是一种还原性物质，在啤酒中带负电荷，对啤酒的非生物稳定性也有好处；它在啤酒中呈酸性，有利于改善啤酒的风味质量。此反应不仅发生于麦芽干燥过程，至麦芽煮沸过程仍继续进行。

另外，麦芽中含有的低分子糖和氨基酸等简单含氮物的量越大，水分和温度越高，形成的类黑素就越多，色泽就越深，香味就越大。类黑素在80～90℃时已开始少量形成，但形成的最适温度为100～110℃，水分不低于5%，这是形成类黑素的最佳条件。另外，类黑素的形成与pH值也有关系，pH值为5时有利于类黑素的形成。

8. 二甲基硫（DMS）的形成

二甲基硫（dimethyl sulfide）是20世纪70年代以来引起重视的啤酒风味物质。先发现于啤酒中，后来追踪到制麦是其根源，糖化过程也可通过化学途径来形成，发酵过程则可通过酵母代谢产生。它是影响啤酒风味的不良成分，其前驱物质是*S*-甲基蛋氨酸，在发芽时产生。此种含硫氨基酸受热分解即生成二甲基硫。但并非所有的*S*-甲基蛋氨酸都能生成二甲基硫，据怀特（White）报道，只有焙焦麦芽的*S*-甲基蛋氨酸才能生成二甲基硫。其阈值为30μg/L，超过此值会给啤酒带来不愉快的煮玉米味，损害啤酒的风味。二甲基硫很容易挥发，其沸点为38℃。

9. 浸出物的变化

麦芽经过干燥，浸出物稍有损失，干燥温度越高，浸出物越低。

10. 其他变化

在干燥过程中由于生酸酶的作用以及磷酸盐相互间的作用和类黑素的形成，使滴定酸度增加，pH值降低。在凋萎期，由于生酸酶的作用，使酸性磷酸盐释放出来，增加了滴定酸度。温度越高，酸度越大，pH值越低，色泽越深。

麦芽经过干燥，随着干燥温度的升高，浸出物的量会有损失。这是因为凝固性氮析出得多了，形成的黑色素多了，对酶的破坏性大了，可溶性物质生成的就越少，而消耗却增多（表3-10）。

表3-10　干燥温度对麦芽浸出物的影响

干燥温度/℃	70	85	100
无水浸出物含量/%	82.2	81.7	80.6
色度/EBC	2.8	5.5	17.0

在凋萎期，由于氧化酶的作用，花色苷含量有所下降。进入焙焦阶段，随着温度的提高，多酚物质和花色苷含量增加，但总多酚物质与花色苷比值降低，还原力增强，着色力增加。多酚物质氧化后与氨基酸经聚合和缩合作用而形成类黑素。

在干燥的初期，脂肪酶活力仍有5%左右的增加，但在不同的干燥条件下，均未发现脂肪的变化及其对啤酒泡沫和风味产生什么影响。

四、焙焦操作与技术方法

1. 通风情况

干燥淡色麦芽时，在低温时应采取强烈通风。在麦温40℃，水分降至20%左右而大于10%时，不要升温到50℃以上，由此制成的麦芽酶活性高。

干燥前期，排潮脱水的速率要尽可能快。脱水速度取决于风温、风量和外界相对湿度的大小。进风温度高，相对湿度低，则干燥快，否则干燥慢。排风温度低，湿度高，干燥效果好，反之不好。

2. 升温速度

因此，通常以排风的温度来确定升温的时间，凋萎期升温缓慢（1～2℃/h），进风和排风温差为25℃左右，麦温为35～40℃；当水分降到20%左右时进入烘干期，升温速度为5～6℃/h；当麦温达50℃，水分降到10%左右时方可升温，此时进排风温差应约为15℃，否则易形成玻璃质粒。

3. 进入焙焦的温度和时间

经验的方法是麦根能用手搓掉时，便可开始升温焙焦。也可以通过试验确定麦芽水分降到4.5%～5%时进排风温差之间的对应关系，确定焙焦时间。一般焙焦的进排风温差值要求小一些，焙焦温度和时间应在80～85℃保持2～4h。

4. 翻拌与麦层温度

干燥前期通过通风排潮，将麦芽水分从41%～44%降至25%～30%，所排出的水分是麦粒表面水分。由于麦粒含水量较高，所以在此阶段升温不宜太快、翻拌不宜过勤，约每4h翻一次即可。

干燥中期，水分从25%～30%降至8%～10%，麦层温度从35～40℃逐渐升高到55℃，在此期间每2h翻拌一次。干燥中期由于麦层温度的提高，麦粒内部水分逐渐向麦粒表面扩散而蒸发。扩散速率较慢，蒸发速率也低，但此时不可急于升温，以防影响麦芽质量。

进入干燥后期，麦粒中的水分已为结合水，排出更困难。麦层温度从55℃逐步升至80～85℃，并在此温度下保持3～4h，使麦芽水分降至5%以下，此时需连续翻拌（高效炉除外）。

5. 提高喷雾干燥效果的措施

为了达到节能或更好的喷雾干燥目的，还可从下面两个方面加以考虑：

① 提高喷雾干燥设备本身的保温隔热效果，减少不必要的热损失。

② 把喷雾干燥的进口的环境空气进行除湿，使得最终喷雾干燥的出口温度降

低，同时不对喷雾干燥产生不利的影响，当然，空气的除湿本身需要消耗能量，处理适当可以达到理想的效果。

五、 绿麦芽的干燥技术问题举例

通过干燥，可以除去绿麦芽多余的水分，使麦芽水分降低到5%以下，利于贮存；可以终止绿麦芽的生长和酶的分解作用，并最大限度地保持酶的活力；除去绿麦芽的生青味，经过焙焦使麦芽产生特有的色、香、味；干燥后易于除去麦根。

麦芽的干燥，一般都采用干燥炉。

淡色麦芽的干燥操作是：先将绿麦芽置于干燥炉的上层金属网烘床，麦芽层厚度为30.50cm，进行强通风以迅速排出水分，使麦芽的含水量从42%左右降低到25%～30%，然后将麦芽移至干燥炉的中层金属网烘床。

在上层烘床干燥期间，操作上需要注意两点：①升温应缓慢，最高温不得超过35℃，这可以通过调节通风的温度来实现。②翻拌麦粒不要过早、过勤。一般开始阶段每隔4～5h翻拌1次，以后每隔2～3h翻拌1次。

在中层烘床进行麦粒干燥操作时，同样应缓慢升温，最高温度不得超过55℃。经中层干燥处理后，麦粒的含水量从25%～30%下降到8%～12%，麦根已变得焦脆。中层干燥操作时，应对升温幅度和出床时麦粒的温度特别加以注意。升温幅度太大，麦粒中酶的活力损失也大，而且容易形成玻璃质麦粒。若出床麦粒温度较低，则因麦粒含水量未达到要求，被移至高温的下层烘床时，就会变成硬结麦粒。

干燥的最后一道工序是焙焦。将含水量8%～12%的麦粒置于干燥炉下层的金属网烘床上，由55℃升温至83～85℃，并在此温度下焙焦4～4.5h，其间经常翻拌，使成品麦粒的含水量在3%～4%。出炉的干麦粒应立即进行除根，以免干麦粒吸潮后给除根带来困难。制浓色麦芽的干燥温度比淡色麦芽的要高，一般上层烘床的最高温度为35℃，中层烘床的最高温度为55℃，而下层烘床的最高温度达到105℃。当然，浓色麦芽的含水量比淡色麦芽的要低。

举例①：一般我国啤酒麦芽干燥，通常采用间接加热的1段～3段水平焙燥塔。其结构包括加热装置、水平式烘床以及通风装置等。烘床有单床、双层或三层，每层称为一段。

一般小型啤酒厂双层烘床较多，烘焙时间为24h。麦芽在上层时应采取20～25℃低温，强烈通风，排去水分，阻止麦粒水解作用的继续进行，减少酶的破坏，保持胚芽呈粉质疏松状态，如温度上升过快，麦芽会变硬粒。温度逐渐上升至50～55℃，水分降至8%～12%，即进入下层焙焦阶段。

对于浅色麦芽，希望色素形成不多，仍保持一些香味，且能在较高温度下使凝固性含氮物变性凝固，以及能除去影响泡沫的微量油脂。绿麦芽具有青气味，当烘焙温度迅速上升到85℃时，水分下降至2%～5%，使麦芽产生焦香味。对浓色麦芽，要求产生较多的色素与焦香味，焙焦温度须提高到100～105℃。麦芽烘好的标准为含水分2%～4%，入水不沉，嗅之有明显的大麦香，粒子膨胀，麦仁发白，麦根极易脱落。

举例②：国内有些厂采用发芽干燥两用箱，以干燥浅色麦芽为例，在7d发芽期的最后16h，通入大风量的30℃干空气使根芽凋萎并预热箱体，由箱前翅片加热器控制进风温度为40℃，干燥16h，升温达到45～50℃，麦芽水分为10%左右时，可减小进风量，逐渐提高进风温度至88～92℃，温度达81℃时，再关闭通风进口，利用回风焙焦2.5～3h。在麦芽干燥过程中，应隔4～8h搅拌1次，而在焙焦阶段要不停地搅拌。

举例③：某麦芽厂，不同干燥方法对大麦种子发芽率的影响见表3-11。由表3-11可知：2个品种阴雨天收获35℃下烘干的种子发芽率分别为65.3%和65.7%，而晴天收获晒干发芽率则分别为82.0%和82.7%。相对应的35℃烘干种子发芽率的降低是由于种子霉烂率所致，2个品种分别为29.3%和26.7%。据徐绍英等研究表明，啤酒大麦种子的干燥温度控制在45℃以下为好，既安全、干燥好效率又高。

表3-11 不同干燥方法对大麦种子发芽率的影响

品　种	干燥方法	发芽率/%	不正常率/%	霉烂率/%
浙农大6号	晴天收获晒干	82.0	7.7	10.3
	35℃烘干	65.3	10.4	29.3
浙农大7号	晴天收获晒干	82.7	17.3	10.0
	35℃烘干	65.7	7.7	26.7

六、发芽干燥设备

一般大麦发芽的方式主要有地板式发芽和通风式发芽两种。地板式发芽因劳动强度高、占地面积大、受外界温度影响大等缺点已不再采用，只有在啤酒博物馆中才能见到，故不再赘述。

通风式发芽是采用厚层发芽，采用机械强制方式向麦层通入调温、调湿的空气，来控制发芽的温度、湿度以及氧气与二氧化碳的比例，从而达到发芽的目的。通风式发芽因料层厚，单位面积产量高（比地板式高8～15倍），设备能力大，占地面积小，工艺条件能够人工控制，容易实现机械式操作，所以在我国已经完全取代了地板式发芽。

目前，干燥设备普遍采用的是间接加热的单层高效干燥炉，水平式单层、双层干燥炉及垂直干燥炉等。

1. 水平式（单层、双层）干燥炉

麦芽干燥炉的形式主要有水平式干燥炉、垂直式干燥炉和发芽干燥箱，而水平式又分为单层、双层和三层烘床干燥炉。

一般水平式干燥炉由加热装置、烘床和通风装置组成。

加热装置由燃烧炉、烟道及铁制空气加热管组成，燃烧炉是热源，设在最下面，燃烧炉的上面有空气加热室，内设加热管或其他散热装置，管内是燃烧炉排出的灼热的气体，管外通空气。加热管分 2～3 层排列，加热面积与干燥床面积保持(5～6)：1，温度低的管排在下层，温度高的管排在上层，也有的是高温管四周靠壁排列，低温管布置在中心处。在空气加热室上面是空气混合室，一方面可使冷热空气混合均匀，另一方面也可以收集从烘床上落下的麦根，避免麦根落到加热管上燃烧。

烘床若用异型钢丝制成，通风面积为 30%～40%；若用圆形钢丝制成，通风面积则为 20%～25%，孔板床只有 15%。通风面积越大，排潮效果越好。烘床上设有翻麦机及麦芽排出口，供翻麦及卸落麦芽用。在干燥炉顶部，设有排风管及离心式排风机，排除麦层蒸发的水分，排气管的截面积为烘床面积的 6%～8%。

水平式双层干燥炉处理浅色麦芽的干燥时间为 24h，处理深色麦芽的干燥时间为 48h，其技术条件见表 3-12。

表 3-12　水平式双层干燥炉的工艺条件

炉层	浅色麦芽			深色麦芽		
	干燥时间/h	麦层温度/℃	水分/%	干燥时间/h	麦层温度/℃	水分/%
上层	6	35～40	43→30	12～14	35～40	25→20
	6	50～60	30→10	10～12	55～60	20
下层	8～9	45～70	10→6	12 7～8	50～70 70～90	20→10 10→5
	3～4	80～85	4→3	4～5	95～105	2.5→1.5

2. 垂直式干燥炉

垂直式干燥炉为干燥炉的另一种形式。在此类干燥炉中，20cm 厚的麦芽层放在垂直烘床上，热空气变换方向（横向或水平）穿过麦层（亦称麦芽室）。根据干燥炉大小不同，可有 3～12 个这样的麦芽室，它们被约 80cm 厚的空气通道彼此分开。中间楼板将干燥炉分为 2～3 个上下烘床，由此形成空气通道，每个烘床间的麦层高度和空气通道高度相同。打开闸门，上层烘床的麦芽便落入下层烘床或落入输送装置中被排出。

麦芽从上层烘床落入下层烘床完全靠重力作用，因此无需翻拌。由于在垂直干燥炉中干燥空间的利用很合理，所以垂直炉属于高效干燥炉，它和水平炉的加热方式相同，在空气通道底部装有空气喷嘴，热空气通过喷嘴进入麦芽中。

利用垂直干燥炉干燥浅色麦芽需 24h，上段、中段、下段各 8h；干燥深色麦芽需 36h，上段、中段、下段各 12h。其技术条件见表 3-13。

单层高效干燥炉的工艺条件见表 3-14。

表 3-13　垂直干燥炉的技术条件

床身各段＼麦芽种类	浅色麦芽		深色麦芽	
	麦层温度/℃	水分/%	麦层温度/℃	水分/%
上段	25～30	43→25→30	30～35	45→30→35
中段	30～55	25～30→8～12	50～65	30～35→22～25
下段	50～85 (80～85，焙焦 3h)	8～12→3～5	60～105 (95～105，焙焦 3h)	22～25→2～3

表 3-14　单层高效干燥炉的工艺条件

干燥阶段	深色麦芽			浅色麦芽		
	干燥时间/h	麦层温度/℃	水分/%	干燥时间/h	麦层温度/℃	水分/%
凋萎	10	50～60	45→22	40～55 60～65	10～12	45→10 10→6～7
干燥	5～7	60～95	22→5～6	65～80	3～4	6～7→5
焙焦	4～5	95～105	5～6→2～3	80～85	3～4	4 以下

第五节　干燥麦芽的除根和贮藏

麦根的吸湿性强，如不除去，易吸收水分而影响麦芽的保存。麦根含有苦涩味物质、色素和蛋白质，对啤酒的风味、色泽和稳定性都不利。因此，经干燥后的麦芽，应立即用除根机除根，否则吸湿后不易除尽。

经干燥后的麦芽，根十分焦脆，只要稍加摩擦就能脱落。因此，出塔以后的干麦芽，须随即把根除去。除根机一般用一个转动缓慢的金属网辊筒，转速 20r/min，打板转速快，以 60～170r/min 同方向转动，麦根经机械撞击极易脱落而被金属网筛去。浅色麦芽的根芽为 2%～3.5%，浓色麦芽的根芽为 3%～5%。脱落的根芽收集后稍经冷却，应即密封包装，供制造复合磷酸酯酶片的原料，提取药物后的根渣仍可作为禽畜的饲料。

一、干燥麦芽的处理

刚刚干燥完的麦芽不能用于啤酒生产，必须经过除根、贮藏后才能使用。干麦芽的处理包括除根、冷却以及麦芽的磨光。冷却步骤必须快速进行，以防因酶的破坏而致使麦芽色度上升和香味变坏。通过磨光可除去麦芽表面的水锈灰尘，提高麦芽的外观质量。

1. 冷却

干燥后的麦芽仍有80℃左右的温度，加之麦根较强的吸湿性，尚不能进行贮藏，因而要进行冷却。这样既可以减少昆虫入侵的机会，也可以避免酶活性的降低，防止色泽和风味的变化。冷却采用的方法包括通入低温新鲜空气和在低温的冷却容器（环境）中进行，使麦温降至20℃左右。小型麦芽厂或制麦车间可通过调节除根速度而冷却麦芽。

2. 除根

除根后的麦芽中不得含有麦根，麦根中所含碎麦粒和整粒麦芽不得超过0.5%，除根是利用除根机完成的（图3-14）。除根机结构比较简单，一般包括一个转动的带筛孔的金属圆筒，圆筒内装有叶片搅刀，圆筒以不同的速度进行旋转（以20r/min为宜），搅刀转速为160～240r/min。麦根靠麦粒间相互碰撞和麦粒与滚筒壁的撞击作用而脱落，然后通过筛孔排出。

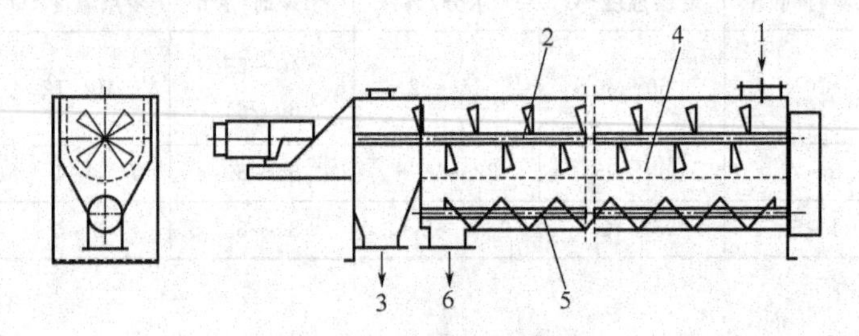

图3-14 麦芽螺旋除根机

1—麦芽进口；2—搅拌器；3—麦芽出口；4—金属筛网；5—螺旋输送口；6—根芽出口

为了不延误干燥炉作业周期，在除根机上方应设相当于每炉干麦芽2/3容积的暂存箱。麦芽排出口一般安装一套吸风设备，以除去灰尘及轻微杂质，同时对麦芽进行冷却。

3. 磨光

商业性麦芽厂在麦芽出厂前还经过磨光处理，以除去附着在麦芽上的脏物和破碎的麦皮，使麦芽外观更漂亮。麦芽磨光在磨光机中进行，主要是使麦芽受到磨擦、撞击，达到清洁除杂的目的。为除去附着在麦芽上的脏物和破碎的麦皮，使麦芽外观更加漂亮，口味纯正，麦芽厂可设置磨光机在麦芽出厂前处理麦芽。

麦芽磨光机主要由两层倾斜筛面组成。第一层筛去大粒杂质，第二层筛去细小杂质，倾斜筛上方飞尘被旋风除尘器吸出。其原理是经过筛选后的麦芽落入急速旋转的带刷转筒内（转速为400～450r/min），被波形板面抛掷，使麦芽受到刷擦、撞击，达到清洁除杂的目的。磨光机附有鼓风机，以排除细小杂质。麦芽的磨光损失占干麦芽质量的0.5%～1%，麦芽粉末占麦芽质量的0.5%～1.5%。

二、干燥麦芽的贮存

1. 大麦的贮藏

大麦种子具有特殊的休眠机制，致使新收大麦发芽率低，要经一段贮藏期，使麦子充分后熟，才能达到正常的发芽力。促进大麦后熟方法如下：①1～5t堆贮能促进大麦的生理变化，缩短后熟期，提早发芽；②用80～170℃热空气将大麦处理30～40s，能改善种皮的透气性和透水性而促进早发芽；③用高锰酸钾、甲醛、草酸及赤霉素等处理可打破种子的休眠。贮藏和管理方法有散装贮藏、袋装贮藏、立仓贮藏等方法，进库先将大麦用太阳晒或干燥炉干燥至水分在13%以下，贮藏期间定期翻倒或通风降温，以排除CO_2，防止麦堆因缺氧产生酸、醛、醇等抑制性物质而降低发芽率，贮藏温度低于15℃，否则，大麦呼吸消耗急剧上升，损失增加。

2. 麦芽保存

除根后的麦芽，一般都经过6～8周（最短1个月，最长为半年）的贮存后再投入使用。

干麦芽除根稍冷后，应立即送入立仓贮存。如采用袋装，因与空气接触面积大而易吸水，故贮存期较短，不宜超过6个月。

新干燥的麦芽水分很低，麦皮比较脆，在贮存期间吸水回潮后，麦皮失去原有的脆性，粉碎时破而不碎，利于麦汁过滤；胚乳也失去原有的脆性，质地得到了显著改善。在贮存期间，可以使麦芽因干燥操作不当而产生的玻璃质向好的方面转化。经过贮存后，可以提高蛋白酶与淀粉酶的活性，增进含氮物质的溶解性，提高麦芽的糖化力1%～2%，增加麦芽可溶性浸出物的含量，改善啤酒的胶体稳定性。

不同类型的麦芽，贮存期的长短也不一样。溶解不足和用高温焙焦的麦芽，贮存期应该长一些；溶解正常或低温焙焦的麦芽，贮存期不宜过长。贮存期过长易造成麦芽的过度溶解，使麦汁收得率和啤酒的泡持性有所下降。

贮存期要求入仓麦芽的温度应低于20℃，麦芽水分不宜超过8%，要定时检查麦芽的温度和水分；麦芽要按地区、品种、批次分别保管；贮存中要注意防止虫害和鼠害。

第六节 制麦技术经济指标计算

一、制麦损失

精选后的大麦经过浸麦、发芽、干燥和除根等过程所造成的物质损失统称为制麦损失。浅色麦芽制麦过程中各部分损失如下：浮麦0.2%～1.0%；大麦浸麦时溶解的物质0.5%～1.3%；发芽时的呼吸损失5%～8%；麦根2%～3.5%；水分10%～12%；总损失17.5%～25.8%。

由于发芽期间的损失最大，控制制麦损失主要集中在发芽过程，具体措施如下所述。

① 缩短制麦时间，从制麦开始2天，水分达到39%～40%，颗粒的根芽刚刚露出白点即停止发芽，这种麦芽为尖麦芽。尖麦芽发芽时间短，根芽生长短，呼吸损失减少，可降低损失4%～7%。

② 采用较低的发芽温度（如 15～17℃）可降低损失 1.5%左右。

③ CO_2 的应用。发芽物料中的 CO_2 能抑制颗粒呼吸，特别是在发芽后期使用循环空气，循环空气中含有的 CO_2 在穿过麦层时可对麦粒呼吸产生抑制作用，能降低制麦损失 1.5%。

④ 在保证麦芽质量的前提下，尽量缩短发芽时间，可减少绿麦芽呼吸损失和根芽生长的损失。

⑤ 提早进入凋萎。可使根芽早期枯萎，抑制根芽的继续生长，减少根芽对营养物质的消耗。

⑥ 添加抑制剂（溴酸钾、氨水等），抑制根芽生长或制造无根麦芽，减少根芽损失。

二、 降低制麦损失的措施

(1) 改进工艺　采用两次或多次浸麦法，可抑制根芽生长，减少呼吸损失。采用低温发芽、控制回风的二氧化碳浓度也有很好的降低制麦损失的作用。

(2) 使用生长素或抑制剂　一般采用添加剂制麦所用的生长素主要为赤霉酸，它有利于大麦萌发，促进酶的形成和麦粒溶解，缩短发芽周期，相应降低了制麦损失。在浸麦时如果使用赤霉酸，则要求浸麦度应高些，使麦粒水分含量达 45%左右，赤霉酸的添加量控制在 0.08～0.15mg/L。抑制剂有溴酸钾、甲醛等，其作用是抑制根芽生长，降低呼吸损耗，但必须与赤霉酸结合使用，才能达到降低制麦损失又不影响麦芽溶解和酶的形成的效果。抑制剂与赤霉酸均于最后一次浸麦时添加。溴酸钾与赤霉酸结合添加时，溴酸钾添加量为 100～125mg/kg，赤霉酸添加量为 0.08～0.2mg/kg；甲醛与赤霉酸结合添加时，甲醛添加量为 0.02%～0.05%，赤霉酸添加量为 0.1～0.2mg/kg。

(3) 采用擦破皮技术　大麦粒被谷皮和果皮包裹，通过机械处理，把部分谷皮除去，相应部位果皮的蜡质层被破坏，赤霉酸即可由擦破处进入糊粉层内，加速了胚乳的溶解，缩短了浸麦与发芽时间，麦芽浸出率及酶活性也得以提高，制麦损失可降低 2%～3%。

三、 影响浸麦质量高低的因素

影响浸麦度高低的因素主要有原大麦自身质量、工艺控制水平、设备条件等多个方面。

(1) 原大麦品种、麦粒大小、胚乳性质、发芽率的影响　对水敏感性的大麦浸麦度可控制得低一些，因为对水敏感性的大麦对空气需求量大，可待麦粒发芽正常后再补充水分；对硬质大麦、厚皮大麦以及保存时间较长但仍有制麦价值的陈大麦，浸麦度可控制得高一些，一般不低于 45%，因为高的水分含量可以改善溶解度；对皮壳较薄、麦粒腹径不一、胚乳组织疏散、发芽力高的大麦浸麦度可控制得高一些；对发芽旺盛、呼吸系数高的大麦浸麦度可控制得低；对麦芽质量测定如发现溶解过度、色度深（不是焙焦工艺控制问题），浸麦度控制可适当低一些。

(2) 生产工艺控制影响　浸麦水温、浸麦时间与浸麦方法控制不当等均影响浸麦度。

(3) 生产设备条件影响　主要是受浸麦槽的结构（直径与高之比、搅拌条件、通风条件等）影响，当直径与高之比接近1∶2、通风条件好且搅拌强度大以及大麦能在槽内形成较大的表面积等，在相同工艺条件下浸麦度会高一些。

四、对麦芽质量的要求

麦芽质量的好坏关系到啤酒的品质，因此生产厂家十分重视麦芽的质量。质量好的麦芽粉碎后，粗、细粉浸出率差比较小，糖化力大，最终发酵度高，溶解氮和氨基酸的含量高，勃度小。

良质麦芽的质量指标如下：

(1) 外观特征

干麦芽无霉味，呈浅黄色，具有香味，口咬发脆且松散。麦芽色泽是判断麦芽质量优劣的重要依据。

(2) 化学检验及指标

① 水分4.0%～5.0%（新干燥麦芽3%～4%）。

② 粗、细粉浸出率差1.3%～1.65%。

③ 黏度1.52～1.57mPa·s。

④ 细粉的碘值<2.80。

⑤ 最终发酵度>80%。

⑥ 蛋白质10.0%～10.8%（掺入辅助原料的为12%）。

⑦ 蛋白质溶解度40%～42%（库尔巴赫值）。

⑧ α-氨基氮135mg/100g干物质以上（掺入辅助原料的为160mg/100g干物质）。

⑨ α-氨基氮/总氮为21%～23%。

⑩ pH值为5.6～5.8。

⑪ 糖化力200～250WK。

⑫ α-淀粉酶>40ASBC单位。

⑬ 色度2.5～2.8EBC（掺入辅助原料的为4.0EBC）。

⑭ 煮沸色度≤5.0EBC。

第七节　成品麦芽分析与评价

一、麦芽样品分析

1. 麦芽水分含量

麦芽水分是麦芽质量控制指标之一，水分大，会影响麦芽的浸出率，质量要求麦芽使用时水分<5%。常用直接干燥法，其原理是在一定的温度（95～105℃）和压力（常压）下，将样品放在烘箱中加热干燥，除去蒸发的水分，干燥前后的质量之差即为样品的水分含量。

2. 麦芽渗出率

麦芽渗出率与大麦品种、气候和生长条件、制麦方法有关，质量要求优良麦芽无水浸出率为76%以上，常用测定方法有密度瓶法、折射法，可根据麦芽汁相对密度查得的麦芽汁中浸出物的质量分数计算渗出率，或根据麦芽汁折射锤度（质量百分数）直接初算渗出率。

3. 麦芽糖化力

麦芽糖化力是指麦芽中淀粉酶水解淀粉成为含有醛基的单糖或双糖的能力。它是麦芽质量的主要指标之一，质量要求良好的淡色麦芽糖化力为250WK以上，次品为150WK以下。麦芽糖化力的测定常用碘量法，其原理是麦芽中淀粉酶解成含有自由醛基的单糖或双糖后，醛糖在碱性碘液中定量氧化为相反的羧酸，剩余的碘酸化后，以淀粉作指示剂，用硫代硫酸钠滴定，同时做空白试验，从而计算麦芽糖化力。

4. 麦芽蛋白质（总氮）**含量**

麦芽蛋白质一般为8%～11%（干物质），常用微量凯氏定氮法测定。

5. 麦芽蛋白溶解度（氮溶指数）

麦芽蛋白溶解度是用协定法测定的麦芽汁可溶性氮与总氮之比的百分率，比值越大，说明蛋白质分解越完全。麦芽质量要求蛋白溶解度>41%为优，38%～41%为良好；35%～38%为满意，<35%为一般。常用凯氏定氮法测定，分别用麦芽粉样和麦芽汁样与浓硫酸和催化剂共同加热消化，使蛋白质分解，产生的氨与硫酸结合生成硫酸铵，留在消化液中，然后加碱蒸馏使氮游离，用硼酸吸收后，再用盐酸标准溶液滴定，根据标准酸的消耗量可计算出麦芽总氮和可溶性氮。

6. 麦芽 *α*-氨基氮含量

麦芽α-氨基氮含量是极为重要的质量指标。部颁标准规定良好的麦芽每100g无水麦芽含α-氨基酸135～150mg。大于150mg为优，小于120mg为不佳。在啤酒行业中常有茚三酮比色法和EBC2，4，6-三硝基苯磺酸测定法（简称TNBS法），推荐使用茚三酮比色法。茚三酮为氧化剂，它能使α-氨基酸脱羧氧化，生成CO_2、氨和比原来氨基酸少一个碳原子的醛，还原茚三酮再与氨和未还原茚三酮反应，生成蓝紫色缩合物，产生的颜色深浅与游离α-氨基氮含量成正比，在波长570nm处有最大的吸收值，可用比色法测定。

二、 麦芽分析方法

麦芽质量分析是基于按照标准化的实验室糖化程序，这种方法存在不足是众所周知的。

目前，国内有一种嵌套聚合酶链式反应——变性梯度凝胶电泳（Nested PCR-DGGE)分析啤酒大麦或大麦麦芽中微生物群落结构的方法，该方法属于微生物生态学技术领域。本方法利用土壤DNA抽提试剂盒提取啤酒大麦、大麦麦芽样品的基因组DNA，采用嵌套PCR扩增细菌16SrDNA、真菌18SrDNA序列，PCR产物经DGGE分析后，对主要条带进行割胶回收，再次PCR后琼脂糖胶回收，T-A克隆,测序分析获取微生物的相关信息。本方法方便、快捷、重复性好，对分析啤酒大麦或大麦麦芽中的微生物及微生物对麦芽品质的影响具有很好的指导意义。

另外，国内基于主成分分析法研究麦芽蛋白水解度与功能特性的关系得到了应用。

采用木瓜蛋白酶对麦芽蛋白进行改性，研究麦芽蛋白水解度与功能特性的关系。在分析水解度与麦芽蛋白的起泡性、溶解性、持水性、吸油性和乳化性的相关性基础上，对功能特性做主成分分析，构建麦芽蛋白功能特性的综合指标，通过回归分析建立水解度与综合指标的数学模型。试验表明基于主成分分析探讨水解度对功能特性的影响是可行的，为酶法改性蛋白的研究、确定麦芽分析方法提供了一定参考。

三、麦芽的质量评价

麦芽的性质决定啤酒的性质，为了使麦芽能在啤酒酿造中得到合理的利用，必须了解其特性。麦芽的性质复杂，不能通过个别的方法或凭个别的数据来判断其质量，所以，要想对麦芽质量作比较准确的评价，必须对麦芽的性质有比较全面的认识，即必须对它的外观特征及其一系列的物理和化学特性进行全面判断才能做出比较确切的评价。

1. 感观特征

麦芽感观特征及其评价见表3-15。

表3-15 麦芽的感观特征及其评价

项　目	特征与评价
夹杂物	麦芽应除根干净，不含杂草、谷粒、尘埃、枯草、半粒、霉粒、损伤粒等杂物
色　泽	应具淡黄色、有光泽，与大麦相似。发霉的麦芽呈绿色、黑色或红斑色，属无发芽力的麦粒。焙焦温度低、时间短，易造成麦芽光泽差、香味差
香　味	有麦芽香味，不应有霉味、潮湿味、酸味、焦苦味和烟熏味等。麦芽香味与麦芽类型有关，浅色麦芽香味小一些，深色麦芽香味浓一些，有麦芽香味和焦香味

2. 物理特性

麦芽物理和生理特性及其评价见表3-16。

表 3-16　麦芽的物理和生理特性及其评价

项　目	特性与评价
千粒重	麦芽溶解愈完全，千粒重愈低，据此可衡量麦芽的溶解程度。千粒重为 30～40g
麦芽相对密度	相对密度越小，麦芽溶解度越高。＜1.10 为优，1.1～1.13 为良好，1.13～1.18 为基本满意，＞1.18 为不良。相对密度也可用沉浮试验反映，沉降粒＜10%为优，10%～25%为良好，25%～50%为基本满意，＞50%为不良
分选试验	麦粒颗粒不均匀是大麦分级不良造成的，可引起麦芽溶解的不均匀
切断试验	通过 200 粒麦芽断面进行评价，粉状粒越多者越佳，玻璃质粒越多者越差。计算玻璃质粒的方法：全玻璃质粒为 1，半玻璃质粒为 1/2，尖端玻璃质者为 1/4，指标规定如下：玻璃质粒 0～2.5%优秀，2.5%～5.0%良好，5.0%～7.5%满意，2.5%～5.0%不良
叶芽长度	通过叶芽平均长度和长度范围评价麦芽溶解度。浅色麦芽：叶芽长度 3/4 者 75%左右，平均长度在 3/4 左右为好。深色麦芽：叶芽长度 3/4～1 者 75%左右，平均长度在 4/5 以上为好
脆度试验	通过脆度计测定麦芽的脆度，借以表示麦芽的溶解度。81%～100% 为优秀，71%～80%为良好，65%～70%为满意，小于 65%为不满意
发芽率	表示发芽的均匀性。指发芽结束后，全部发芽麦粒所占有的百分率。要求大于 96%。如果发芽率低，未发芽麦粒易被霉菌和细菌感染，给正常发芽的绿麦芽也带来污染。这样制得的麦芽霉粒多，可能造成啤酒的喷涌
发芽力	指发芽 3 天，发了芽的麦粒占麦粒总数的百分比。是衡量大麦是否均匀发芽的尺度。此值高，说明大麦的发芽势很好，开始发芽的能力强

3. 化学特性

对麦芽化学特性及其评价见表 3-17。

表 3-17　麦芽的化学特性及其评价

项　目		特性与评价
一般检验（标准协定法糖化试验）	水　分	出炉麦芽：浅色麦芽 3.5%～5%，深色麦芽 2%～3%，贮存期中增长 0.5%～1.0%，使用时水分不超过 6%。焙焦温度低（76～78℃），出炉水分高，酶活力强，但贮存后色泽深、麦汁浑、啤酒的稳定性差
	浸出率	优良的麦芽，无水浸出率应在 78%～82%，浸出物低，表明糖化收得率低，主要原因是原大麦品种低劣、皮厚、淀粉含量低、制麦工艺粗放。单靠浸出率一项不易作出评价
	糖化时间	优良的麦芽糖化时间如下：浅色麦芽 10～15min；深色麦芽 20～30min
	麦汁过滤速率与透明度	溶解良好的麦芽，麦汁的过滤速度快（1h 以下），麦汁清亮；溶解不良的麦芽，麦汁过滤速率慢，麦汁不清。麦汁的过滤速率和透明度还受大麦品种、生长条件、发芽方法、干燥温度、麦芽贮存期等因素的影响，不能仅以此作为衡量麦芽质量的标准

续表

项目		特性与评价
一般检验（标准协定法糖化试验）	色度	正常的麦芽，协定法糖化麦汁的色度应为：浅色麦芽 2.5～4.5EBC，中度深色麦芽 5～8 EBC，深色麦芽 9～15EBC。麦芽的色泽主要取决于原大麦底色、浸麦工艺及浸麦添加剂，大麦的溶解度及赤霉酸的用量以及大麦的焙燥作用时间
	香味和口味	协定法糖化麦汁的香味与口味应纯正，无酸涩味、焦味、霉味、铁腥味等不良杂味
细胞溶解度的检验	粗细粉无水浸出率差（EBC）/%	利用粗粉和细粉的糖化浸出率差（采用协定糖化法）来评价麦芽细胞的溶解情况，＜1.5 为优，1.6～2.2 良好，2.3～2.7 满意，2.8～3.2 不佳，＞3.2 很差。此值越小，浸出率越高，糖化速度越快。如过小，表明溶解过度，会影响啤酒的泡沫性能，所以并非越低越好
	麦汁黏度	麦汁黏度可以说明麦芽胚乳细胞壁半纤维素和麦胶物质的降解情况，从而对麦芽溶解度做出评价。黏度越低，麦芽溶解越好，麦汁过滤速度越快。 协定法麦汁的黏度均以浓度调整至 8.6%时的计算黏度为准。其指标规定如下：＜1.53mPa·s 优，1.53～1.61MPa·s 良好，1.62～1.67MPa·s 一般，＞1.67MPa·s 不良
蛋白溶解度检验	蛋白溶解度（又称库尔巴哈值）	用协定法麦汁的可溶性氮与麦芽总氮之比的百分率表示蛋白溶解度。比值越高，说明蛋白分解越完全，指标规定如下：＞41% 优，38%～41%良好，35%～38%满意，35%以下一般。 溶解不良的麦芽，浸出物收得率低，发酵状态不好，酒体粗糙，非生物稳定性差；溶解过度的麦芽，制麦损失大，酵母易早衰，啤酒口味淡薄，泡沫性能差。它必须和麦芽的总氮结合起来考虑才有意义
	隆丁区分	隆丁区分系将麦汁中的可溶性氮，根据其相对分子质量的大小分为三组：A 组，相对分子质量为 60000 以上，称为高分子氮，约占 15%；B 组，相对分子质量为 12000～60000，称为中分于氮，约占 15%；C 组，相对分子质量为 12000 以下，称为低分子氮，约占 60%。可通过此比例关系估计蛋白质分解情况
	甲醛氮与 α-氨基氮	通过测定麦汁中此类低分于含氮物质的含量，衡量蛋白质分解情况，代表低肽和氨基酸水平。以协定法麦汁为例，规定指标如下： 甲醛氮（甲醛滴定法）（mg/100g 麦芽干物质） / α-氨基氮（EBC 茚三酮法）（mg/100g 麦芽干物质） ＞220 / ＞150 / 优 200～220 / 135～150 / 良好 180～200 / 120～135 / 满意 ＜180 / ＜120 / 不佳

续表

项目		特性与评价
淀粉分解检验	糖：非糖	利用麦汁中糖：非糖的含量来衡量麦芽的淀粉分解情况是早期啤酒工业常用的方法，现在不少工厂仍作为控制生产的方法。有些工厂已用最终发酵度取代，其具体指标规定如下（协定法麦汁）： 浅色麦芽是　糖：非糖　　1：(0.4～0.5) 深色麦芽是　糖：非糖　　1：(0.5～0.7)
	最终发酵度（又称极限发酵度）	以麦汁的最终发酵度来表示麦芽糖化后可发酵浸出物与非可发酵浸出物的关系。最终发酵度与大麦品种，生长条件和时间、制麦方法都有关系。一般是麦芽溶解得越好，其最终发酵度越高。正常的麦芽，协定法麦汁的外观最终发酵度达80%以上
	α-淀粉酶活力与麦芽糖化力	酶活力是指在适当的β-淀粉酶存在下，在20℃，每小时液化1g可溶性淀粉称为1个酶活力单位，以DU20℃表示。通过对麦芽淀粉酶活性的测定，也可以估价麦芽的淀粉分解能力。在啤酒生产中最具有实用价值的是测α-淀粉酶活力和麦芽糖化力。正常情况下，浅色麦芽的α-淀粉酶活力为40～70（ASBC）。糖化力是表示麦芽中α-淀粉酶和β-淀粉酶联合使淀粉进行水解成还原糖的能力。一般浅色麦芽为200～300mmol/L，＞250mmol/L为优，220～250mmol/L为良好，200～220mmol/L为合格；深色麦芽的糖化力为80～120mmol/L
其他	哈同值（又名四次糖化法）	麦芽在20℃、45℃、65℃、80℃下，分别糖化1h，求得四种麦汁的浸出率与协定法麦汁浸出率之比的百分率的平均值，减去58%所得差数即为哈同值。它可反映麦芽的酶活性和溶解状况。 20℃是将制麦过程中形成的可溶性浸出物提取出来的温度。45℃是蛋白酶分解蛋白质为可溶性浸出物的适宜温度。65℃是麦芽中α-淀粉酶和β-淀粉酶作用于淀粉生成浸出物的共同温度。80℃是α-淀粉酶继续作用的适宜温度。常用45℃糖化时哈同值。 麦芽哈同值的具体指标为：6.5～10表示高酶活性，5.5～6.5为溶解良好，5.0左右为溶解满意，3.5～4.5为溶解一般，0～3.5为溶解不良
	pH值	溶解良好和干燥温度高的麦芽，其协定法麦汁的pH值较低；溶解不良和干燥温度低的麦芽，其pH值偏高。pH值越低，其麦芽浸出率越高。浅色麦芽协定法麦汁的pH值为5.9左右；深色麦芽为5.65～5.75

第八节　特种麦芽

一、概述

由特种原料大麦制成麦芽，习惯上称为特种制麦。特种麦芽制备工艺决定了麦芽品种和质量，从而决定了啤酒的类型。麦芽质量将直接影响酿造工艺和成品啤酒的质量。

特种麦芽制造的两个主要过程为生物过程和化学过程。生物过程是指休眠大麦麦粒的苏醒，麦粒的呼吸及麦根和胚芽的生长，组织结构的变化，酶的产生或释放；化学过程是指在酶的作用下麦芽发生的“溶解”和麦芽风味物质的变化。

啤酒消费趋于种类的多样化，很多产品通过色度和风味在市场上占有特殊地位。啤酒的特殊色度和风味来自特种麦芽，有色特种麦芽的使用增加正满足这种趋势。有色特种麦芽制备是通过标准制麦干燥工艺使用高温焙烤或使用转鼓烘干机。有色特种麦芽通常分为着色麦芽、焦糖麦芽和焙烤麦芽。着色麦芽具有较黑的麦汁色度和更强烈风味，通过标准制麦干燥工艺高温焙烤而制备；焦糖麦芽在转鼓烘干机里使绿麦芽干燥，焙烤取代了干燥阶段；焙烤麦芽是干燥后经转鼓烘干机进一步处理而成的较黑麦芽。

特种麦芽是指为满足特殊类型啤酒生产需要的麦芽，它能赋予啤酒特殊的性质，影响啤酒的生产过程、色香味及其稳定性等。

二、着色麦芽

着色麦芽又因加工方法不同分为焦糖化麦芽和烘烤麦芽；前者直接在麦芽烘床上制作，如焦香麦芽、类黑素麦芽等；后者则需要将干燥麦芽在特制的金属转鼓炉内烘烤，才能达到要求和色度，如黑麦芽。

着色麦芽按加工方法不同，有着不同的色度和香味，主要作用是赋予啤酒广泛的色泽，体现不同的风味特点，如制造浓色啤酒，提高啤酒的醇厚性和麦芽焦香，改善啤酒的苦味，调节啤酒的泡沫和色泽等。

（1）焦糖麦芽　其制备原则是将成品浅色干麦芽或半成品绿麦芽在高水分下，经过60～75℃的糖化处理，最后以110～150℃高温焙焦，使糖类焦化。

（2）黑麦芽　常用于生产浓色和黑色啤酒，以增加啤酒色度和焦香味。

（3）类黑素麦芽　有较强的缓冲能力。

三、非着色麦芽

非着色麦芽色度不高，但酶活力较强，属于这类麦芽的有乳酸麦芽和小麦麦芽等。

乳酸麦芽用于改进偏碱性的糖化用水，是将麦芽外部产生的乳酸吸附在麦芽中形成的。乳酸麦芽添加在糖化醪中，主要能增加缓冲作用，降低麦汁pH值，用于改进偏碱性的糖化用水；还可提高酶活性，增加浸出物收得率，改善啤酒口味，降低色度，提高泡持性。

（1）小麦麦芽　制作工艺与大麦芽类似，但浸麦度稍低。小麦麦芽既可作为主要原料酿制小麦啤酒，也可在大麦芽中掺入一定比例（5%～10%）的小麦麦芽，以提高啤酒的醇厚性和泡持性。缺大麦的地区会用小米发芽制造一种不透明的啤酒。

（2）高粱麦芽　具有与小麦同样的缺点，但是高粱粒稍大，操作较方便。

第四章 啤酒酿造

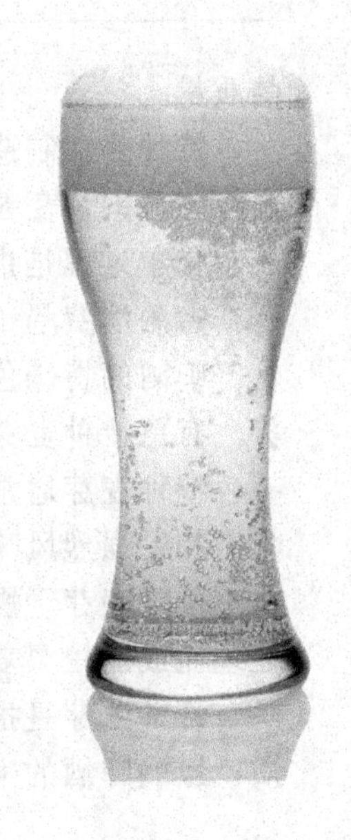

麦汁制备是啤酒生产过程中最重要的环节。为保证啤酒发酵的顺利进行，通过糖化工序将麦芽中的非水溶性组分转化为水溶性物质，即将其变成能被酵母所代谢的可发酵性糖，是发酵的重要前提和基础。

麦汁制备主要包括原料粉碎、糊化、糖化、麦汁过滤、煮沸、麦汁后处理、麦汁通风、麦汁冷却等阶段。

一般麦芽和谷物原料（大米、玉米、大麦等）经过粉碎后才能很好地溶解，并且粉碎质量对于糖化过程中物质的生化变化、麦汁组成、麦汁过滤和原料的利用率都有重要的作用。

麦芽汁制备过程俗称糖化，将麦芽粉碎，与温水混合，借助麦芽自身的多种酶，将淀粉和蛋白质等分解为可溶性低分子糖类、糊精、氨基酸等，制成麦芽汁，以供啤酒酵母发酵用。

未分离麦糟的混合液称为糖化醪；滤除麦糟后称为麦芽汁；从麦芽中浸出的物质称浸出物。一般麦芽的浸出率为80%，其中有60%是在糖化过程中经酶水解后溶出的。

另外，对糖化的要求是浸出物收得率高，麦汁澄清透明，麦芽汁组分符合要求，工艺设备简单，生产周期短。

第一节 麦芽与谷物辅料的粉碎

一般使整粒谷物经粉碎后有较大的比表面积，使物料中贮藏物质增加和水、酶的接触面积，加速酶促反应及物料的溶解。

一、 粉碎的工艺与要求

1. 麦芽粉碎的要求

麦芽和谷物辅料的粉碎是为了使整粒谷物经过粉碎后有较大的比表面积，使物料中贮藏物质增加和水、酶的接触面积，加速酶促反应及物料的溶解。

从理论上讲，麦芽粉碎得愈细，其内含物质的溶解就愈迅速、愈完全，化学和酶促反应更容易进行，因此就能获得最佳收得率。然而，在实际生产中通过磨辊后的粉碎物不应含有未破碎的麦芽粒，但也不能粉碎得太细，因为麦芽和淀粉颗粒各具有不同的性质，麦芽的粉碎只需要达到一定的程度即可。

麦芽可粉碎成谷皮、粗粒、细粒、粗粉、细粉五部分，一般要求粗粒与细粒（包括细粉）的比例大于1∶2.5，麦芽的谷皮在麦汁过滤时形成自然滤层，要求破而不碎。

2. 麦芽的粉碎

麦芽的粉碎方法主要有4种：干法粉碎、湿法粉碎、回潮干法粉碎和浸润增湿粉碎，现代型啤酒厂一般以湿法粉碎为主。

① 干法粉碎：干法粉碎是传统的方法，要求麦芽含水量在4%～7%，近代都采用辊式粉碎机。

② 回潮干法粉碎：回潮法是用水雾或蒸汽使麦芽吸水。麦芽在很短时间内，通入蒸气或热水，使麦壳增湿，胚乳水分保持不变，这样使麦壳有一定柔性，粉碎时容易保持完整，有利于过滤。

③ 湿法粉碎：湿法粉碎是将麦芽浸没15min，并通风搅拌，使之吸水至28%～30%，由于麦芽皮壳充分吸水变软，粉碎时皮壳不容易磨碎，胚乳带水碾磨，较均匀，糖化速度快。

④ 浸润增湿粉碎：麦芽在进行糖化前必须先经粉碎，麦芽增湿（湿式）软化了麦芽粒，使麦皮易于从麦粒上脱落而不被破碎，完整的麦皮提高了过滤速度，对口味的影响也比碎麦皮小，粉碎后的麦芽，增加了比表面积，可溶性物质容易浸出，也有利于酶的作用，使麦芽中的不溶性物质进一步分解。麦芽增湿（湿式）粉碎不是简单的机械过程，也是部分麦芽进行生化反应开始的过程。

3. 谷物辅料的粉碎

辅料粉碎的方法与麦芽粉碎类似，现代企业也是以湿法粉碎为主。由于辅料未发芽，胚乳比较坚硬，比麦芽磨碎时耗能量大，工艺上对辅料的粉碎，只要求有较大的粉碎度，以有利于它的糊化、糖化，要求见表4-1。

二、 粉碎设备

啤酒厂多采用辊式粉碎机粉碎麦芽及大米，用锤式粉碎机、万能粉碎机粉碎脱胚后的玉米。辊式粉碎机广泛应用于颗粒物料的中碎或细碎作业，优点是结构简单、维修容易、调节方便、产品过度粉碎的情况少。

表 4-1 辅料的粉碎度要求

ASBC 筛号	筛孔净宽/mm	分级名称	粉碎度/%		
			大米	玉米	带壳大麦
10	2.00	谷皮	—	15	25～35
18	1.00	粗粒	10	15	25
60	0.250	细粒	60	40	25
100	0.149	细粉	30	30	15～30

辊式粉碎机采用光面或带齿纹的铸铁辊筒，以相同或不相同的速度相向转动，麦芽在挤压力和摩擦力的作用下被辊子压碎，胚乳从麦皮中辗出。拉丝辊子通过开槽来破开麦芽粒。辊子的差速转动有利于通过强烈的碾压作用使胚乳破碎。

粉碎过程可以是一次也可以是多次。通常料粉中的某些组分还需经过再次粉碎，麦芽的粉碎度才能达到理想的要求。

辊式粉碎机按照辊子的数目分为对辊粉碎机、四辊粉碎机、五辊粉碎机和六辊粉碎机。按粉碎方法可分为干粉碎、增湿粉碎、湿粉碎、浸浸增湿粉碎等。以下主要介绍湿法粉碎机。

1. 湿法粉碎机

麦芽进行干法粉碎时，即使采取了保护性措施，麦皮也会多多少少受到破坏，影响麦皮的过滤作用。若粉碎前对麦芽进行浸泡处理，麦皮以及麦芽内容物就会吸收水分，变得有弹性，麦芽内容物也能从麦皮中被分离出来并被粉碎，而麦皮几乎不受损伤，过滤能力得以改善。粉碎得很细的麦芽内容物在糖化过程中能更好地被分解利用。

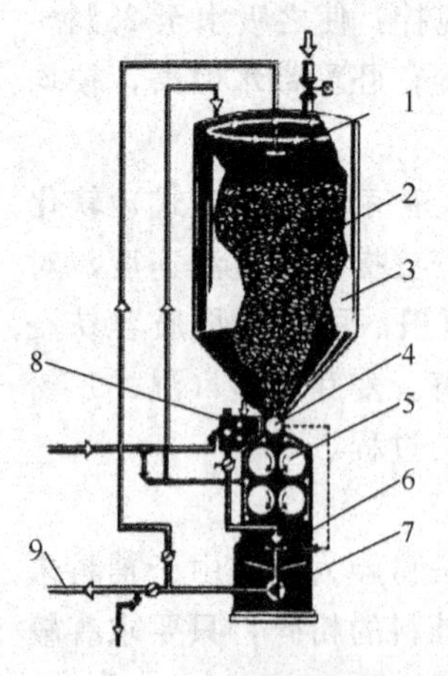

图 4-1 湿法粉碎机的工作方式

1—喷嘴；2—麦芽和水的混合物；3—麦芽暂存箱；4—进料辊；5—粉碎辊；6—带喷嘴的醪液混合箱；7—醪液泵；8—进水调节；9—进入糖化锅

(1) 湿法粉碎机的工作原理 湿法粉碎机（图 4-1）的上部有一个出口为锥形的麦芽仓，麦芽在里面进行浸泡。

湿法粉碎机最重要的部件是辊间距只有 0.45mm 的粉碎辊，分配辊安装在粉碎辊之前，已粉碎的麦浆用绞龙收集，并用醪液泵泵出。喷淋和清洗系统可用来浸泡麦芽或清洗整个设备。新型增湿绞龙工艺流程见图 4-2。

(2) 湿法粉碎机的工作步骤

① 浸泡。已自动称量的麦芽输送至粉碎机上面的麦芽暂存仓，并在立仓中用 30～50℃的水浸泡。通过醪液泵将水从下面循环泵入麦芽暂存仓中，以确保麦芽浸泡均匀，此过程需 15～30min。通过浸泡，麦芽的水分增加 30%左右，水分的吸收也使麦芽体积增加 35%～40%，麦芽中的酶也慢慢活化。

② 糖化。用水浸泡过程完毕，自动系统转换至糖化用水，糖化用水量取决于所期望的料水比，糖化用水要

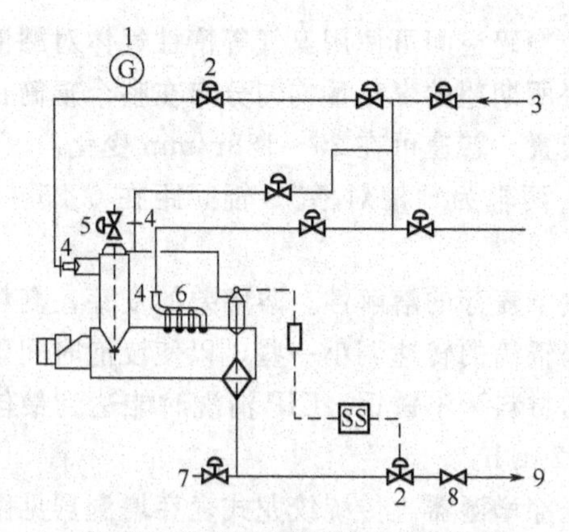

图 4-2 新型增湿绞龙工艺流程

1—流量计；2—流量调节阀；3—糖化水 2L/kg 物料，并于下料时使用 CO_2；4—流量控制器；5—气体和蒸汽密封阀；6—清洗管；7—排污阀；8—止回阀；9—至糖化

考虑 3 个因素：麦芽浸泡仓中含浸出物的浸泡水量；粉碎时的添加水量；湿法粉碎机的后清洗用水量。

③ 浸泡结束后的麦芽通过进料辊进入辊间距只有 0.45mm 的粉碎辊。在此，麦皮几乎无损伤，而麦粒内容物则从麦皮中平滑、无阻力地被挤压分离出来。因此，湿粉碎的糟看起来就像麦粒堆在一起一样。

2. 直通式浸渍增湿粉碎机

20 世纪 80 年代，国外发展了连续浸渍增湿粉碎设备，以德国 Huppmann 公司的产品为主，我国的珠江啤酒厂、广州啤酒厂等都已引进和采用了这种新的工艺和设备。直通式浸渍增湿粉碎机的工艺流程见图 4-3。

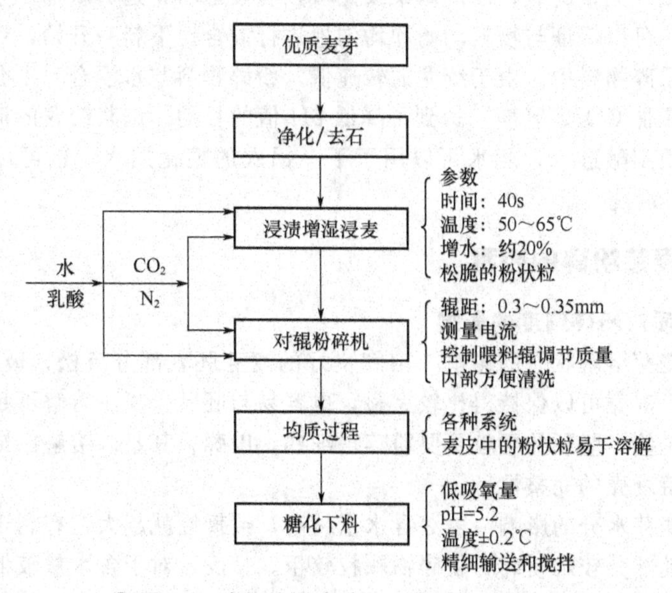

图 4-3 直通式浸渍增湿粉碎机的工艺流程

为避免吸氧，整个粉碎空间可使用氮气等惰性气体对醪液进行保护。进料辊在此作用很大，它必须将所期望的麦芽量均匀分布在整个辊筒长度上，所以它带有一个可无级调速的驱动装置，转速可在25～138r/min变化。

粉碎辊为拉丝辊，两辊为“槽对槽”。辊间距在0.25～0.4mm波动，可任意调整。

粉碎辊的转速取决于麦芽的溶解性。溶解差的麦芽，麦粒较硬，所以进料速度就快一些，就需把粉碎辊筒的转速调小一些，以使浸泡时间延长。

增湿段和粉碎机的材料为不锈钢，CIP清洗时能达到最佳清洗效果。此类粉碎机的粉碎能力多为4～20t/h。

(1) 传统绞龙式麦芽增湿器　传统绞龙式麦芽增湿器见图4-4。

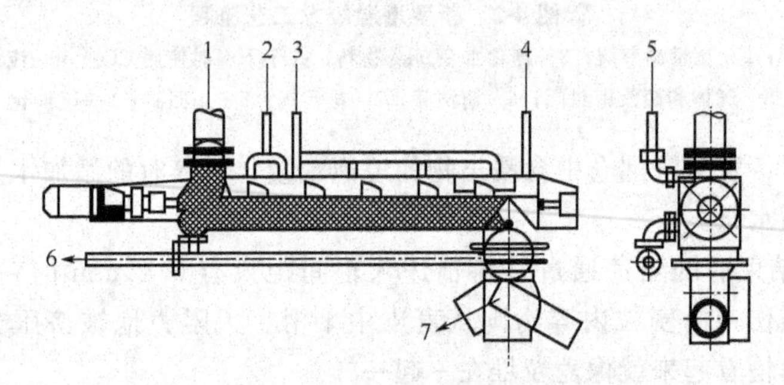

图4-4　传统绞龙式麦芽增湿器

1—带有开关箱的水计量器；2—麦芽进入；3—螺旋推送绞龙；4—喷嘴；5—混合浆；6—取样器；7—出口

(2) 现代增湿绞龙　新型增湿绞龙工艺流程见图4-2。通常情况下，糖化下料时粉碎物料吸收大量的氧，使用调浆绞龙可以有效地防止这一缺陷。它的结构类似管道式绞龙，可以保证与物料均衡和均匀地进行混合。下料一开始，糖化水就以切线方向进入粉碎物料中。由于绞龙的转速低，粉碎物料与水混合时不会结块。

下料时添加CO_2、乳酸，达到了降低pH值的目的。调浆绞龙的清洗是自动进行的，清洗使用酿造水，此水可以用于下一锅次的糖化用水，也可以与糖化室的CIP连接进行清洗。

三、影响麦芽粉碎的因素

1. 大麦芽性质对粉碎细度的影响

(1) 大麦芽溶解状态的影响　溶解良好的麦芽胚乳部分疏松，玻璃质粒很好，很容易粉碎，麦壳可以保持得比较完整，也容易与胚乳分离。溶解不足的麦芽粉碎起来就困难一些，坚硬的颗粒更要粉碎得细些，以弥补其难以溶解的缺陷，同时应注意尽量保持麦壳的完整性。

(2) 大麦芽水分的影响　麦芽含水量越高，柔韧性就越大，有利于保持麦壳的完整，但胚乳部分较难粉碎，粉碎物颗粒较粗。相反，对于含水量较低的麦芽，可以达到较高的粉碎细度，但麦壳也容易粉碎，控制不好会造成麦汁过滤困难。回潮较好的麦芽，采用增湿粉碎或湿法粉碎，或麦壳及时分离可以解决这个问题。

2. 粉碎机对粉碎细度的影响

粉碎辊数量、粉碎辊转数及两辊之间的转数差、辊的表面、拉丝辊的拉丝形式、筛子的数量及布置、筛子张力等都影响粉碎物的组成。

粉碎辊的数量对麦芽粉碎物组成的影响非常大。两辊粉碎机不能分离麦壳，要想保持麦壳完整而胚乳粉碎细是非常困难的，因此粉碎物粗粒部分太多。四辊粉碎机将麦芽粗碎后可以将麦壳分离，但粗粒不能进一步粉碎，所以这部分粉碎物也太多。五辊和六辊粉碎机不但能分离麦壳，而且粗粒还可以进一步粉碎，所以得到的粉碎物各部分比例比较适宜。

3. 糖化方法对粉碎度的影响

目前糖化方法主要分两大类，即浸出糖化法和煮出糖化法。浸出糖化法不需要蒸煮糖化醪，麦芽内含物的溶出和分解是在低于煮沸温度下进行的，这就要求胚乳粉碎得细些，依靠机械粉碎破坏植物细胞壁，增加酶与底物的接触面积。煮出糖化法将含有较多颗粒的浓醪加热至煮沸温度，可以弥补机械粉碎的不足，因此粉碎物可以略粗些，煮出的次数越多，效果越好。

4. 过滤设备对粉碎度的影响

目前最常用的过滤设备是过滤槽，也有少数板框压滤机，这两种过滤设备所要求的麦芽粉碎物各部分比例是不同的。过滤槽过滤是以麦壳作为自然滤层，粉碎时将麦壳挤破，内含物从麦壳中分离出来，麦壳要尽量保持完整，胚乳再经过二级、三级粉碎。采用板框压滤机过滤时，是靠外加压力将麦汁压滤出来，麦壳作为滤层就显得不是那么重要，因此可以粉碎得细些。

四、影响大麦芽淀粉分解的主要因素

糖化是酿造啤酒的重要环节，糖化过程影响大麦芽淀粉分解的因素主要有以下几个方面。

(1) 麦芽品种及质量　浅色麦芽的酶含量通常高于深色麦芽，制得的麦汁含糖多，糊精少，深色麦芽酶含量较少，糖化较慢，制得的麦汁含糖少，糊精少，发酵度较低。溶解良好的麦芽不仅酶含量高，而且胚乳细胞壁的分解也较彻底，淀粉酶更容易发挥作用，使淀粉分解更完全，制得的麦汁泡沫丰富，清亮透明，溶解差的麦芽情况则相反。

(2) 粉碎度　适当的粉碎度有利淀粉的分解。如果粉碎得过粗，则原料不易吸水，同时相对面积小，不利于酶本身的作用，致使淀粉分解不完全；如果粉碎得过细，则原料易结块，同样不利于淀粉的分解。

(3) 糖化温度　温度对淀粉的分解影响非常大，所以糖化要在各种淀粉酶的最佳作用温度下进行。α-淀粉酵母的最佳作用温度是72～75℃，在此温度下进行糖化，可形成较多的糊精，制成最终发酵度低、含糊精丰富的啤酒，β-淀粉酶的最佳作用温度是60～65℃，在此温度下进行糖化，可形成大量的麦芽糖，制成最终发酵度较高的啤酒。

（4）糖化时间　糖化过程中，淀粉酶的作用并不是均匀的，在糖化开始 15～20min 后，酶活力达到最大，40～60min 后酶活力下降较快，然后下降变慢。随着糖化时间的延长，一方面浸出物的浓度会不断提高，但提高速度会越来越慢，另一方面，麦芽糖含量也不断提高，尤其是在 62～65℃糖化时，即啤酒的最终发酵度也会不断提高。

（5）醪液的 pH 值　pH 值是淀粉酶发挥作用的主要因素之一，α-淀粉酶的最佳 pH 值为 5.6～5.8，β-淀粉酶的最佳 pH 值为 5.4～5.5，要充分发挥两种淀粉酶的作用，应当将醪液的 pH 值调节在 5.5～5.6。在此 pH 值下，可提高浸出物的浓度，形成较多的可发酵性糖，进而提高最终发酵度。

（6）醪液浓度　醪液浓度较低时，可溶出更多的浸出物，醪液浓度较高时，可以较好地保持活性，提高可发酵性糖的含量和最终发酵度。但与其他因素相比，醪液浓度对淀粉分解的影响较小。实际生产中，淡色啤酒的料水比一般控制在 1∶4。

第二节　糖化

一、糖化的基本概念

1. 糖化概念

利用麦芽所含的各种水解酶（或外加酶制剂），在适宜的条件（温度、pH 值、时间）下，将麦芽和麦芽辅料中的不溶性高分子物质逐步分解为可溶性低分子物质，这个分解过程称为糖化。广义地讲，糖化指整个麦汁制备过程。狭义地讲，糖化指 55～78℃温度段麦芽和辅料中淀粉在酶的作用下分解变为糖的过程。

糖化是麦芽内含物在酶的作用下继续溶解和分解的过程。麦芽及辅料粉碎物加水混合后，在不同的温度段保持一定的时间，使麦芽中的酶在最适的条件下充分作用于相应的底物，使之分解并溶于水。

原料及辅料粉碎物与水混合后的混合液称为“醪”（液），糖化后的醪液称为“糖化醪”，溶解于水的各种干物质（溶质）称为“浸出物”。糖化过程应尽可能多地将麦芽干物质浸出来，并在酶的作用下进行适度的分解。浸出物（麦汁）主要由各种发酵性的糖类（麦芽糖、麦芽三糖、葡萄糖），非发酵性的糊精、蛋白质、麦胶物质和矿物质组成（图 4-5）。

2. 糖化程度的检验方法

一般用 0.02mol/L 的碘液（碘和碘化钾的酒精溶液）检验淀粉分解是否彻底。具体操作为：将少许醪液滴在白瓷板上，然后滴入一滴碘液，观看是否呈显色反应。需要注意的是，必须将碘检醪液样品冷却，因为在热醪液中，碘液与淀粉及大分子糊精不会呈现显色反应。

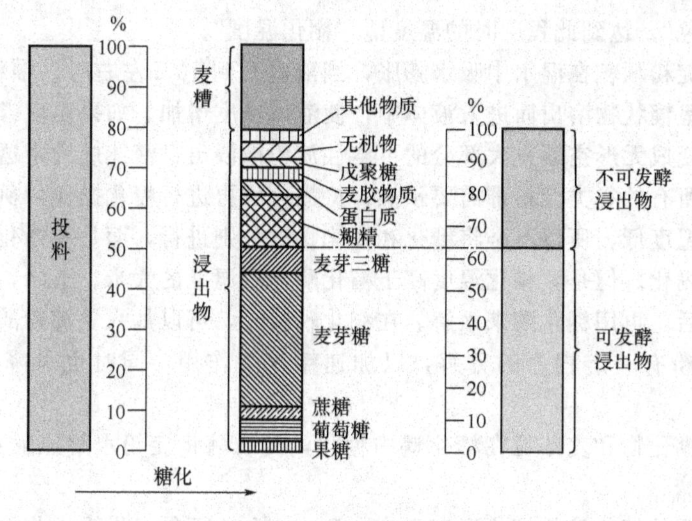

图 4-5 浸出物组成

3. 糖化工艺流程（全麦芽，不加辅料，按德国纯净法生产——升温浸出法）

45℃（下料）→ 52℃（30min 蛋白休止）→ 65℃（70min 结束时进行碘检）→ 72℃（10min）→78℃（10min）→过滤。

二、 糖化时的物质变化及其条件

原料麦芽的水浸出物仅占17%左右，非发芽谷物更少。经过糖化过程的酶促分解和热力的作用，麦芽的无水浸出率提高到75%～80%，大米的无水浸出率提高到90%以上。

淀粉的分解产物是构成麦芽浸出物的主要成分（占90%以上）。麦汁中以麦芽糖为主的可发酵性糖类供酵母发酵后形成酒精及其发酵副产物，低聚糊精是构成啤酒残余浸出物的主体，它给啤酒带来口味的浓醇性。

麦芽中的高分子蛋白质和肽类，在糖化时得到进一步分解，但分解的程度和比例远远低于发芽过程。大多数辅料（大米、玉米）的蛋白质几乎很少变化。

1. 辅料的糊化阶段

一般辅料需先在糊化锅中煮沸糊化，然后再与麦芽粒一起进行糖化。

作为啤酒酿造辅料的大米、玉米、小麦、大麦，未经过发芽变化，其淀粉存在于胚乳中，以大小不等的颗粒存在于淀粉细胞中，颗粒被包裹在细胞壁（以半纤维素为主）中。在淀粉细胞之间还充塞了蛋白质、葡聚糖等物质。淀粉颗粒经过加热，迅速吸水膨胀，当温度升至70℃左右，淀粉细胞壁出现裂纹，淀粉颗粒被裂解成多层，淀粉进入水中，淀粉折叠的长链开始舒展，连接的氢键断裂，淀粉亲水基团充分暴露并和大量水结合，再升高温度，继续吸水膨胀，形成“凝胶状”。此淀粉受热吸水膨胀，从细胞壁中释放，破坏晶状结构，并形成凝胶的过程称为“糊化”。此时的淀粉糊，在偏光显微镜中双折射十字交叉阴影消失，遇碘液呈“蓝色”、“紫红色”，达到此程度时的温度谓“糊化温度”。

辅料的淀粉颗粒在温水中吸水膨胀，当液温升到70℃左右时，颗粒外膜破裂，内部的淀粉呈糊状物溶出而进入液体中，使液体稠度增加。如果温度继续升高，那么淀粉颗粒变成无形空囊，大部分的可溶性淀粉被浸出，液体成为半透明的均质胶体。并不是所有的谷类淀粉都需要预煮，待糊化后再进行糖化操作，例如小麦、大麦因为糊化温度低，所以不必将糖化和糊化特意分别进行，而是在糖化升温过程中自然完成了糊化。但是，糊化温度高于糖化酶作用温度的大米、玉米，就必须预先将它们糊化后，再用糖化酶来水解。在糊化辅料时，可以加入α-淀粉酶（液化酶），使辅料的淀粉有一定程序的分解，以加速糖化酶作用，同时也可降低糊化醪的勃度。

辅料的糊化物和麦芽粒在糖化锅中糖化，淀粉酶将淀粉水解成麦芽糖、糊精、低聚糖和单糖。

不同来源的植物淀粉糊化温度见表4-2，有的工厂在糊化锅中将辅料单独进行糊化，大多则在糊化辅料时，掺入10%～20%的粉碎麦芽，或5～6单位/g米的α-淀粉酶制剂，使辅料的淀粉得到一定程度的分解，同时也降低了糊化醪的黏度。

表4-2 啤酒酿造辅料的糊化温度

辅料名称	淀粉颗粒直径/μm	糊化温度范围/℃		
		开始	中间	终了
普通玉米	5～25	62.0	67.0	70.0
蜡质玉米	10～25	63.0	68.0	72.0
高直链玉米	3～20	67.0	80.0	86.0
大麦	5～40	51.5	57.0	59.5
小麦	2～45	59.0	62.0	64.0
大米（粳）	3～8	68.0	74.5	78.0
大米（籼）	2～9	70.0	78.0	85.0

辅料的种类决定了糊化条件，另外，辅料粉碎得越细，糊化液浓度越低，则越易糊化，糊化温度也可相应降低。还有，α-淀粉酶作用的最适pH为6左右，因此，应调整糊化液的pH；Ca^{2+}的存在，有利用于淀粉颗粒的溶解，且对α-淀粉酶起保护作用，因此，可在糊化用水中加入少量石膏，以增加Ca^{2+}含量，降低暂时硬度。

2. 蛋白质分解阶段

麦芽粒总蛋白质中的28%～40%是可溶性的，它们可直接进入糖化醪液；大约总蛋白质的50%经酶水解后变成肽和氨基酸，这些水解产物被溶入糖化醪液；余下的蛋白质被留在麦粒中，这些蛋白质主要是碱性谷蛋白、高分子醇溶性蛋白以及热变性的水溶性清蛋白。糖化时，蛋白质的分解（也称为蛋白质休止）不应过度，尽量使相对分子质量在10000～60000并保持一定数量，这对啤酒的泡沫持久性和口味醇厚性有好处。

一般麦芽醪的蛋白质分解在糖化锅中进行，与辅料的糊化是平行的。蛋白质在蛋白酶作用下进行水解，其适宜温度为45～55℃，通常采用48～52℃。

(1) 蛋白质及其水解产物和啤酒的关系　麦芽蛋白质水解最终产物——氨基酸是合成啤酒酵母含氮物质的主要来源，如果麦汁缺乏氨基酸，酵母增殖会困难，增殖倍数降低，最后导致发酵迟缓。如果麦汁中氨基酸过多，也会使酵母积累过多蛋白质，影响酵母的增殖和发酵。酵母在高氨基酸含量的麦汁中发酵，由于经过“尹氏”路线同化，相应会形成过多的高级醇。反之在氨基酸不足的麦汁中发酵，酵母经过“哈里斯”路线合成必需氮基酸，由于酮酸积累也会导致形成过多的高级醇。氨基酸和高级醇均是影响啤酒风味的物质。

麦汁中可溶性氮及其分解中间产物——肽类是啤酒风味和产生泡沫性的重要物质，它们赋予啤酒醇厚丰满的口感；反之，缺乏可溶性氮，啤酒寡淡、苦硬、淡泊，并且缺乏泡沫和泡持性短。

麦汁中含有较多高分子可溶性氮（相对分子质量大于60000)，将使啤酒胶体稳定性变差。

(2) 麦汁含氮组分的要求　麦汁总可溶性氮，对全麦芽啤酒一般要求达到900～1000mg/L；对添加辅料，并且有较长贮酒期的啤酒为700～800mg/L；而对淡爽型啤酒应达到600～700mg/L，如果低于550mg/L，酿成的啤酒就显得淡泊。

麦汁α-氨基氮，对比尔森全麦芽型啤酒的要求为每克浸出物中有2mg α-氨基氮，即12°P麦汁应含有240mg/L的α-氨基氮，而对添加辅料的麦汁则远远达不到此值，一般认为应在180mg/L（即每g浸出物含1.5mg α-氨基氮)。α-氨基氮应占麦汁总氮的25%～35%麦汁中高分子可溶性氮，应不超过麦汁总氮的15%，凝结性高分子氮应少于总氮的30%，麦汁中中分子氮（相对分子质量为4600～30000)要有一定数量，应占麦汁总氮的15%～25%。

(3) 蛋白质水解条件的控制　蛋白质分解阶段pH应在5.0～5.5。休止温度较低（50℃）有利于积累氮基酸；休止温度越高，可溶性氮也越多，但并不能提高啤酒非生物稳定性，相反，休止温度低（40～45℃）啤酒非生物稳定性反而好。

在近代啤酒麦芽质量较高的前提下，常常采用较高休止温度（例如52℃，10～15min，再升至63℃，30min)，目的是限制蛋白质过度分解，提高啤酒泡持性。当然，若麦芽溶解较差，α-氨基氮过低，只能采用较低休止温度（45～50℃)，较长休止时间（1h)，目的是增加α-氨基氮，同时减少高分子氮的比例。对于蛋白质分解条件，pH比温度更具有重要意义，通过调节麦芽醪pH至5.2～5.3来得到合适组分的麦芽汁。如果经过酸休止（35～37℃)，麦芽中内切酶的耐热性可以提高，有利于蛋白质的分解。

如果辅料用量太大，可考虑添加少量蛋白酶制剂。

另外，在蛋白质分解阶段的温度，也应适于果胶酶和葡聚糖酶的作用。果胶质的分解，有利于啤酒的泡持性和口味。对增加麦汁浓度的葡聚糖的分解，为麦汁过滤创造有利条件。

3. 糖化阶段

(1) 糖化过程中主要的酶 α-淀粉酶将长链淀粉分解成低分子量的糊精，其最佳作用温度为72～75℃，失活温度为80℃，最佳pH值为5.6～5.8；

β-淀粉酶从淀粉链的末端分解，形成麦芽糖、麦芽三糖和葡萄糖，其最佳作用温度为60～65℃，失活温度70℃，最佳pH值为5.4～5.5。

糖化阶段作用的酶：糖化阶段是指麦芽及经糊化的辅料淀粉，在糖化锅内的一定条件下，通过麦芽的酶类或外加的部分酶制剂降解为小分子糊精及麦芽糖等糖类的过程。这些酶类包括α-淀粉酶、β-淀粉酶、糖化酶、异淀粉酶等淀粉酶，以及β-葡聚糖酶和半纤维素分解酶，但麦芽中起主要作用的是α-淀粉酶和β-淀粉酶。

麦芽中α-淀粉酶作用的最适温度为70℃左右，但从50～60℃开始就逐渐强烈，到72℃时虽然酶活力还很强，但很快就会失活，80℃时活性完全丧失。作用的最适pH值为5.3～5.8。麦芽中β-淀粉酶作用的最适温度为60～65℃，最适pH值为5.0～5.4，β-淀粉酶有不能迅速液化淀粉的缺点，α-淀粉酶也有难以将淀粉分解成可发酵性糖的缺点，因此两者要协调作用才能收到预期的效果，即生产中要考虑这两种酶共同作用的条件。例如，糖化醪的温度采取在63～70℃之间，pH值维持在5.2～5.4范围，使麦汁中糖与非糖之间有合适的比例。

β-葡聚糖酶具有降低麦汁勃度和提高麦汁得率的特殊作用，越来越引起啤酒酿造工作者的重视。麦芽中的β-葡聚糖酶有内切型和外切型之分，内切型β-葡聚糖酶作用的适宜温度为40～45℃，适宜pH值为4.8～5.5。外切型β-葡聚糖酶作用的最适温较低，为27～30℃，因此，糖化过程中起主要作用的为内切型β-葡聚糖酶。

在糖化时，胚乳细胞的细胞壁主要由淀粉、蛋白质和半纤维素组成。半纤维素被日葡聚糖酶分解成β-葡聚糖，它是一种以β-1,4键和β-1,3键连结成的多糖，有黏性，可进一步分解成葡萄糖、半乳糖、木糖等单糖。

糖化时，由于磷酸酶的作用，有机磷酸盐发生分解，游离出磷酸。糖化醛中的单糖和氨基酸因受热发生反应生成类黑精。它的形成，使麦芽汁和啤酒的颜色加深。类黑精具有还原性，它的氧化产物对啤酒质量无影响，因此类黑精有保护麦芽汁和啤酒防止被氧化的作用。

在糖化过程中，有痕量的锌从麦芽粒中游离出来进入糖化液中。锌有增进酵母发酵力的作用。麦芽粒皮壳的下面是果皮和种皮，把这两层称为皮层。皮层含硅酸、单宁和苦味物质等，它们对啤酒发酵有害。在糖化醪加热时，这些物质被氧化，生成黄褐色的氧化物，从而影响到淡色啤酒的色泽。

(2) 影响淀粉水解的因素

① 麦芽的质量及粉碎度。糖化力强（WK＞250）、溶解良好的麦芽，糖化时间短，形成可发酵性糖多，可采用较低糖化温度（一段式）。如果麦芽糖化力低，意味着它的β-淀粉酶活性差，不适宜采用一段式糖化温度，应首先给予63℃糖化休止，促进可发酵性糖的形成，然后采用68～70℃继续糖化，促进形成糊精和发酵性糖。

优质麦芽或溶解良好的麦芽，粉碎度的粗细对糖化影响很小，反之，麦芽质量差应使麦芽胚乳粉碎得细一些，以便胚乳淀粉的溶解，增加淀粉或淀粉酶的接触面积，加速其分解。

② 糖化温度的影响。麦芽中 β-淀粉酶作用于糊化淀粉的最适温度为 62.5℃，α-淀粉酶作用于糊化淀粉的最适温度为 70℃，所以，采用糖化温度趋近于 63℃可得到最高可发酵性糖，随着温度的升高，糖化时间缩短，可发酵性糖降低，见表 4-3。

表 4-3　糖化温度对麦芽组分和糖化时间的影响

糖化温度/℃	麦汁中糖：非糖	糖化时间/min
62.5	1：0.27	149
65	1：（0.35～0.40）	61
68	1：（0.42～0.45）	32
70	1：0.45	25
75	1：0.67	35

③ 糖化醪 pH 的影响。麦芽的 α-淀粉酶作用于糖化醪的最适 pH 值为 5.8～6.0，β-淀粉酶为 5.0～5.5。糖化醪的 pH 值随麦芽质量、酿造用水水质而变化，实际生产中还受到温度对缓冲物质的解离程度的影响，淀粉酶最适 pH 值与温度的关系见表 4-4。

表 4-4　淀粉酶最适 pH 值与温度的关系

温度/℃	20	40	50	55	60	65	70
α-淀粉酶最适 pH	—	4.6～4.8	4.7～4.9	4.9～5.1	5.1～5.4	5.4～5.8	5.8～5.9
β-淀粉酶最适 pH	4.4～4.6	4.5～4.7	4.4～4.8	4.8～5.0	5.0～5.2	5.2～5.4	5.0～5.5

对于啤酒的糖化，一般在 63～70℃温度范围内 α、β-淀粉酶的最适 pH 值较宽，可以在 5.2～5.8 范围内波动，影响不大。

④ 糖化醪浓度的影响。糖化时，原料加水比愈小，则糖化醪浓度愈大，糖化醪浓度也增大，会影响酶对作用基质的渗透，从而降低淀粉的水解速度，可发酵性糖含量也会降低，也会抑制酶对淀粉的作用，降低浸出物收率，糖化时间延长。一般酿制浅色啤酒物料加水比为 1：(4～5)；酿制浓色啤酒的物料加水比为 1：(3～4)。

⑤ 糖化时间。广义地说，糖化时间是指从投料起至麦汁过滤前的这一段时间。狭义的糖化时间是指糖化醪达 63～70℃起，到由碘液检查证明糖化完全的这一段时间。在麦芽质量良好的正常操作条件下，醪液达 65℃，约 15min 即可糖化完全，麦汁过滤也很顺利。若麦芽质量一般，约 30min 糖化完全，麦汁过滤尚不困难。如果麦芽质量低劣，酶活力很差，在 1h 内还不能糖化完全的，麦汁过滤困难，则应掺用质量良好的麦芽，或采取添加酶制剂等措施。

三、 糖化设备

传统的麦汁制造设备有单式和复式之分。单式设备为两锅组合式，即糖化锅兼作过滤槽用，糊化锅兼作煮沸锅用。复式设备为四锅组合式，包括糊化锅、糖化锅、过滤槽及煮沸锅，其中糖化锅和过滤槽设在同一平面上，位置比另一平面上的糊化锅和麦汁煮沸锅要高。

除上述设备外，还有除去酒花糟及热凝固物的回旋沉淀槽、麦汁冷却设备和麦汁冷凝固物分离设备。

1. 糖化容器的配置

对于微型啤酒生产线的糖化部分，通常配置两个或三个糖化容器，糖化容器一般有多种功能，而大型啤酒厂的糖化车间配置多为"三锅一槽"（即糖化锅、糊化锅、煮沸锅、过滤槽），较为完善。为提高日糖化锅次，糖化车间一般配有暂存罐（在煮沸锅被占用时，用于暂存头道麦汁）和回旋沉淀槽。

糖化容器的大小因用途不同而有所区别。按 100kg 麦芽投料量计算，各容器的容积为：糖化锅 6～8hL；麦汁煮沸锅 8～9hL；糊化锅 4～5hL；过滤槽 6～8hL；麦汁暂存罐 3～4hL。糖化容器的大小取决于打出麦汁量。

2. 糖化容器

糖化过程通常需要两个容器，即糊化锅和糖化锅，二者的形式、结构很类似。糖化锅主要用于麦芽淀粉、蛋白质的分解，糖化醪液与已糊化的辅料醪在此混合，使醪液维持在一定的温度，进行淀粉糖化；糊化锅主要用于加热煮沸大米等辅料以及部分麦芽醪液，使淀粉进行糊化和液化。

糖化锅具备加热和搅拌功能。其中搅拌器尺寸的设计非常重要，它的转速必须与锅体直径相适应，而且线速度不得超过 3m/s，否则会对醪液产生剪切力，使醪液内容物发生改变。

同糖化锅一样，糊化锅也具备加热和搅拌功能，现在，糊化锅加热的方式有了很大的改进。过去常采用蒸汽夹套加热，由于它具有很大的表面积，如果在煮沸结束时忘记打开空气阀门，则很容易形成真空，把锅底吸瘪。另外，蒸汽夹套的传热效果也较差。现在，常采用在锅底及侧壁焊接半圆形管的方式，由于半圆管较为稳固，因而在关闭蒸汽阀门后不会出现真空吸瘪现象，那么在煮沸结束时也就不用与空气相通，从而避免了乏汽。同时，考虑到成本和传热效果因素，常使用碳钢板代替不锈钢和铜材制作锅体加热部分，里层则用薄不锈钢，如此，可使传热效率提高 20%以上。

3. 醪液搅拌装置

近年来，德国的啤酒设备公司对醪液搅拌装置进行了大量研究和探索，提出了许多新观点和新方法，发明了几种新型的搅拌装置（图 4-6、图 4-7），对醪液搅拌装置的基本要求是能使进行物料混合的固体颗粒呈悬浮状态并均匀地分布在液体中，以避免局部过热，产生焦糊现象，影响麦汁和啤酒的质量。

4. 新式糖化/糊化锅

图 4-8 新式糖化/糊化锅是全新的糖化技术，提高了糖化质量，降低了能量消耗，可以将糖化时间缩短到 2h 之内。这意味着，从现在起糖化室的每个加工步骤都可实现一天 12 次的糖化，而且糖化质量稳定，生产能力提高。另外，由于糖化

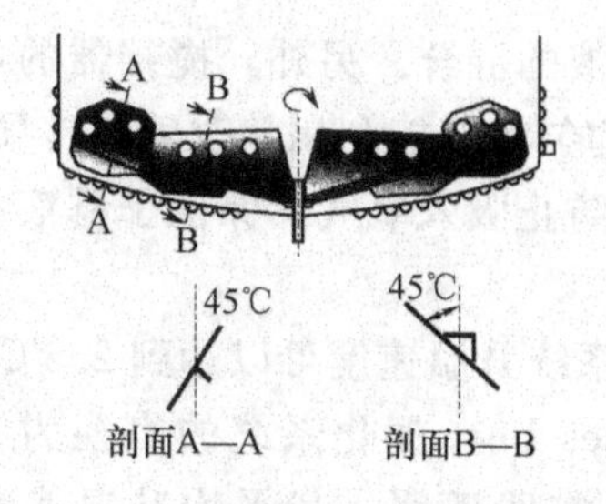

图 4-6 新型搅拌桨叶结构简图

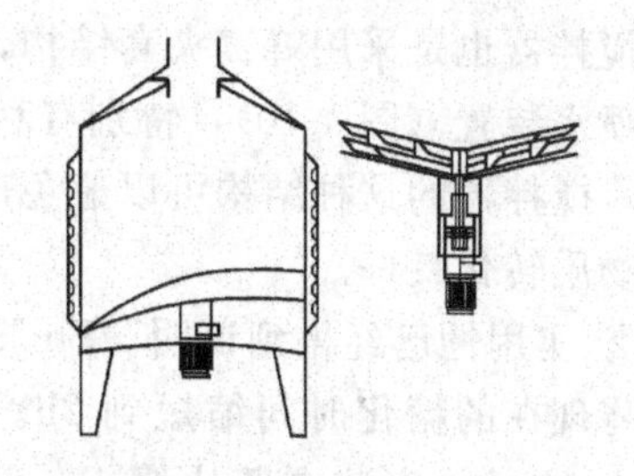

图 4-7 新型倾斜式搅拌装置

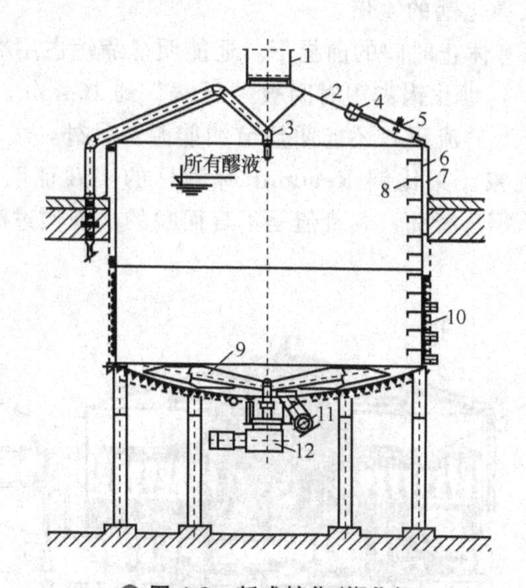

图 4-8 新式糖化/糊化锅

1—排气筒；2—排气锅顶盖；3—CIP 清洗；4—内部照明灯；5—人孔；6—锅壁夹套；7—保温层；8—攀登栏；9—搅拌器；10—加热管；11—醪液进口和出口；12—驱动电机

锅清洗间隔时间延长，清洗成本也得以降低。

① 醪液混合均匀，没有剪切力。新型糖化锅（图 4-9）的主要特点是其独特的内表面和搅拌器结构。该容器内表面和醪液接触的部分均安装有蜂窝夹套，加热表面由半球状的凹坑组成，凹坑焊接在糖化锅的内表面上，这样加热时醪液能形成紊流，确保受热均匀。搅拌时形成的微小旋涡能均匀传递热量，快速获得浸出物。

图 4-9 Shakes Beer 糖化锅

图 4-10 Shakes Beer 糖化锅的喷水装置

搅拌器也是采用蜂窝夹套结构，可以促进醪液的混合。另外，搅拌器的内部安装了喷水装置（图 4-10），特别有利于锅底区域均匀的热能利用并改善热传导系数。如此，搅拌器的这种结构可以避免产生剪切力，防止吸入氧气，保证了醪液混合均匀、物质转化良好。

② 实用性已经得到证明。Shakes Beer 糖化系统升温速度可以达到 2.5℃/min，可以将现在的糖化时间缩短到 2h。第一套 Shakes Beer 糖化系统的直径为 3.6m，容积为 $36m^3$，安装在莱比锡 Reudnitz 啤酒厂。实践证明，其平均升温速率达到 2.18℃/min，是老式糖化锅的 4 倍。

显然，在保持原有休止时间的前提下，还能明显缩短占用糖化锅的时间。在莱比锡 Reudnitz 啤酒厂，糖化锅占用时间被“压缩”到 104min。这样，不但能明显缩短糖化时间和酿造工艺流程，还能明显节约能源。另外，由于加热表面的紊流，有效地阻止了糊锅现象。莱比锡 Reudnitz 啤酒厂的实践证明，可以连续生产 75 锅，中间不需要进行 CIP 清洗，其价值是不言而喻的。现代过滤槽的基本结构见图 4-11。

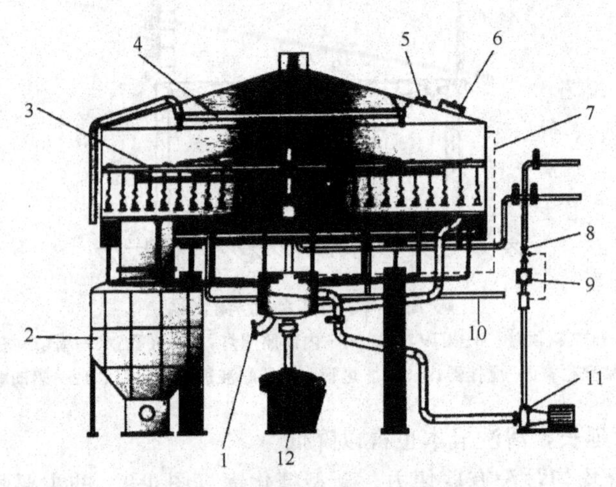

图 4-11　现代过滤槽的基本结构

1—醪液进口；2—麦糟暂存箱；3—耕糟机；4—清洗环管；5—照明；6—人孔；7—排气管；8—调节阀；9—视镜；10—假底清洗管；11—过滤泵；12—耕糟机的升降和驱动装置

四、 糖化方法

1. 概述

根据是否分出部分糖化醪进行蒸煮，将糖化方法分为煮出糖化法和浸出糖化法；使用辅助原料时，要将辅助原料配成醪液，与麦芽醪一起糖化，称为双醪糖化法，按双醪混合后是否分出部分浓醪进行蒸煮又分为双醪煮出糖化法和双醪浸出糖化法。

一般煮出糖化法是指麦芽醪利用酶的生化作用和热力的物理作用，使其有效成分分解和溶解，通过部分麦芽醪的热煮沸，使醛逐步梯级升温至糖化终了。按照部分麦芽醪被煮沸次数称为几次煮出法。

浸出糖化法是指麦芽醪纯粹利用其酶的生化作用，不断加热或冷却调节醪的温度使之糖化完成，麦芽醪未经煮沸。

其他糖化方法均是由上述两种基本方法演变而来的，原先啤酒酿造均只用麦芽为原料。当采用不发芽谷物（如玉米、大米、玉米淀粉等）为辅料时，在进行糖化时必需首先对添加的辅料进行预处理——糊化、液化，这就是复式糖化法。我国啤酒生产大多数使用非发芽谷物为辅料，所以，均采用复式糖化法。

2. 煮出糖化法

传统下面发酵啤酒无论浅色还是深色啤酒，均采用煮出糖化法。它的糖化设备一般均需要两个容器，一个有加热装置（如球底夹套）的糊化锅，另一个是平底、没有加热装置的糖化槽与一台离心式、全开叶轮、低转速的倒醪泵串联。近代，为了便于工艺协调，一般采用两个完全一致的锅——糖化糊化锅。

下面以国内普遍采用的煮出法为例，介绍糖化工艺过程。

典型的煮出法糖化工艺流程见图 4-12。

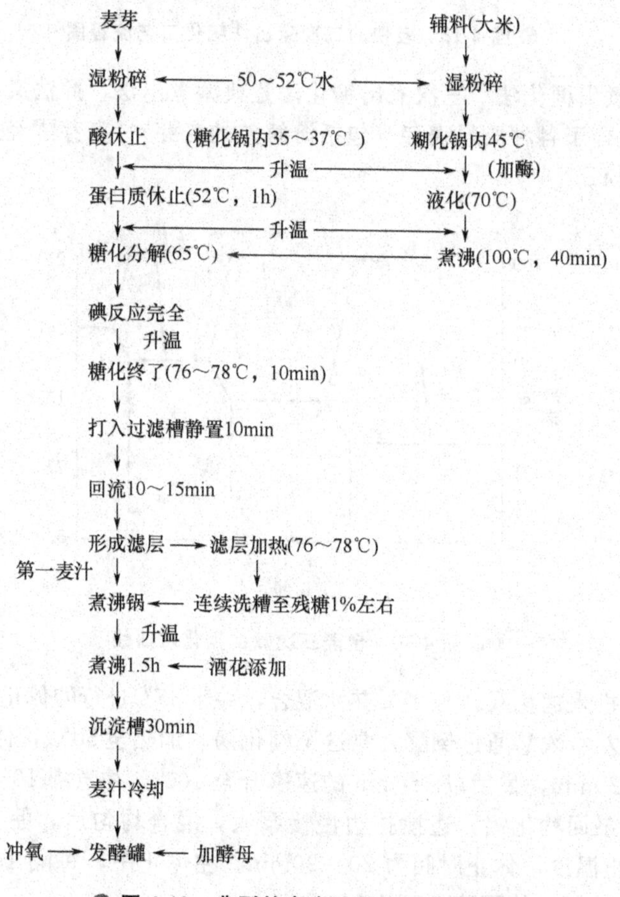

图 4-12 典型的煮出法糖化工艺流程图

一些工厂采用麦芽醛不经浸渍阶段，较为快速的两次煮出法，工艺过程见图4-13。

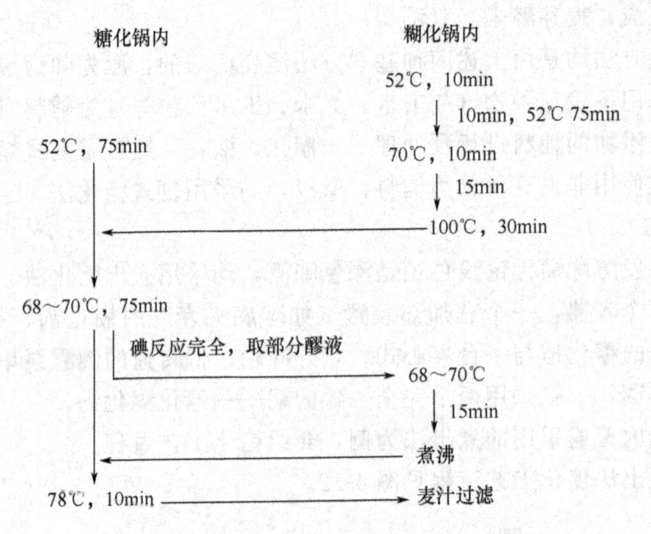

图 4-13 较快的二次煮出法糖化工艺流程图

(1) 三次煮出糖化法 三次煮出糖化法是典型煮出法，此法又称“巴伐利亚安全糖化法”，适合于各种质量麦芽（包括溶解差的麦芽），麦芽醪经过三次煮出，糖化曲线见图 4-14。

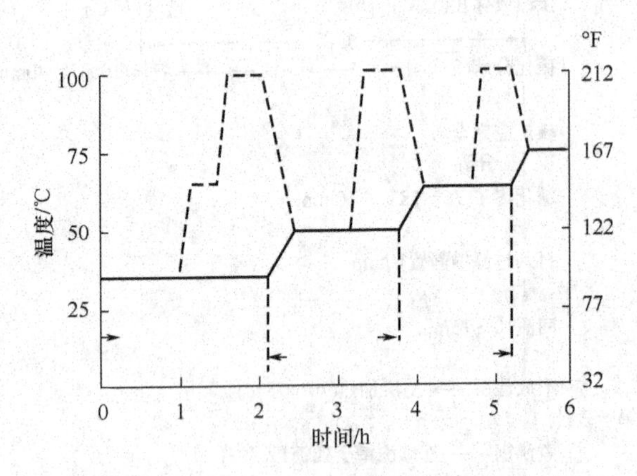

图 4-14 全麦三次煮出糖化法曲线

① 麦芽粉投入糖化锅，与 37℃热水混合，并于 35℃进行酸休止保温 30～60min。

② 将 1/3 左右浓醪通过倒醪，泵送至糊化锅，加热至 50℃，休止 20s，升温至 70℃休止 15～20min，最后以 1t/min 的速率升至 100t，并煮沸 10～20min。

③ 煮沸醪泵回糖化锅，边搅拌边慢慢泵入，混合均匀后，使全部醛处于工艺给定蛋白质休止温度，休止时间为 20～90min。在休止中，每隔 15min，开动糖化锅搅拌机转 2～3 周，使醪液上下均匀。

④ 将糖化锅内1/3左右的浓醪第二次泵入糊化锅加热，至70℃，保温10min，再以1℃ /min的速率升至100℃，煮沸10～100min。

⑤ 煮沸醪泵回糖化锅，使混合醪温度为给定的糖化温度（65～70℃），在此温度下，糖化30～60min。糖化需要时间，用0.1mol/L碘化钾进行碘试，液体呈无色，醪可呈红色，反映糖化基本完全。

⑥ 第三次泵出1/3左右的稀醪至糊化锅，迅速加热至100℃，煮沸后即泵回糖化锅，使混合醪的温度为给定糖化终了温度（70～80℃），搅拌10min，用泵送过滤。

（2）典型二次煮出糖化法　全麦二次煮出糖化法曲线见图4-15。

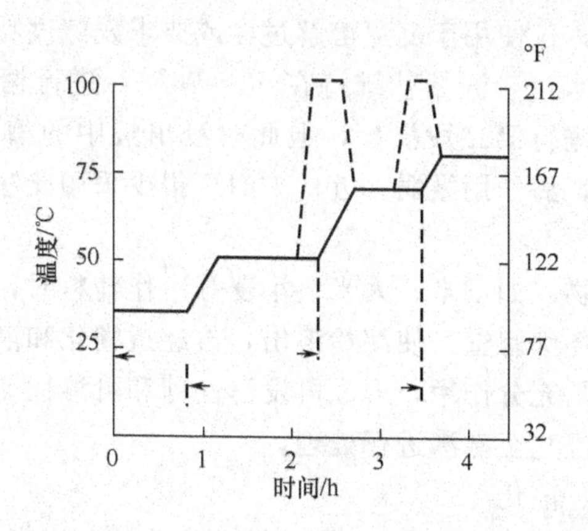

图4-15　全麦二次煮出糖化法曲线

① 糊化锅中大米糊化，大米用量为原料总量的20%～30%，以湿粉碎法边加热水（52℃）边粉碎，直接加入糊化锅，料水比为1∶5，外加酶进行液化。45℃为蛋白质分解温度，70℃为糊化、液化和糖化的共同温度，最后升温到100℃煮沸40min，可泵入糖化锅糖化。

② 糖化锅中麦芽的酸休止。与辅料相同，麦芽采用湿粉碎法直接加热水粉碎，加水比例为1∶(4～5.0)，温度为35～37℃，pH值为5.2～5.4，时间为30～90min，利用麦芽中磷酸酯酶对麦芽中菲汀的水解产生酸性磷酸盐，有时还利用乳酸菌繁殖产生乳酸。

③ 糖化锅中麦芽蛋白质休止。酸休止完成后，将醪液升温至52℃为蛋白质休止温度。利用麦芽中肽酶分解多肽形成氨基酸（α-氨基氮）和利用内切酶分解蛋白质形成多肽和氨基酸。蛋白质休止最佳pH值为5.2～5.3，形成α-氨基氮最适温度为40～50℃，形成可溶性多肽最适温度为50～55℃，作用时间为10～120min。

3. 浸出糖化法

升温浸出糖化法，完全依靠麦芽中水解酶对麦芽成分的逐段升温分解。各温度段的保留时间，完全取决于此段作用酶的含量及麦汁成分的要求，其曲线变化较多。升温浸出糖化法，由于麦芽醪未经煮沸分解，因此，要求麦芽发芽率高，溶解充分。若麦芽溶解差（麦尖部分溶解不足）或发芽率低，就很难将其生淀粉通过酶而溶解，因此，会影响麦汁收率。

在糖化中，麦芽的糖化分解，采用二段式糖化。首先经过62.5℃糖化，此温度下糖化，麦芽中核苷酸酶、内切肽酶及β-淀粉酶均有活性，促进了核酸分解；内切肽酶还有一定的活性，可补充蛋白质的分解，形成较多的可溶性氮；β-淀粉酶在此段温度有最高活性，有利于形成较多的可发酵性糖。休止20～40min，随后再升至60～70℃进行第二段糖化，主要发挥二淀粉酶的催化作用，提高麦汁收率。二段温度糖化分解，对提高麦汁发酵度十分有利。近代的啤酒厂大多追求啤酒的高发酵度，所以二段糖化也被广泛采用。

降温浸出糖化法，仅使用于麦芽溶解过度或要求发酵度特别低的啤酒，一般很少采用。麦芽粉加热水，一开始就维持在68～70℃，进行糖化休止，以后再加入冷水，使醪降温，再进行第二段浸出，但此时浸出液中的酶如β-淀粉酶、羧基肽酶，大部分已经钝化，酶作用微弱。近代啤酒厂很少采用此法。

4. 复式糖化法

在使用未发芽谷物（如玉米、大米、小麦等）作辅料时，由于淀粉是包含在胚乳细胞壁中，只有破坏细胞壁，使淀粉溶出，再经过糊化和液化，形成淀粉浆，才能受到麦芽中淀粉酶的充分作用，形成可发酵性糖和可溶性低聚糊精。一般在糊化锅加水加麦芽后，升温直至煮沸进行处理。

（1）辅料的糊化、液化

① 玉米、大米应适当地磨细，依靠机械剪切力，使谷物淀粉颗粒的细胞壁被撕开，磨得愈细，糊化和液化愈容易。但磨得太细时，也会撕碎谷物中蛋白质，使麦芽醪过滤困难，麦汁浑浊。一般原料粉以通过40目筛为宜。

② 生淀粉的糊化是淀粉吸水膨胀过程，因此，需要大的加水比（1∶6以上），否则糊化不彻底，醪液浓稠，影响糖化。

③ 外加酶或麦芽是促进谷物糊化、液化的必要手段，加麦芽量应为总辅料投料量的20%～25%。

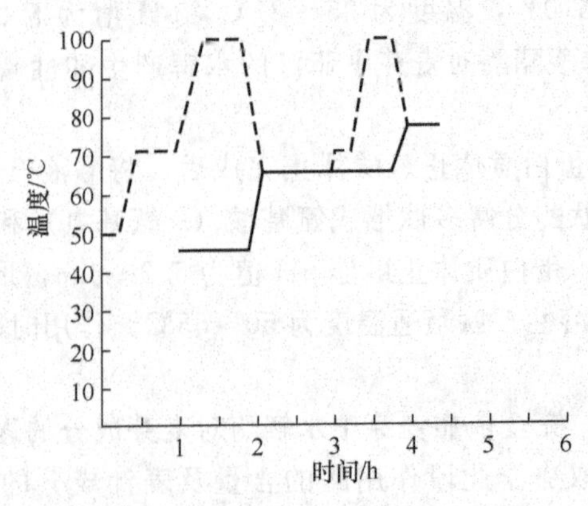

图 4-16 复式一次煮出糖化法曲线

（2）复式一次煮出糖化法　此法国内已广泛应用，常误称做“二次煮出糖化法”，适合于各类原料酿造浅色麦汁，此法常用于酿制比尔森型啤酒。复式一次煮出糖化法曲线见图4-16。

（3）复式浸出糖化法（煮-浸法）　此法常用于酿制淡爽型啤酒。

① 辅料糊化有两大特点：一是大加水比（1∶6以上），二是尽可能利用外加二淀粉酶，协助糊化、液化，避免添加过多麦芽，在糊化煮沸时，促进皮壳溶解和形成焦糖、类黑精。

② 辅料比较大，一般大米辅料占总投料的30%～40%。

③ 辅料糊化醪分两次倒入糖化锅。

④ 在辅料倒入时调整pH至5.3（用乳酸或磷酸）。蛋白质休止温度为50～52℃，时间为20min。

⑤ 采用二段式糖化温度，提高可发酵性糖含量。

⑥ 第二段70℃糖化休止，由碘试至醪不呈色时，再升温至75℃时糖化结束。

（4）麦芽皮壳分离、分级糖化法　对麦芽粉碎后各级筛分研究结果见表4-5。

表4-5　麦芽粉碎各级筛分特性

筛分	占总量/%	占浸出率/%	特　性
谷皮	15	6.0	很少参与浸出，谷皮物质溶解有损于麦汁质量
粗粒	20	12.0	在发芽中分解少，坚硬、酶含量低，溶解困难，浸出率低
细粒	30	32.0	溶解适中，酶含量适中
粉	35	50.0	溶解充分，酶含量充足，糖化时易形成可发酵性糖

① 把溶解性差、酶含量低的麦芽粗粒投入糊化锅，和辅料一起参与煮出糊化、液化，可提高其浸出物收率。

② 将细粒和部分细粉混合投入糖化锅，经过蛋白质休止，将辅料和麦芽粗粒的糊化醛泵入，并适当加水，再加余下细粉进行糖化分解。62.5℃分解20～30min后，再升温并搅拌，加入麦芽的谷皮，调节温度至70℃，进行第二段休止，直至碘试完全后，升温至75℃时糖化结束。

本法优点：粗粒经过预糊化，提高了收得率；细粉的一部分不参与蛋白质休止，不引起其中多肽的过度分解，麦汁蛋白质丰富，泡沫好；麦芽皮壳没有经过煮沸；皮壳刚性好，有利于过滤。

（5）糖化锅中混合醪的糖化分解和终了　糊化锅中的糊化醪煮沸后，泵入糖化锅内，与已完成蛋白质休止的麦芽醪混合，使达到预定糖化温度。麦芽中β-淀粉酶催化形成可发酵性糖，最适温度为60～65℃。α-淀粉酶最适温度为70℃，这两个酶共同作用，最适pH值为5.5～5.6，作用时间为30～120min。通速碘反应可检验糖化是否完全，一般5min检查一次，反应由黑蓝、蓝色、棕色到黄色为终点。糖化结束后，将醪液升温到76～78℃，保温10min液化，使α-淀粉酶以外的其他酶失活（钝化），糖化醪即可打入过滤槽过滤。

(6) 过滤槽过滤　将糖化好的醪液泵入过滤槽，静置10min，回流10～15min，使麦糟形成过滤层，至麦汁清亮透明，开始过滤到煮沸锅，此过滤麦汁为第一麦汁。将麦糟滤层边加热（76～78℃）边连续加入78℃热水，使残糖含量在1%以下，过滤洗糟结束。

(7) 煮沸锅煮沸　将过滤槽过滤的第一麦汁和连续洗糟的麦汁在煮沸锅中混合，升温煮沸，在煮沸过程中，第10min添加一次酒花，中间添加一次酒花，最后在结束前10min添加剩余的所有酒花。煮沸时间为1.5 h，然后转入沉淀槽沉淀。

(8) 沉淀槽沉淀30min，取上清液冷却，入发酵罐、添加酵母、冲氧。

5. 双醪浸出糖化法举例

天津现代职业技术学院啤酒生产装置所用糖化方法为是双醪浸出糖化法，糖化曲线见图4-17。

糖化步骤1：加水。

糖化步骤2：升温至37℃。

糖化步骤3：搅拌。

糖化步骤4：投料。

糖化步骤5：升温至50℃。

糖化步骤6：糊化锅醪液的兑入。

糖化步骤7：糖化液的排出。

糖化步骤8：冲洗糖化锅。

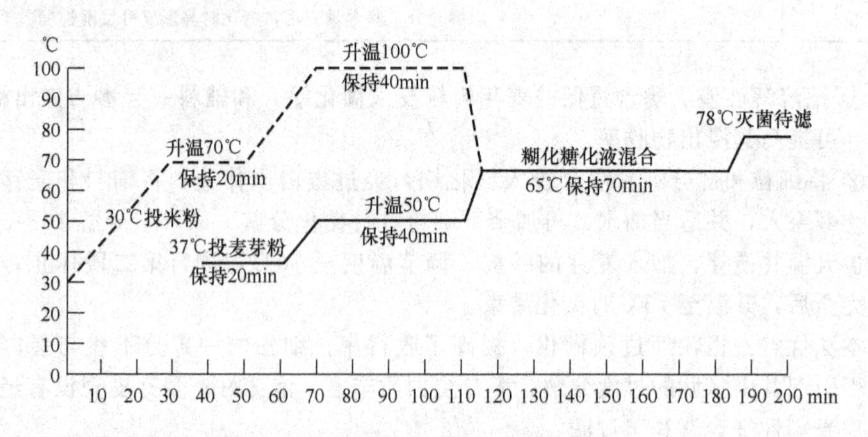

图4-17　双醪浸出糖化法糖化曲线

6. 生产实例

生产品种：10°P淡啤酒，单锅麦汁产量25kL。

(1) 糖化配料

麦芽：大麦：大米＝40：25：35，大麦采用擦皮工艺去皮。

高温淀粉酶HT（杰能科）：0.25kg/t大米。大麦水解酶（华瑞）：1kg/t大麦。

糊化锅：大米粉1155kg，料水比1∶4.3。

糖化锅：大麦825 kg，料水比1∶3；麦芽1320 kg，料水比1∶3。

（2）工艺要点

① 大麦粉碎度。大麦的颗粒比麦芽要硬，用单辊粉碎机难以破碎，因此必须用对辊式粉碎机粉碎大麦。粉碎度要适当，否则会影响到麦汁的过滤清亮度和麦汁的收得率。

② 蛋白质休止时间，应根据使用麦芽的等级和大麦的实际情况决定时间长短。大麦可以在糊化锅进行第一次蛋白质休止，也可以投料到糖化锅休止，每十分钟搅拌一次。

③大麦水解酶在大麦投料完后添加，并搅拌混合均匀。投料水调pH值至5.5左右。

第三节 麦汁过滤

糖化过程结束时已基本完成了辅料中高分子物质的分解，因此，必须在最短时间内把麦汁（溶于水的浸出物）和麦糟（残留的皮壳、高分子蛋白质、纤维素、脂肪等）分离，此分离过程称为麦芽醪的过滤。麦汁的过滤包括糖化醪的过滤和麦糟的洗涤。

麦汁的过滤有过滤槽法、压滤机法和快速渗出过滤槽法3种，目前国内的啤酒厂大多采用传统的过滤槽法。

一般糖化结束后，从过滤槽槽底通入76～78℃的热水，以浸没滤板为度，其目的是排除过滤板以下的空气，防止醪液中小颗粒堵塞过滤孔而影响过滤，同时对过滤槽起预热作用。

一、过滤槽法

过滤槽法是目前国内啤酒厂大多使用的方法，过滤所得的麦汁较清。

操作方法：一般将糖化醪充分搅拌并尽快泵入过滤槽后，使用耕糟机翻拌均匀，再静置20min左右，让醪糟自然沉降，形成过滤层。最先沉下的是谷皮之类，随后是未分解的淀粉和蛋白质，滤层厚度要求在30～45 cm，如果糖化效果较好，醪糟表面的黏稠物就少，且醪糟上面的糖化液清亮。糖化醪温度控制在55～70℃。滤层形成后开始过滤操作。

起始流出的原麦芽汁浑浊不清，必须用泵泵回过滤槽再次过滤，直至得到的是澄清原麦芽汁，然后将原麦芽汁泵入煮沸锅。自正式过滤开始后15～30min起检查原麦芽汁的糖度、澄清度以及色、香、味。糖化醪过滤期间，一般可不翻动麦糟层，但若过滤速度太慢，则应使用耕糟机进行耕糟，从上至下将醪糟层耕松，注意不要在同一深度反复翻耕，以免压实糟层。

糖化液一流完立即进行洗糟，目的是回收醪糟中残留的浸出物。过迟洗糟，由于醪糟层间形成空隙，容易形成空气阻塞，延长洗糟时间。洗糟的水温要适当，如果水温过高，易使麦粒谷皮中的硅酸盐、苦味物质及多酚物质等有害发酵的物质大量溶出，醪糟中未溶解的淀粉和脂肪被浸出而造成过滤困难，且原麦芽汁冷却后这些物质又引起浑浊。洗糟水温太低的话，残糖不易从醪糟中洗出。对洗糟用水的质量要求与酿造用水相同。

最后洗出液的残糖量在0.5%～1.5%。在醪糟洗涤的同时，要进行耕糟。如果麦芽质量较好，过滤容易，就可以自上而下顺序耕糟，一直到离筛板5～10cm。当麦芽质量较差时，形成的醛糟层虽较疏松，但表面黏着物多，为避免洗糟后阶段洗出的麦芽汁浑浊，可采用自下而上的耕糟法。

操作举例：①在进醪前，从麦汁引出管进78℃热水直至溢过滤板，借此预热槽及排除管、筛底的空气；②泵送糖化醪，送醪后开动耕醪机转3～5转，使糖化醪在槽内均匀分布；③静置10～30min，使糖化醪沉降，形成过滤层；④通过麦汁阀或麦汁泵抽出浑浊麦汁，回至槽内，直至麦汁澄清，一般为10～15min；⑤进行正常过滤，调节逐渐增大麦汁流量，收集过滤“第一麦汁”，一般需要45～90min；⑥待麦糟露出或将露出，开动耕糟机耕糟，疏松麦糟层；⑦喷水洗糟，采用连续式或分2～3次洗糟，同时收集“第二、第三麦汁”，开始较浑浊，需回流直至澄清；⑧待洗糟残液流出浓度达到工艺规定值，过滤结束。开动耕糟机及打开麦糟排除阀排空糟，洗糟及过滤筛板，并清洗排污。

二、压滤机法

压滤机为定型设备，一般在大厂使用，其操作方法如下。

操作方法：一般先泵入0℃热水使压滤机预热。开动糖化锅的搅拌机，将醪液泵入压滤机，把热水排走，醪液输入的速度应稳定，不能中断，使板框内均匀地充满醪液。醪液充满压滤机后，将原麦芽汁排出阀门打开，若开始流出的原麦芽汁浑浊，应泵回糖化锅，当原麦芽汁澄清后就泵入煮沸锅。过滤时的操作压力为30～50kPa。糖化醪过滤完后，关闭原麦芽汁排出阀，从原麦芽汁流动的相反方向泵入75～78℃的热水，洗糟至流出液糖浓度为0.5%～1.5%为止，再用蒸汽或压缩空气将压滤机内残汁压出，开始压力为80kPa，结束时为150～200kPa，清糟时间为5min。

操作举例：①压滤机装毕，将80℃热水泵入，并静置20～30min，预热压滤机及排出机内空气；②排出预热水，并同时泵入糖化醪，泵入糖化醪前，糖化锅应先开动搅拌，充分搅匀糖化醪；③泵入糖化醪初即打开压滤机麦汁排出阀，边搅拌边滤出“第一麦汁”。在未形成麦糟滤层前，头号麦汁较浑浊，可回流至糖化锅。30～45min完成头号麦汁滤出，压滤压力从0.03～0.04MPa逐渐升至0.07～0.08MPa；④头号麦汁滤完，立即泵出洗糟热水；⑤洗糟结束再通入压缩空气（0.2MPa），充分洗出糟内吸附的残留麦汁，以提高收率；⑥解开压滤机，排除麦糟，洗涤滤布，装机待用。

三、 快速渗出过滤槽法

快速过滤槽是一种新型的过滤设备，有矩形槽和圆柱锥底槽两种。槽下部有代替过滤板的7层过滤管，并用泵抽吸麦芽汁。进出料及洗涤实现全自动化。

四、 麦汁理化质量指标

1. 麦汁理化指标（表4-6）

表4-6 麦汁理化指标

理化指标	原麦汁浓度/%	pH	色度/EBC	糖：非糖	总酸/（mL/100mL）
检测值	9.9	5.2	162	6.5	1：（0.29～1.2）

2. 发酵清酒理化指标（表4-7）

表4-7 发酵清酒理化指标

理化指标	酒精度/%	原浓度/%	泡持性/s	色度/EBC	总酸/（mL/100mL）	双乙酰/（mg/L）
检测值	4.1	9.85	245	5.6	1.4	0.02

从表4-7可以看出，添加大麦生产的啤酒其各项理化指标均达到国家优质啤酒的标准，经口感品尝与原工艺啤酒几乎无差别。

第四节 麦汁煮沸与酒花添加

一、 麦汁煮沸

其目的是蒸发多余水分使麦汁浓缩到规定浓度；溶出酒花中有效成分（异α-酸、酒花油等），增加麦汁香气和苦味；促进蛋白质凝固析出，增加啤酒稳定性；破坏全部酶，进行热杀菌。

根据工艺要求，糖化过滤后的麦汁需要进行1～2h的煮沸，并在煮沸过程中添加一定数量的酒花。通过煮沸可以将酒花中的苦味和香味物质溶解到麦汁中，以赋予啤酒爽口的苦味和愉快的香味。煮沸后的麦汁称为定型麦汁。

麦汁煮沸过程中的变化有：①酒花苦味物质的溶解和转化；②可凝固性蛋白质——多酚复合物的形成和分离；③蒸发多余水分，使麦汁达到规定的浓度；④对麦汁进行灭菌；⑤彻底破坏酶活性，固定麦汁成分；⑥麦汁色度上升；⑦麦汁酸度增加；⑧形成还原性物质；⑨麦汁中二甲基硫（DMS）含量的变化。

二、 酒花的添加

(1) 酒花添加的次数和时间　一般采用三次添加酒花的方法。初沸10min后添加第一次，20～30min后添加第二次，煮沸结束前10min添加第三次。

(2) 麦汁回旋沉淀　麦汁煮沸结束后，应尽快将麦汁中的热凝固物进行有效的分离，以获得澄清的麦汁。啤酒厂大多使用旋涡沉淀槽。麦汁在旋涡沉淀槽中一般要静置20～40min，但不得少于20min。旋涡沉淀槽是立式柱形槽，麦汁沿切线方向泵入，形成旋转流动，并使热凝固物以锥丘状沉降于槽底中央，清亮麦汁从侧面麦汁出口排出。

三、 酒花添加量及添加法

1. 酒花添加量

添加酒花都在麦芽汁煮沸过程中进行，不同的添加时间和不同的添加量会有不同的结果，因此掌握好添加时间和各次添加量是十分重要的。

生产上，有单独添加酒花或各种酒花制品的，也有将酒花和酒花制品混合使用的。酒花及其各种酒花制品的使用特点如下。

① 酒花。国内生产的啤酒使用整酒花的添加比例为0.13%～0.16%。

② 酒花粉。将整酒花进行粉碎，然后包装在内衬铝箔的塑料袋中的粉末酒花。

③ 酒花颗粒。将整酒花进行粉碎，然后挤压成直径为5～6mm的短柱状或圆片状颗粒，最后装入充有惰性气体的内衬铝箔的塑料袋内。所谓强化型酒花颗粒，就是将酒花浸膏或经提取的α-酸等有效成分，按比例混合后压制成颗粒，使单位数量酒花颗粒中的二酸含量大大提高，减少酒花颗粒的使用量。酒花颗粒具有酒花粉在使用上的优点，而且添加时没有什么损失，增香效果比酒花粉好。

④ 酒花浸膏。酒花浸膏是一种以液体二氧化碳或氯仿、乙烷等有机溶剂将酒花中的有效成分抽提出来的树脂浸膏。

2. 酒花添加方法

添加酒花要掌握“先次后好，先陈后新，先苦后香，先少后多”的原则，目的是促进凝固蛋白质，增加苦味和酒花清香气。在添加时，按不同的添加目的而使用不同质量规格的酒花。

麦芽汁开始煮沸时，添加酒花的主要目的是利用其苦味以及防止泡沫升起，因此可先用质量稍次或存放时间较长的酒花。最后一次添加酒花为获得酒花香气，因此应选用优质的新鲜酒花。分次加入酒花时，第1次可少加些，以后几次可多加些，用意是改善口味，增加香气和降低色泽。

添加酒花一般分3次进行，在麦芽汁初沸时，加入酒花全量的20%，40min后再加全量的40%，煮沸结束前加入余下的40%。

四、 麦汁与酒花在煮沸过程中的变化

① 蛋白质的凝固。麦汁煮沸时，蛋白质的变性作用较完全，但只有20%～

60%的蛋白质凝固析出，一部分在麦汁冷却时析出。来自大麦和酒花的单宁是促进蛋白质迅速而完全凝固的主要因素之一。

② 酒花成分溶出。酒花经煮沸，部分二酸转变成异二酸，异二酸易溶解，它是啤酒苦味和防腐能力的主要成分，能增进啤酒泡沫持久性。一酸在煮沸时，其苦味相当二酸的1/3，能赋予麦汁可口的香气。酒花油在煮沸初期及发酵期间大部分挥发损失，只有极少部分残留于麦汁中，但能赋予啤酒香气。

③ 煮沸时麦汁颜色变化。通过煮沸，麦汁浓缩了，类黑精生成，花色苷溶出，以及单宁氧化变成单宁色素，均引起麦汁颜色加深。

④ 煮沸时还原物质形成。如类黑精、还原酮等，此外酒花单宁、酒花树脂等还原性物质也部分带入麦汁中。

⑤ 酒花糟及热凝固物的分离。通过旋涡沉淀槽去除酒花糟和热凝固物。

五、 原浆啤酒酿造过程中常用的添加剂

在麦汁煮沸中，用得最多的必不可少的添加剂就是酒花及其制品，除此之外，还可根据工艺及质量标注添加某些添加剂。

1. 酸类

最常用的是磷酸和乳酸，目的是调整麦汁的pH值，pH值与蛋白质凝聚、麦汁色度和风味密切相关。麦汁的pH值在5.2～5.6范围内，可达到较好的蛋白质凝聚效果。麦汁的pH值越低，花色苷等多酚物质越容易与蛋白质作用而凝聚沉淀出来，从而降低麦汁色度，改善啤酒风味，并提高啤酒的非生物稳定性。

磷酸或正磷酸（H_3PO_4）是一种常见的无机酸，是中强酸，由五氧化二磷溶于热水中即可得到。正磷酸工业上用硫酸处理磷灰石即得。磷酸在空气中容易潮解，加热会失水得到焦磷酸，在进一步失水得到偏磷酸。磷酸主要用于制药、食品、肥料等工业，也可用作化学试剂。

2. 硅藻土或皂土

目的是增加煮沸时麦汁与酒花苦味物质的接触面积，促进蛋白质凝聚以及α-酸的异构化，同时这类添加剂还有一定的吸附作用。

硅藻土是一种硅质岩石，主要分布在中国、美国、丹麦、法国、俄罗斯、罗马尼亚等国。我国硅藻土储量达20多亿吨，主要集中在华东及东北地区，其中规模较大的有吉林、浙江、云南、山东、四川等省，分布虽广，但优质土仅集中于吉林长白地区，其他矿床大多数为3～4级土，由于杂质含量高，不能直接深加工利用。

3. 麦汁澄清剂

近年来出现了许多能促进蛋白质凝固的添加剂，如酿造单宁、卡拉胶、复合硅胶等。酿造单宁是从天然五倍子中提取并经高度纯化及严格的分子质量筛选的啤酒酿造专用单宁酸，为黄色或浅棕色粉末。实验表明，在麦汁煮沸结束前20min左右添加，添加量为50mL/L，热麦汁中可凝固性氮能降低到1.3%。

4. 锌盐

酵母生长所必需的镁主要来源于麦汁，正常情况下基本可以满足酵母生长代谢的需要。但当麦芽质量较差，或采用高浓度稀释工艺时，麦汁中锌的浓度就可能满足不了酵母生长所需，在此情况下，可通过添加锌盐来满足酵母增殖和发酵的生理需要。

六、 麦汁煮沸热能回收系统

啤酒生产过程中，如麦汁制备、过滤、包装等过程，均需要热能，其中尤以麦汁煮沸过程为甚，约占啤酒生产过程热能总消耗的42%。从我国目前的生产水平来看，每生产1t啤酒需耗热能约3000～4000kJ，折合成标准煤每吨酒为100～130kg，有的工厂的热能消耗高达每吨5000kJ以上，折合成标准煤为每吨酒180kg，除了工厂的管理水平不同之外，还与是否配备了热能回收设备以及注意节能都有很大的关系。糖化工段中麦汁煮沸过程会产生大量的二次蒸汽，利用热能回收装置加以回收，用在麦汁制备过程中，加热酿造水和洗涤用水，则可以省下较多的蒸汽，降低啤酒生产成本。

第五节 麦汁冷却与分离和澄清

一、 麦汁冷却的目的、 作用和方法

由于酵母只能在低温下发酵，所以热麦汁必须冷却到工艺要求的发酵温度，才能进行接种。利用板式换热器可以使麦汁迅速冷却到酵母的接种温度，长时间的缓慢冷却会增加啤酒中有害微生物繁殖的机会。因此，快速冷却非常重要。

啤酒厂最常用的麦汁冷却器是板式换热器，它的换热效率很高，在实际生产中已经得到普遍应用。一台板式换热器一般有5～8段或组换热，就可达到良好的换热效果。

二、 热凝固物及其分离

在麦芽汁用于发酵之前，先要去除热凝固物和冷凝固物，也就是进行麦芽汁的澄清。

现在都使用回旋沉淀槽除热凝固物。用麦芽汁泵将使用粉碎酒花或颗粒酒花(若使用整酒花，麦芽汁煮沸后必须先用酒花分离器除去酒花）的煮沸麦芽汁，以较高的线速度沿回旋沉淀槽的槽壁切线方向泵入槽内，使形成一个快速旋转的旋涡，任何颗粒物质都会快速沉积于槽底中央，使固液分离，得到澄清麦芽汁。被除去的固形物，主要是变性凝固的蛋白质、多酚与蛋白质的不溶性复合物、酒花胶脂、无机盐和其他有机物。

三、 麦汁冷却

麦汁冷却的目的主要是使麦汁达到主发酵最适宜的温度，同时使大量的冷凝固物析出。麦汁冷却设备通常采用薄板冷却器。

四、 麦汁通氧

在啤酒发酵过程中，前期是有氧呼吸，主要是酵母细胞的增殖，后期则是厌氧发酵，酵母细胞利用麦芽汁中的营养成分生成酒精、杂醇油和有机酸等。

在冷麦芽汁中通入无菌空气使之饱和溶解。在通常情况下，溶解氧达到 8mg/L 就可满足酵母增殖需要。溶解氧不足，会阻滞酵母的增殖，导致发酵缓慢，发酵不完全；溶解氧量太高，发酵过于旺盛，会消耗大量的还原性物质。使用薄板冷却器冷却麦汁，需在麦芽汁出口管道中安装文丘里管，用来对麦芽汁充氧。用于充氧的空气必须经过无菌处理。

通氧操作也带来不良的后果，啤酒花胶脂、啤酒油以及单宁等多酚物质被氧化，使啤酒苦味变得粗糙并产生后苦，同时麦芽汁色度也变深。

因此，为了满足酵母在主发酵初期繁殖的需要，在麦汁冷却过程中，要充入一定量的无菌空气，也可将纯氧通入麦汁，10 万吨以上啤酒厂都采用此法。少数啤酒厂采用无油、无菌的压缩空气通风，多数在麦汁输送的路程中，通过文丘里管或不锈钢舌片混合器、钦管混合器，一般传统发酵中，全部麦汁在半饱和含氧量下（即 5～6mL/L）送入发酵。

大罐发酵（麦汁接种直接进罐）工艺，若分多批（4～5 批）进罐，冷麦汁通风时间宜早不宜晚，最后 1～2 批进罐麦汁不再进行通风，因为太迟通风，会延长酵母停滞期，增加双乙酰，并使罐中泡沫增加，影响罐容积。

五、 冷凝固物及其分离

1. 冷凝固物

冷凝固物是分离热凝固物后澄清的麦汁，当冷却到 50℃以下，随着冷却进行，麦汁重新析出浑浊物质，并在 25℃左右析出最多。若把此麦汁重新加热到 60℃以上，麦汁又恢复澄清透明，因此，这是可逆的。冷凝固物主要是由麦汁中 β-球蛋白、醇溶蛋白和麦汁中多酚以氢键相连，变成不溶性物质，当麦汁重新加热至 60℃，蛋白质和多酚之间连接的氢键断裂、溶解并使麦汁恢复透明。

2. 冷凝固物分离方法

冷凝固物的分离一般可在酵母繁殖槽或锥形发酵罐中沉降除去，也可采用硅藻土过滤机或麦汁离心机分离除去。

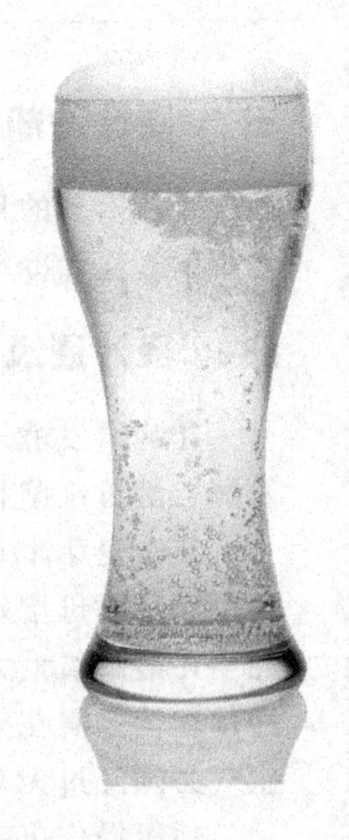

第五章 啤酒发酵

啤酒发酵是一个复杂的生化和物质转化过程，酵母的主要代谢产物是乙醇和二氧化碳，但同时也形成一系列发酵副产物，如醇类、醛类、酸类、酯类、酮类和硫化物等物质。这些发酵产物决定了啤酒的风味、泡沫、色泽和稳定性等各项理化性能，同时也赋予了啤酒典型的特色。

第一节 啤酒酵母

一、在分类学上的地位

分属于真菌门、子囊菌纲、内孢霉目、内孢霉科、酵母属——上面啤酒酵母和下面啤酒酵母。

二、啤酒酵母的种类

用于啤酒酿造的酵母属有并列的两个种类，即上面啤酒酵母和下面啤酒酵母，两者的区别主要有以下两点。

① 酵母菌在啤酒发酵液中的物理性质不同，上面啤酒酵母在发酵时随 CO_2 漂浮在液面上，发酵终了形成酵母泡盖，经长时间放置，酵母也很少下沉。而下面啤酒酵母悬浮在发酵液内，发酵终了时，很快凝结成块并沉积在器底，形成紧密的沉淀物——酵母泥。

一般啤酒酵母的凝絮特性是重要的生产特性，它会影响酵母回收再利用于发酵的可能性，影响发酵速率和发酵度，影响啤酒过滤方法的选择乃至啤酒风味。

大多数下面酵母为凝集性酵母，用这种酵母发酵时，由于大量酵母沉淀，发酵度低，发酵澄清快，此类酵母蛋白酶含量较少，不易分解蛋白质。

发酵结束时，仍长期悬浮在发酵液中，很难下沉的酵母称为粉末酵母。用此类酵母发酵，发酵液澄清慢，但发酵度高，对蛋白质分解能力强，适用于发酵降糖慢的麦汁。

② 对棉子糖的发酵能力是鉴别两者的主要特征，上面啤酒酵母只能发酵 1/3 棉子糖，而下面啤酒酵母则能全部发酵棉子糖。两种酵母形成两种不同的发酵方式，即上面发酵和下面发酵，酿制出两种不同类型的啤酒，即上面发酵啤酒和下面发酵啤酒。

通常上面啤酒酵母发酵温度较高，发酵度也较下面啤酒酵母高，发酵时间短。

目前我国生产的啤酒多是用下面啤酒酵母，又称卡尔斯伯酵母。捷克的比尔森啤酒、德国的慕尼黑啤酒以及我国青岛啤酒均由该种酵母发酵酿制而成。沈阳啤酒厂使用的酵母是卡尔斯伯酵母诱变育种的变种。世界各国著名的啤酒厂均有自己独特的啤酒酵母菌种，并且大多以自己厂名来命名，如青岛啤酒酵母（国内许多大小型厂均用之）、沈阳啤酒酵母、首都啤酒酵母等。

三、 啤酒酵母的形态和构造

1. 酿酒酵母的生存形态

酿酒酵母又称面包酵母或者出芽酵母。酿酒酵母是与人类关系最广泛的一种酵母，传统上它用于制作面包和馒头等食品及酿酒，在现代分子和细胞生物学中用作真核模式生物，其作用相当于原核的模式生物大肠杆菌。酿酒酵母是发酵中最常用的生物种类，酿酒酵母的细胞为球形或者卵形，直径 5～10μm，其繁殖的方法为出芽生殖。

酵母的细胞有两种生活形态——单倍体和二倍体。单倍体的生活史较简单，通过有丝分裂繁殖，在环境压力较大时通常死亡。二倍体细胞（酵母的优势形态）也通过简单的有丝分裂繁殖，但在外界条件不佳时能够进入减数分裂，生成一系列单倍体的孢子，单倍体可以交配，重新形成二倍体。酵母有两种交配类型，是一种原始的性别分化，因此很有研究价值。

2. 啤酒酵母的构造

因为酿酒酵母与同为真核生物的动物和植物细胞具有很多相同的结构，又容易培养，酵母被用作研究真核生物的模式生物，也是目前被人们了解最多的生物之一。人体中重要的蛋白质很多都是在酵母中先发现其同源物的，其中包括有关细胞周期的蛋白、信号蛋白和蛋白质加工酶。酿酒酵母也是制作培养基中常用成分酵母提取物的主要原料。

四、优良啤酒酵母的要求

1. 外观上的要求

具有该种酵母典型的特征。

(1) 细胞的形态　细胞为圆形、卵形和椭圆形。应该注意，典型的啤酒酵母短轴与长轴之比为1∶(1.0～1.5)，而大多数优良菌株在1∶(1.1～1.3)之间。细胞拉长是变异的结果或发酵后期营养不足造成的。

在液体培养时，细胞是单个的或有一个子细胞，子细胞为母细胞2/3体积即脱落，若发现细胞成链，不是卡尔酵母特征。

(2) 细胞大小　大型细胞尺寸为(6.8～8.0)μm×(8.0～9.0)μm，体积大小176μm^3；中小型(3.6～6.5)μm×(6.0～8.0)μm；体积160μm^3。中、小型酵母虽然有的凝聚性很好，但大多数不如大型的。中小型细胞在相同的接种量下，细胞比表面积大，发酵速度较快。近几年人们趋向于挑选中小型细胞的菌株。

2. 生理学要求

(1) 繁殖力　近代啤酒生产酵母使用代数低(<5代)。为了缩短酵母扩培时间和发酵前期的酵母增殖时间，希望能选择繁殖快的菌株。例如，15℃繁殖的滞缓期应<2.0 h。对比15℃和10℃繁殖时间，两者平均世代时间相差越小，说明菌株对温度适应性强，有利于控制。

(2) 发酵力的要求　酵母对糖的发酵能力包括起酵速度、发酵最高降糖能力、啤酒发酵度、酵母对麦汁的极限发酵度。例如，300mL的11度麦汁，发酵后所产生的二氧化碳总量在11g以上；11度麦汁发酵后应产生酒精4.15%以上；11度麦汁外观发酵度应在76%以上等。

(3) 凝聚性和沉淀力　我国传统啤酒生产常用凝聚性菌株，发酵后便于收集酵母，啤酒过滤快。但凝聚性太强的菌株，一般发酵慢，发酵度偏低，双乙酰还原慢。

(4) 双乙酰峰值和还原速度　世界各国优秀浅色啤酒的双乙酰含量均在0.03～0.06g/L。从20世纪70年代以后，世界啤酒先进国均在优选低双乙酰的酵母菌株及改进发酵技术后很好地解决了问题。

(5) 酵母的死灭温度　指10min内被杀死的温度。啤酒酵母一般在45℃停止生命活动，死灭温度一般在50～54℃。

(6) 发酵液的特征　接种到100mL麦汁中发酵25～30h后做感观检查，要求口味纯正，具有正常的香味，并保持本厂传统啤酒的风格。

五、啤酒酵母

啤酒酵母属真核生物，细胞结构类似高等生物，包括细胞比、细胞膜、细胞核、细胞质、液泡、线粒体以及各种贮藏物质。

1. 啤酒酵母的化学成分

啤酒酵母的细胞以水分为主，为75%～85%，干物质只占15%～25%，主要由碳、氢、氧、氮和少量矿物质组成，其中碳占49.8%，氢占6.17%，氧占31.1%，氮占12.7%，这些元素组成了酵母细胞内各种有机物质和无机物质。

2. 啤酒酵母的菌落

啤酒酵母的菌落特征与细菌相似，但比细菌菌落大而厚，菌落表面光滑、湿润、黏稠，质地均匀，正反面和边缘、中央部位的颜色都很均一，啤酒酵母的菌落为乳白色。

3. 啤酒酵母的繁殖

酵母菌的繁殖方式可分为无性繁殖和有性繁殖两大类：无性繁殖包括芽殖、裂殖和产生无性孢子；有性繁殖主要是产生子囊孢子。在正常的营养状态下，啤酒酵母都是无性繁殖，主要以芽殖为主。

4. 啤酒酵母的生活史

啤酒酵母的生活史是单双倍体型，单倍体及双倍体营养细胞都是可以进行芽殖繁殖。通常双倍体营养细胞大，生活能力强，在一个群体内的单倍体随着时间的推移而逐渐减少，啤酒酵母发酵都利用培养的双倍体细胞。

5. 啤酒酵母的成长

酵母成长过程见图5-1。

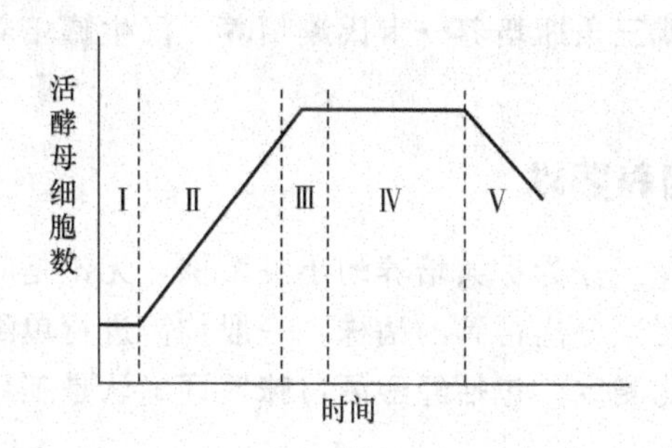

图5-1 酵母成长过程

Ⅰ—延滞期；Ⅱ—对数生长期；Ⅲ—减数期；Ⅳ—稳定期；Ⅴ—死亡期

六、发酵罐灭菌

“灭菌”指的是用化学或物理的方法杀灭或除去物料及设备中所有有生命物质的技术或工艺流程。

灭菌实质上可分为杀菌和溶菌两种，前者指菌体虽死，但形体尚存，后者则指菌体杀死后，其细胞发生溶化、消失的现象。制菌、杀菌与溶菌作用的比较见图5-2。

工业上常用的方法有干热灭菌、湿热灭菌、化学药剂灭菌、射线灭菌和介质过滤除菌等几种。

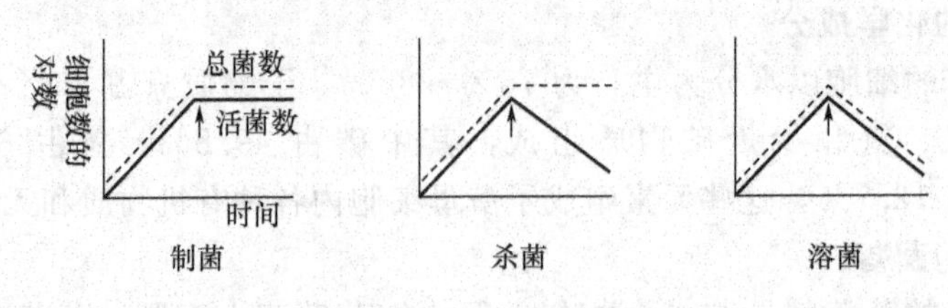

图 5-2 制菌、杀菌与溶菌作用的比较

（当处于指数生长期时，在箭头处加入可抑制生长的某因素）

在啤酒生产中，发酵罐主要采用化学药剂即火碱、双氧水等灭菌，禁止采用热水、次氯酸、氯气等含 Cl^- 的灭菌剂灭菌。

第二节 啤酒酵母的扩大培养

一、 啤酒酵母扩大培养过程

扩大培养是使实验保存的纯种酵母逐步增殖，使酵母数量由少到多，直至达到一定数量后，供生产现场需要的酵母培养过程，流程为：斜面试管（原种）→富氏瓶或试管培养→巴氏瓶或三角瓶培养→卡氏罐培养，汉生罐培养→酵母培养罐→酵母繁殖罐→发酵罐。

二、 啤酒酵母扩大培养要求

（1）出发菌株的选择　作为扩大培养的出发菌株，无论是实验室保藏菌株还是生产现场（主酵或酵母泥）分离得到的菌株，一般均需进行单细胞分离，并通过一系列生理特性和生产性能测定，包括经酿酒口味鉴评确认是工厂需要的优良纯种后才允许投入扩大培养。

（2）优良的培养基　麦汁是啤酒厂最方便的酵母培养基，但绝对不是“凡是可以用来酿造啤酒的麦汁均是优良的培养基”。无论哪一级扩培，培养基均需要有特殊要求的麦芽汁。

实验室（从试管至大锥形瓶）培养用麦汁，一般应由实验室自己制备，使用麦粒大、皮薄的一级麦芽（如 300g），经过粗粉碎（过 20 目筛），加 40℃ 热水 1200mL，于 35℃保温 30min，利用水浴升温至 45℃保温 60min，再升温至 63℃保温 30min，再升温至 68～70℃保温，至糖化完全。全过程在水浴中不停地搅拌（100r/min）下进行，糖化结束后，即进行布袋过滤。澄清麦汁用 H_3PO_4 调整 pH 至 5.2，置于电炉加热煮沸。煮沸时，边搅拌边加入 1～2 个预先打成泡沫的鸡蛋清，煮沸 45min 后调整浓度和 pH 值（5.2）。用滤纸过滤，分装于培养器皿中，0.08MPa 下灭菌 30min 备用。

从卡氏罐到各级扩大培养，由于培养基用量太大，一般由生产车间制备，但此麦汁也是专供培养酵母用，剩余麦汁可供啤酒生产用。要求配料为一级麦芽75%～85%，辅料用量为15%～25%，酒花为0.01%～0.013%，α-氨基酸为200～400mg/L，总氮为800～1000mg/L，麦芽糖9.0%，麦汁要澄清透明。

（3）恰当的扩大比例　在逐渐扩大培养过程中，正确选择扩大比，会影响到起始细胞浓度、扩大培养时间、酵母菌龄一致性以及在扩大培养中抵抗杂菌污染的能力。在汉生罐以前各级，由于采用较高培养温度（25～27℃），酵母倍增时间短，无菌操作条件好，可采用1∶(10～20）扩大比；汉生罐以后各级，采用低温培养（≤13℃），酵母倍增时间长，杂菌污染机会多，扩大比宜小，一般在1∶（4～5）。

（4）恰当的移种时间　酵母在一次培养基中培养，将经历迟缓期、对数生长期、饱和期、对数死亡期等阶段。对数期移种，可获得出芽最多、死亡率最低、最强壮的种细胞，而且迟缓期最短，增殖最旺盛。

（5）严格控制培养条件

① 温度。卡尔酵母最适生长温度是31.6～34℃，但考虑到减少酵母的死亡率、减少染菌的可能及让酵母逐步适应发酵温度，采用逐级递降温度培养法，如：

液体试管（28℃）→小锥形瓶（25℃）→大锥形瓶（23℃）→卡氏罐（20℃）→汉生罐（13～15℃）→一级繁殖罐（12～13℃）→二级繁殖罐（11～12℃）→发酵（10℃）

应指出酵母工艺发酵温度和培养温度随酵母菌种的不同而异，上述培养温度适合于国内菌株（如青岛酵母）。目前引进的某些国外菌株并不适应低温发酵，因为培养温度太低也会影响菌株的繁殖，应参照该菌株的最佳发酵温度。

② 通风。实验室培养阶段容器装量不超过1/2，用棉塞或空气滤器提供氧进入途径，灭菌后培养基放置2～3d再接种，最好是将培养基每天振荡一次；在汉生罐和繁殖罐装溶氧指示装置或控制通风。培养基中应装有空气分离器（鼓泡管或鼓泡球）。溶氧控制水平从3.0～6.0mg/L，逐级降低，即汉生罐控制水平为6.0mg/ L，一级繁殖罐4～5mg/L，二级繁殖罐3～4mg/L。

（6）汉生培养罐的留种　①每次更新麦汁前，汉生罐应预先通过手动搅拌或压缩空气搅拌，使已经沉淀的酵母被均匀搅拌成乳浊液，搅拌和通风必须足以打碎结实的凝聚状酵母，然后按罐实际容积放走85%～90%酵母悬浮液，留下10%～15%，再补充新的麦汁。如果留种量过大，虽然起始发酵时间可缩短，但补充新麦汁后，新生酵母细胞会偏少，酵母容易衰老。②更换麦汁：汉生罐无论是否需要扩大，每月要更换一次麦汁。③留种汉生罐培养：作为留种汉生罐培养，应注意培养时间，切勿使培养过头，否则在低温饲养酵母时，由于营养缺乏，会加速酵母的衰老。

三、废酵母的回收贮养与控制方法

扩大培养后，经过车间生产周转过来的第一次沉淀酵母，称为第一代种子。在正确回收、洗涤和正常发酵条件下，酵母使用一般为7～8代。

主发酵结束后，沉积于主发酵槽底部的酵母在回收以后，经洗涤、静置保存，可以在生产上循环使用。

1. 回收酵母的分层

沉降于发酵罐底的酵母可粗分为三层（图5-3）。

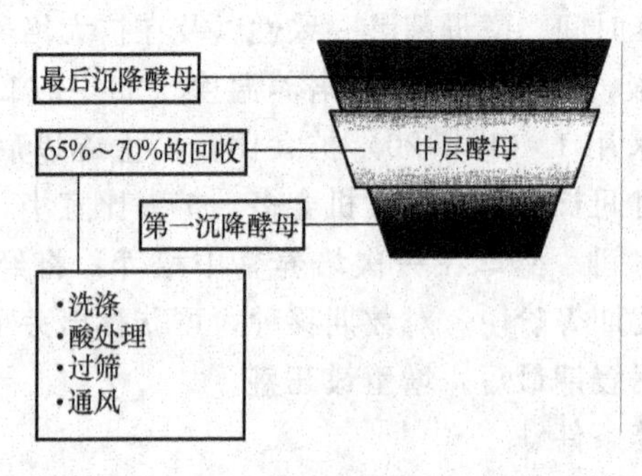

图5-3 酵母沉降及回收处理示意

上层为轻质酵母细胞，主要由落下的泡盖和最后沉降下来的酵母细胞组成，混有蛋白质和酒花树脂的析出物及其他杂质，分离后，可作饲料或进行其他综合利用。

中层为核心酵母，由健壮、发酵力强的酵母细胞组成，其量占65%～70%，应单独取出，留作下批种酵母用，颜色较浅。

下层为弱细胞和死细胞，由最初沉降下来的颗粒组成，如酒花树脂、凝固物颗粒等，混有大量沉渣杂质，可作饲料或弃置不用。

2. 废酵母回收与控制方法

① 在废酵母回收或排废过程中，酵母稀或酵母回收量较大，会使部分酒液损失。

控制方法：酵母回收或排废时，尽量关小发酵罐底阀，操作人员必须现场观察管道视镜中酵母的稠度，随时调整底阀开度或关闭底阀。

② 滤酒开始时的酒头酒尾，如果酒顶水的量偏大，会造成酒头损失。

控制方法：酵母回收或排废时，尽量关小发酵罐底阀，操作人员必须在现场，观察管道视镜中酵母的稠度，随时调整底阀开度或关闭底阀。

③ 滤酒过程中，如果酒液浑浊，会导致过滤困难，重新预涂一次，一般有0.5～1.0t的损失。

控制方法：降低酒液浊度，通过视镜加强滤酒开始时对酒液浊度的监控，加强工人的操作技能。

④ 滤酒过程中倒罐时，罐内及滤酒管道中剩余酒液会随废酵母作为酒尾而损失。

控制方法：加强操作技能，减少遗留在罐和滤酒管路中的酒液损失。

⑤ 在酒液经过的管道、阀门、接头处，会存在跑冒滴漏，导致酒液损失。

控制方法：加强巡检，及时上紧修复。

3. 酵母回收的时间与原则

回收时间：主（前）发酵中期，10℃或12℃时；双乙酰还原完毕时；降温至5℃时；降温至0～1℃时。7天后的酵母不宜再回收，因酵母在酒液中存放的时间太长，活性会有所下降。

锥形罐发酵后期，沉积锥底的酵母泥通常受到0.19～0.24MPa的压力。为了保护酵母，应在压力条件下排放酵母泥。若在常压下排放酵母泥，往往会因压力突然下降，使酵母细胞损伤甚至破裂，增加酵母死亡率；另外，由于骤然降压，酵母泥中二氧化碳大量逸出，会产生大量泡沫，常使洁白的酵母泥呈现褐色。

当残糖降到3.6～3.8°P时或第二次降温前排放的酵母活力最强。回收的酵母应洁净、无杂质，镜检无杂菌，细胞整齐，形态正常，死亡率（美蓝液染色）低于5%。

四、啤酒酵母的质量检查

（1）外观　优良啤酒酵母呈均匀的卵圆或短椭圆形，大小一致，细胞膜薄而平滑，胞内充满细胞质，液泡小而少。肝糖染色镜检时，强壮的酵母色深。异染颗粒染色镜检时，颗粒大且色深者为强壮酵母。

（2）发酵度　在一定培养温度下，以一定质量的啤酒酵母作用于一定体积和一定浓度的麦芽汁，测定在规定的作用时间内麦芽汁液的失重或糖度改变或酵母放出二氧化碳的体积，以此来判别酵母发酵力的强弱，通常用发酵度来表示，应选择发酵度高的酵母作为生产用酵母。

发酵度分外观发酵度和真发酵度。外观发酵度是指发酵前后麦芽汁中可溶物质浓度下降的百分率。生产上习惯用糖度计来测定糖度，然后再折算出糖浓度。由于麦芽汁经发酵后，葡萄糖等营养物质被酵母细胞吸收利用，生成相对密度较小的酒精和二氧化碳，因此麦芽汁相对密度随之变小，为了真实反映麦芽汁中可溶物质被消耗的程度，应将发酵液中的酒精和二氧化碳赶尽，并添加水至原体积，然后再测定可溶物质的浓度，求出发酵前后的浓度变化百分率，称为真发酵度。

（3）凝聚性　凝聚性强的酵母，制得的啤酒容易澄清，但发酵力偏低；凝聚性弱的酵母，制得的啤酒不易澄清，且发酵力偏高。一般都选用凝聚性强的酵母菌株。

（4）热死温度　每株酵母在一定的培养基和一定的培养条件下，都有一个热死温度。

热死温度发生改变，往往表明菌株发生变异或有野生酵母污染。一般野生酵母的耐热性比较强，因此其热死温度也高。

（5）发酵试验　用酵母进行小型啤酒发酵试验，如果新制出来的嫩啤酒口味正常，并带正常的芳香味，说明酵母质量合格。

第三节 啤酒发酵机理

一、概述

1. 糖类的发酵

一般而言，啤酒酵母的可发酵性糖的发酵顺序是：葡萄糖>果糖>蔗糖>麦芽糖>麦芽三糖。

酵母发酵糖类生成乙醇和CO_2的总反应方程式如下：

$$C_6H_{12}O_6+2ADP+2H_3PO_4 \longrightarrow 2C_2H_5OH+2CO_2+2ATP+113kJ$$

2. 含氮物质的同化或转化

酵母发酵初期，啤酒酵母必须通过吸收麦汁中的含氮物质来合成酵母细胞自身的蛋白质、核酸和其他含氮化合物，以满足自身生长繁殖的需要。

3. 发酵副产物

麦汁经过酵母发酵除了生成乙醇和二氧化碳外，还会产生一系列的代谢副产物，这些副产物是构成啤酒风味和口味的主要物质。将在下一节发酵过程各种物质变化中详细叙述。

二、发酵过程各种物质变化

一般酵母属兼性微生物，在供氧和缺氧的条件下都能生存。酵母接种后，开始在麦汁充氧的条件下恢复其生理活性，然后以麦汁中的氨基酸为主要氮源和以可发酵性糖为主要碳源进行有氧呼吸，并从中获取能量而生长繁殖，同时产生一系列代谢副产物，麦汁中的氧被耗尽后，酵母即在无氧的条件下进行酒精发酵。

发酵液中最终的各种成分及其含量，对啤酒的风味有着决定性的作用，而这些成分的生成和变化又与原料及工艺密切相关。因此，了解这些发酵产物的形成和分解十分重要。

酵母属兼性微生物，在供氧和缺氧的条件下都能生存。酵母接种后，开始在麦汁充氧的条件下恢复其生理活性。然后以麦汁中的氨基酸为主要氮源，以可发酵性糖为主要碳源，进行有氧呼吸，并从中获取能量而生长繁殖，同时产生一系列代谢副产物，麦汁中的氧被耗尽后，酵母即在无氧的条件下进行酒精发酵。酵母生命活动所需要的能量，可通过两方面获得：EMP-TCA循环和EMP-丙酮酸-酒精途径。

(1) EMP-TCA循环　在有氧条件下，酵母进行EMP-TCA循环（图5-4），进行有氧呼吸，糖被分解为水和二氧化碳，并释出能量。在呼吸作用下，氧化1mol葡萄糖的燃烧热为2822kJ，大部分能量转移到ATP高能键中，作为酵母繁殖获取能量的来源。

$$C_6H_{12}O_6+6O_2+38ADP+38Pi \longrightarrow 6CO_2+6H_2O+38ATP+\text{热能(有氧呼吸)}$$

(2) EMP-丙酮酸-酒精途径　在无氧条件下，酵母按EMP-丙酮酸-酒精途径进

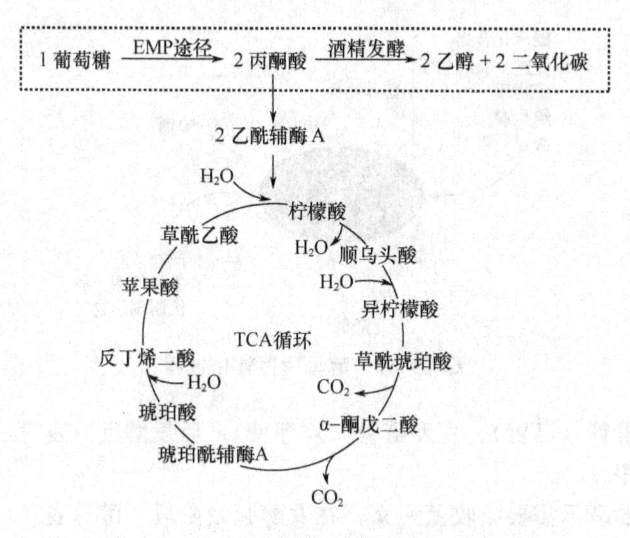

图 5-4 酵母获得能量的 EMP-TCA 循环

行无氧发酵，糖被酵解，产生乙醇和二氧化碳，并释出能量。发酵过程是糖的生物氧化过程，1mol 葡萄糖发酵时释出的能量约 209kJ，其中约 96kJ 的热量转移至 ATP 高能键中，其余部分则以热能形式而散失。

由葡萄糖发酵生成乙醇的总反应式为：

$$C_6H_{12}O_6 + 2ADP + 2H_3PO_4 \longrightarrow 2CH_3CH_2OH + 2CO_2 + 2ATP + 113kJ$$

葡萄糖酒精发酵的生化机制是酒精制造和酒类酿造最基础的理论。对啤酒酿造来说，除发酵代谢产物酒精和 CO_2 是组成啤酒的最主要成分外，代谢过程中的 EMP 途径还是许多代谢产物生成的基础，因而熟知这个过程对研究其他啤酒风味成分也十分重要。

显然，葡萄糖好氧代谢所获的能量，远较厌氧代谢所获的多，因此只需少量葡萄糖进行好氧代谢，即可满足酵母生长和维持生命所需要的能量。

1. 糖的变化

发酵的主要变化是糖生成 CO_2 和乙醇。因为麦汁中的固形物主要是糖，所以相对密度的改变意味着糖的变化。

一般酵母在通风后的冷麦汁中消耗可发酵性糖，约有 96%的可发酵性糖被酵母酵解为乙醇和 CO_2，并进行三羧酸循环（有氧呼吸），糖类被分解成水和二氧化碳，获取大量的生物能，使酵母细胞快速增殖，并释放出热量。酵母物质转化过程见图 5-5。

葡萄糖的发酵过程是比较复杂的，它在酵母多种酶的作用下，经过一系列中间变化，先酵解成丙酮酸，称为 EMP 途径，再在酵母内丙酮酸脱羧酶、乙醇脱氢酶等作用下经乙醛，最后生成乙醇和二氧化碳。

麦汁中的可发酵性糖最主要的是麦芽糖，此外，麦汁中的糖分并不是同时发酵的。多糖首先必须被分解，所以酵母最先作用于单糖，然后才能分解多糖。因此将

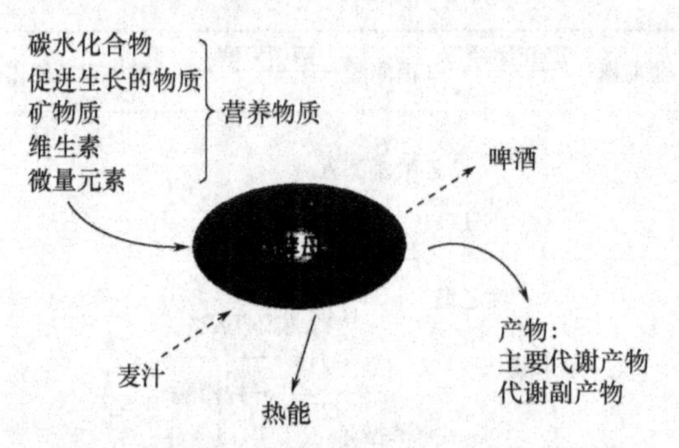

图 5-5 酵母物质转化过程

发酵分为起发酵糖（己糖）、主发酵糖（麦芽糖）、后发酵糖（麦芽三糖）。

2. 含氮物的变化

生长旺盛的酵母需要吸收氮元素，在发酵起始阶段，酵母直接吸收氨基酸；在发酵阶段主要是氨基酸通过转化而产生新物质，用于合成细胞的蛋白质和其他的含氮化合物。

另外，酵母吸收麦汁中的氨基酸与吸收可发酵性糖一样，是按顺序吸收的。

一般在发酵过程中，麦汁中含氮物质大约下降 1/3，主要是由于氨基酸和短肽被酵母同化，与此同时酵母还能分泌出一些含氮物。在 20℃以上时，酵母的蛋白酶则能缓慢降解自身的细胞蛋白质，发生自溶现象。自溶过分，啤酒产生酵母味，并出现胶体浑浊，这就是啤酒采用低温发酵的原因之一。

啤酒酵母对各种氨基酸和亚氨基酸的同化情况是不同的，如天冬氨酸、谷氨酸和天冬酰胺，可以有效地作为唯一氮源被同化，而甘氨酸、赖氨酸、半胱氨酸则不能作为唯一氮源而被啤酒酵母利用。培养基中，两种氨基酸同时存在，较一种单独氨基酸的同化率可提高 10%，如用 3 种氨基酸，同化率可进一步提高 8%，因此，含有多种氨基酸的麦汁，其氮的同化率较高。

酵母对麦汁中氨基酸的转化有下列不同的可能：脱氨；转氨；氧化脱氨（Ehrlich 反应），产生高级醇；斯提克（Stickland）反应。

3. 酸度的变化

发酵过程 pH 值不断下降，前快后缓，最后稳定在 4.0 左右，正常下面发酵啤酒终点 pH 值为 4.2～4.4，少数降至 4.0 以下。pH 下降的主要原因是有机酸的形成与 CO_2 的产生，pH 值的下降有助于促进酵母在发酵液中的凝聚。

啤酒中含有多种酸，约在 100 种以上。多数有机酸都具有酸味，它是啤酒的重要口味成分之一。酸类不构成啤酒香味，它是呈味物质。酸和其他成分协调配合，即组成啤酒的酒体。有的有机酸还另具特殊风味，如柠檬酸和乙酸有香味，而苹果酸和琥珀酸则酸中带苦。啤酒中有适量的酸会赋予啤酒爽口的口感；缺乏酸类，使啤酒呆滞、不爽口；过量的酸，使啤酒口感粗糙，不柔和、不协调，意味着污染了产酸菌。啤酒中的主要有机酸及含量见表 5-1。

表 5-1 12°P 啤酒发酵产生酸的阈值和含量 单位：mg/L

项 目	发酵产酸						
	乳 酸	柠檬酸	丙酮酸	苹果酸	琥珀酸	乙 酸	C_3～C_{12}酸
阈值	4.7			8.7			
极限值	40	18	25	7.0	40	10	3～10
正常含量	4～12	25	15	3.5	14	6	2～5
折算总酸(1moL/L NaOH)的体积/mL	0.044～0.13	0.234	0.04	0.05	0.28	0.1	0.2

一般情况下，啤酒中的总酸宜控制在 1.7～2.3mg/L。啤酒中的酸含量受生产原料、糖化方法、发酵条件、酵母菌种等因素影响，其中包括挥发性的甲酸、乙酸，低挥发性的 C_3、C_4、异 C_4、异 C_5、C_6、C_8、C_{10} 等脂肪酸和不挥发性的乳酸、柠檬酸、琥珀酸、苹果酸以及氨基酸、核酸、酚酸等各种酸类。

啤酒中的酸主要来自三个方面——麦芽、酒花、酵母新陈代谢。

麦汁中含有的脂肪酸主要来自麦芽，多为长链不饱和脂肪酸。酒花中含有微量的异戊酸、异丁酸、2-甲基丁酸等。多数有机酸来自于酵母的新陈代谢 EMP 途径。乙酸是啤酒中含量最高的有机酸，它是啤酒正常发酵的产物，由乙醛氧化而来。下面发酵啤酒中的乙酸含量比上面发酵啤酒约高 1 倍。除乙酸外，啤酒中含量较高的脂肪酸均与啤酒的香味有关，这些脂肪酸是在主发酵的前 4 天与相应的高级醇同时形成的，它们的前体物都是相应的醛类。

采用快速发酵方法（提高发酵温度、增加接种量、加大通风量、搅拌等）生产的啤酒，其脂肪酸的含量较低。下面发酵啤酒的脂肪酸含量较上面发酵啤酒高 1/3。

4. CO_2 的生成

CO_2 是糖分解至丙酮酸而后被氧化脱梭产生的，并且不断从发酵液溢出。主发酵时酒液为 CO_2 饱和，含量约 0.3%，贮酒阶段于 30kPa 下 0℃时达到过饱和，含量为 0.4%～0.5%，CO_2 溶解度随温度下降而增加，啤酒的组成对 CO_2 溶解度影响不大。

5. 氧和 rH 值

糖化麦汁在冷却时通入适量无菌空气，目的在于为酵母繁殖提供氧气，所以麦汁发酵初期，rH 值（溶液中氢压的负对数值）较高。随着酵母的繁殖，氧很快被吸收利用，并产生某些还原性物质，因而 rH 逐渐下降，通常初期 rH 值在 20 以上，很快降至 10～11。

三、 乙醇的生成

酵母属兼性厌氧菌，糖被酵母分解的生化反应有两种情况：在有氧时进行有氧呼吸，产生 H_2O 和 CO_2，并放出大量热能；在无氧时进行发酵，产生乙醇、CO_2 及少量热。

四、 酯类的形成

酯类多属芳香成分，能增进啤酒风味，故受到重视。对啤酒香味起主导作用的酯类。大部分是在主发酵期酵母繁殖旺盛时产生的，后发酵期只有微量增加，其含量随着麦汁浓度和乙醇浓度的增加而提高。后熟阶段的增加量取决于后发酵情况，若后发酵周期较长，酯量可增加 1 倍左右。

1. 酯的种类

在啤酒中已发现有 60 种不同的酯类物质，其中以下 6 种对啤酒口味具有重大意义：乙酸乙酯、乙酸异戊酯、乙酸异丁酯、β-乙酸苯乙酯、已酸乙酯、辛酸乙酯。

2. 影响啤酒中酯含量的主要因素

不同菌种的酯酶活性差异很大，上面酵母较下面酵母产酯多，小麦白啤酒就是利用了上面酵母进行发酵，啤酒的酯香味非常浓郁，形成了一种独特的风味，很受欢迎。高温发酵有利于酯的形成，发酵温度由 12.5℃提高到 25℃，乙酸乙酯的浓度增加 60%，乙酸异戊酯增加 30%。酯含量随发酵压力的升高而增加，酯的含量与发酵罐的高度有关。麦汁中氨基酸与可发酵性糖含量比例影响着酯的形成。氨基酸含量高促进酯形成，可发酵性糖含量高抑制酵母活性，相应减少了酯的形成。所有加速酵母繁殖的措施都会促进酯的形成（如强烈通风、减少酵母添加量等工艺措施），长期贮酒能够促进酯的形成。

3. 酯在啤酒中的含量

酯在啤酒中的含量取决于原麦汁浓度和啤酒品种（表 5-2）。在上面发酵啤酒中，酯量可达 80mg/L；在下面发酵啤酒中，酯量可达 60mg/L。

表 5-2 啤酒中各类酯的阈值和含量范围 单位：mg/L

酯的种类	阈值	淡色贮藏啤酒	国内著名啤酒	对啤酒风味的影响
乙酸甲酯	50	1～8	1～3	
乙酸乙酯	30(37.6)	15～25	12.5～33	淡雅果香，独特风格
丙酸乙酯	10	1～5	0.5～2	
乙酸丁酯	8	1～5	1～2	
乙酸异戊酯	2(4.7)	1～5	1～15	明显果香味
丁酸乙酯	0.5	0.1～0.2	未检出	芳香
异丁酸乙酯	0.2	0.05～0.1	0.1	
癸酸乙酯	0.03			酵母味，酵母臭
已酸乙酯	0.3	0.1～0.6	0.3～0.5	啤酒芳香香味
辛酸乙酯	1.0	0.2～0.6	0.1～0.5	芳香
乳酸乙酯	15	1～5	2～3	
乙酸苯乙酯	5	0.2～1.5	1～2	
总　酯		25～75	20～35	不愉快香味或异香味

注：乙酸乙酯、乙酸异戊酯和 4-乙烯基愈创木酚是构成小麦啤酒香气的主要成分，括号内数值为小麦啤酒中测得的相应含量。

五、 硫化物的形成

啤酒中硫化物主要来源于原料中蛋白质的分解产物，即含硫氨基酸，如蛋氨酸和半胱氨酸，此外酒花和酿造用水也能带入一部分硫，这些硫化物主要有 H_2S、甲硫醇、乙硫醇等，它们是生酒味的组成部分，具有异味或臭味，含量高则影响啤酒风味。要减少硫化物的生成，主要应控制制麦过程不能过分溶解蛋白质。

六、 高级醇的形成

所谓高级醇类，就是 3 个碳原子以上的醇类的总称，俗称杂醇油。高级醇是啤酒发酵过程的主要副产物之一，是构成啤酒风味的重要物质。适宜的高级醇组成及含量，不但能促进啤酒具有丰满的香味和口味，而且能增加啤酒口感的协调性和醇厚性。当高级醇超过一定含量时，会产生明显的杂醇油味，饮用过量还会导致人体不适，且使啤酒产生不细腻的苦味；若高级醇含量过低，则会使啤酒显得较为寡淡，酒体不够丰满。在一般的情况下，优质的淡色啤酒，其高级醇含量控制在 50～90mg/L 是比较适宜的。

啤酒发酵中生成的高级醇，以异戊醇（3-甲基丁醇）的含量最高，约占高级醇总量的 50%以上，其次为活性戊醇（2-甲基丁醇）、异丁醇和正丙醇，此外，还有色醇、酪醇、苯乙醇和糠醇等。对啤酒风味影响较大的是异戊醇和苯乙醇，它们与乙酸乙酯、乙酸异戊酯、乙酸苯乙酯是构成啤酒香味的主要成分。

高级醇是引起啤酒“上头”（即头痛）的主要成分之一。当啤酒中高级醇含量超过 120mg/L，特别是异戊醇含量超过 50mg/L，异丁醇含量超过 10mg/L 时，饮后就会出现“上头”现象。主要原因是由于高级醇在人体内的代谢速度要比乙醇慢，对人体的刺激时间长。因此，啤酒酿造人员及管理者应对此足够重视，加强企业内部检测控制，并密切注意市场信息反馈，及时对菌种或工艺措施进行改良或改进。

现已知高级醇作为发酵副产物同蛋白质代谢有关系。它们的形成是通过氨基酸调节的，首先通过转氨基反应，氨基酸生成相应的 α-酮酸，再通过脱羧反应和还原反应转变成高级醇。

1. 高级醇代谢途径如下

（1）降解代谢途径（Ehrlich 反应） 麦汁中约 80%以上的氨基酸原封不动地被酵母同化，20%氨基酸经 Ehrlich 反应——氨基酸脱氨、脱竣并还原成比氨基酸少一个碳的高级醇。

$$RCH(NH_2)COOH + R'COCOOH \xrightarrow{\text{转氨酶}}$$

$$RCOCOOH \longrightarrow RCHO \longrightarrow RCH_2OH(\text{高级醇})$$

（2）合成途径 在由糖类生物合成氨基酸的最后阶段，形成了 α-酮酸，经脱羧成醛，醛还原为醇（图 5-6）。

高级醇一旦形成则无法通过工艺措施消除，因此，必须通过主发酵期间的工艺

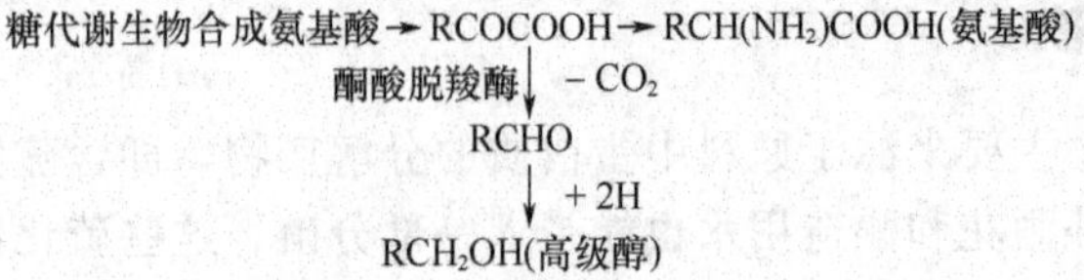

糖代谢生物合成氨基酸→RCOCOOH→RCH(NH₂)COOH(氨基酸)
酮酸脱羧酶
−CO₂
RCHO
+2H
RCH₂OH(高级醇)

图 5-6　高级醇的合成途径

措施来控制高级醇的含量。某些高级醇在啤酒中形成的时间、浓度与麦汁浓度的关系见图 5-7。

高级醇的浓度/(mg/L)
麦汁浓度/°P
时间/天
戊醇
浸出物
苯乙醇
异丁醇

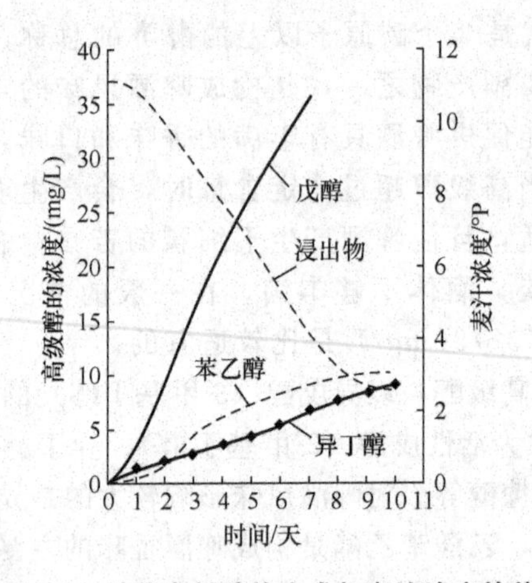

图 5-7　某些高级醇的生成与麦汁浓度的关系

2. 影响啤酒中高级醇形成的因素

① 酵母菌种。粉末型酵母产高级醇水平为 69～90mg/L，凝聚型酵母为 22～49mg/L。高发酵度菌株形成的高级醇要多，必须选择合适的菌种。

② 麦汁成分。麦汁含有足量氨基酸和易发酵的碳水化合物，因为经过合成系统只产生很少量的高级醇［麦汁中氨基酸含量以控制在（180±20）mg/L 较合适］，若辅料比太大，加蔗糖多，常导致麦汁中 α-氨基氮缺少，必然导致高级醇增加。

③ 酵母添加量。以（1.5～1.8）$\times10^7$ 个/mL 为适宜。接种量高，新增殖的酵母细胞相对较少，有利于减少高级醇的形成；若酵母细胞繁殖多，易形成较多的高级醇。在实际生产中，酵母的增殖倍数一般控制在 4 倍以内。

④ 发酵温度。麦汁中溶解氧过高和高温发酵都会促进酵母繁殖，也就相应增加了高级醇的生成量，故可采用低温主发酵、高温还原双乙酰的工艺措施。加压发酵也有利于降低高级醇的形成。

⑤ 发酵方式。采用联合罐发酵（主发酵使用锥形罐发酵，后发酵在传统发酵罐中进行），高级醇总量相对于普通发酵方法而言会增加 20%～25%。不管采取怎样的方法，所有加速主发酵的措施都将增加高级醇的含量。

七、连二酮（VDK）的形成及消失

连二酮即双乙酰（丁二酮）和2,3-戊二酮的总称，它们在乳制品中是不可少的香味成分，但在啤酒中不受欢迎，人们认为是饭馊味，其口味阈值约0.2mg/L，通常的贮酒过程都以此值为成熟标准规定值，若超过0.2mg/L，认为酒的成熟度不够，或有杂菌污染。2,3-戊二酮口味阈值约为双乙酰的10倍，所以啤酒中含量允许达1.0mg/L，实际上它的含量比双乙酰更低，通常为0.01～0.08mg/L。因此研究连二酮时，都侧重于双乙酰。

① 双乙酰的形成。主要是发酵时酵母的代谢过程生成了二乙酸乳酸，它是双酸的前体物质，极易经非酶氧化生成双乙酰。其次，细菌污染也产生双乙酰。此外，大麦自身含有产生双乙酰的酶，所以麦汁中也有微量双乙酰存在。

② 双乙酸的消除与控制。双乙酸能被酵母还原，经过乙偶联而生成2,3-丁二醇。

后者无异味，不影响啤酒风味。一般采取的控制措施是提高发酵温度（12～16℃），使二乙酰乳酸尽快生成双乙酰；增加酵母接种量（0L/100L～2L/100L）；降低下酒糖度等。此外，还需保证麦汁中二氨基氮（缬氨酸）含量在180mg/L以上，实验证明缬氨酸能通过抑制二乙酰乳酸的生成来反馈抑制双乙酸的生成。

下列因素有利于双乙酰分解：防止酵母沉降或贮酒期间添加高泡酒，处于发酵期的酵母细胞分解连二酮的能力很强，是双乙酰形成能力的10倍；麦汁要含有足够量的氨基酸（如减少辅料用量、低温下料、适当延长蛋白质休止时间、用溶解良好的麦芽等），缬氨酸的含量也就充足，通过反馈作用，抑制酵母菌由丙酮酸生物合成缬氨酸的代谢作用，相应地就抑制了α-乙酰乳酸和双乙酰的生成（图5-8）。麦汁中Zn^{2+}含量充足及充氧量适中，使酵母活力旺盛，还原双乙酰的能力强；适当提高啤酒后发酵温度，双乙酰分解受温度影响强烈，随着温度的升高，双乙酰分解能力增强；发酵前期采取加压发酵工艺，在后期利用CO_2进行洗涤。

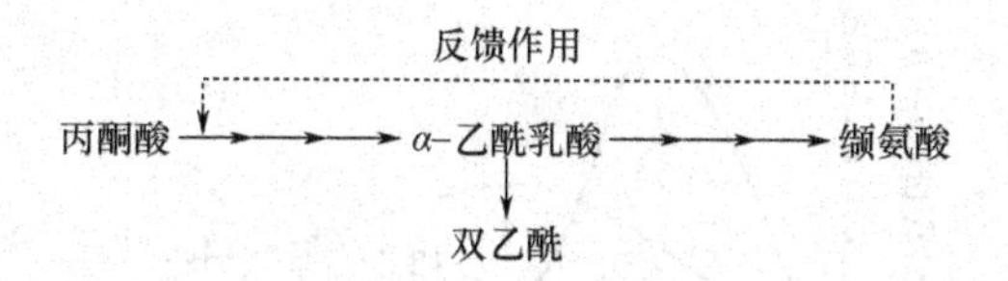

图5-8 缬氨酸对双乙酰的反馈抑制示意

八、醛类形成与浓度变化

啤酒中有多种有基化合物，包括酮类和醛类。酮类对啤酒风味无任何影响，而醛类形成了一组重要的啤酒挥发性物质，对啤酒风味具有特殊的重要性。啤酒中醛类含量范围见表5-3。

表 5-3 啤酒中醛类含量范围　　单位：mg/L

项目＼醛类	乙　醛	丙　醛	异丁醛	异戊醛	正庚醛	正辛醛	糠　醛
阈值	15	5	1	0.5	0.1	0.4	50
含量范围	3～35	0.1～0.5	0.1～0.5	0.05～0.2	0.05～0.1	0.05～0.3	0.2～10
正常含量	6～8	0.2～0.3	0.2～0.3	0.1	0.05～0.07	0.1～0.2	0.5～2

丙酮酸在酶的作用下脱羧形成乙醛和二氧化碳，大部分乙醛受酵母酶作用还原成乙醇。啤酒中醛类的含量随着发酵过程快速增长，又随着啤酒的成熟含量逐渐减少。由于啤酒成熟后期各种醛类含量大都低于阈值，所以醛类对啤酒口味的影响并不大。这里主要讲一下乙醛。

乙醛是啤酒发酵过程中产生的主要醛类，也是啤酒中含量最高的醛类，是组成啤酒生青味的主要成分之一。它是酵母进行乙醇发酵的中间产物，是由丙酮酸脱羧基而形成的，如下式所示。

$$CH_3OCOOH \longrightarrow CH_3CHO$$

乙醛在主发酵前期大量形成，而后很快下降。下面发酵至发酵度为 35%～60%时，上面发酵至发酵度为 10%时，乙醛含量最高。乙醛的阈值为 10mg/L，当乙醛含量超过 10mg/L 时，给人以不愉快的粗糙苦味感觉；含量过高，有一种辛辣的腐烂青草味。成熟啤酒的正常含量一般低于 10mg/L，优质啤酒乙醛含量一般在 1.5～2.5mg/L。

未成熟的啤酒，乙醛与双乙酰及硫化氢并存，构成了嫩啤酒固有的生青味。发酵温度、发酵压力、麦汁 pH 值、酵母接种量都与乙醛的形成量有关。温度越高，乙醛生成量越低（图 5-9）；发酵压力越高，乙醛形成量越高；麦汁 pH 值越高，乙醛形成量越高；酵母接种量增加，乙醛形成量越高。所以在发酵后期，应适当调节发酵温度和压力，使乙醛含量达到正常水平。乙醛在发酵后期，伴随 CO_2 的排放迅速减少。采用 CO_2 洗涤可以促进乙醛挥发。

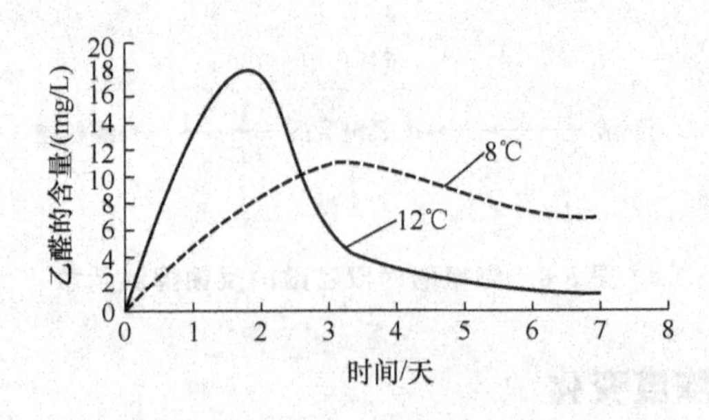

图 5-9 乙醛在两种不同温度下的浓度变化

瓶啤在杀菌时，特别是在瓶颈空气和溶解氧含量高的情况下，乙醛含量会有所增加。麦汁染菌或酵母染菌都可能增加啤酒中的乙醛含量。

第四节 传统啤酒发酵工艺

啤酒的发酵分为主发酵和后发酵两个阶段。传统啤酒分批发酵，每批1～2锅定型麦汁，经前发酵、后发酵等阶段。主发酵池具有密闭和敞口的发酵池，各阶段均在有绝热维护层并具有室温调节装置的厂房内进行。

一、酵母增殖

加酒花后的澄清汁冷却至6.5～8.0℃，接种酵母，主发酵正式开始。酵母对以麦芽糖为主的麦汁进行发酵，产生乙醇和CO_2，这是发酵的主要生化反应。

一般麦汁泵入酵母增殖池，添加扩大培养的酵母液或回收的酵母泥0.5%～0.6%，酵母的添加增殖有以下两种方法。

1. 酵母添加方法

（1）直接添加增殖　在密闭酵母添加器内将回收的酵母按需要量与麦汁（1∶1）搅匀，用压缩空气或泵送入添加槽的麦汁中。若麦汁中溶氧不足6 mg/L，应通气数分钟，在18～24 h内增殖4～5倍。此法为我国多数啤酒厂采用。

（2）追加法或分割法增殖　国内某些老厂用过追加法。该法类似扩大培养，逐步增加发酵液中的酵母细胞数，每次添加后要适当通风。具体方法多种多样。如将一个酵母增殖池所需的酵母泥一次加入池中，在酵母增殖的12h内，全量麦汁分3～4次加入；当汉生罐菌种或酵母泥菌种量不足时，可在一个增殖池中加满麦汁增殖20～24h，然后分为两池，各加满麦汁，继续增殖12h。酵母在增殖池内增殖后，酵母数达7×10^6个/mL，出芽率为70%左右，在增殖池四周有白色乳脂状泡沫升起，并向中间移动，此时可将酵母液泵入主发酵池。

2. 酵母添加量

添加量常按泥状酵母对麦汁体积百分率计算，一般为0.5%～0.65%，通常接种后细胞浓度为800万～1200万个/mL。接种量应根据酵母新鲜度、稀稠度、酵母使用代数、发酵温度、麦汁浓度以及添加方法等适当调节。若麦汁浓度高，酵母使用代数多，接种温度及酵母浓度低，则接种量应稍大，反之且少。

二、主发酵

主发酵又称前发酵，为发酵的主要阶段，故而得名，发酵方法分为两类，即上面发酵法和下面发酵法。我国主要采用后种方法。下面重点介绍下面啤酒发酵法。

酵母液由增殖池倒入主发酵池，其溶解氧已基本耗尽，与新鲜麦汁混合后进行为期 5～10d 的主发酵，起发温度为 5～7℃，最高升至 8～10℃，最终降为 3.5～5℃，外观糖度从 12%降到 3.5%～5.5%。

1. 发酵阶段

主发酵根据表面现象分为四个时期。

(1) 低泡期　接种后 15～20h，池的四周出现白沫，并向池中间扩展，直至全液面，这是发酵的开始。糖度下降，温度上升，产生 CO_2，酵母浮游。当麦汁倒入主酵池后，泡沫逐渐增厚，洁白细密。从四周向中心形成卷边状，类似菜花。此阶段维持 2.5～3d，每天温度上升 0.9～1℃，糖度平均每天下降 1 波美度。

(2) 高泡期　是发酵最旺盛期，泡沫特别丰盛，达 20～30cm 厚，品温最高达 8.5～9℃，此时，应密切注意降温。悬浮酵母数达最高值，降糖最快时达每天 1.5 波美度。由于酒花树脂的析出，泡沫表面出现棕黄色，此阶段可持续 2～3d。

(3) 落泡期　是发酵的衰落期，温度开始下降，降糖速度变慢，泡沫亦开始收缩，变为棕褐色。落泡期约 2d，每天品温下降 0.4～0.9℃，耗糖 0.5%～0.8%。

(4) 泡盖形成期　由蛋白质、树脂、酵母和其他杂质形成褐色泡盖，2～5cm 厚，酵母渐下沉。当 11 度啤酒糖度降至 4.0～4.5 波美度，12 度啤酒糖度降至 3.8～4.8 波美度时，即可下酒进入后酵。

2. 主发酵过程控制

(1) 温度的控制　控制不同的发酵温度有各自的优缺点，采用低温发酵，酵母在发酵过程中生成的副产物较少，使啤酒的口味较好，泡沫状况良好，但发酵时间长；采用高温发酵，酵母的发酵速率较快，发酵时间短，设备的利用率高，但生成副产物较多，啤酒口味较差。

(2) 浓度的控制　麦汁浓度的变化受发酵温度和发酵时间的影响。发酵旺盛，降糖速率快，则可适当降低发酵温度和缩短最高温度的保持时间；反之，则应适当提高发酵温度或延长最高温度的保持时间。

(3) 时间的控制　发酵时间主要取决于发酵温度的变化，发酵温度高，则发酵时间短；发酵温度低，则发酵时间长。

3. 发酵的时间及温度管理

温度高低直接影响发酵时间长短和啤酒品质。啤酒发酵的一般温度范围见表 5-4。

表 5-4　啤酒发酵的一般温度范围

啤酒种类	起始温度/℃	最高温度/℃	最终温度/℃
上面啤酒	10～15	15～25	5～7
下面啤酒	6～8	8～12	3.5～5

三、后发酵

主发酵完成后的发酵液称为嫩啤酒或新酒，应经较长时间的后发酵才宜饮用，后发酵又称啤酒的后熟或贮藏阶段。以下重点介绍下面啤酒发酵法的后发酵。

1. 后发酵的目的

① 完成残糖的最后发酵，增加啤酒稳定性，饱充 CO_2；②充分沉淀蛋白质，澄清酒液；③消除双乙酰、醛类以及 H_2S 等嫩酒味，促进成熟；④尽可能使酒液处于还原态，降低氧含量。

2. 后发酵管理

（1）下酒　将主酵嫩酒送至后酵罐称为下酒。酒液从贮酒桶底引进入罐，这样可避免酒液吸氧过多，减少 CO_2 损失以及涌沫，有利于缩短澄清时间。下酒之前，贮酒罐充满无菌水，再用 CO_2 将水顶出，使 CO_2 充满再进酒液，因为酒液中原有溶解氧已足以保证后酵之需。此外，要求尽可能一次满罐，留空隙 10～15cm。

（2）管理　下酒后先开口发酵，以防 CO_2 过多，酒沫涌出，2～3d 后封口。若有自动调压装置，封口可早些。

后酵期间的操作管理主要为酒龄、温度、罐压及酒质四项指标，具体因啤酒品种、CO_2 含量、贮酒设备及其能力等而异。

酒龄即为后发酵的周期，传统的外销酒为 60～90d，内销酒为 35～45d 或更长些。后发酵温度过高或过低均不好，温度过高易污染杂菌，并促使酵母自溶造成成品酒口味不正。温度过低，则后酵时间太长。通常采用先高后低的温度，即前期控制为 2～3℃，后期逐渐降至－1～1℃，降温速度因啤酒品种与酒龄而定。后发酵多采用室温控制酒温，或后发酵罐自身有冷却设施。但目前不少厂因一室多罐，不能集中进酒或出酒，而采用 1～2℃恒定的室温。

后发酵到一定阶段，罐内 CO_2 压力达到一定值时，要保持相对稳定为 40～50kPa。也有的厂在前期压力控制稍高，为 50～80kPa，后期稍低些，为 35～50kPa。但控制罐压总的原则是不能忽高忽低地随时波动，以免影响酒液澄清和 CO_2 的饱和。排放 CO_2 时要缓慢，少放，精心操作，以水银柱压力计或玻璃调压器进行调节，最好实行自动控制。一般水泥罐的操作压力为 35～40kPa，金属罐可为 50～80kPa。CO_2 压力太高，灌酒时易窜沫，CO_2 压力太低，成品酒含量达不到 0.3%以上的要求，则酒味淡泊，无杀口力。

一般老工艺外销酒贮酒时间为 60～90d，内销酒为 35～40d，贮酒期间，用烧杯取样观察，通常 7～14d 罐内酵母下沉。若长期酒液不清，应镜检。若是酵母悬浮，则属酵母凝聚性差；若是细菌浑浊，则属细菌污染，通常无法挽救，只能排放；若是胶体浑浊，原因是麦芽溶解度差，糖化蛋白分解不良，煮沸强度不够，冷凝固物分离不良等。

后酵期间，还应定期用烧杯取酒样观察澄清度和品尝口味，以及检查是否污染杂菌，及时发现问题并采取相应措施。

第五节 圆筒体锥底发酵罐（C. C. T）发酵

一、概述

早在70年前，德国酿造师（L. Nathan）发明了立式圆筒体锥底发酵罐，（筒体直径）H：（筒体高度）D=2：1，夹套冷却，密闭式（罐压在0.05MPa），这种形式发酵罐称“奈当罐”。发酵结束后，先从锥底排放酵母，再用CO_2充气洗涤啤酒，后降温至0～1℃冷藏，过滤。20世纪50年代，啤酒需要量激增，啤酒工厂不断扩大产量，发酵设备容积从10～30m^3逐步走向大型化（100～500m^3），大型发酵罐从冷藏库走向室外（露天、户外），奈当罐技术得到改进和发展。在20世纪50年代后期新建大型化啤酒厂（3万～5万吨/年以上），啤酒发酵型式有圆筒体锥底发酵罐（我国常称锥形罐）、塔式发酵罐、联合发酵罐等。我国在20世纪70年代中期，广州啤酒厂和北京啤酒厂先后采用室外圆筒体锥底发酵罐发酵，此发酵方法现在几乎已经遍及全国中、大型啤酒工厂，逐步取代了传统发酵方式。

二、圆筒体锥底发酵罐

圆筒体锥底发酵罐的罐身呈圆柱形，圆顶或锥顶，锥形体底，罐筒体壁和锥底有各种形式的冷却夹套（图5-10）。

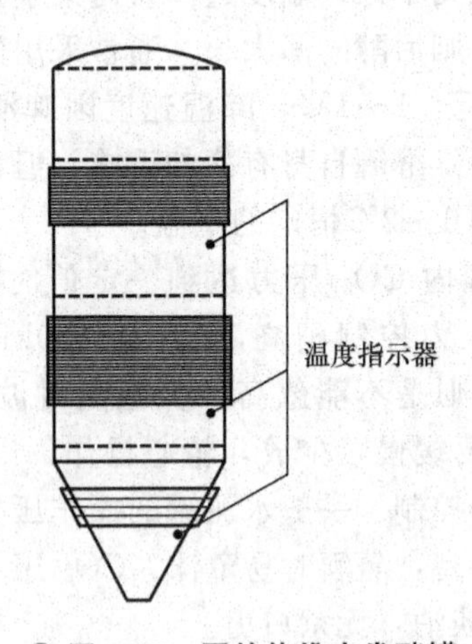

图5-10 圆筒体锥底发酵罐

筒体直径（D）和筒体高度（H）是主要特性参数。单酿罐一般是D：H=1：（1～2）。对两罐法的发酵罐D：H=1：（3～4），对两罐法的贮酒罐D：H=1：（1～2），也有采用直径为3～4m的卧式圆筒体罐作贮酒罐。

发酵罐锥底角，考虑到发酵中酵母自然沉降最有利，取排出角为73°～75°（一定体积沉降酵母在锥底中占有最小比表面积时摩擦力最小），对于贮酒罐，因沉淀物很少，主要考虑材料利用率，常取锥底角为120°～150°。

三、圆筒体锥底发酵罐发酵工艺

圆筒体锥底发酵罐发酵工艺，由于各厂使用的酵母特性、啤酒风格有差别，工艺差异也比较大，现将国内使用较多的锥形罐的发酵工艺介绍如下。

1. 锥形罐罐发酵法实例

(1) 低温发酵　5～8℃的冷麦汁，再经硅藻土过滤，离心分离或浮选法除去冷凝固物。因锥形罐容量较大，需分批在24h内装满，开始几批麦汁品温为7℃，少加酵母及少量通风，最后一批麦汁进罐时将酵母全部加入，并正常通风至麦汁溶解氧浓度为8～12mg/L。进料结束后的品温约为8℃。发酵一天后可排放一次沉淀物，再自然升温至10℃，在此温度下保持3～4d，待外观发酵度达60%左右，继续自然升温至12℃，罐压升至80～90kPa，当发酵液外观浓度降至3.7波美度左右，使罐压升至100～120kPa，直至达最终发酵度，双乙酸含量为0.15mg/L以下，即发酵到7～8d时，排除并收集酵母。再在2～3d内将酒温降至－1℃，保持罐压为70～100kPa，在该温度和压力下维持10～14d，期间排除酵母2～3次，并进行CO_2洗涤。最后充CO_2至预定要求。

(2) 高温发酵　冷麦汁用硅藻土过滤机过滤后，升温至11℃，添加0.6%～0.8%酵母泥，送入锥形罐。在此温度下酵母增殖36h，再升温至12℃保持2d，继续自然升温至14℃保持4d，同时罐压升至120kPa，控制双乙酰含量不超过0.1mg/L。发酵7～8d时酒温降至0℃后，排放酵母，在该温度下饱和CO_2，后熟约5d。前后发酵期共12～14d。

也有采用最高发酵温度15～18℃的，但总的说来发酵温度不宜过高，以免酵母早衰和污染杂菌，以及生成大量的高级醇等不利于成品酒风味的成分。

锥形罐具有发酵周期短、CO_2回收和利用方便、酒花用量较少以及成品酒泡沫较好等优点，但也存在发酵时泡沫过多、酒液难以澄清等缺点。可采用控制品温和麦汁溶解氧浓度以及在发酵结束后离心分离酵母等措施予以弥补。另外，应选育凝集性良好而又能适应较高发酵温度的酵母，酵母的培养系统也应加强。并应提高无菌要求。酵母最好先排放在用CO_2备压的容器内，再进行缓慢降压。

2. 锥形罐主发酵的两罐发酵法

主发酵在锥形罐内进行，后发酵可用另一锥形罐、传统式贮酒罐或大直径发酵罐。

主发酵的工艺基本上同一罐法。当发酵液外观浓度降至3.6～3.8波美度时，任其自然升温至12℃，并保持该温度，使罐压达100～120kPa，以促进双乙酰还原和酵母沉淀。若双乙酰含量降不到0.1mg/L，可添加一定量的高泡酒。当双乙酰含量为0.1mg/L时，以0.3℃/h的速度降温至5℃，保持12～24h后，排放酵母。继续以0.1℃/h的速度，降温至0～1℃，在保持原罐压力下，将发酵液泵入预先用CO_2备压为60～80kPa的大直径贮酒罐中，并保持原来罐压，在上述酒温及罐压下，贮存7～10d后过滤。

第六节 啤酒大罐发酵

一、进罐方法

现在常采用直接进罐法。即冷却通风后的麦汁用酵母计量泵定量添加酵母，直接泵入C.C.T发酵。如酵母凝聚性强，在进罐时用文丘里管或静态混合器，使空气、酵母、麦汁混合均匀。

二、接种量和起酵温度

麦汁直接进罐法，为了缩短起发酵时间，大多采用较高接种量（0.6%～0.8%），接种后细胞浓度为（15±3）×10^6个/mL。

直接进罐法，麦汁是分批进入C.C.T的，为了减少VDK前驱物质二乙酰乳酸的生成量，要求满罐时间在12～18h之内。

麦汁接种温度是指控制发酵前期酵母繁殖阶段温度，一般低于主发酵温度2～3℃，目的是使酵母繁殖在较低温度下进行，减少酵母代谢副产物过多积累。

若某发酵C.C.T罐，四批麦汁满罐每批间隔4h，接种量为0.7%，主发酵温度为12℃，接种可如表5-5控制。

表5-5　麦汁批次与接种条件的关系

麦汁批数	麦汁温度/℃	接种量/%	溶氧/(mg/L)
1	9.0	0.15	8～9
2	9.3	0.25	8～9
3	9.5	0.3	5～6
4	9.7	—	3

注：接种量为占满罐体积的百分数；第四批麦汁不通风，为自然溶氧量。

三、主发酵温度

大罐发酵就国内采用的啤酒菌株而言，大多采用低温（9～10℃）发酵和中温发酵（11～12℃）。

低温发酵主要用于<11°P麦汁浓度或发酵周期（单酿）大于2°d的啤酒。

中温发酵普遍用于新引进菌株和新培育快速发酵菌株酿制淡爽啤酒，单酿发酵周期小于18d。

原麦汁浓度为12°P，对于高发酵度啤酒（>65%），外观浓度<3.6～3.4°P；中等发酵度啤酒（62%～64%），外观浓度<3.9～3.7°P，均认为主发酵结束。

四、VDK还原

在大罐发酵中，后发酵一般称做VDK，还原阶段。VDK还原初期一般均不排放酵母，也就是发酵全部酵母参与 VDK 还原，这可缩短还原时间。还原阶段温度控制方法有三种。

① 低于主发酵温度 2～3℃，这是模拟传统发酵控制，有利于改善啤酒风味，但还原时间较长，一般要 7～10d，酵母也不易死亡和自溶。

② 和主发酵温度相同。实际上发酵不分主、后发酵，操作容易，还原时间短，许多工厂在旺季大多采用此法。

③ 高于主发酵温度 2～4℃。高温还原，还原时间可以缩短至 2～4d，此法是近代快速发酵法的一大特点。

许多研究证明，啤酒风味物质的形成，主要在酵母繁殖和主发酵阶段，采用高温还原并不增加很多代谢副产物，如高级醇、挥发酯等。

能否用高温还原，主要取决于酵母的特性。虽然任何啤酒酵母菌株，提高还原温度均可加速 VDK 还原，但实际上不是所有酵母菌株均能于高温还原，其原因是：

① 若为发酵度偏低的酵母菌株，在主发酵后糖降很少，放热少，温度升不起来，有的仅能升温 1～2℃。

② 某些酵母菌在主酵后，由于嫩啤酒中营养物质大幅度消耗，酵母比较衰弱，还原阶段高温会引起酵母死亡加速，VDK 虽然下降较快，但很难降至最低值(0.06mg/L)，酵母死亡率增加，不但影响回收种酵母的质量，而且会使啤酒带有明显的自溶酵母的臭味。

③ 若工厂卫生不好，麦汁和嫩啤酒中杂菌较多，采用高温还原，促进杂菌(兼性嫌氧细菌) 繁殖，挥发酸升高，啤酒风味恶化。

五、 冷却、 降温

VDK 还原阶段的终点，是根据成品啤酒所要求 VDK 的含量而定。现在优质啤酒希望 VDK 含量 0.06mg/L，VDK 低于 0.1mg/L，才称还原阶段基本结束，可降温。在降温、排酵母、贮酒过程中，VDK 有少量下降，则可达到要求。

啤酒降温依靠 C.C.T 冷却夹套。控制冷媒进入量可调节降温速率，降温速率应控制在 0.2～0.3℃/h。前期冷却主要依赖筒体上段，其中段冷却夹套流型是近罐壁啤酒降温后向下流动，罐中央啤酒向上流动，进行热交换。降至 3℃以后，主要依赖锥底，其次是筒体下段冷却夹套冷却。

单酿法排放酵母的时间，原则上是 VDK 还原至某一水平（比还原终点略高）后，尽可能早排放酵母，这样有利于改善种酵母泥的品质。但实际上受酵母菌株凝聚或沉淀条件的控制，某些酵母菌株，除了要达到一定的发酵度外，还必须降温至某一较低温度才能凝聚或絮凝沉淀。

图 5-10、图 5-11 是两种酵母菌株单酿法发酵曲线。

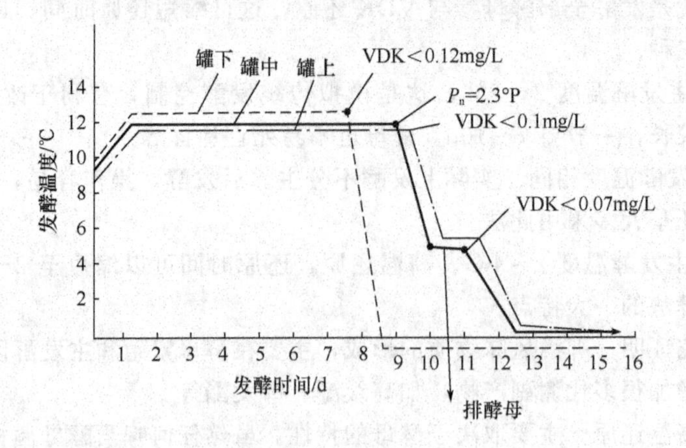

图 5-11 G-03 酵母单酿法发酵曲线（主、后酵恒温）

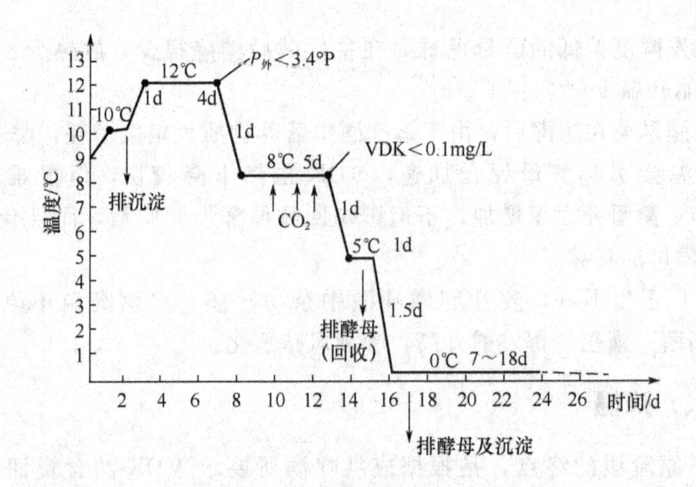

图 5-12 Q-05 菌株单酿法发酵曲线

六、罐压控制

在传统式发酵中，主发酵是在无罐压（敞口式）或微压（密闭、回收 CO_2）下进行的。发酵液中 CO_2 是酵母的毒物，会抑制酵母的繁殖和发酵速率。因此，大多数 C. C. T 发酵主发酵阶段均采用微压（＜0.01～0.02MPa），主发酵后期才封罐逐步升压，还原阶段 1～2d 升至最高值。由于罐耐压强度和实际需要，C. C. T 罐压一般最大控制在 0.07～0.08MPa，以后保持（或略有下降）至啤酒成熟。

大罐直接排放收集酵母，应采用酵母接收罐，一般每一组发酵罐需 3 只。酵母接收罐是有夹套和保温层的小型锥罐，前 2 只全容积为发酵锥罐的 5%，作为种酵母接收罐，后 1 只为发酵罐全容积的 8%左右，作为废酵母收集罐。

七、 酵母的排放和收集

凝聚性啤酒酵母，啤酒发酵度达到凝聚点（一般在发酵度35%～45%），啤酒酵母就逐步凝聚沉淀于器底，而且沉淀紧密，温度和压力影响不大。收集酵母后，用酵母泥1～1.5倍的无菌低温酿造水（1～2U）覆盖并控制存放温度不超过2℃，每天换一次无菌水。

八、 单酿罐发酵贮酒

单酿罐发酵法一般适宜制造淡爽型啤酒，此类啤酒追求新鲜口感，因此，贮酒期较短。发酵啤酒在3～6℃左右排放酵母，罐内继续降温至0℃（约需1d），在0℃左右下贮酒2～7d，若理化和感官指标达到标准，即可过滤、包装。

单酿罐发酵和贮酒在同一个发酵罐内进行，罐内啤酒酵母常常排放不够彻底，上、中、下段之间不易均衡降至0℃以下，很容易引起酵母自溶，增加杂味，因此，单酿法贮酒时间不宜长。

第七节 啤酒发酵新技术

一、 高浓度麦汁发酵

传统德国式啤酒酿造法，麦汁煮沸和冷却后称“定型麦汁”。近代欧洲税率规定以此麦汁的浓度和容积为收税标准，因此，定型麦汁浓度在发酵和成品制造过程中是不允许改变的。成品啤酒计算的“原麦汁浓度”应和制造时麦汁浓度一致。20世纪70年代美国、加拿大等国啤酒厂推出“高浓酿造，后稀释工艺”，采用高浓度麦汁糖化和发酵，啤酒成熟以后，在过滤前用饱和CO_2的无菌水稀释成传统浓度的成品啤酒。

传统型浅色下面发酵啤酒的浓度，习惯上在14°P以下，对于超过15°P以上酿造（糖化和发酵）以后再稀释成传统8～12°Bx的啤酒，在工艺上称“高浓酿造稀释法”。

国外较普遍采用稀释度为20%～40%，除德国外，国外许多大公司生产啤酒均采用“高浓酿造稀释法”。

稀释方法有以下三种。

① 麦汁稀释：糖化麦汁采用高浓度，在回旋沉淀槽稀释。此法仅使用在糖化能力不足的工厂。

② 前稀释：主发酵用高浓度，后发酵时稀释。此法对稀释水脱氧要求低。

③ 后稀释：啤酒发酵、贮酒结束，成熟酒在后处理或过滤前稀释。此法是典型的高浓酿造后稀释法。

二、连续发酵

游离酵母的连续发酵在20世纪50～60年代在一些国家应用于生产，使用的主要有多罐式连续发酵及塔式连续发酵两种。1977年我国上海啤酒厂进行了塔式连续发酵生产下面啤酒的中试研究，取得了成功。20世纪80年代后，锥形罐发酵取代了传统发酵，生产周期缩短，而连续发酵由于污染和风味（特别是双乙酰）控制的困难逐渐停止了使用。

20世纪70～80年代对啤酒连续发酵的研究主要集中在固定化酵母的应用上，对游离酵母连续发酵的研究一度停滞，后由于固定化酵母技术表现出一些难以克服的弱点，例如酵母的老化、酵母细胞在固定化载体内浓度不均匀等，给实现长期稳定的连续酿造带来障碍，于是人们又重新开始研究游离酵母的连续发酵。

20世纪90年代，Mitsuyasu Okabe等设计的菌体循环连续发酵系统取得了较好的效果。此装置包括一个搅拌型发酵罐和一个塔式发酵罐，第一罐排出的CO_2从底部进入第二发酵罐，以均匀地搅拌发酵液。第二罐不带搅拌，酵母将自然沉降，一部分酵母泵入第一发酵罐中以提高酵母密度，嫩啤酒从第二罐上部溢流口流出。

鲜啤酒与传统法生产的啤酒相比，其乙醇、异戊醇、乙酸乙酯和醋酸异戊酯的含量都很接近，只有双乙酰含量较高，见表5-6。

表5-6　两种方法生产的啤酒质量对比

项　目	连续发酵	传统发酵
密度	1.006	1.006
原麦汁浓度/%	10.6	10.5
外观浓度/%	1.62	1.54
真正浓度/%	3.33	3.25
外观发酵度/%	84.7	85.3
真正发酵度/%	68.5	69.0
酒精度/%	3.71	3.72
pH	4.04	4.14
色度/EBC	17.0	8.1
乙酸乙酯/(mg/L)	14.1	12～16
醋酸异戊酯/(mg/L)	1.21	0.8～1.6
异戊醇/(mg/L)	72.0	48～71
n-丙醇/(mg/L)	11.3	7～13
双乙酰/(mg/L)	0.12	—

啤酒连续发酵要实现工业化生产，必须克服几大障碍：①杂菌问题；②连续发酵的啤酒和传统啤酒风味不同；③双乙酸含量偏高的问题。

三、 酶制剂在啤酒发酵中的应用

啤酒发酵阶段使用的酶制剂及主要作用如下。

① 促进啤酒风味成熟。啤酒中双乙酰是啤酒成熟的主要指标。乙酰乳酸脱羧酶可调节双乙酰前体物质走支路代谢途径直接分解，进而转化成2,3-丁二醇，使双乙酰在啤酒中含量大大降低，缩短发酵周期，从而保证啤酒的风味质量。

② 提高啤酒非生物稳定性。啤酒中的多酚、多肽及二价金属离子等由低相对分子质量向高相对分子质量缩聚，可引起啤酒的浑浊，其中，多酚的聚合为主要原因，这种现象主要形成于发酵后期阶段。添加蛋白酶可以分解蛋白质或改变其电性，使之不与多酚物质结合，有效地防止了冷浑浊，从而提高啤酒的非生物稳定性。

③ 防止啤酒风味老化。啤酒的风味物质主要是高级醇、酮类、醛类、双乙酰等酵母代谢副产物，而影响啤酒风味的主要物质是含羧基、醛基、硫基的化合物及烯醇等，这些物质又极易氧化，改变了它们原有的性质，使啤酒失去新鲜味而产生不愉快的苦涩味、老化味及其他异味。

啤酒生产中常常加入葡萄糖氧化酶而消耗溶解氧，可起到除氧和抑菌的作用，从而保持风味不发生变化。合理使用葡萄糖氧化酶可以有效防止啤酒的老化、变质，保持啤酒特有的色、香、味。

④ 消除杂菌污染。在啤酒生产过程中，防止杂菌污染十分重要。杂菌以乳酸杆菌为主，采用高效溶菌酶，可以有效抑杀有害杂菌。溶菌酶是一种催化革兰阳性菌细胞壁中肽多糖水解的酶，破坏细菌的细胞壁，使细胞溶解死亡，在纯生啤酒生产中应用效果良好。

第八节 啤酒发酵罐的清洗和灭菌

一、 发酵罐特点

啤酒发酵罐主要特点是系统操作方便灵活、安全，生产过程中可实现全过程自动控制，无须人工参与。也可根据要求每个部分实现全自动控制，每个部分之间实现自动转换和手动的无扰动转换。温度是啤酒生产中的一个重要参数，啤酒发酵罐设三段温度检测、三段冷却带，冷却介质为液氨，分别用三个氨电磁阀来控制。

啤酒发酵罐温度传感器将控制点的温度信号精确地传到模拟量接口模块，并与设定值比较后，经过内部运算，将控制信号经模板输出到调节阀，通过调节阀的开度控制蒸汽的流量和压力，从而达到温度的精确控制。过滤机的压力通过压力变送器检测后送到PLC，通过智能模糊等控制算法，将控制信号送至变频器，通过变频器的频率变化控制泵的转速，达到恒压控制的目的。

啤酒发酵罐控制系统稳定可靠，自动化程度高，故障率极低，从而提高了劳动生产率，满足了市场的需要。而且针对不同的发酵阶段可以设定不同的蒸发温度，使啤酒发酵罐的降温工艺更合理，控制更准确，同时对制冷站的节能降耗也会有一定的帮助。控制站是整个控制系统的核心，具有可靠性高、响应快、功能强、精度高、抗干扰能力强等特点。

二、发酵罐的清洗和灭菌

清洗和灭菌是啤酒生产的基础性工作，也是提高啤酒质量最关键的技术措施。

近年来，啤酒企业在生产过程中均大量采用国产麦芽和小麦芽，由于其所含蛋白质比较高，因此，酒液黏性较大，致使污垢与罐体结合牢固。

此外，在发酵过程中会产生大量的泡沫，使管线、罐体内壁存在大面积或局部污物，一方面构成微生物藏身和繁殖的场所；另一方面，在杀菌过程中，消毒剂无法接触到微生物表面，致使杀菌不彻底，影响到系统内微生物的指标，并给酒体带来不好的口感，以致影响啤酒的理化指标。

在各家啤酒厂的日常生产过程中，清洗杀菌虽然都按照既定工艺严格执行，但由于生产管线拐点多，线路长，罐体内洗涤器老化、堵塞，泵压不配套等诸多因素，很难将管线、罐体内部所有部位清洗干净，尤其是一些死角。而局部的清洗不彻底，日积月累最终会引起整个系统的微生物爆发，以致严重影响产品品质。

发酵罐大清洗，就是针对啤酒生产过程中这一普遍存在的问题而设计的清洗工艺。其目的在于在生产淡季通过增加清洗强度，使平时清洗不到位的地方彻底清洗干净，不至于因产生污物累积效应而导致微生物爆发。同时，通过大清洗工艺的进行，可以对整个生产系统的清洗设施进行检查和维护。

清洗和灭菌的目的就是要尽可能地去除生产过程中管道及设备内壁生成的污物，消除腐败微生物对啤酒酿造的威胁。其中，以发酵车间对微生物的要求最高，清洗灭菌工作占其工作总量的70%以上。目前，发酵罐的容积越来越大，输送管道也越来越长，给清洗和灭菌带来许多困难。如何正确有效地对发酵罐进行清洗和灭菌，以适应当前啤酒“纯生化”的需要，满足消费者对产品质量的要求，应该引起啤酒酿造工作者的高度重视。

1. 清洗机理与影响清洗效果的相关因素

(1) 清洗机理　啤酒生产过程中，与物料接触的设备表面，由于各种原因会沉积一些污物。对于发酵罐来说，其积垢成分主要有酵母和蛋白类杂质、酒花和酒花树脂化合物以及啤酒石等。因为受静电等因素作用，这些污物与发酵罐内壁表面之间具有一定的吸附能量，很显然，为了驱使污物脱离罐壁，必须付出一定的能量。此能量可以是机械能，即采用一定冲击强度的水流洗刷的办法；也可以采用化学能，如使用酸性（或碱性）清洗剂，使污物疏松、崩裂或溶解，从而脱离附着表面；还可以是热能，即通过提高清洗的温度，加快化学反应速度及加速清洗过程的进行。事实上，清洗过程往往是机械作用、化学作用和温度效应共同作用的结果。

（2）影响清洗效果的相关因素

① 污物与金属表面间吸附能力的大小，与金属表面粗糙度有关。金属表面越粗糙，污物与表面间吸附力越强，清洗就越困难。设备表面材料的特性也影响到污物与设备表面之间的吸附力，例如，合成材料的清洗较之不锈钢的清洗尤为困难。

② 污物的特性也与清洗效果有一定的关系。很明显，要除去已干结的陈旧污物比除去新的污物要困难得多。所以，在一个生产循环完成之后，一定要尽快对发酵罐进行清洗，不能图方便，等下次使用前再清洗灭菌。

③ 冲刷强度是影响清洗效果的又一主要因素。无论冲洗管道还是罐壁，只有当洗液处于湍流状态时，其清洗效果才最佳。因此，需对冲洗强度和流量进行有效控制，以使设备表面充分湿润，保证最佳的清洗效果。

④ 清洗剂本身产生的效果取决于它的类型（酸或碱）、活性以及浓度。

⑤ 多数情况下，清洗效果随温度的升高而增加。大量的试验表明，当清洗剂种类和浓度确定时，50℃清洗 5min 和 20℃清洗 30min 的效果是一样的。

2. 发酵罐的 CIP 清洗

（1）CIP 运行方式及其对清洗效果的影响　现代化啤酒厂采用最普遍的清洗方式是原位清洗（cleaninginplace，CIP），即在密闭条件下，不拆动设备的零部件或管件，对设备及管路进行清洗及灭菌的方法。

像发酵罐这样的大容器，不可能用充满清洗液的方式清洗。发酵罐的原位清洗是通过洗涤器循环进行的。洗涤器有固定洗球型和旋转喷射型两种，通过洗涤器把清洗液喷射到罐体内表面，然后清洗液沿罐壁向下流淌，一般情况下，清洗液会形成一层薄膜附着在罐壁上。这样机械作用的效果很小，清洗效果主要靠清洗剂的化学作用来实现。

固定洗球型洗涤器的作用半径为 2m，对于卧式发酵罐就必须安装多个洗涤器，洗液在洗涤器喷嘴出口的压力应为 0.2～0.3MPa，对于立式发酵罐和压力测量点在洗涤泵出口的情况，不仅要考虑管路阻力造成的压力损耗，还要考虑高度对清洗压力的影响。压力太低时，洗涤器的作用半径小，流量不够，喷射的清洗液不能布满罐壁；而压力太高时，清洗液会形成雾状，不能形成沿罐壁向下流动的水膜，或者喷射的清洗液被罐壁反弹回来，降低了清洗效果。在被清洗设备较脏和罐体直径较大（$d>2$m）时，一般采用旋转喷射型洗涤器，通过增加洗涤器出口压力（0.3～0.7MPa）来加大洗涤半径，增强冲洗的机械作用，增加去垢效果。与球型洗涤器相比，旋转喷射型洗涤器可以采用较低的清洗液流量。由于冲洗介质通过时，洗涤器利用流体的反冲力进行旋转，冲洗和流空交替进行，从而提高了清洗效果。

（2）清洗液流量的估算　前已述及，发酵罐清洗时需要有一定的冲洗强度和流量。为了保证流体流层足够的厚度及形成连续的湍流，必须注意清洗泵的流量。

对于清洗圆形锥底罐，清洗液的流量有不同的估算方法。传统方法只考虑罐的周长，根据清洗的难易程度，在 1.5～3.5m^3/（m·h）范围内确定（一般小罐取下限，大罐取上限）。一个直径 6.5m 的圆形锥底罐，周长约 20m，如采用 3m^3/

(m·h) 时，清洗液的流量约为 $60m^3/h$。

新的估算方法的依据是，每百升冷却麦汁在发酵过程中析出的代谢产物（沉积物）的量是一定的。罐的直径增加时，单位罐容的内表面积降低，其结果是单位面积上的污物负荷量加大，必须相应提高清洗液的流量，建议以 $0.2m^3/(m^2 \cdot h)$ 为宜。一个容量为 $500m^3$、直径为 6.5m 的发酵罐内表面积约为 $350m^2$，则清洗液的流量约为 $70m^3/h$。

3. 清洗发酵罐常用的方法及程序

① 按清洗操作温度来分，可分为冷清洗（常温）与热清洗（加热）。人们为了节省时间和洗液，往往在温度较高的情况下进行清洗；而为大罐操作安全考虑，冷清洗则常被用于大罐的清洗。

② 按采用的清洗剂种类不同，可分为酸性清洗和碱性清洗。碱洗特别适合去除系统内生成的有机污物，如酵母、蛋白质、酒花树脂等；酸洗主要是去除系统内生成的无机污物，如钙盐、镁盐、啤酒石等。

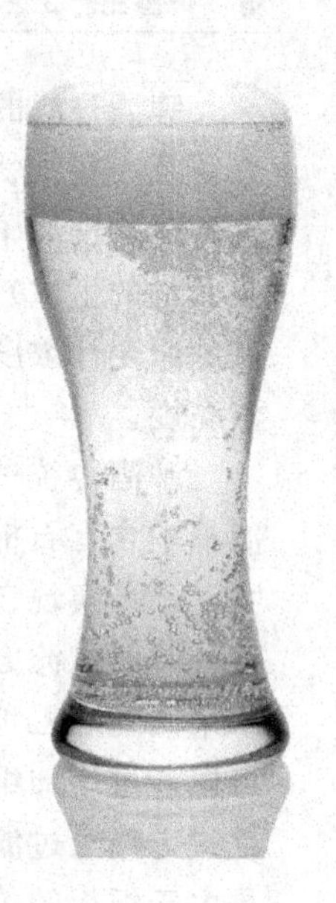

第六章 啤酒的后处理

第一节 啤酒过滤分离及稳定性处理

啤酒过滤是一个纯物理分离过程，利用过滤前后的压差将待过滤液体从一端推向另一端，穿过过滤介质，发酵液中悬浮的微小粒子被截留下来，滤出的啤酒透明且有光泽。过滤介质将微小粒子甚至比介质孔隙小的粒子截留下来主要是通过筛分效应、深层效应和吸附效应实现的。

一般啤酒发酵完毕，便进入了啤酒过滤工序。经过过滤，浑浊的发酵液便成为澄清透明的啤酒。啤酒过滤的工艺流程见图 6-1。

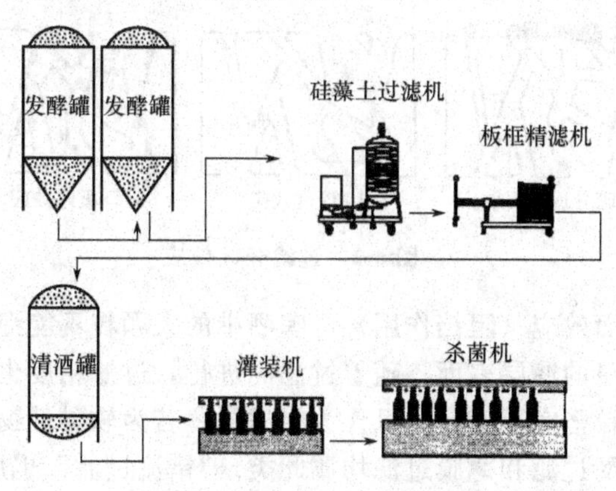

图 6-1 啤酒过滤的工艺流程

啤酒过滤的目的：去除浑浊物质，如蛋白质、蛋白质-单宁复合物、多酚、β-葡聚糖及一些糊状物质；去除一些微生物，如培养酵母、野生酵母、细菌等；隔绝氧气；消除铁离子、钙离子和铝离子的影响；减小机械效应对啤酒的影响（容易导致胶状物的生成）；满足产品纯净度的要求，如无残余的清洗剂和灭菌剂等；确保产品的原麦汁浓度合格；保持啤酒的泡沫性能和苦味值；提高啤酒的感观质量，增强清亮度。

啤酒传统过滤设备：①棉饼过滤机是比较老式的啤酒过滤设备，棉饼过滤机的滤棉中含有石棉，石棉的吸附力很强，酒液清亮透明。但这种过滤方式劳动强度大，不易实现自动化，生产成本效率低，而且石棉对人体具体有一定的危害。所以这种啤酒过滤方式已经被淘汰。②硅藻土过滤机种类很多，主要以板框式、烛式、水平圆盘式三种最为常见。这种过滤机使用时间较早，由于其操作稳定、过滤能力可以通过增加组件而提高，因此至今仍被大多数厂家所采用。③纸板式过滤机与板框式硅藻土过滤机的不同之处是它仅由滤板组成，在滤板之间悬挂有过滤纸板。但是由于纸板的价格较昂贵，所以啤酒生产中常用硅藻土过滤机进行粗糙过滤，纸板过滤机主要用于精过滤。

一、过滤方法原理

啤酒过滤是利用过滤介质将啤酒内悬浮的微小颗粒从酒液内分离除去，使啤酒清澈透明、不含悬浮物的一个物理过程。

啤酒过滤时，浑浊的啤酒借助过滤介质截留固体物而变清。过滤的动力是过滤机进口和出口的压差。啤酒穿过过滤介质的压力是在不断变化的，并且随着过滤介质孔隙度的变化而变化，进口处的压力总高于出口处的压力，压差越大，表明过滤机的阻力越大。此阻力阻止过滤进程，特别是在过滤结束时，压差上升相当快。啤酒过滤时，过滤速度与压差和过滤面积成正比，与流体黏度和过滤介质厚度成反比。啤酒中的悬浮物被过滤介质阻留分离出来，共有三种分离效应（图 6-2）。

图 6-2　过滤分离效应

（1）筛分或表面效应（阻挡作用）　啤酒中的大颗粒不能穿过过滤介质的孔隙而被截留于不断增厚的滤层表面。随着过滤的进行，过滤精度也越来越高，但流量却越来越小。若颗粒坚实不变形，可作为粗滤层；若为软黏性物质，会阻挡过滤使过滤效率降低。滤网过滤和薄膜过滤均属此类。“错流过滤”也属于这种过滤机理。

（2）深度效应　现在越来越多地应用这种分离效应。多孔性的材料由于其巨大的表面积和幽深曲折的通径而将液体中的颗粒截留下来。硅藻土过滤、纸板过滤和滤棉过滤都存在这种现象。深层效应过滤适用于各种硬、软纤维杂质的过滤。

由于机械效应使具有一定粒度的颗粒物质被截留下来，因此，孔隙会不断被堵塞，导致过滤机的过滤性能不断下降。

(3) 吸附效应　细小颗粒因静电效应而被吸附截留。这种吸附效应是由于过滤材料和啤酒中的颗粒具有不同的电荷而引起的。在酒液中，除颗粒悬浮体外，具有较高表面活性的物质如蛋白质、酒花物质、色素物质、高级醇和酯类等都易被过滤介质不同程度地吸附。因此，过滤后啤酒的色泽和口味要比过滤前稍淡一些。

在大多数情况下，筛分效应和吸附效应是同时出现的。

经过发酵或后处理的成熟啤酒，其残余酵母和蛋白质凝固物等沉积于贮酒罐底部，少量仍悬浮于酒液中，这些物质在以后的贮存期间会从啤酒中析出，导致啤酒浑浊。所以，必须经过过滤工序将其除去。

啤酒过滤是一种物理分离过程，是啤酒生产过程中非常重要的生产工序。经过过滤后，啤酒外观清亮透明，富有光泽，使其更富有吸引力；同时，可赋予啤酒以良好的生物稳定性与非生物稳定性，使其至少在保质期内不出现外观的变化，从而保证了啤酒外观质量的完美。

二、 啤酒的稳定性与抗氧化处理

1. 啤酒稳定化处理

啤酒中存在$\underbrace{\text{P（蛋白质）}+\text{T（多酚）}}_{\text{（可溶性复合物）}}\rightleftharpoons$PPTT（浑浊性聚合物）的动态平衡，一旦出现蛋白质或多酚一高一低时，啤酒胶体稳定性就变差。因此，啤酒稳定化处理不能单一地降低蛋白质或多酚的含量。啤酒稳定化处理剂主要有以下几种。

(1) 酿造单宁

① 单宁对蛋白质的选择性最强，能与啤酒中相对分子质量为40000左右的蛋白质以及多肽中的—SH基产生反应，形成沉淀析出，而且在0℃时沉淀速度最快，故倒罐时添加效果较好。

② 酿造单宁可诱发部分花色苷及类黑精介入其与蛋白质的作用，吸附发酵液中的悬浮物，并沉淀析出，从而降低啤酒浊度和色度。

③ 单宁还能改善啤酒的泡持性，但必须严格控制酿造单宁中没食子酸含量，否则会影响啤酒口味。

(2) 硅胶

① 两罐法倒罐时添加，主要用于处理快速发酵或质量较差的麦芽生产的发酵液。有利于啤酒的澄清，缩短发酵周期。

② 硅胶可以吸附造成啤酒潜在浑浊的高分子蛋白质，在缓冲罐内添加，利于增强硅胶的作用效率，保证了硅胶与啤酒足够的作用时间，提高了生产的经济性。

(3) PVPP　PVPP通过氢键吸附啤酒中与蛋白质交联的多酚物质，如儿茶酸、花色素原和聚多酚等，从而降低啤酒 P.I. 值，防止冷浑浊，延长啤酒保质期。PVPP 大多与硅胶共同处理啤酒，但 PVPP 处理后的啤酒对氧极为敏感，可能会破坏啤酒口味的稳定性。

2. 啤酒抗氧化处理

最大限度降低啤酒中的氧是保持啤酒新鲜度和稳定性的先决条件。

目前，被啤酒生产企业广泛应用的抗氧化剂主要有抗坏血酸、植酸、SO_2、葡萄糖氧化酶等几种。其中，抗坏血酸是通过氧化其本身来保护可能被氧化的物质；植酸是通过钝化、减弱金属离子的催化氧化作用来防止啤酒中多酚等还原性物质的氧化。

第二节 啤酒后修饰

一、概述

何谓啤酒修饰技术，目前尚未有统一定义，啤酒修饰可有广义和狭义之分。

广义上讲，啤酒修饰可指传统工艺中应用的修饰或调节方法，即指在酿造过程中添加除麦芽、酒花、大米、水等传统主辅料之外的添加剂或勾兑混合。

狭义上讲，啤酒修饰技术指新型的研究和应用技术，即为改变啤酒色、香、味、体、泡沫等感官质量和增加保健功能而加入添加剂，如添加天然焦糖色素和产黑啤、红啤，添加酒花油、焦香麦芽提取物，增加香味和口感、抑制异杂味。

本节主要同读者讨论狭义的啤酒修饰技术。另外，按照修饰剂添加时机，又可分为前期修饰和后期修饰。前期修饰指在啤酒发酵前添加修饰剂，后期修饰指在啤酒过滤前或灌装前添加修饰剂。可以添加的修饰剂主要有天然焦糖色素、麦芽提取物、酒花浸膏、酒花油、复合啤酒质改剂、果汁、果味香精及螺旋藻、枸杞、灵芝提取液等。

啤酒修饰的目标是改善风味，提高品质，如增加麦香、提高啤酒感官质量和增加保健功能。

二、啤酒修饰剂

1. 黑啤酒浓缩液/红啤酒浓缩液/啤酒色素

由德国进口的黑啤酒浓缩液（色度 9500EBC）和红啤酒浓缩液（色度 2000EBC）是采用高质量的焦香麦芽、黑麦芽、酒花经糖化、发酵后再经过过滤、真空浓缩制得。

使用方法：在过滤前用计量泵或直接添加到硅藻土罐中。

2. 螺旋藻原生液

螺旋藻原生液是以新鲜螺旋藻为原料，采用生物工程技术生产的具有特殊营养作用的新型功能性食品基料，是一种理想的饮品营养配剂。

使用方法：在啤酒灌装前将螺旋藻原生液定量添加到啤酒清液中既可，用量为每吨啤酒加兑螺旋藻原生液0.3～1kg。

3. 啤酒品质改良剂

啤酒品质改良剂是一种纯植物提取液，由十八种氨基酸组成，并含有多种维生素、微量元素和矿物质，不仅能增加啤酒中的营养成分，而且能大幅度提升和改善啤酒质量，使啤酒香气协调，口感醇厚，泡沫细腻，而且延缓啤酒老化，提高保鲜期，对于酒基差的产品，其效果更加显著。

使用方法：每吨啤酒清液加兑啤酒品质改良剂0.3～1kg。

4. 啤酒清凉主剂

啤酒清凉主剂是一种没有薄荷味感觉型的清凉香料，并不带苦涩及刺激辛辣感，清凉持久的感觉先产生于喉部，后作用于整个口腔黏膜，可维持15～30min。该产品已通过GRAS认可，已列入中华人民共和国食品添加剂使用卫生标准食品香料名单中。

使用方法：每吨啤酒清液加兑啤酒清凉主剂0.3～0.5kg。

5. 焦香麦芽香精

该品加入啤酒中具有典型的焦香麦芽味道，与黑焦香麦芽、红啤酒浓缩液、啤酒专用色素可混合使用生产浓色啤酒。

使用方法：每吨啤酒清液加兑焦香麦芽香精0.3～0.5kg。

三、风味、胶体泡沫稳定性修饰

啤酒胶体稳定性与泡沫质量相互关联，又相互制约。啤酒中蛋白质组分极大影响着泡沫稳定性，而啤酒胶体稳定性很大程度上取决于啤酒中蛋白质组成及其络合物质。起泡蛋白、异葎草酮、二氧化碳是泡沫形成的三大要素，酒花加量、添加方法、煮沸强度对啤酒胶体稳定性及泡沫质量均有明显影响。为了提高啤酒胶体稳定性及改善泡沫质量，在生产中应注意原料的选择，掌握好生产工艺的控制要点，采用单宁、蛋白酶、PVPP等稳定剂和还原剂处理。

第三节 啤酒过滤材料与技术

一、概述

过滤介质一般为粉状物，它们被涂附于过滤机的支撑材料之上。啤酒厂所用过滤介质主要有硅藻土和珍珠岩两种。

二、 过滤材料和介质

1. 过滤材料的种类

① 金属过滤筛或纺织物。有不同种类的金属筛、裂缝筛或平行安装于烛式硅藻土过滤机上的异型金属丝、金属编织物或纺织编织物。纺织编织物是近几年才出现的一种材料，但由于它不好灭菌，所以在啤酒过滤中采用较少，它主要用于麦汁压滤机；金属编织物的清洗和灭菌效果要好一些，所以应用较广泛。

② 过滤板。过滤板可用纤维、棉花、硅藻土、珍珠岩、玻璃纤维和其他材料制成。过滤板的种类很多，可满足不同过滤精度的需求，直至无菌过滤。

③膜材料。膜过滤的应用越来越多。制造膜的材料很多，如聚氨酯、聚丙烯、聚酸胺、聚乙烯、聚碳酸酯、醋酸纤维及其他材料。膜很薄（0.02～1μm），因此多被固定在多孔眼的支撑介质上使用，以免被击穿。膜的制作主要有浸渍、喷洒或涂层等方法，可用不同的材料生产任意孔径的膜（图 6-3）。

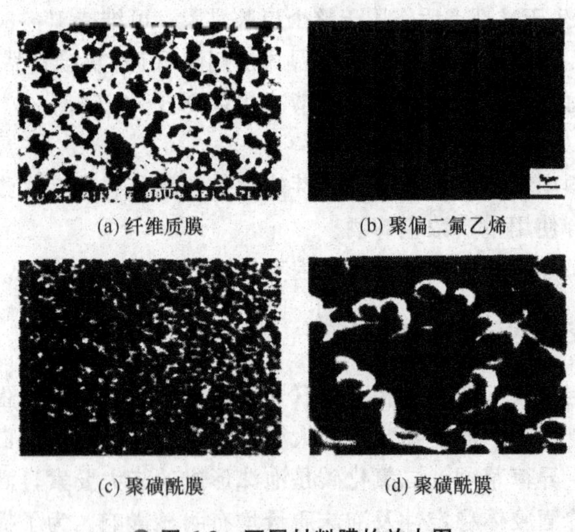

(a) 纤维质膜　(b) 聚偏二氟乙烯

(c) 聚磺酰膜　(d) 聚磺酰膜

图 6-3　不同材料膜的放大图

[（a），（b），（c）为放大 1000 倍；（d）为放大 10000 倍]

2. 过滤助剂

过滤介质一般为粉状物，它们被涂附于过滤机的支撑材料之上，支撑材料有其特殊的形状和结构。有的是用编织物制成的，有的是用不同材料制成的板。没有过滤支撑材料，就无法使用过滤介质进行过滤。啤酒厂所用过滤介质主要有硅藻土和珍珠岩两种。

(1) 硅藻土　硅藻土是近代啤酒工业用得最广泛的一种助滤剂，这是一种由藻类硅质细胞组成的沉积岩矿，经矿石粉碎、高温锻烧和风选、分级后，制成的一种多孔、质轻的助滤剂，其主要成分为二氧化硅、三氧化二铝。用于啤酒过滤的硅藻土分很多种，主要以粒度来区分，即细土、中细土、中粗土、粗土等，各个硅藻土生产厂分别有自己的规格、型号，啤酒工厂在购买硅藻土时，可根据自己的需要进行选择。

好的硅藻土在显微镜下观察，应为圆盘状、棒状、枝状、块状等形状复杂、多孔隙和独立的颗粒（图 6-4），这样才能形成高渗透率、稳定的滤饼，其颗粒大小在 8～50μm，小于 5μm 的颗粒所占比例不应超过 5%；硅藻土还应有良好的烧结度，即具有一定的刚性，这样滤饼才能耐压；硅藻土化学性质要稳定，对被滤液体没有任何影响。

啤酒过滤速度主要取决于硅藻土颗粒的大小。颗粒越细，则酒液被过滤得越清亮，但过滤速度也越慢。粗土与细土的性质正好相反，它的过滤速度较快，但酒液不很清亮，所以粗土主要用于过滤中的预涂。

（2）珍珠岩　珍珠岩是一种由火山爆发出的火山灰作用形成的非晶形矿物岩，为熔融的钾钠铝硅酸盐，具有很强的化学惰性。珍珠岩矿经粉碎、锻烧及分选后制成的珍珠岩具有同硅藻土十分相似的性质，但又有许多不同之处，这些颗粒形态比较规则，为三叶形（图 6-5）。

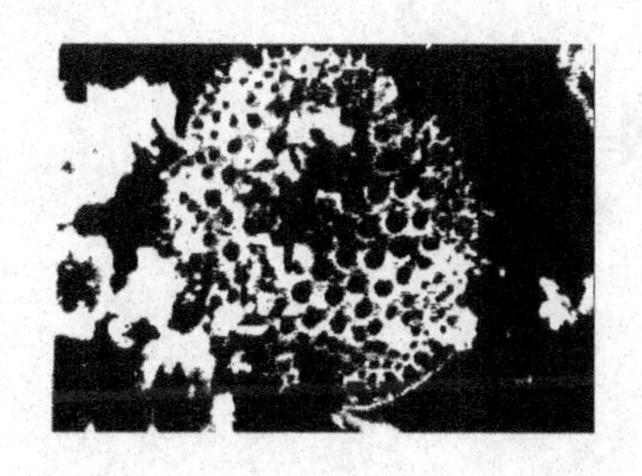

图 6-4　硅藻土（放大 1000 倍）

图 6-5　珍珠岩（放大 1000 倍）

珍珠岩是质量很轻、颗粒松散的粉末，密度要比硅藻土小 20%～40%，渗透性优于硅藻土，所以，它是一种很好的过滤介质。

三、 啤酒过滤技术的新突破

目前，一种啤酒替代助滤剂 Crosspure 在 2012 年中国国际啤酒、饮料制造技术及设备展览会上亮相。这一由德国巴斯夫公司研制的助滤剂 Crosspure 具有能耗降低、可再生循环利用、性能更加优异等优点。

现在我国及世界大多数国家的啤酒生产中过滤所采用的助滤剂是硅藻土，硅藻土有着对环境影响大、处理成本高、处置不当可危害健康、生产质量不稳定等缺点，长久以来全世界的啤酒制造商一直都在寻找这种助滤剂的替代品。Crosspure 是依靠专利技术将聚乙烯吡咯烷酮（PVPP）与聚苯乙烯复合而成，这种人工合成的可再生聚合物用于替代现行啤酒过滤工艺中的硅藻土。与使用硅藻土的方式相比新助滤剂具有诸多方面的优势，减少土地占用，可再生循环利用，无需更换可节约成本，消除了与硅藻粉尘接触带来的健康风险，其性能更加优异，生命周期成本降低 20%等。

四、双流过滤系统技术

1. 概述

德国斯坦尼克（Steinecker）公司早在2001年把双流系统成功地运用到啤酒的过滤中。这一烛式双流过滤系统（twin flowsystem，TFS）能对啤酒过滤的整个工序进行控制。另外，双流式机械过滤器是整个系统的一个组成部分。

双流式机械过滤器的滤料进水分为两路。一路由滤料上部进入，另一路由滤料下部进入，过滤后的出水由中部排水装置排出，中排装置设在距滤料表面的70cm滤料层中。

一般双流过滤技术是在传统的烛式硅藻土过滤机的基础之上，进一步完善而产生的一种新型硅藻土过滤机。双流过滤系统（图6-6）的技术特点是原烛式硅藻土过滤机顶部圆盘被带标记的管栅所取代，滤芯通过管道而被集中，滤出液直接排出，实现了过滤器中流速均匀，保证了预涂层的均匀性和均一性，提高了10%的过滤量。

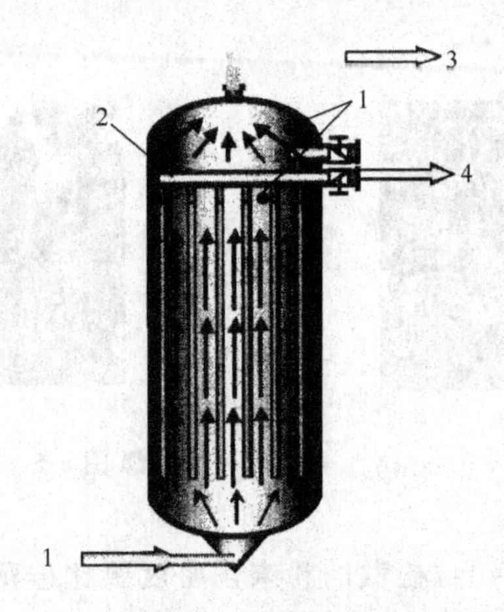

图6-6　双流过滤系统

1—待滤酒；2—管栅；3—旁路；4—清酒

双流过滤技术及过滤设备主要用于去除原水中的悬浮物、泥沙、铁质、锰和凝聚片状物及用沉淀方法所不能去除的黏结胶质颗粒等。

2. 工作原理

机械过滤器筒体内以不同粒径的滤料，从下至上按大小压实排列。当水流自上往下流过滤层时，水中含有的悬浮物质流进上层滤料形成的微小孔隙，受到吸附和机械阻流作用，悬浮物被滤料表层所截留。同时，这些被截留的悬浮物之间又发生“重叠”和“架桥”作用，在滤层表面形成薄膜，继续发生过滤作用，这即是所谓滤料表层的薄膜过滤效应。这种薄膜过滤效应不但表层存在，而当水流进入中间滤料层时也产生这种截留作用。与表层的薄膜过滤效应不同的是，这种中间截留作用称之为渗透过滤作用。

可调节过滤液流量的TFS替代了以前所使用的过滤栅板，因为以前的板会在非过滤区和零流量区造成难以控制的流量，而TFS可以分别地对这两股局部的过滤和非过滤流量进行准确调节。这样，可明确地确定出过滤器的区域，并使经过调节的流量流入过滤区。滤片通过管道系统被集中，滤液被直接排出，这样，整个过滤器中的流量均匀，而且，经过调节的新的“非过滤流量”可以使预涂层保持长久的均匀性和均一性，这可提高10%的过滤效率。TFS可调节的结构方式保证了过滤器的通风和最佳清洗。

众所周知，双流过滤系统与传统的烛式过滤器相比，具有以下主要优点：超常的生物安全性；由于采用的硅藻土密集而均匀，混合物得以大量减少，喷淋的水耗也大为降低；同时由于过滤压差较小，过滤速度有明显提高。

3. 双流过滤的操作流程及操作步骤

双流过滤的操作步骤见图6-7。

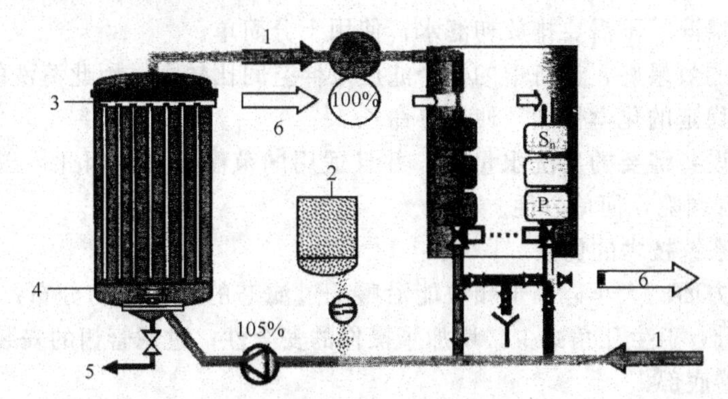

图6-7 双流过滤操作流程

1—待滤液；2—硅藻土添加罐；3—管栅；4—分配器；5—废土；6—清酒

开始用无菌水充满过滤系统，然后用脱氧水替代无菌水；调整两个回路，进行预涂，用待滤酒置换预涂水，进行过滤；清洗卸土，利用独立管栅进行反冲洗，通过清洗球洗刷，并冲洗管路；过滤结束对整个系统进行灭菌。

4. 双流防乱层机械过滤技术

机械过滤的目的是除去原水中的悬浮物。传统机械过滤器内石英砂采用粒径由大至小、自下而上布置，石英砂填料层厚度约为1200mm，运行时原水从上往下流过过滤器，反洗时水流反向，当反洗流量过大时容易导致上层小的石英砂往下泄漏，即乱层，过滤阻力增大，过滤效果变差，出水悬浮物得不到保证，影响树脂床的正常运行。

设计的双流防乱层机械过滤器，产水能力比相同直径的传统机械过滤器提高80%～100%，而且无论反洗流量多大，填料都不会乱层，反洗时间及反洗水量比传统机械过滤器减少75%，出水悬浮物含量低于1mg/L。

机械过滤器中采用了一种或多种过滤介质，在一定的压力作用下使污水通过介质，清除其中不必要的杂质，而其中填充的滤料一般为石英砂、无烟煤、锰砂等，可以根据实际的生产情况进行选择。

机械过滤器对于污水中的悬浮物、有机物、颗粒、微生物以及部分的重金属离子有很好的清除效果，它的优势之处主要有以下几点。

① 设备的过滤精度高，对于颗粒直径大于 5μm 的悬浮物的清除率能够达到 90%～95%，出水的浊度也低于一般的砂滤器，而且还具有可调整性。

② 过滤的速度快，这款设备的滤速一般能够达到 20～60m/h，是砂滤器的 3 倍，但是其占地面积远远小于砂滤器。

③ 纳污量大，设备的纳污量大于 20kg/m^3，是一般设备的 4 倍以上。

④ 反冲洗的耗水量低，仅仅为产水量的 0.50%～1%。

⑤ 设备的适用范围广，进水的浊度从 15FTU～200FTU 不等，出水的浊度均小于 3FTU，并且还能进行不断扩展。

⑥ 对于反洗的要求不是很高，在通常情况下都可以采用原水反洗的方法。

⑦ 通常情况下不需要排放初滤水，使用十分简单。

⑧ 反洗的效果好，设备中的各个滤层拉伸空间比较大，因此清洗的效果更好。

⑨ 具有稳定的化学性能，使用寿命长。

⑩ 由于设备需要的反洗水量小，并且适用的范围很广，因此可以使用原水泵通过阀门进行调配，简单方便。

5. 双流过滤系统技术的优点

① 工艺方面。大小硅藻土颗粒能沿整个过滤芯的外部均匀分布；能增加 10% 的啤酒过滤量；卫生死角减少，增加了操作的安全性；过滤管栅的安装避免了硅藻土沉积在容器底部。

② 灵活性。通过较高的流速进行清洗，节省了水的消耗；管栅的安装，使容器内部的液体流速均匀，过滤介质沉降稳定，能适应不同类型啤酒的过滤。

③ 经济性。无酒损；便于操作，减少了间接污染；缩短了回流时间；通过增强渗透性节省了硅藻土的使用量。

6. 双流过滤与传统烛式硅藻土过滤机的区别

传统的烛式硅藻土过滤机其上端板将过滤容器分隔为清酒区和待滤酒区两部分，硅藻土的分布是漂移的、自由的、完全没有控制的流动，因此，造成硅藻土颗粒在烛芯的上部和底部分布不同，许多大颗粒附着在底部，细小的颗粒附着在上部。而双流过滤机的进口分布器能部分克服这一问题。

双流过滤在工作时，可以对啤酒回流精确控制，使过滤不产生酒头；由于硅藻土涂层稳定，过滤速度大大提高。

五、 错流过滤

1. 概述

错流过滤（cross flow filtration）：在泵的推动下料液平行于膜面流动，与死端过滤（dead-end flow filtration）不同的是料液流经膜面时产生的剪切力把膜面上滞留的颗粒带走，从而使污染层保持在一个较薄的水平。

错流过滤操作较死端过滤复杂，对固含量高于0.5%的料液通常采用错流过滤。随着错流过滤操作技术的发展，在许多领域有代替死端过滤的趋势。

20世纪90年代开发的错流过滤技术（cross-flow microfiltration，CMF）的成功之处在于啤酒过滤不再依靠助滤剂，而使啤酒的过滤一次性完成。不必再从酵母中回收啤酒，而且可以使滤过的啤酒达到无菌状态，不需巴氏灭菌。

2. 错流过滤技术

传统的过滤技术是静态的，而错流过滤是动态的。错流过滤技术与一般过滤技术的区别见图6-8。在错流过滤中，啤酒当然不能像在静止过滤中那样横向流过过滤膜层，一是因为膜很快被堵；二是因为压差可把很薄的膜冲破。因此啤酒以与膜面平行的方向前进（图6-9），并不断冲洗膜，始终只会有很少量的沉积物停留于膜上，从而达到截留颗粒和澄清酒液的目的。

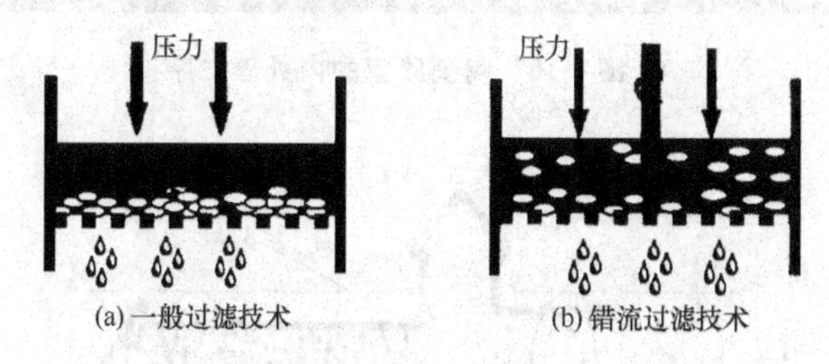

图6-8 一般过滤（表面堆积）技术与错流过滤技术的区别

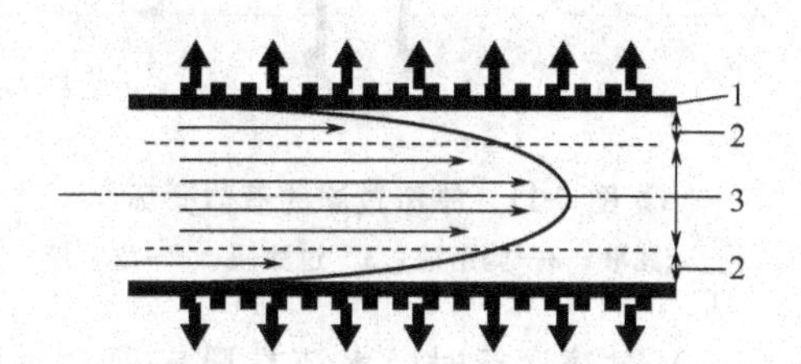

图6-9 错流过滤中液体流动形式

1—膜；2—层流；3—湍流

一般待过滤的流体流过陶瓷膜管的内通道，所有大于膜孔径的颗粒被截留，颗粒或大分子被不断浓缩。滤出液通过膜层，根据工艺要求也可进入下一步处理工序。

陶瓷膜过滤是一种“错流过滤”形式的流体分离过程：原料液在膜管内高速流动，在压力驱动下含小分子组分的澄清渗透液向外透过膜，含大分子组分的浑浊浓缩液被膜截留，从而达到分离、浓缩、纯化的目的。陶瓷膜管的内处理工序见图6-10。

“错流过滤”中，一般只有少量的澄清液穿过膜而得以过滤。由于残余液中仍含有大量的待滤液，为了达到良好的过滤效果，必须使浑浊的滞留物进行强迫循环流动（图6-11），随着过滤的不断进行，膜表面也慢慢被堵塞，此时必须终止过滤。首先用水冲洗膜表面，然后用热硝酸或碱液进行清洗处理。

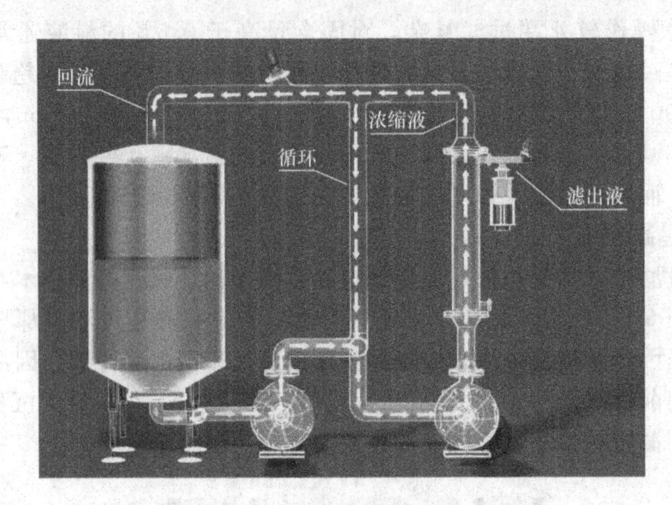

图 6-10 陶瓷膜管的内处理工序

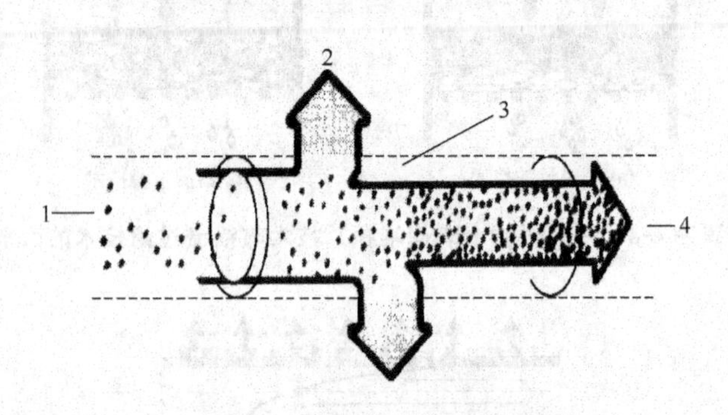

图 6-11 错流过滤的液体循环

1—未滤液；2—滤出液；3—过滤膜；4—浓缩液

一般错流（cross-flow）过滤运行时，水流在膜表面产生两个分力，一个是垂直于膜面的法向力，使水分子透过膜面，另一个是平行于膜面的切向力，把膜面的截留物冲刷掉。错流过滤透过率下降时，只要设法降低膜面的法向力、提高膜面的切向力，就可以对膜进行有效清洗，使膜恢复原有性能。

因此，错流过滤的滤膜表面不易产生浓差极化现象和结垢问题，过滤透过率衰减较慢。错流过滤的运行方式比较灵活，既可以间歇运行，又可以实现连续运行。

3. 错流过滤材料

错流过滤系统常用的有以下几种膜。

（1）错流过滤膜所用材料　膜材料一般选用塑料、聚丙烯、聚砜、聚醚砜或陶瓷膜，通常所用的是聚合膜和陶瓷膜。

（2）滤膜的种类　根据孔径不同，可分为微孔过滤膜、超滤膜、纳滤膜、反渗透膜等；根据形状不同，可分为中空纤维膜或毛细管膜、管状膜、螺旋卷式膜等。

（3）不同种类的膜可滤除的物质

① 膜材料。大部分啤酒沿膜流动，仅有一部分能透过膜孔，因此需要很大的膜面积，为了避免体积过大，在大多数情况下，把膜卷绕起来。为此需把 2 个膜与渗透支撑材料（约 0.7mm 厚）连接卷绕起来，这三层材料中间隔层为中间垫片(0.5mm)。

由膜、支撑材料和中间垫片组成的联合体称为卷绕膜柱（图 6-12）。其纵切面图与横切面图分别见图 6-13 和图 6-14。

图 6-12 卷绕膜柱

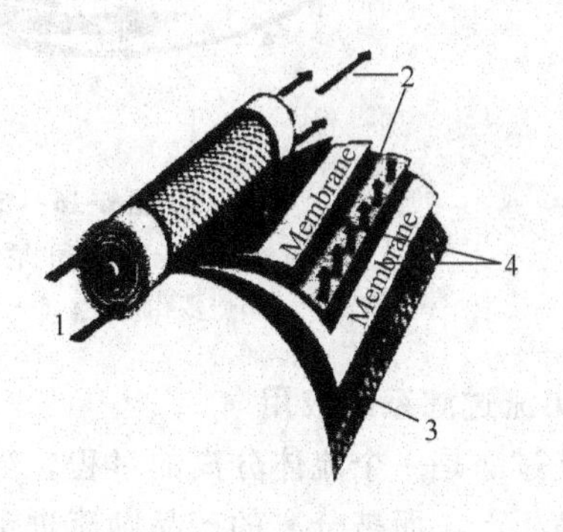

图 6-13 卷绕膜柱的纵切面图

1—未滤液；2—澄清液；3—支撑材料；4—膜

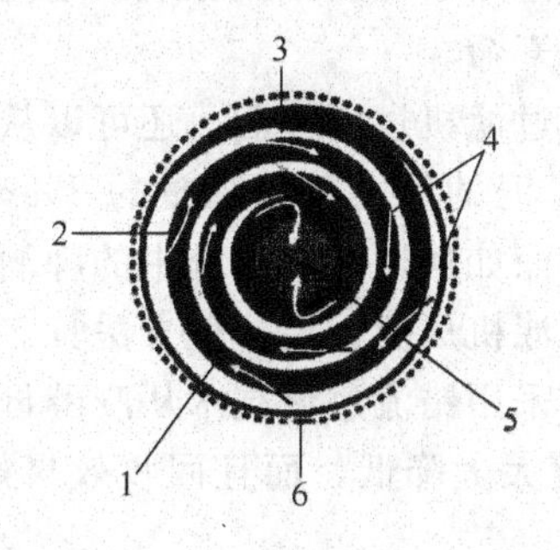

图 6-14 卷绕膜柱的横切面图

1—滤出液通道（红色）；2—膜；3—滤出液的流动（黄色）；4—未滤液通道（白色）；5—滤液出口；6—外部保护层

图 6-15 错流过滤中的陶瓷棒

② 陶瓷材料。具有很细孔径的陶瓷材料（图 6-15）常被用于微孔过滤，以替代膜。啤酒错流过滤循环示意见图 6-16。在这种多通道模件中，每个通道的四周均被具有细小孔洞的陶瓷材料所包围，过滤的精度取决于孔径的大小。同样，要达到较大的过滤量也需将模件并列安装。

一般而言，错流过滤的主体设备是陶瓷滤柱，其横切面为六角形，沿其轴向排列 19 个直径为 6mm 的孔道（孔道多少和直径大小可根据需要选择），孔道长度 850mm，由多孔陶瓷载体支撑，陶瓷薄膜的微孔直径为 0.45～1.3μm，可根据需要选择。

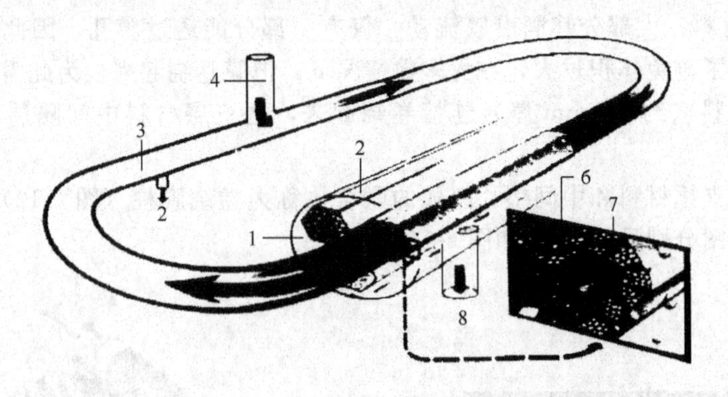

图 6-16 错流过滤技术滤液循环示意

1—过滤单元；2—截留物排出口；3—未滤液循环；4—未滤液入口；
5—多孔元件；6—陶瓷膜片；7—陶瓷微孔；8—滤液

4. 错流过滤系统应用

过滤是一个流体分离的过程。当流体通过不同孔径的筛板时，固体物质被截留在筛板上，而被分离的产品则流进预先准备好的容器中。

因此，不必再用硅藻土过滤（因为资源受到限制，也容易引起健康问题和环境问题）和纸板精滤；啤酒损耗低、水耗低；生产过程可靠性高；可以进行全自动生产，工作效率高；不会改变啤酒的质量；由于采用了啤酒生产专用的过滤材质，过滤操作非常容易控制，极大地提高了膜的使用寿命。

错流过滤技术不但可以代替传统的硅藻土过滤机过滤啤酒，还可以从废酵母中回收啤酒。在啤酒酿造过程中，发酵产生酵母泥的量占啤酒总量的2%～3%，除留作种酵母参与发酵外，大部分成为废酵母。而如何回收废酵母中的啤酒，各企业有不同的方法。最传统的方法是使用板框式压滤机压滤，但这种方法具有易使啤酒浑浊、加重氧化味、增加劳动强度等弊端。而采用错流过滤技术从废酵母中回收啤酒，可使回收的啤酒质量大大提高，劳动强度大大降低，而且回收效果好。此外，错流过滤技术还可用于废碱液的回收等。

5. 错流过滤技术的优势

① 错流过滤技术无论清洗或过滤都处于密闭状态，可实现自动进行、连续生产，极大地提高生产效率。

② 对环境无污染、无废料排放，啤酒损失小，可实现“清洁化”生产。

③ 可代替硅藻土和精滤机的二级过滤，大大降低生产成本。

④ 可以使用该技术进行纯生啤酒的生产。

⑤ 自动化程度高，维修方便。

⑥ 无需使用助滤剂。

⑦ 适合过滤不同种类的啤酒。

6. 错流过滤与离心机配套应用

错流过滤与离心机组合使用是澄清过滤的好方法（图 6-17）。未滤啤酒液首先通过高效离心机得到预澄清处理，然后利用调频添加泵将已预澄清的啤酒泵入错流过滤机中进行过滤。这样可以不用硅藻土进行啤酒过滤，解决了废硅藻土难以处理的问题。

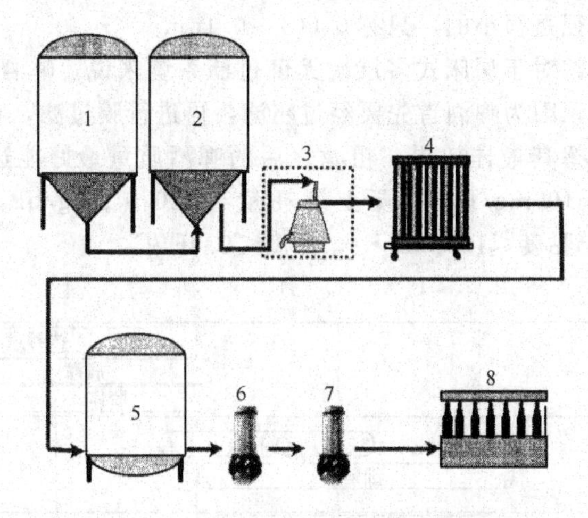

图 6-17　错流过滤和离心机的配套应用

1,2—发酵罐；3—离心机；4—错流过滤；5—清酒罐；6—预过滤；7—终过滤；8—灌装机

当然，也可以利用可再生的过滤材料，如纤维、原纤维以及不同塑料纤维和PVPP等来代替硅藻土，此方法可在常见的板框式硅藻土过滤机中使用。

一般错流过滤系统与传统的过滤机有很大差别，它可避免固形物在滤膜上沉积，由于滤液在系统内的高速循环运动及滤膜两侧的压力不同，滤清液以切线方向流进预先准备好的容器中，而由于未滤液的高速循环运动，未滤液可将附着在膜上的固形物带走。错流过滤技术运行无污染、无废硅藻土等助滤剂排放，属环保型过滤技术。

六、无菌过滤

人们日常所喝的熟啤酒都是采取巴氏杀菌的办法，但经过巴氏杀菌，啤酒丧失了其新鲜的口感。而消费者更倾向于饮用口感新鲜又澄清透明的冷过滤纯生啤酒，而且这种倾向日趋明显。

采用硅藻土和纸板精滤相结合的办法，难以达到无菌要求，啤酒的生物稳定性也较差。在20世纪60年代，国际上采用醋酸纤维薄膜过滤的办法，效果可以，但生产能力较小，费用较高，应用不普遍。在80年代，欧美一些国家开始采用尼龙制作薄膜滤芯，用于啤酒的过滤除菌，基本能达到要求，但过滤费用较高。在80年代后期，许多国家已开发出了各种形式和多种功能的薄膜滤芯或过滤元件，加上在线薄膜完整性检测手段，使无菌过滤成为可能，无菌过滤技术的应用也越来越广泛。

1. 无菌过滤的要求

无菌过滤的除菌颗粒大小要求见图 6-18。图 6-18 中每向右移动一栏，颗粒和过滤膜或元件孔隙的尺寸就缩小 10 倍。通过图 6-18 可以很直观地看到，啤酒除菌过滤膜或元件的孔径是很小的，只有 0.001～0.1μm。

生产纯生啤酒，对于深床式多层次无菌过滤系统来说，啤酒清亮度要求不高。而对于膜过滤来说，因为啤酒首先要经过粗滤，再进行膜过滤，它属于啤酒的最终过滤，要想让膜发挥其最佳效果，粗滤之后的啤酒质量最好能达到：后熟温度≤0℃，β-葡聚糖≤100mg/L，硅藻土消耗量≤120～150g/hL，酵母数≤5 个/100mL，碘值≤1，黏度≤1.5mPa·s，浊度≤0.5EBC。

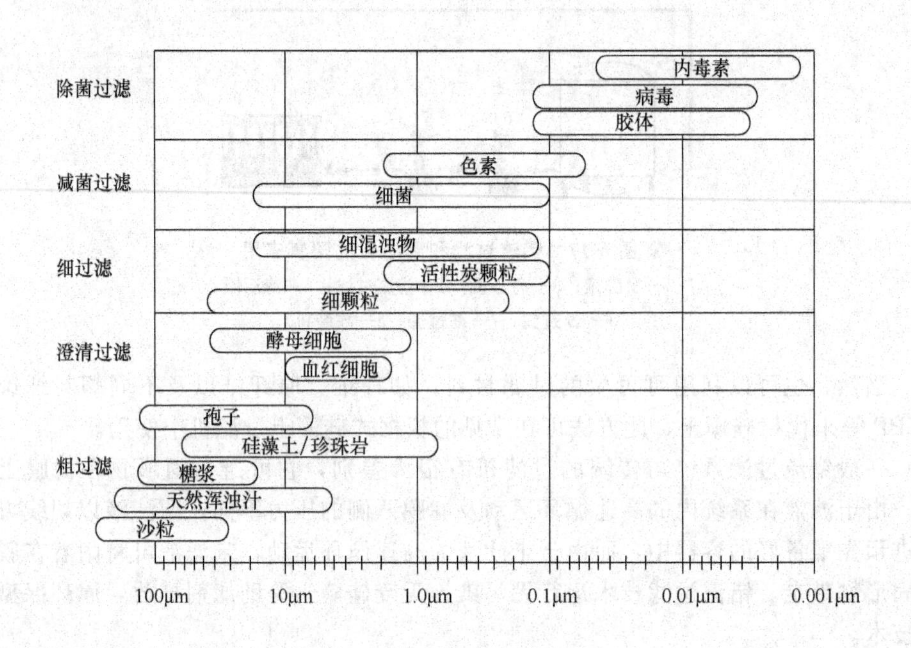

图 6-18 无菌过滤颗粒大小范围

2. 无菌过滤的分类

无菌过滤系统有两种，可分为膜过滤和深床式多层次过滤。

(1) 膜过滤 膜过滤借助于特别精细的微孔进行过滤，根据过滤机中滤芯的不同，过滤机可分为组件过滤机、深度烛式硅藻土过滤机和大面积过滤烛芯三种。

① 组件过滤机。过滤片可制成组件（图 6-19），安装在一个直径 40cm 的密封圆形过滤系统中。组件过滤机（图 6-20）中垂直叠装许多组件，300mm 的组件有 1.9m^2 的过滤面积，400mm 的组件有 3.8m^2 的过滤面积。每个组件两个曲面之间的间距使清液从中心管流出，过滤是由外向里进行的，并且有各种精度的过滤模面可供选用。过滤片组件的最大优点是操作简便。

图 6-19 过滤组件

图 6-20 组件过滤机剖视

组件过滤机具备机械过滤和静电吸附双重作用，其吸附效率根据滤液的流速、pH 值、浓度、杂质大小和负荷量而变化，企业应根据使用条件及灭菌要求选择使用，既可作粗滤，又可作精滤用，过滤颗粒大小范围为 0.1～100μm。

组件滤芯一般由木纤维、硅藻土（或珍珠岩）用蜜胺树脂固定成型，经特殊处理使其带正电，以便除去污染微生物和胶体物质等。组件表面由填充了硅藻土的纤维组成，其特殊的结构是由外向内逐渐变细，因此可逐层截留液体中的杂质颗粒。其杂质捕捉量大于深度烛式硅藻土过滤机，寿命也比深度烛式硅藻土过滤机长。组件过滤机过滤时压差上升较慢，流速也可维持较长时间不变，因此适用于无菌过滤中的预过滤。有的组件用聚乙烯基聚吡咯烷酮（PVPP）聚合物填充，过滤的同时，吸附去除啤酒中的多酚物质，提高啤酒的非生物稳定性。

② 深度烛式硅藻土过滤机。此种过滤机类似于烛式硅藻土过滤机。深度烛式硅藻土过滤机的烛芯一般由尼龙 66、聚偏二氟乙烯、陶瓷、聚丙烯和纤维质薄膜制成，其中有许多过滤层。它利用深度过滤烛芯进行过滤，过滤层的组织由外向里越来越密，形成多个截留层以及较大的过滤面积。深度烛式硅藻土过滤机滤芯截留啤酒中颗粒示意见图 6-21。同一过滤机罐体中可安装多个深度过滤烛芯。

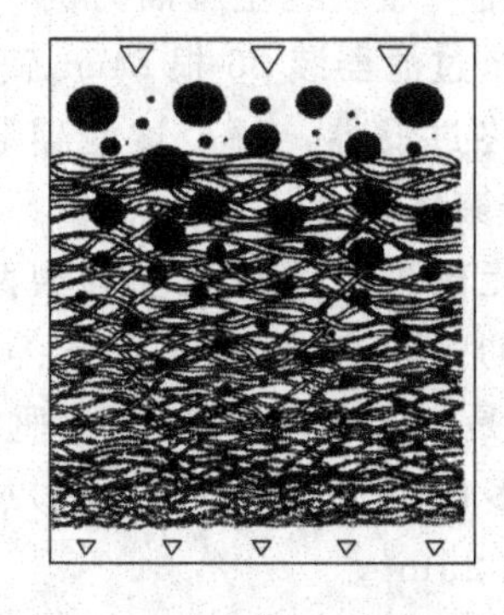

图 6-21 深度烛式硅藻土过滤机滤芯截留啤酒中颗粒示意

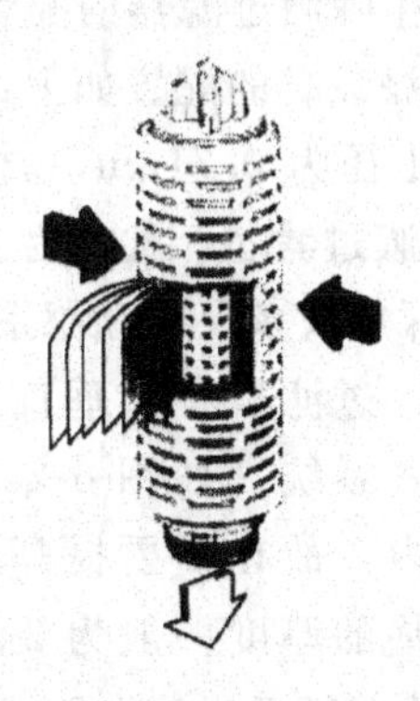

图 6-22 聚丙烯过滤芯剖视

过滤芯为深层过滤芯，它有40多层，厚14mm，过滤颗料大小范围为0.001～0.1μm。其特殊的聚丙烯纤维由外向内逐渐变细（图6-22），因此可逐层地截流啤酒中的杂粒和微生物，再生时可反冲，可用碱洗。

深度烛式硅藻土过滤机在过滤初期，压差较低，而后孔径堵塞，压差上升很快，流速随之降低。此类滤芯适合作无菌过滤的最后一道过滤用。

③ 大面积过滤烛芯。部分烛芯的过滤层采用折叠方式，用以改善过滤效果，也可多个折叠层交错安装（图6-23），其截面图见图6-24。一根过滤芯的过滤面积为36m^2相当于20根普通过滤芯。其结构特点是双道折叠，每道过滤层又有多层过滤介质，起到了双级过滤效果，过滤芯压差小，流通量大，寿命长，具有极高的经济价值。需要注意的是，在正常情况下，膜过滤机一般只作为最后一级过滤使用，这样才能有效利用它的过滤面积。

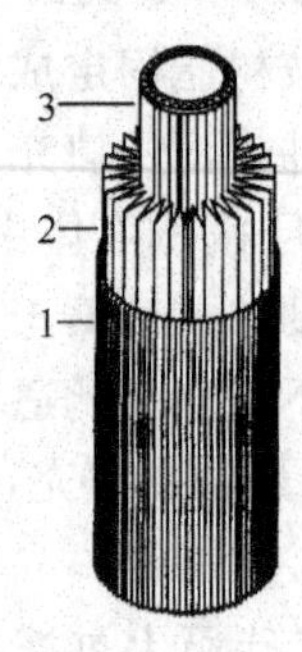

图6-23 大面积过滤烛芯

1—玻璃纤维折叠过滤层；2—折叠过滤膜；3—里层折叠过滤层0.65μm

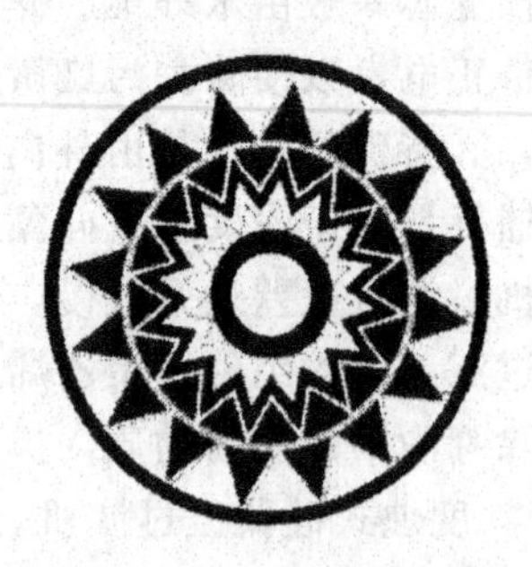

图6-24 大面积过滤烛芯的截面图

④ 纯生啤酒过滤器的配置。以国内某啤酒厂生产瓶装纯生啤酒为例，产量为17t/h，过滤设备的配置如下：两个预过滤器，每个过滤器装36根84cm高的深层过滤芯，孔径为0.71μm，材质为聚丙烯；两个终过滤器，每个过滤器装24根84cm高的膜过滤芯，孔径为0.45μm，材质为改造聚砜。

（2）深床式多层次过滤系统　深床式多层次无菌过滤系统主要分为两部分。①过滤机。过滤机是由垂直不锈钢机身、顶盘和底盘、过滤元件和压缩系统组成的封闭式系统，如图6-25所示。一般过滤垫是以层叠方式加放在垂直的不锈钢机身内，故在需要提高过滤能力时，只要多放置过滤垫便可。②过滤垫。每个过滤垫的厚度一般为24mm，过滤面积为0.25m^2。

为了改善纸板过滤和膜过滤在啤酒精滤或无菌过滤工序中的堵塞及能耗问题，德国Handtmann公司开发出了一套全新的深床式多层次过滤系统，使啤酒卫生更安全、口感更佳。

此过滤系统的核心是由纤维素和硅藻土制成的独特的过滤垫。啤酒在过滤（图

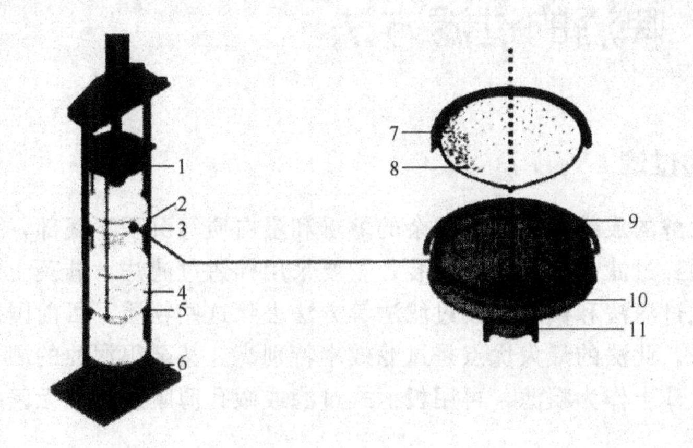

图 6-25 深床式多层次过滤机及过滤元件的放大

1—顶盘；2,4—过滤元件；3—内固定圈；5—提升装置；6—底盘；7—外固定圈；8—过滤垫；9—密封胶圈；10—过滤元件；11—内固定圈

6-26）时，其中的颗粒被过滤垫的深层效应所截留，达到除菌的目的，且过滤垫的表面不易被堵塞。每个过滤垫的厚度为 24mm，过滤面积为 $0.25m^2$。此外，可根据需要选择不同型号的过滤垫，达到啤酒精滤或无菌过滤的目的。过滤垫的使用周期为：精滤平均为 150～200h；无菌过滤平均为 130～150h。一般过滤流量为 20t/h。

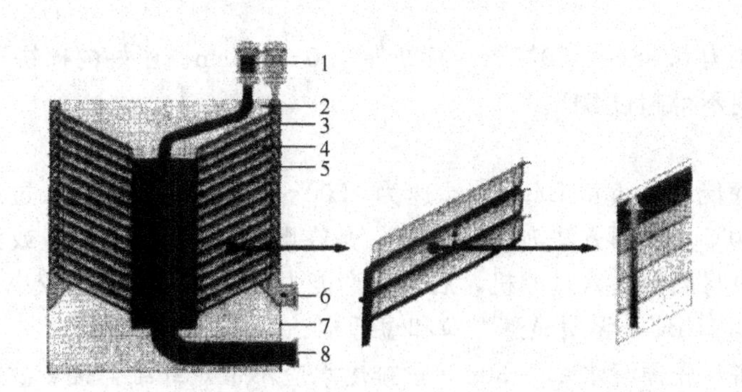

图 6-26 深床式多层次过滤系统剖面

1—泄压阀；2—顶盘；3—过滤元件；4—过滤垫；5—滤液收集；6—滤液出口；7—底盘；8—未滤液进口

深床式多层次过滤系统的优点：过滤垫属深层过滤，表面不易堵塞；所占面积较小；由于采用压力振动安全保障，可安装于灌装线前而不用缓冲罐；CO_2 可完全通过此系统；氧气吸入量较低；过滤垫可碱性回收重复利用；过滤垫废弃无需担心环保问题。

第四节 啤酒的过滤方法

一、 啤酒的过滤

经过后发酵的成熟啤酒，其残余的酵母和蛋白质等沉积于底部，少量悬浮于酒中。因此，须经过滤或分离才能包装，主要采用棉饼过滤法、硅藻土过滤法、离心分离法、板式过滤法和微孔薄膜过滤法等方法去除这些物质。目前国内外较多采用硅藻土过滤法。此法的最大优点是过滤效率特别高，甚至很浑浊的酒也能过滤，且酒质透明。硅藻土作为粗滤，再用板框式过滤或微孔薄膜过滤制无菌啤酒是当前的一种发展趋势。

二、 棉饼过滤方法

棉饼（滤棉）是一种精制木浆添加1%～5%的石棉组成的，19世纪末用于酿造业。由于滤棉具有很多缺点，从20世纪30年代后，逐渐被硅藻土法所取代。

滤棉的质量要求最重要的是水溶物含量不能过高，因为它直接溶于酒液中。棉饼过滤机的操作要点如下。

1. 洗棉

新棉和回收棉都需漂洗，最后用80～85℃热水杀菌。补添新棉的原则是每40块棉饼补0.5～2.0kg滤棉，石棉15～30g。

2. 压棉

压棉机压力0.35～0.50MPa，棉饼厚4.0～4.5cm。压好的棉饼于0～2℃下存放，存放时间不得超过24h。

3. 过滤

正常过滤能力为500 L/m^2，滤速为1500～5000L/h。酒液入过滤机之前必须冷却至－1～0℃。滤酒方法有两种，其一是在贮酒罐中通入CO_2或无菌空气；其二为用滤酒泵将酒液送入过滤机，后者生产能力大，对罐体损伤较小。滤出酒液的浊度应小于0.5EBC，无明显悬浮粒和短纤维。

装好棉饼，先通清水20～30min，排出水应不带短纤维，接着滤酒。初始压差0.02～0.03MPa，压差升至0.1～0.15MPa时，过滤结束，用压缩气顶出残酒。

三、 硅藻土过滤方法

大约于1930年，英国开始用硅藻土单独过滤啤酒，20世纪中叶美国普遍推广此法。我国于20世纪80年代开始推广硅藻土过滤机，而且正在开辟国产硅藻土生产基地。

硅藻土是硅藻的化石，一种较纯的二氧化硅矿石，可作绝缘材料、清洁剂和过滤介质。天然硅藻土含有各种可溶性无机物和有机杂质，须经800～1100℃烧炼除去或变成不溶性盐后，再粉碎分级。

硅藻土过滤的特点是可以不断地添加助滤剂，使过滤性能得到更新、补充，所以过滤能力强，可以过滤很浑浊的酒，没有像棉饼那样洗棉和拆卸的劳动，省汽省水省工，酒损失也低。

硅藻土过滤机型号很多，其设计的特点在于体积小，过滤能力强，操作自动化。关键部件是硅藻土的支承单元，根据此单元可分为板框式过滤机、加压叶片式过滤机及柱式过滤机等类型。

1. 板框式硅藻土过滤机

板框式硅藻土过滤机是比较早期的产品，由于操作方便且稳定，至今仍流行。

它由不锈钢制成，滤板和滤框交替排列，旧式的在框上包滤布，新式的则用金属丝网再覆盖一层纤维滤板，此种滤机有双重功能，即先经硅藻土粗滤，再经纤维板精滤。浑浊酒液经滤框进入，从滤板流出，见图 6-27。

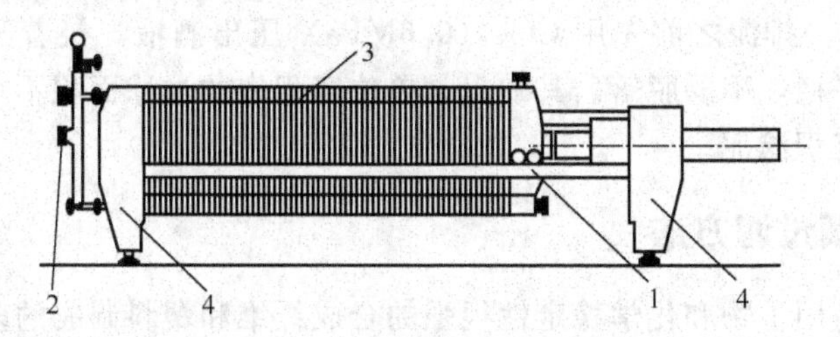

图 6-27 板框式硅藻土过滤机

1—板框支承轨；2—浑酒入口；3—板和框；4—机座

过滤能力对啤酒为 350～370L/（m^2·h），板框式滤机的优点是结构简单，活动部件少，维修方便，过滤能力可通过增减板框数而变更，排出的滤饼干实。

把硅藻土和水或啤酒的混合液用泵送入滤板，通过滤框，两边同时形成厚度为 1～3.5 mm 的预涂层，其中第一次预涂层为 400～500 g/m^2 的粗粒硅藻土，第二次预涂层为 400～500g/m^2 的粗粒和细粒各半的硅藻土，涂布预涂层后，再送入硅藻土含量为 80～300g/100L 的啤酒与硅藻土混合液，开始滤出的酒液不清，应返回混合罐，待滤清后再入清酒罐。

过滤期间的压差每小时上升（0.2～0.4）×10^5 kPa，待压力达到 300～400kPa 时，应停止过滤。先用水将硅藻土中的啤酒洗涤出来，再打开过滤机将硅藻土冲弃掉，重新安装备用。

2. 叶片式硅藻土过滤机

叶片式过滤机可装在卧式罐体或立式罐体中，基本结构如图 6-28 所示。立式罐流量较小，约 25m^3/h 以下；卧式罐产量较大，为 50m^3/h 以上。过滤面积为每台 6～34m^2，滤速为 600～1000L/(m^2·h)。

立式叶片过滤机的优点是过滤介质在叶片两侧沉积，效率高，过滤机容积相对减少，从罐顶喷水用湿法清除滤饼，叶片可进出移动。该机的缺点是必须打开机壳方能清洗干净，滤床的稳定性不如板框式和水平叶片过滤机，过滤进行之际，若压力有波动将造成滤饼脱落。圆形叶片水平过滤机，其清洗方法是先向罐中冲少量

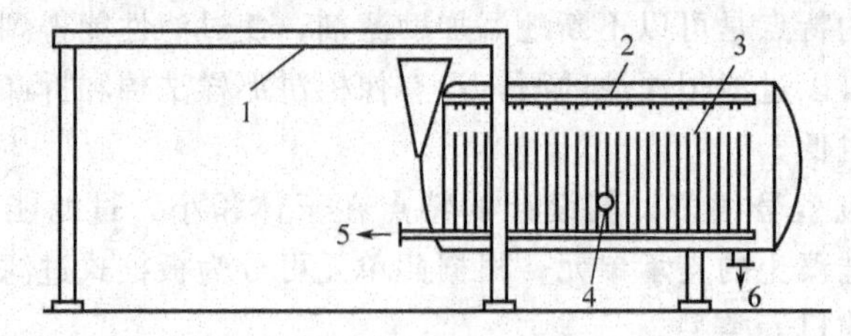

图 6-28　立式叶片硅藻土过滤机（卧式罐）

1—机台框架；2—摆动喷水管；3—过滤叶片；4—啤酒进口；5—清酒出口；6—滤渣出口

水，将滤饼稍浮起，然后开动搅拌使叶片和中心轴一起转动，滤饼脱落，向罐内加压，形成泥状而被挤出。

水平叶片过滤机过滤面积为每台 20～100m^2，滤速 600～1000L/(m^2·h)，每 6～7h 排泥一次。排泥之前先用 CO_2（0.6MPa）压出酒液，接着进水排泥。该机优点是滤层较平稳，不易脱落。其缺点是单位容积内的过滤面积不如立式大，因为它只有一面能沉积滤泥。

四、微孔薄膜过滤方法

微孔薄膜是用生物和化学稳定性很强的合成纤维和塑料制成的多孔膜，如美国 Millipore 公司的产品是以醋酸纤维、尼龙和聚四氟乙烯为主体，膜厚 150nm；德国的 Gelmen 公司以聚乙烯碳酸盐为主体，用尼龙 66 补强，膜厚 131～135nm，开孔率约 80%。微孔以垂直方向通过膜表面，膜滤是简单的筛分过程。表 6-1 为几个产品型号的规格。

表 6-1　几个产品型号的规格

型　号	孔径/nm	开孔率/%
HA	0.45±0.02	79
AA	0.80±0.05	82
BA	1.20±0.3	82

薄膜抗浓酸、浓碱，耐 125～200℃高温。表 6-2 是 Millipore 公司部分产品的流量规格。

表 6-2　Millipore 公司部分产品的流量规格

种类号	孔径/nm	膜厚/nm	流量/[mL/(min·m^2)]
1	14.0±3	150	1020
11	1.20±0.3	150	300
15	0.80±0.05	150	212
19	0.50±0.05	130	67
26	0.20±0.05	130	21
29	0.05±0.003	130	1

一般微孔薄膜是用生物和化学稳定性很强的合成纤维和塑料制成的多孔膜，啤酒过滤可用 1.2nm 孔径，生产能力为（20～22）×10^3L/h，膜寿命为（5～6）×10^5L。用 0.8nm 孔径薄膜滤酒，产品具有很好的生物稳定性。据 Bush 报道，装瓶后 18 个月未发生浑浊。

此法多用于精滤生产无菌鲜啤酒，先经离心机或硅藻土过滤机粗滤，再入膜过滤除菌。薄膜先用 95℃热水杀菌 20min，杀菌水则先用 0.45nm 微孔膜过滤除去微粒和胶体，用无菌水顶出过滤机中杀菌水，加压检验，若压差小于规定值，是为破裂之兆，应拆开检查，重新装。压差规定值见表 6-3。

表 6-3　压差规定值

微孔径/nm	压力差	
	MPa	lb/in²
3.0	0.071	10
1.2	0.085	12
0.8	0.114	16

微孔过滤的优点是可以直接滤出无菌鲜酒，若配合无菌包装可省去巴氏杀菌机而生产出生物稳定性可靠的成品酒，从而有利于啤酒泡沫稳定性，成品酒无过滤介质污染，产品损失率减少。微孔薄膜过滤机如图 6-29 所示。

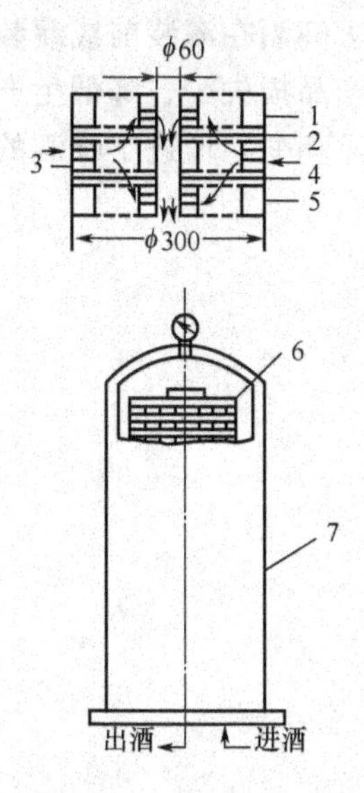

图 6-29　微孔薄膜过滤机

1,5—不锈钢支承网；2,4—微孔薄膜；3—滤板；6—过滤圆盘；7—外罩

五、原浆啤酒膜过滤技术

膜过滤又称微孔薄膜过滤、膜分离。膜分离技术是从 20 世纪 60 年代以后发展

起来的高新技术，它是以选择性透过膜为分离介质，当膜的两侧存在某种推动力（压力差、浓度差、电位差等）时，原料侧组分选择性透过膜（如小分子物质透过膜，而大分子物质或固体粒子被阻挡拦截），以达到分离、提纯的目的，现已大规模工业化应用的膜分离技术包括渗透、反渗透、超滤、微滤、透析、电渗、气体透过等。微滤、超滤、反渗透、电渗析 4 种液体膜分离技术相对比较成熟，称为第一代膜技术；气体分离膜技术称为第二代膜过滤技术；渗透汽化为第三代膜技术。

啤酒膜过滤技术的明显优势是它具有工艺灵活性。因为膜过滤操作是全自动的，所以它把劳动力降到了极限，同时，膜故障的风险也降到了最低程度，该工艺可以在任何时刻停止或启动。而且，由于过滤器倒空工艺高度自动化，啤酒损失也达到最小。因而，过滤工艺运行可靠，占地面积最小，而产量最大。

啤酒厂常用孔径为 1.2μm 微孔薄膜，它能够滤除酵母菌，而若需要滤除细菌，则需要 0.8μm 或 0.6μm 甚至更小一些孔径的薄膜。薄膜过滤主要用于精滤，酿制无菌鲜啤酒，酒在过滤前先经离心机或硅藻土过滤机粗滤，再用薄膜过滤除菌。

另外，除硅藻土过滤外，膜过滤技术相对于常规方法有着巨大的附加优势，可以永久性地消除啤酒变质物质。这个优点，加上膜过滤技术中非常先进的自动化工艺，为啤酒商提供了一个极有价值的工具，以进一步优化啤酒品质。其可以清楚地掌握滤出液的品质参数，然后把这些参数立即用于改进啤酒生产链初期的工艺流程，从而提高品质和产生经济效益。

一般采用膜过滤法，可省去啤酒在灌装前或灌装后的热杀菌工序，具有设备简单、节约能源、分离效率高、产品损失少、降低生产成本、易自动控制等优点。膜分离通常在常温下操作，不涉及相变，增进了啤酒的胶体稳定性与泡沫稳定性，而且成品酒无过滤介质残留。

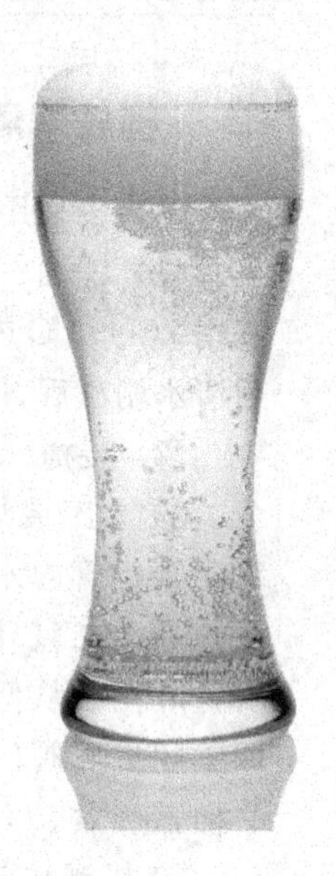

第七章 啤酒包装与灭菌

包装是生产啤酒的最后一大工序，对保证成品酒的质量和外观十分重要，总的要求是必须避免杂菌污染和尽可能不接触空气，以及力求减少 CO_2 损失。

啤酒包装以瓶装或罐装为主，内装经杀菌的熟啤酒。另外，还有一种不能长期贮存的桶装啤酒，桶的容积比瓶或罐的容积大许多，内装未经杀菌的鲜啤酒。

当地销售的啤酒以瓶装、罐装或桶装而不经杀菌的鲜啤酒为主，销往外地或出口啤酒为瓶装或罐装且经杀菌的熟啤酒。

第一节 概述

一、包装容器的质量要求

啤酒是一种酸性的、含有二氧化碳的不稳定胶体溶液，因此针对啤酒的上述特性，选择能在一段时间内保证啤酒质量的包装容器是十分必要的。

作为啤酒的包装容器，至少应符合以下条件：①能承受一定的压力，其中，包装熟啤酒的容器，应能承受不低于1.76MPa的压力；包装生啤酒的容器，应能承受不低于0.294MPa的压力。②能方便地密封。③能耐受一定的酸性，不含有可与啤酒发生化学反应的碱性可游离物质。④能防止成品因日光照射而变质。

用于灌装啤酒的包装容器必须经过洗涤才能使用。根据不同的包装容器，选用不同的清洗方法，清洗顺序为浸泡、刷洗或喷洗、淋洗或冲洗、沥水或吹水。对包装生啤酒的容器还应进行杀菌，以确保生啤酒的食品卫生要求。

二、 桶装啤酒

国内多采用外加铁框保护的铝制桶，容量为25～50L。

(1) 洗桶　先用高压水冲刷桶的内、外部，再用蒸汽在桶内灭菌10～15min，或用70～75℃热水灭菌30min，然后将热水放出，沥干，待稍冷后送装酒室。桶盖用清水刷洗后，在80℃以上热水中浸泡15min，取出后送装酒室。

(2) 装桶　装酒室的室温为0～5℃。贮酒槽内通二氧化碳保持恒压为40～50Pa。

① 人工装酒。先用水将1根装酒管和放泡沫的侧管刷洗和杀菌，并通过二氧化碳把管内水顶出。把管路接到酒槽上，将装酒管放入桶内，并用力压住。往桶内通入二氧化碳，与此同时打开进酒阀门，并放松装酒管，侧管放入另一桶内，并慢慢从侧管放气。当从侧管的玻璃管上看到酒液流出时，表示桶已装满，即关闭进酒阀门，一人取出装酒管，将其放入另一待装空桶，另一人迅速将满桶的桶盖旋紧。

② 机械法装酒。装酒时，先使总阀门上方的气缸排气，让进酒管下落至酒桶底，然后旋紧螺丝盖密封酒桶。转动总阀门，使位于贮酒槽上方的进气管与酒桶相通，形成等压系统，压力约为50kPa。再转动总阀门，使进气管路断开，而下酒管及回气管同时打开，酒液因自然位差从位于高处的贮酒槽流入酒桶，酒桶中空气由回气管返回贮酒罐。当从回气管上的回沫观察管上看到有泡沫上升时，即停止进酒，并从气缸活塞下方的通气管口进气，使进酒管离开酒桶，立即旋紧酒盖。

三、 瓶装啤酒

瓶装成品啤酒的包装过程：空瓶的洗涤→装瓶→压盖→灭菌→验酒（灯检）→贴标→装箱→成品检验→成品入库。

(1) 空瓶的洗涤　新旧瓶均须洗涤，回收瓶还须经挑选，检出油瓶、毛口瓶等。回收瓶一般不装出口酒或优质酒。大生产能力洗瓶机可达5万～20万瓶/h。洗瓶要求瓶内外无残存物，瓶内无菌，瓶内滴出残存水无碱性反应。洗涤剂可用3%的NaOH水溶液或配加葡萄糖酸钠、连二亚硫酸钠等。洗涤剂要求无毒性。排污水必须经严格处理。

(2) 装瓶　装酒必须做到严格的无菌，尽量减少酒损失，防止CO_2泄漏，尽量避免酒液与空气接触，防止酒液吸收氧气。

杀菌瓶装的熟啤酒应进巴氏杀菌。当今流行隧道式杀菌机（或称喷淋式），隧道式杀菌机又分为下列两种。

① 单层轨道。瓶子进口和出口分设在隧道的两端。

② 双层轨道。瓶子先经上层加热和灭菌，在下层降温。进出口都在隧道的同一端。

(3) 酒瓶压盖　压盖瓶盖先用无菌压缩空气除尘，挑出无垫瓶盖。

压盖机通常与装酒机组合成一体，也可分隔开。注满酒液后向酒液面喷射微细无菌水流，使啤酒产生泡沫挤出瓶顶空气。当泡沫正好上升至瓶口外沿，形成纽扣状隆起泡盖，紧接着压盖。喷水压力为1MPa，也可以喷射稀酒精溶液激沫，此种方法可使瓶顶空气降至1mL。装酒结束，使用压盖机压盖。

（4）瓶子处理　回收的啤酒瓶，先要挑去不合格的瓶子，然后放入60℃、3～4°Bé的碱液中浸泡，然后捞出，沥去碱液，再放入盛有40～50℃清水中洗去碱液。接着，用刷瓶机刷洗瓶子内外，再将空瓶倒放，用清水冲洗瓶内后，将酒瓶放入空箱，要求瓶内残水不多于3滴，滴水用酚酞指示液检验不得呈红色。新瓶只需用高压水洗刷干净即可。

（5）灌装　为避免酿制的优质啤酒在灌装过程中受到损害，灌装时应注意以下几点。

① 包装容器、灌装设备、管道和环境，必须洁净。

② 用于加压的压缩空气或二氧化碳都必须经过净化。其中，压缩空气的供应来自于无油空压机，空压机送出的空气要经脱臭、干燥、无菌过滤处理。要经常清理空气过滤器，及时更换脱臭过滤介质。二氧化碳要经净化、干燥，保证二氧化碳纯度达到99.5%以上。

③ 灌装过程要防氧，可采取适当降低灌装压力或适当提高灌装温度以减少氧的溶解，或设法排除酒瓶瓶颈的空气等方法。

④ 进装酒机的酒温以0～1℃为好，处于低温下的啤酒，二氧化碳不易逃逸，不易产生大量泡沫，容易保证啤酒的灌装容量。

⑤ 为保证啤酒的生物稳定性，灌入瓶或罐的啤酒，必须经过灭菌。考虑到啤酒是一种胶体溶液，为避免杀菌操作对啤酒的质量产生较大的影响，因此，啤酒杀菌一般采用在60℃下保温60min的巴氏灭菌法，使菌体营养细胞蛋白质发生凝固，从而达到杀菌的效果。

灌酒的具体操作如下：进装酒机的酒温以0～1℃为宜，最高不超过3℃。从室温为4℃左右的过滤室送往包装室的啤酒，须经夹套冷却器冷却。输酒管道和贮酒槽应加保温层。另外，应控制送酒压力，使贮酒槽压力平衡，瓶托风压要保持在250～300kPa。压力过低，易漏酒和起沫；压力过高，瓶子落下时振动大，易冒酒。此外，引酒管口距瓶底1.3～3cm为宜。灌装时，先在贮酒槽内用二氧化碳或无菌压缩空气背压50kPa，再将清酒罐的酒液压入贮酒槽，进酒速度要缓慢，以免泡沫大量升起而损失二氧化碳。贮酒槽内的啤酒液位保持在槽的2/3高度。用一引酒管将贮酒槽与酒头连通，另有一通道可将二氧化碳或空气压入瓶内，并保持贮酒槽和瓶内压力平衡。灌酒机正常运转后，在压盖前往酒瓶中滴入少些酒液，使泡沫上升，以驱除瓶颈部分的空气。

四、啤酒塑料包装

多年来，我国因啤酒瓶爆炸引起的伤人事故频频发生，所酿惨剧触目惊心。特别是在盛夏时节，一些农村、郊区、城乡结合部地区啤酒瓶爆炸事故更为严重，啤酒瓶炸伤、炸残眼睛、脸部、四肢甚至炸伤颈动脉致人死亡的事故屡见不鲜。为此，国内已有一些企业正在开发和使用塑料啤酒瓶，将从根本上解决啤酒瓶爆炸的问题。

从2003年起，中国已超过美国成为啤酒生产和消费第一大国。2002年世界上共消费了2500亿瓶啤酒，其中中国就占了13%。至2004年，中国年产啤酒量达到2500万吨，所需的包装瓶达到350亿个之多。估计到2015年时，中国年产啤酒将达3200万吨，所需啤酒瓶也将达到450亿个。

众所周知，传统的玻璃瓶啤酒存在安全隐患，近年来发生啤酒瓶伤人事件不下千起，不仅威胁消费者的人身安全，也给啤酒生产企业造成巨大的负担和赔偿损失。传统的啤酒瓶包装材料为第一代的玻璃瓶和第二代的铝制易拉罐，啤酒瓶的包装材料正在进行一场新的变革，向第三代包装材料塑料瓶转变。

据业内人士介绍，作为啤酒瓶的包装材料，其性能需要满足如下要求：

① 二氧化碳的溢出速度要低，以保持口感。一般规定二氧化碳120天溢出率小于5%。

② 啤酒对氧和光极其敏感，要求氧气渗入率要低，以防止变质，增长储存期限。一般规定120天渗入率小于6～10g，目前各国的具体规定不同，一般为120天，但美国为110天，欧洲的贮存期要求长达180天。

③ 啤酒瓶材料的耐热温度要经得住巴氏灭菌温度，巴氏灭菌温度一般为75～80℃，处理时间为15min。另外，其耐热温度还要经得起循环使用后的高温清洗，一般在75～80℃下用碱液清洗。

④ 具有足够的刚度，经得住灌装操作和叠层码放。

⑤ 绝对无毒，不得含有对人体有害的物质。

⑥ 表面坚硬不易划伤，以保证可循环使用。

⑦ 透明性好，一般透明度要大于80%以上，保证包装物清晰可见，以增加消费者的购买欲望。

⑧ 可以回收再利用，以免丢弃在大自然中污染环境。

与传统的啤酒包装材料相比，塑料啤酒瓶具有质量轻、不易破碎及不易爆炸的优点。首先，塑料啤酒瓶质量轻、携带方便，节省运输成本，塑料瓶的相对密度仅为玻璃瓶的1/2左右，而且塑料啤酒瓶的厚度仅为玻璃啤酒瓶厚度的1/2左右，所以其总重量仅为玻璃瓶的1/4左右。其次，塑料啤酒瓶不易破碎，塑料啤酒瓶具有很高的抗冲击性能，盛满啤酒后相互碰撞或从车上坠落也不会破碎，并且在寒冷的冬季也会如此，可大大地减少啤酒在贮存和运输过程中的损失。最后，塑料啤酒瓶不易爆炸，塑料瓶具有良好的耐压性能，在瓶装啤酒的压力下其爆炸概率为零，可有效地保护人类生命安全。

目前，国内已有少部分企业正在开发塑料啤酒瓶，而一些啤酒厂已开始少量应用塑料啤酒瓶，青岛啤酒厂、珠海啤酒厂、石家庄三九啤酒厂（与法国西得乐合作）已在使用这类塑料瓶。其中，珠海中富、上海紫江集团分别占国内PET瓶的

30%和20%，并已开发出保鲜100天的350mL的啤酒瓶，正在研制1L和1.5L的塑料啤酒瓶。在国外，北美的百威、飞鹰等知名品牌啤酒已开始用PET瓶包装。

第二节 啤酒罐装

一、概述

罐装啤酒的优点是不必回收空罐，节省运费1/2；罐体比瓶子小而轻，便于携带；罐体只要求水洗，而洗瓶工艺要复杂得多；罐壁传热快，灭菌时间短而省热；罐体预先印刷商标，取消了贴标机。

缺点是空罐只能使用一次，从而增加了包装成本；灌酒损失稍大；制罐工艺和材料较严；包装后的检测较复杂。

二、啤酒灌装技术

国内现有的啤酒灌装大多数沿用20世纪80年代中期的技术，在实施“啤酒一条龙”专项时引进的KHS-H·K公司的DELTA系列（附图四），当时引进生产许可证，技术转让时公称能力为20000bph（640mL）60头灌装机，90年代初期在国家支持下，又引进36000bph（640mL）100头灌装机48000bph（350mL）80头灌装机，后者是KHS-SEN公司的COMBI系列。

南京轻机在20世纪90年代中期将COMBI系列灌装技术延伸开发，生产和销售了80多台套啤酒灌装生产线，从24000bph（80头）、36000bph（112头）到40000bph（126头）——其生产能力均为640mL容量计，赢得了市场，而DELTA系列具有其结构上的先天不足，这种连杆式的对中装置结构由于水平支轴长期承受垂直轴向载荷，早期磨损严重，且无预罩功能，德国公司自身就列入淘汰技术之列。

进入90年代后期，消费趋向追求天然，回归自然，纯生啤酒大行其道。无菌灌装的兴起从而引进了一批计算机控制的电子阀灌装设备，这种装备应用数字技术，全时间脉冲程序控制，一改弹簧机械阀在冲CO_2达到与料缸背压平衡条件下，依靠弹簧开阀的作用开始等压灌装。这种机械条件下，由于弹簧的疲劳和机械磨损等诸多因素的影响，其等压条件是相对的。当包装物内建立的压力偏低于料缸背压时，灌装就会冒泡（CO_2逸出），严重影响液位精度。电子阀灌装应用数字技术全时间程序脉冲计数控制，将全部灌装功能角度（如一次抽真空-冲CO_2-二次抽真空-冲CO_2-开阀慢灌-快灌-慢灌闭阀-稳定-排气-卸荷……）全程主动控制。其等压灌装条件是绝对保证的。由此，确保了啤酒灌装质量和灌装精度，同时提高了设备运行可靠性。

2001年南京轻机正式推出外置式机械阀。其全新结构吸收了电子阀灌装机全时间程序控制的特点，全部主动控制保证绝对等压条件下实施含气饮料的稳定灌装。同时全方位的卫生设计保证了无菌冷灌装条件下最小的微生物风险。

新结构取消了主阀开阀弹簧，而采用差动气缸平衡原理，同时在稳定匀速圆周运动的条件下，灌装全过程各项功能角度精确设计分配全部由外环凸轮主动控制执行。

具有我国自主知识产权的新型灌装单元专利技术的开发，在各大啤酒集团已有50多台套生产线投入生产，其灌装质量和精度，尤其是运行可靠性令人耳目一新。在完成这种新型灌装单元专利技术的系列开发之后，已不仅广泛用于啤酒等含气液体食品的高速自动精确灌装，同时还可以用于不含气的白酒、黄酒的精确灌装，稍加变更还可延伸开发出一种长管灌装阀，适用于聚酯瓶包装啤酒。

三、啤酒灌装形式

液体食品包装工序的基本核心功能一是灌装（液体食品由料缸向包装物转移），二是定量（按规定标准计量）。按照灌装和定量基本功能实施的不同原理可以有以下三类不同包装形式。

一是先灌装后定量。目前大量在用的液体灌装阀就是在灌装的最后阶段通过定液位（液位传感器或排气管）间接计量定量，此种灌装常用于含气饮料包装（等压灌装）。

二是先定量后灌装。容积式灌装阀，就是每一灌装阀都配有一个量筒（定量筒），由液位传感器（浮子式或探针式）控制其定量，液体先由料缸转移到定量筒计量，然后再灌注到包装物中。此种灌装多用于不含气饮料和PET包装。

三是边定量边灌装。这是一种配置电磁感应流量计的电子阀灌装机，是一种动态计量定量形式，电磁流量计用于流经该阀的液体的动态计量。

对于含气饮料（如啤酒）的包装还存在一个重要的前提条件，就是啤酒的CO_2含量与温度和压力有关，即亨利定律所规定的："在温度不变的情况下，压力增加，溶解度则随之增加"；"在压力不变的情况下，温度降低，溶解度则随之增加"。

众所周知，啤酒的CO_2含量是啤酒的一项重要品质指标。灌装过程中啤酒所处的压力不应降低，否则将导致CO_2逸出，而且难以恢复。

对于啤酒这一种特定的含气液体食品的包装还有一个重要的质量指标，就是灌装过程中必须尽可能使啤酒与空气隔绝，即使很微量的增氧量也足以大大影响啤酒的品质。根据标准，灌装过程中增氧量不应超过0.02～0.04mg/L。

综上所述，啤酒包装的基本原则在于："灌装定量、低温保压、隔绝空气"。

四、啤酒灌装过程

1. 灌装前后

现代啤酒工艺广泛使用电脑识别系统和数字显示仪器协助机械化灌装操作，保证啤酒质量在灌装过程中不受影响。卸听机能自动查出以下听罐制造缺陷：油污、液体、变形、异物、和异味，将不合格容器从线上剔除。

空听在冲洗前经过液体检测，使用干净的酿造水冲洗空听内壁。空听采用CO_2冲洗、备压，然后灌酒；等灌酒结束后，再经过泄压、破泡，然后卷封加盖。

HEUFT液位检测仪的作用包括检测听内容量，自动取样，记录每个酒阀的灌装缺陷数量。

啤酒杀菌工艺分升温、62℃杀菌温度和降温三部曲，杀菌不当影响啤酒风味，应该控制的质量指标。杀菌后的液位检测由一台Filtec测重仪控制，它自动剔出液位不足的听酒。

喷码缺陷主要有喷码模糊、漏喷、喷码错误和喷码位置不对等。适合小字符高清晰喷码的喷码机主要是Vediojet。

2. 式样翻新

针对罐装应用，国外开发了各种形式的包装，如果能为国内市场使用，必能巩固和提高听装啤酒的高档地位，并能促进销售，保护环境和消费者安全。

① 罐面压花：一种异形听罐，在听子成型工艺段增加一台压花机，通过安装不同的模具使听子表面变得凸凹不平而具有个性。也可以通过使用特种油墨印制出压花视觉效果，只是握罐时没有凸凹感。

② 温变效果：采用低温致变的感温油墨印制啤酒图案或标识，在一定温度范围内开始显示，既能提示消费者最佳饮用状况，又可起到防伪作用。

③ 套膜印刷：采用PE膜柔印，然后套附在白听上，效果与金属印刷相同，但柔版印刷鲜艳、灵活、环保。

④ SOT环保盖：SOT指听盖上的拉环在拉开盖子后会藏附在盖内，方便盖子与罐身一起回收，同时保护消费者免受拉环意外扎伤。

⑤ 盖面防尘：由于消费者对听装酒饮的盖面卫生投诉不断，一种盖面防尘复合膜在灌装封盖后加封到罐盖上防止灰尘污染。

⑥ 铝制瓶罐：日本发明的铝制瓶罐是为了使金属容器适应玻璃瓶灌装线。瓶罐下身为听子形状，上部带瓶颈。表面印刷使用预印膜套附在瓶罐表面。

⑦ 纸质易拉罐：罐身采用纸和铝箔复合制成，罐盖采用带拉环的塑料。由于耐压原因，目前暂时没有应用在啤酒包装上。

⑧ 组合包装：多种形式的听子组合包装，包括HiCone塑胶带、收缩膜裹包、模切纸板裹包和模切纸板连接器。如果订单量大可采用机包，订单量小则手工包装更经济。

⑨ 手孔箱：包装12听、18听、24听的手孔箱在纸箱侧面开有手孔，方便消费者整箱购买时提取。为了增强手孔部位强度，一般采用一种面层可热熔的PVC织物，在纸箱厂瓦楞纸板线上事先粘好。

3. 高速摄像及仪器护航

近年来，中国啤酒饮料行业的包装技术迅猛发展，尤其是高科技含量的外国灌装设备的大量引进以及国外著名灌装设备生产厂家纷纷在中国设厂，使得在高速包装线上，人工检测已不能完全满足企业对于包装线维修和检测的需要。人眼在检测环节中将不可避免地存在一系列劣势，比如：包装线速度过快，肉眼无法跟踪，以及疲劳及长时间工作麻痹而产生的误差，即使一个极有经验的工程师也会有看不懂机器故障的时候。同时消费者在购买啤酒饮料时已经开始关注产品的外观包装质量，国内的一些啤酒饮料的著名生产厂家为了提升品牌形象，开始意识到产品的外观与其内在质量同等重要。高速摄像设备的应用可以很好地解决这一问题，为包装线的正常运行护航。

采用PID控制液位的方法有利于在啤酒包装生产线控制管理系统上直接用组态的方式，利用组态软件提供的PID模块，将现场I/O站上采集的液位实时数据传递给上位机监控系统，并加以控制，有利于实现整个啤酒包装生产线的集散控制。

第三节 啤酒的巴氏灭菌方法

一、啤酒除菌方法

隧道式喷淋巴氏灭菌：灌装后在隧道式灭菌机中60～65℃热水喷淋10～15min。

高温瞬时灭菌：板式换热器中酒液加温至68～72℃，保持约5s，冷却后中温灌装（10～20℃）（先灭菌后灌装）。

无菌膜过滤法：0.4～0.6μm无菌膜过滤（国内多用0.45μm）（低温无菌灌装）。

化学灭菌法：酒液中加化学药物灭菌，如乳酸链球菌素。

一般，啤酒灭菌主要采用隧道式杀菌机（或称喷淋式），其温度和时间控制见图7-1。杀菌用水应尽可能用低硬度水，以防钙镁盐沉积喷嘴。必要时水中可添加多价络合剂，如聚磷酸盐，用量为5～10mg/L。为防止破瓶中的酒液降低杀菌水的pH值，以致腐蚀瓶盖，可在水中加适量碱液，降低酸度，使pH值保持在8.0。

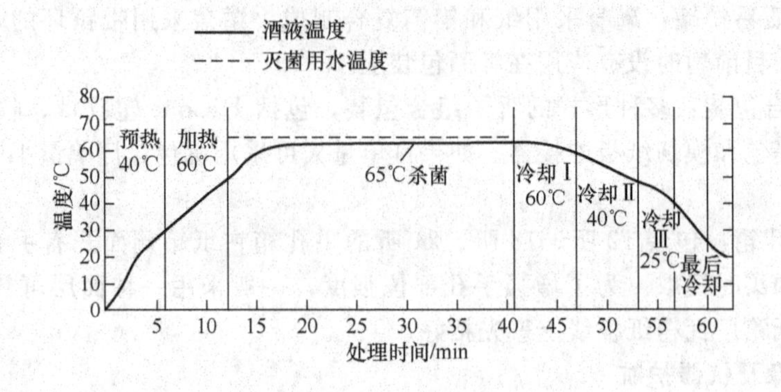

图7-1 灭菌温度曲线

一般灭菌，温度见表 7-1。

表 7-1 罐装啤酒巴氏灭菌的温度和时间

区 域	处理时间/min	喷淋水温/℃	备 注
预热	3	40	进机罐温 2℃
加热	7.5	63	
巴氏灭菌	15.5	60	60℃
预冷却	3	39	
再冷却	4	31	
最后冷却	2	25	出机罐温 35℃

灭菌后的罐体外表水分经鼓风干燥，同时冷却。

二、 啤酒巴氏灭菌的工艺要求

以最低的温度和最短的时间杀灭啤酒中可能存在的微生物，保证啤酒的生物稳定性（过高的杀菌单位和过长的杀菌时间对啤酒质量不利）（相对 PU 值下，低温长时间比高温短时间更不利）。

（1）巴氏灭菌单位　60℃保持 1min 为 1 个巴氏杀菌单位。

$$PU=1.393\ (t-60)\ \times 时间$$

如啤酒无任何污染，只有培养酵母，理论上灭菌 PU 值<4，一般工厂掌握在 10～20 PU。

（2）隧道式巴氏杀菌机的分类　按层数分为单层式、双层式。按运送酒瓶形式分为连续运行式、步段式。按传动形式分为机械传动式、液压传动式。

（3）隧道式巴氏杀菌机的操作要点

① 严格控制杀菌机各区的温度和时间，符合工艺要求，各区温差不得超过 35℃，啤酒瓶升降温速度以 2～3℃/min 为宜，以防温差太大，瓶温骤升骤降，引起啤酒瓶破裂。

② 水温自控的杀菌机，必须保持温控灵敏、准确；手动控温的杀菌机每隔 0.1～1h检查各区温度，控制温度变化±0.5℃为宜。

③ 定期检查杀菌 PU 值，应符合工艺要求。

④ 经常检查喷嘴畅通与否，每天清洗机体和喷管，每班清洗喷淋水箱内滤网 2～3次，碎玻璃及时清除。

⑤ 为防止酸性水的腐蚀，最好保持喷淋水在微碱性，pH 值为 7.5～8，可适当加磷酸钠等碱性盐类。

（4）隧道式杀菌机的安全操作要点

① 开启需戴手套，不得穿短袖衫和短裤进入操作岗位。

② 除杀菌机进出口外，不得通过侧面从杀菌机内取酒，尤其在高温区，以免

瓶爆伤人。

③ 杀菌机外露、回转和运动部分应有防护装置。

④ 链板输瓶带不得链板凸起，链条销不得脱出。

⑤ 机械传动运行要平稳，不得有阻卡现象；液压传动时，油压应为工作压力的两倍，不得有泄漏现象。

第四节 验酒、贴标、装箱

一、验酒

验酒是在灯光下将酒液失光（光透不过酒液）、漏酒或漏气、酒内有夹杂物以及装量不足的瓶酒挑出来。

二、贴标

商标纸应选用耐湿、耐碱性强的纸张。商标要贴得整齐美观，圆形商标的下端距瓶底为2.7～3.0cm，方形商标的下端应距瓶底3.7～4.0cm，小瓶商标距瓶底可为1.7～1.9cm。

三、装箱

装箱时，凡商标不正、酒瓶不洁或其他项目明显不合格的瓶酒不能入箱。

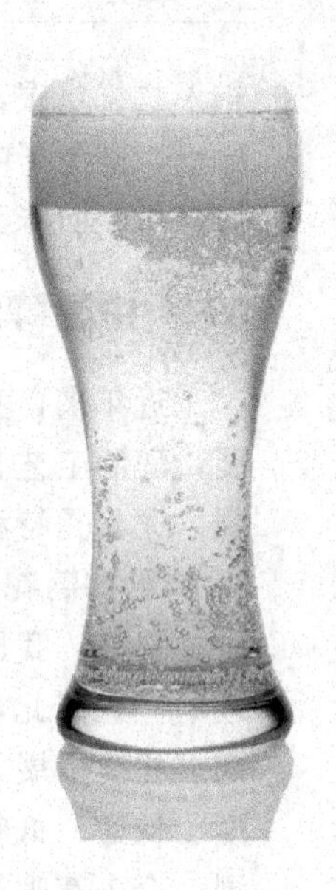

第八章 特种酿造啤酒

第一节 概述

啤酒是现在世界上最为普及的酒饮料，它是以大麦及啤酒花为主要原料，以大米或玉米为辅助原料，经酵母发酵制成的一种含有充足的二氧化碳的低度酒精饮料。酒之所以被称为酒，是因为它含有一定量的酒精，啤酒也不例外，通常啤酒中的酒精含量为2%～7.5%。

一、啤酒命名

啤酒可分为生啤、熟啤两种，是根据啤酒不同的杀菌方法命名的。

生啤酒（鲜啤酒）是指包装后不经高温巴氏灭菌的啤酒，酒中的鲜酵母可以促进胃液分解，加快消化，但容易变质，不易保存。

熟啤酒是指经过巴氏灭菌、过滤后的啤酒，酒中的酵母已被加温杀死，不会继续发酵，因而稳定性好，可存放较长时间。干啤、淡爽、超爽、超干等名称都是不同厂家给起的名字，都属于熟啤酒，只是工艺不同。

熟啤适合胖人饮用，生啤适合瘦人饮用，生啤中的鲜酵母可刺激胃液分泌、增强食欲、促进消化吸收，对瘦人增强体质、增加体重很有帮助。

生啤酒经严格的过滤程序将杂质除去后，变成为纯生啤酒（纯鲜啤酒），可存放几个月。

扎啤是从英语音译过来的，它的完整称呼该是“重加二氧化碳鲜啤酒”。扎啤不经过高温杀菌，将优质的清酒从生产线上直接注入全封闭的不锈钢桶，用扎啤机充入二氧化碳，并用扎啤机把酒控制在 3～8℃，饮用时从扎啤机里直接打到啤酒杯里，避免了啤酒与空气的接触，使啤酒更新鲜、更纯厚、泡沫更丰富，饮用时更加爽口，回味无穷。

二、 中国啤酒向特种啤酒方向发展

近年来，我国啤酒生产规模不断扩大，产量逐年提高，啤酒品种向多样化发展，酿酒工艺日臻完善。但在技术和管理上，我国啤酒酿造业目前还存在一些问题，尤其是特种啤酒原料、特种啤酒生产中存在的问题，将成为研究重点。

1. 特种啤酒花色品种比较单一

目前，我国啤酒产量的 90％左右均是 11°Bx 的浅色贮藏啤酒，啤酒花色品种较单一。因此，大多数啤酒厂家为了在市场上具有竞争实力，越来越重视啤酒品种向多样化发展，开始研制适合于老年人、妇女、司机及酒精不耐症人群饮用的低浓度、低醇、低糖啤酒。在大麦啤酒向低度发展的同时，研制小麦啤酒、小黑麦啤酒、全麦芽啤酒，纯生啤酒亦将成为未来啤酒的发展方向。虽然这些特种啤酒有较好的市场前景，但是其生产规模小，产量低，成品的价格较高，一般消费者难以承受，销量受到很大影响，因而又限制了特种啤酒的发展。

2. 特种啤酒地产大麦质量不稳定，原料成本较高

目前，我国啤酒产量逐年增加，随之出现地产大麦供不应求的趋势。但大麦在收获时如遇晴天是“黄金”，遇雨天就是饲料，而且南北大麦质量差异亦较大，造成地产大麦质量不稳定。导致我国大部分啤酒厂为了生产优质淡色啤酒，以外汇购进澳大利亚、加拿大和美国大麦。原因是这些进口大麦的种皮色泽浅，蛋白质适中（为 9％～11％），适合酿造淡色啤酒。这不仅增加了资金外流，而且提高了原料成本，对降低产品成本大为不利。

3. 如何解决我国特种啤酒生产中存在的问题

在特种啤酒酿造工艺中，原料的浸麦、发芽、焙燥、糖化与发酵工艺对啤酒质量至关重要。为此，对其制麦、糖化、发酵工艺及其方法的改进，即成为特种啤酒质量的关键控制点。

首先，浸麦度（麦粒含水率）是制麦工艺的关键控制点之一。

对大麦而言，国内最流行的浸麦度是 45％～46％（生产淡色麦芽），而对小麦或小黑麦而言，因其是裸麦，易吸收水分，发芽时间较短，且其蛋白质含量相对较高，故可采用相对于大麦稍低的浸麦度（42％），以适当延长发芽时间，促进麦芽良好溶解。目前，国内大部分啤酒厂仍采用前缓后急速升温法焙燥大麦芽，但此法不适于焙燥小麦芽或小黑麦芽。如果采用恒温干燥后急速升温法，则小黑麦干麦芽的糖化力与 α-氨基氮含量要明显高于前缓后急速升温法。在焙燥设备上，国内啤酒厂多数仍采用单层高效干燥炉生产浅色大麦芽。

目前有一种集发芽与焙燥为一体的全自动麦芽制造设备，可使发芽与焙燥在一个设备中完成，该设备由北京轻工业设计院设计安装，现已在我国哈尔滨等地建立

了此种较先进的麦芽生产基地。

其次，在糖化工艺上，糖化方法的选择历来受到酿酒师的重视。捷克的比尔森啤酒即采用了三次煮出糖化法，适于各种质量的麦芽糖化（包括溶解差的麦芽）；而英国传统上面发酵啤酒均采用浸出糖化法，特别适合酿制全麦芽啤酒，对酿制全麦芽的大麦或小黑麦啤酒可采用此法。

近年来，为了改善啤酒特性，充分利用辅料（非发芽的大米、膨化玉米等），提高糖化浸出物收得率与节约能源，已由前两种糖化法改进为复式煮-浸糖化法。

第三，在啤酒发酵工艺上，用传统发酵生产的啤酒，虽然口味协调纯正，风味柔和，但酿造期较长。目前大多数啤酒厂在保留了传统发酵工艺的基础上，采用了露天圆柱体锥底发酵罐进行现代啤酒发酵，可大大缩短发酵时间，提高生产效率。

（1）开发新的特种啤酒酿造原料资源，降低产品成本　随着我国特种啤酒行业的迅速发展，各大小啤酒厂努力在扩大生产规模、提高啤酒质量、降低生产成本、增强企业竞争力上下工夫。就降低特种啤酒原料成本而言，可通过适当提高辅料比例，或采用优质价廉的原料替代传统大麦来实现。如果在不影响啤酒风味、色泽，保证产品质量的前提下，以优质价廉的小黑麦，替代传统大麦酿造风格独特的特种啤酒，不仅可减少资金外流，降低产品成本，而且亦可加速推广小黑麦在我国大面积种植，并逐步形成粮食市场。

（2）使原料、生产、销售成为一条龙，促进我国农业与谷物加工业的发展　小黑麦是小麦和黑麦属间异源六倍体杂交品种，它不仅是高产优质的粮食与饲料，而且在啤酒酿造原料方面，与大麦相比具有广泛的优越性。由于小黑麦亩产量高，种植费用低，故用之酿造啤酒可以降低产品成本。小黑麦芽的α-与β-淀粉酶活力均较大麦高，用之制得的麦芽汁浸出物含量高，氮源丰富，其中赖氨酸、缬氨酸含量较高，其他如P、K、Na、Mn、Zn、Fe等无机盐含量亦较高，这些均有利于啤酒酵母的生长繁殖，加速啤酒后发酵的成熟，缩短发酵周期。

（3）扩大特种啤酒花色品种　目前，我国啤酒市场竞争激烈，各大小啤酒厂家均在降低产品成本、扩大啤酒花色品种上下工夫。建议在开发研制新型啤酒之前，应先做好市场调研工作，使之口味最好符合当地多数消费者的需求。例如，南方人喜稍甜的口味，而北方人喜稍苦的口味；寒冬适合饮用酒体醇厚、酒精度稍高的啤酒；酷暑适合饮用口感淡爽、杀口、酒精度稍低的啤酒。

由于南方气候潮湿，还可研制姜汁保健型啤酒，如今特种啤酒在南方就很受欢迎。此外，还可通过加入富含黄酮类营养素的竹叶提取物，生产新型特种保健啤酒——竹啤，经常饮用竹啤能降低血脂。

三、特种啤酒质量标准

1. 啤酒的成分

啤酒的主要成分是水和酒精。此外，还有400多种不同的物质，主要化学组成如下。

① 酒精。各种啤酒的酒精含量都不相同，主要由原麦芽汁浓度和啤酒发酵度

决定，一般为2.9%～4.1%。

② 二氧化碳。啤酒中的二氧化碳含量取决于贮酒温度和贮酒压力。一般啤酒的二氧化碳含量为3.5～6.5g/L。

③ 糖类。麦芽汁经发酵后，只有微量的糖残留在啤酒中。啤酒的含糖量用葡萄糖表示，一般为0.9%～3%，而在麦芽汁制备过程中使用过酶制剂的啤酒，其糖含量在0.4%～0.9%。啤酒中除葡萄糖外，还含有低聚糖和微量其他可发酵性糖。

④ 含氮物质。麦芽汁中的含氮物质经发酵，一部分低分子含氮物被酵母同化，一部分高分子蛋白质则随温度和pH值的下降而析出。啤酒中残留的含氮化合物为300～900mg/L。

⑤ 非挥发性成分。啤酒中的非挥发性成分主要有甘油（1.5～3.5g/L）、酯类（0.5mg/L）、高级脂肪酸（0.5mg/L）、多酚（80～160mg/L）和酒花苦树脂（30～40mg/L）。

⑥ 挥发性成分。啤酒中的挥发性成分有高级醇（100～200mg/L）、酯类（2.5～40mg/L）、酸类（1.5mg/L左右）、醛类（48mg/L左右）、酮类（3mg/L左右）、双乙酰（0.1～2mg/L）和硫化物（15～150mg/L）。

⑦ 维生素。主要含B族维生素，如生物素、泛酸、维生素B_{12}、烟酸、维生素B_2和叶酸等。

2. 啤酒的质量指标

① 感官指标。啤酒应清亮透明，没有明显的悬浮物和沉淀物。当注入洁净的玻璃杯中时，应有泡沫升起，泡沫洁白，较持久。有酒花香气，口味纯正，无异香异味。

② 理化指标。酒精含量为3.5%，原麦芽汁浓度为12%± 0.2%，真正发酵度≥56%，色度（EBC单位）为5.0～12，pH为4.1～4.6，总酸≤2.7mL，二氧化碳≥0.35%，双乙酰≥0.2mg/L，苦味质为15～40UB。

③ 保存期。12°P瓶装鲜啤酒的保存期在7d以上，熟啤酒在60d以上。

④ 卫生指标

a. 理化指标。二氧化硫残留量以游离二氧化硫计，必须低于0.05g/kg。黄曲霉毒素B_1必须低于5μg/kg。

b. 细菌指标。熟啤酒中细菌总数必须少于50个/mL，其中大肠菌群数规定100mL熟啤酒中不得超过3个，而鲜啤酒中不得多于50个。

第二节 干啤酒（淡爽型）的生产工艺

一、概述

干啤酒又称为低糖啤酒，或称为低热值啤酒，它是20世纪80年代在世界风行起来的特种啤酒。1987年首先由日本研究创制，投入市场后轰动过日本，后来又在欧美刮起过热旋风，成为世界上风行的啤酒新品种。我国近几年来也有不少啤酒厂研究、试制、并投入生产，受到各地消费者青睐，尤其在南方沿海城市更多。

南方沿海城市把干啤称淡爽型啤酒，通常指糖度在7度上下的啤酒，但口感并不薄，仍具有丰富的啤酒口感。

推出干啤这个概念的主要目的是为了降低成本。传统啤酒教材里是没有的，因为它主要还是一个广告概念，并不完全是一个啤酒术语，也无严格的界定标准。要说特征，基本上就是低糖度和酒精度，苦味低，但保持了完全的啤酒风味口感。

7度就是糖度为7度，并非是单指麦芽糖，以前一般使用麦芽比例在60%左右余下使用大米之类，但现在各厂家大米也觉得贵了，大多数厂家就直接采用玉米淀粉或糖浆来代替。

二、 干啤酒的主要特点

干啤酒这种酒源于葡萄酒，普通啤酒有一定糖分残留，干啤使用特殊酵母使糖继续发酵，把糖降到一定浓度之下，适宜发胖的人饮用。干啤是特种啤酒的一种，它最主要的特点是发酵度高，口味干爽。但“干啤”在国标中是有规定的，除符合淡色啤酒的技术要求外，真正发酵度不低于72%，只有这样的啤酒才能冠以“干啤”的名称。

(1) 干啤酒色泽　根据啤酒色泽又可以分为黄啤酒（淡色啤酒）和黑啤酒（浓色啤酒)。黄啤酒呈淡黄色，采用短麦芽做原料，酒花香气突出，口味清爽，是我国啤酒生产的大宗产品。黑啤酒色泽呈深红褐色或黑褐色，是用高温烘烤的麦芽酿造的，含固形物较多，麦芽汁浓度大，发酿度较低，麦芽香气明显。

(2) 干啤酒口味　干啤酒是属于不甜、干净、在口中不留余味的啤酒，实际上是高发酵度的啤酒，口味清爽。近几年消费者的口味有所变化，喜欢甜味小、酒精度低、清爽型的啤酒风格。发酵度低，喝起来清淡，比汽水好喝。

(3) 干啤酒生产用原料　干啤酒生产用原料与啤酒类似，如麦芽要求色淡，发芽率高，溶解度高，糖化时间短，糖化力强，寇尔巴哈值42%以上；麦芽辅助原料可使用大米，也可使用白砂糖，以提高可发酵性糖，增加发酵度，降低色度；酒花使用好些的香型花，使用量比啤酒可略少些，防止过苦，水质以软水比较理想，最高不要超过5个德国硬度。至于外加酶制剂耐高温α-淀粉酶，可缩短大米液化时间，并使用高效糖化酶，增加可发酵性糖，必要时还可使用蛋白酶，以提高泡沫持久性。

(4) 干啤酒糖化工艺　最好采用两段糖化方法，即63～65℃保持40min，68～70℃保持10min，在麦汁开始煮沸30min，添加10%的白砂糖和高效糖化酶，产生可发酵性糖。

酿制干啤酒使用酶制剂是简单易行的方法。因为酵母少直接影响啤酒的风味，改变酵母菌种应持谨慎态度，调整糖化工艺的方法对提高麦汁中可发酵性糖的含量是有限的。相比之下，使用酶制剂，不仅增加成本有限，而且效果比较显著。

三、 微型干啤生产工艺的制备

1. 原料选择

① 选用优质澳洲大麦芽：水分＜6%，无水浸出率＞80%，色度＜4EBC，糖化力＞250 WK，α-氨基氮＞170 mg/100g。

② 辅料：小麦芽。水分＜5%，无水浸出率＞84%，色度＜EBC。

③ 酒花：苦酒花采用新疆产苦酒花，其α-酸含量为7%；香酒花采用德国产香花，其α-酸含量为35%。

④ 酶制剂：真菌淀粉酶，异淀粉酶。

⑤ 食用级乳酸，用于调节糖化醪的酸度，以改善麦汁的质量。

2. 麦汁制备

① 糖化。为了防止粉状物结块不利于糖化以及为了提高酶的活力，投料温度为37℃。蛋白质休止阶段分两段进行，45℃、52℃各进行30min，因在50℃加入真菌淀粉酶，故52℃蛋白质休止时间适当延长30min，真菌淀粉酶的添加量为20×10^{-6}。糖化阶段为了增加可发酵性糖的含量，糖化温度限制在63～65℃，至无碘反应为止。同时为保证糖化效果，在糖化过程中用乳酸调节糖化醪的pH值为5.2～5.4。

② 过滤。洗糟时，待残糖降至2.5波美度以下时停止过滤，以防止洗糟过度麦汁中的多酚类物质过度溶解，影响麦汁的质量。

③ 煮沸。煮沸时间应控制在70min以内，一方面可将高分子蛋白质成分很好地凝固析出，另一方面又可防止麦汁过度氧化，加深麦汁色泽。同时，为保证成品麦汁的质量，也可根据蒸发强度的大小适当延长或缩短煮沸时间，但是最长不宜超过90min。

为保证啤酒的风味，酒花分三次加入，第一次添加酒花是在麦汁初沸前5min加入，其主要目的是压泡，防止溢锅，采用苦酒花；第二次是在麦汁煮沸后40min加入酒花，多采用香酒花；第三次是在煮沸终了前10min添加，应添加香酒花。

因干啤酒苦味较小，为防止生产的干啤酒在风味上淡或寡淡，或者说苦味低而缺乏酒花香，以及维持成品干啤酒的口味、风格一定，必须保证每百升麦汁含α-酸4～5g。

④ 麦汁冷却。为保证有一个较高的发酵度，在第一锅麦汁冷却入罐过程中，应加入2×10^{-6}的真菌淀粉酶及30×10^{-6}的异淀粉酶，以促进麦汁中的高分子淀粉、糊精继续分解。

⑤ 发酵工艺。采用德国卡尔斯倍酵母第二代、第三代菌种酵泥。酵母接种量1%；酵母接种温度9℃；发酵温度10～12℃。

发酵过程中，为防止酵母被杂菌污染后发酵能力降低，在发酵过程中应加强微生物的卫生管理，既要防止冷却麦汁的二次污染，又要做好用于酵母菌生长繁殖所需的压缩空气的净化工作，确保充入麦汁中的氧气达到无菌要求。此外，采用较高的温度，以加快酵母的增殖，使其在发酵中占绝对优势，以达到较高的发酵度。当双乙酰测定合格后，将发酵液温度降至6℃，恒温恒压24h，然后再降至-1～0℃保持10～15天，即可下酒。采用此法酿制的微型干啤酒，真正发酵度可达到72%以上，残糖含量仅在1.5%左右，苦味较小，色泽浅，口感较好。

四、 干啤酒常见的质量问题

国家标准GB 4927—2001于2001年12月4日发布并于2003年元月1日正式实施。值得关注的是，新国标中对几种特种啤酒的技术要求做出了明确规定。这样我国在进行特种啤酒的开发和质量控制时就有了依据，从而也可以在很大程度上规范某些无序行为。但在实际生产过程中往往出现许多问题必须解决才能酿制优质的干啤酒。

1. 常见质量问题

(1) 发酵度　在新国标做出明确要求之后，干啤酒的真正发酵度偏低的情况一般很少见，通常的情况是发酵度过高且不稳定，时高时低，如某批次的干啤酒的真正发酵度是76%，另一批次是80%以上，再一批次则是72%等。

(2)“上头”　饮用不多就会感觉头发胀、头痛，俗称“上头”、“坠头”。

(3) 泡沫　泡沫虽然洁白，但不细腻，粗大，挂杯不好，泡持时间不足。

(4) 口感　有的黏、甜、涩，俗称“干啤不干，清爽不爽”，有的口感淡薄。

2. 原因分析

(1) 发酵度　较高的真正发酵度作为干啤酒的标志性技术指标自然是酿制者执着追求和严格控制的对象。为了保证发酵度我们常常采取以下措施：使用溶解良好的麦芽，增加辅料使用比例；两段糖化（63～65℃、66～75℃），延长63～65℃保温时间；在麦汁煮沸时直接添加2%～3%的白糖，对提高可发酵糖含量可收到立竿见影的效果；糖化过程添加糖化酶，制备糊精含量很低的麦汁；在发酵液中添加糖化酶、真菌淀粉酶等；加大麦汁充氧量及酵母添加量；提高发酵温度等。

上述措施对提高啤酒发酵度都行之有效，但在实际过程中往往由于麦芽质量的波动（不同批次、不同品种、不同麦芽厂家的麦芽溶解度的较大差异）、操作的不稳定（如有的工厂在酵母添加时只是简单地从上一罐压至下一罐，既不知酵母浓度和死亡率，又不管在上一罐的保存时间，只在倒酵母时计一下压出时间，导致添加酵母数忽高忽低）等因素的影响，干啤酒的真正发酵度往往出现大幅度的波动，为了保证发酵度合格，对上述提高发酵度的措施的应用往往过分偏执一端，结果必然导致发酵度过高且不稳定。

(2)“上头”　啤酒“上头”主要是高级醇含量偏高所致。高级醇是构成啤酒风味不可缺少的物质，但超过一定限度，就会出现高级醇味，一般情况下，如果啤酒中所含异戊醇＞50mg/L、活性戊醇＞75mg/L时，饮用不多就会感觉头发胀、头痛。干啤酒由于其要求干爽的特点，除原料（麦芽、酵母、水等）原因外，往往采用高辅料糖化，导致麦汁α-氨基氮含量不足，同时由于供氧量较大、高温发酵、干啤酒麦汁中可发酵性糖含量高，导致酵母被迫通过将糖类合成氨基酸的途径来满足自身代谢的需要，结果在得到高发酵度的同时也产生了大量的高级醇。

经实际调查还发现，在一定范围内，高级醇含量较高的啤酒却不一定“上头”，经检测分析得出的结论是，“上头”也与啤酒中缓冲物质的多少有关，即，高级醇含量同样较高的啤酒，可能其总氮含量较低的“上头”，较高的却不“上头”。

(3) 泡沫　在干啤酒的酿制过程中，如果过分追求高发酵度而不采取相应的协调措施，干啤酒中蛋白质、低聚糖、糊精等有利于泡沫的物质含量就会偏低，同时由于较高的酒精、高级醇含量又有一定的消泡作用，往往导致泡沫粗大、挂杯不好、泡持时间不足。

由于干啤酒一般采用较高的辅料比，如果辅料如大米、玉米等的脂肪含量偏高，也会损害啤酒的起泡力和泡持性。

还须特别注意的是酶制剂的副作用。如果在发酵液中所添加的糖化酶、淀粉酶等酶制剂的纯度不够，其中含有一定的蛋白质分解酶，而其灭活温度又高，在巴氏灭菌过程中不能使其失活。如果添加量偏高，就会使碳水化合物和蛋白质在啤酒贮存期间继续分解，导致泡沫问题的同时，还会使啤酒出现较明显的甜味。

(4) 口感　口感与上述三个问题是密切相关的。原料的情况、辅料比与质量、酶制剂种类与添加量及添加点、工艺方法（如麦汁充氧量和酵母添加）、微生物控制、设备（如过高的发酵罐会降低发酵副产物酯的生成量，从而导致啤酒口感空虚与淡薄）等，都会对口感产生直接影响。

须强调指出，在发酵液中添加一定的淀粉酶等酶制剂，虽然可以明显提高发酵度，但由于发酵液中残余淀粉、糊精等在酶的作用下，仍会持续分解而产生可发酵性糖，迫使酵母继续代谢，少量但持续地产生双乙酰、乙醛等副产物，也就相应地延长了还原时间。这样，发酵液长时间处于较高的温度环境，将促使更多的酵母自溶，同时也会增加污染杂菌的风险，给啤酒口味带来不利的影响。

此外，过多地添加酶制剂，既使通过麦汁煮沸和巴氏灭菌可以使其失活，酶制剂本身的高分子蛋白质及其所用的填充物也会对啤酒口感产生一定的影响。

3. 解决方法

(1) 原料品种要稳定，质量要可靠　一个成熟的啤酒企业，酿制某一品牌的啤酒，一般使用 2～3 个固定的大麦品系，绝不会仅仅以符合某一简单的感观和理化质量标准作衡量指标而轻易改变，因为即使最全面的实验室分析也不可能全面反映麦芽的酿造性能。

(2) 保持操作的稳定性　如酵母添加量的稳定控制，事先要调查酵母的浓度并按已绘制好的标准曲线添加。或者在发酵罐满罐时检测酵母浓度和死亡率，并根据检测结果及时调整添加量。当然如有条件最好装备麦汁自动充氧与酵母自动添加系统。

(3) 确定合理的工艺路线、辅料比例与酶制剂添加量　制订工艺时要结合设备、原料等方面的实际情况，通过试验确定出合理的工艺路线与酶制剂添加量，而不能为了保证发酵度，过分地延长糖化时间，采用过高的发酵度及过高的酶制剂添加量。实践证明，在原料正常的情况下，糖化63～65℃保持40min，添加500×10^{-6} AMG糖化酶；发酵温度10℃，麦汁进罐时加5×10^{-6} AMG糖化酶，不加白糖，即可达到72%以上的真正发酵度，且稳定在72%～75%范围内。

（4）统筹考虑酶制剂的使用　使用酶制剂前要认真了解其特性、作用与副作用，通过试验来确定用量与用法。原则是在保证质量的前提下在适宜的工序点、适宜的时间适量使用酶制剂，能少用的不多用，能不用的坚决不用。

（5）在糖化投料中添加适量（5%左右）的小麦芽，或在清酒中添加适量四氢酒花浸膏等，可在一定程度上改善干啤酒泡沫及口感淡薄的问题。

（6）在发酵液中添加$(100\sim150)\times10^{-6}$的活性炭进行过滤，可在一定程度上改善干啤酒的口感发黏、涩等不纯净的问题，同时可使干啤酒色泽更透亮。但要控制添加量及作用时间，防止因其吸附作用没有选择性而导致其他问题的产生。

其他还有很多方法可供选择，文献中涉及较多，这里不必赘述。

第三节　纯生啤酒酿造技术

一、概述

在特种啤酒生产过程中，需要进行过滤及灭菌处理。过滤的目的是要去除在发酵过程中啤酒里存在的酵母细胞和其他浑浊物，如酒花树脂、单宁、酵母、乳酸菌、蛋白质等杂质，以提高啤酒的透明度，改善啤酒的香味和口感。灭菌的目的是去除酵母、微生物及细菌，终止发酵反应，保证啤酒的安全饮用，延长保质期。

传统方法采用硅藻土及纸板过滤以及巴氏灭菌。这些方法的缺点是除菌不够彻底，保质期短，容易出现卫生安全问题。高温瞬时灭菌方法虽能完全除去酵母和微生物，但不能保证100%无菌，同时制得的实际上是一种熟啤酒，损失了啤酒中大量的有机芳香物质，啤酒风味变化很大。

随着膜分离技术用于生啤酒的无菌过滤，目前已在啤酒工业上广泛应用的有冷杀菌技术。

1. 定义

纯生特种啤酒经过严格无菌处理（非热杀菌），确保酒液内没有任何活体酵母或其他微生物，保质期达六个月到一年，又称为冷杀菌啤酒。

2. 质量要求

纯生特种啤酒的质量要求：具有与“熟啤酒”相同的生物稳定性和非生物稳定性；较长时间内保持啤酒的新鲜程度（风味稳定性）；具有较好的香味和口味以及良好的酒体外观和泡沫性能；符合规定的理化指标要求。即纯生啤酒除了不采用热杀菌外，其他质量要求与熟啤酒相同。

纯生啤酒生产中存在的主要问题：由于未经热杀菌，啤酒中蛋白酶A的活性仍然存在，对啤酒的泡沫影响较大，造成啤酒泡沫的泡持性较差。

3. 衡量标准

纯生啤酒的衡量标准为测定啤酒中蔗糖转化酶的活性。一般经过巴氏杀菌或瞬间杀菌的啤酒蔗糖转化酶的活性被破坏，测定有无蔗糖转化酶活性可以判定是否为纯生啤酒。

二、 纯生啤酒的酿造工艺及技术特点

由于生产中免除了传统的热杀菌处理过程，所以具有特殊的酒花清香味，风味新鲜爽口、泡沫丰富、二氧化碳气足、杀口力强，可使饮用者产生强烈的再次饮用欲望，而且啤酒中的营养成分未遭任何损失，全部保留了下来。纯生啤酒制造过程中由于省去了热杀菌过程，也就无需杀菌机，减少了车间面积，降低了水、汽、电的消耗，免除了热杀菌过程爆瓶带来的瓶损，所需生产人员也相应减少，生产成本因此而降低。

纯生啤酒生产的类型及条件简介如下。

（1）微生物抵制法　向酒液中添加无机抑制剂或有机抑制剂，通过抑制微生物繁殖与代谢，避免啤酒变质，常用的防腐剂有苯甲酸钠、山梨酸钠、霉克、乳酸链菌肽等。

（2）紫外杀菌法　以紫外杀菌杀灭啤酒中的微生物。由于紫外线杀菌效果不太理想，且可能对啤酒口味产生影响，目前未被采用。

（3）无菌过滤法　这种方法是目前常用的冷除菌法，经硅藻土过滤机和精滤机过滤后的啤酒进入无菌过滤组合系统进行无菌过滤，包括复式深层无菌过滤系统和膜式无菌过滤系统。经过无菌过滤后，要求基本除去酵母及其他微生物，才能确保纯生啤酒的生物稳定性。

目前，国内外均有瓶装或罐装纯生啤酒生产。以桶装纯生啤酒为例，啤酒经3～4级过滤除菌，再在密封状态下装入不锈钢桶。销售时配有专用生啤酒机，边降温边补充二氧化碳，该酒在营养、保鲜、泡沫及保持方面均较为理想，在0～8℃下可以保质20～30天，一些发达国家，这种啤酒的销量占啤酒总销量的60％以上。

纯生啤酒生产过程中严格控制杂菌污染是其技术的关键。生产纯生啤酒必须具备三个基本条件；一是待包装 啤酒必须是无菌的；二是灌装设备和装酒容器必须是无菌的；三是灌装车间必须是个无菌室，由此可见要求十分严格。

三、 纯生啤酒应用

国外从20世纪60年代开始，把膜分离技术应用于生啤酒的无菌过滤，一般经微滤膜进行无菌过滤后的生啤酒质量好，因为无需加热且分离效果好，所以这种生啤酒保持了鲜啤酒酒花的香味和苦味，提高了啤酒的透明度，细菌去除率接近100％，保质期可延长20天以上。

纯生啤酒应用是近几十年逐步发展起来的一种啤酒新产品，其追求的目标是啤酒口感的新鲜、纯正和爽口。由于冷杀菌技术的不断完善，使纯生啤酒的产量日益增加，成为啤酒行业市场竞争的一个热点之一。可以预计我国今后几年内纯生啤酒将会在啤酒销售市场占据重要地位。

四、 纯生啤酒生产方式

纯生啤酒生产必须做到整个生产过程无菌或得到控制，最后进入到无菌过滤组合系统进行无菌过滤，包括复式深层无菌过滤系统和膜式无菌过滤系统。经过无菌过滤后，要求能基本除往酵母及其它所有微生物营养细胞（无菌过滤 LRV≥7），确保纯生啤酒的生物稳定性。

1. 微生物抑制法

向酒液中添加无机抑制剂或有机抑制剂（防腐剂），通过抑制微生物繁殖与代谢避免啤酒变质。常用消毒剂有苯甲酸钠、山梨酸、曲酸、霉克、乳酸链菌肽等。

2. 紫外杀菌法

以紫外线杀灭微生物控制啤酒中少量的微生物。由于紫外线杀菌效果不太理想，且可能对啤酒口味有影响，目前未被采用。

3. 无菌过滤法

这种方法是目前常用的冷杀菌法，经硅藻土过滤机和精滤机过滤后的啤酒，进入无菌过滤组合系统进行无菌过滤。包括复式深层无菌过滤系统和膜式无菌过滤系统。经过无菌过滤后，要求能基本除去酵母及其它所有微生物营养细胞（无菌过滤 LRV≥7），才能确保纯生啤酒的生物稳定性。

五、 纯生啤酒生产基本要求

（1）纯种酿造的关键——啤酒酵母　纯生啤酒的生产是纯种酿造和有效控制后期污染的有机结合。任何杂菌的存在都会影响啤酒的质量。

（2）选择良好的酒基　经过发酵、后熟的啤酒，应具有良好的质量（包括风味、泡沫、非生物稳定性和满足理化指标要求）。生产中应认真把好原料关、选好菌种、严格生产工艺与操作。

（3）保证有可靠的无菌生产条件　生产过程中严格控制杂菌是纯生啤酒生产的关键，无菌过滤和无菌灌装则是生产的辅助手段。因此，啤酒整个生产全过程要尽量做到没有或基本没有杂菌污染，才能保证纯生啤酒的质量和减少后期处理的工作负荷量。

（4）纯生啤酒包装要求　纯生啤酒包装时，要有以下基本要求：包装容器清洗系统（含瓶、易拉罐、生啤酒桶）应保证清洁、无菌；对灌装车间，灌装机可以放在一个密闭的无菌房间内，室内空气要进行有效的过滤，室内对室外保持正压，0.03～0.05kPa；对输送啤酒瓶的输送链，在未灌装啤酒、密封以前的部分应使用带有消毒作用的链润滑剂，同时在灌装机前的部分输送链应有不断清洗装置，确保整个输送链的卫生；生啤酒灌装线的洗瓶机，应采用单端进出，防止进瓶污染出瓶；洗净的啤酒瓶在输送到灌装机的过程中，要有密闭的防护罩，避免灰尘、飞虫等的污染。

六、纯生啤酒生产过程中的微生物管理

（1）酿造无菌水的制备　处理过程：深井水→软化处理→砂滤器→活性炭过滤器→颗粒捕集过滤器→预过滤器→除菌过滤器。对于硬度大的水应先进行软化处理，并去除大颗粒杂质后再进行膜过滤处理。水除菌过滤器使用前要用蒸汽进行杀菌，生产用水的水网应定期进行清洗和消毒。无菌水微生物控制指标：细菌总数≤10个/100mL，酵母菌0个/100mL，厌氧菌0个/100mL。

（2）无菌空气的制备　无菌空气用于冷麦汁充氧和酵母扩培，无菌空气过滤处理不当，会对纯生啤酒生产中的微生物控制带来影响，必须加强无菌空气过滤系统的管理。无菌空气的制备流程如下：压缩空气→除油、水和杂粒→预过滤器→除菌过滤器→重点工位除菌分过滤器→无菌空气。

无菌空气微生物控制指标：细菌总数≤3个/10min，酵母菌0个/10min，厌氧菌0个/10min。

（3）无菌CO_2的制备　啤酒酿造过程中清酒CO_2的添加、脱氧水的制备、清酒罐背压等阶段均需使用CO_2。在纯生啤酒生产中也要对CO_2进行无菌处理，CO_2的回收管路也要定期进行CIP清洗，气体除菌过滤器每次使用前要进行蒸汽消毒处理。无菌CO_2的制备流程如下：CO_2液化贮罐→加热气化→预过滤器→除菌过滤器→分气点除菌过滤器→无菌CO_2。无菌CO_2微生物控制指标：细菌总数≤3个/10min，酵母菌0个/10min，厌氧菌0个/10min。

（4）消毒用蒸汽的处理　处理的目的是为了除去蒸汽带入的颗粒，防止除菌滤芯的破坏或堵塞，延长滤芯的使用寿命。蒸汽过滤一般采用不锈钢材质、过滤精度在1.0μm的微孔过滤芯。

（5）过滤操作中的微生物控制

① 避免发酵液污染杂菌是纯生啤酒生产的基础。

② 过滤前对酒输送管路、缓冲罐、过滤机、硅藻土（或珍珠岩）添加罐、清酒罐进行CIP清洗。

③ 过滤系统及清酒罐的取样阀要定期拆洗，每次操作前进行严格清洗。

④ 活动弯头、管连接、软管、取样阀、工具等不使用时要浸泡在消毒液中。

⑤ 硅藻土添加间要独立分隔，并安装紫外灯定期杀菌。

⑥ 每次操作后要用0.1%的热酸清洗，每周对过滤系统用2.0%的热碱进行清洗。

⑦ 清酒要求：浊度＜0.5EBC单位；β-葡聚糖＜150mg/L；碘还原反应＜0.5。细菌总数≤50个/100mL，酵母菌0个/100mL，厌氧菌0个/100mL。

（6）清酒的无菌过滤　由安装在灌装压盖机前的0.45μm的膜过滤机进行无菌

过滤，膜过滤机要有高灵敏度的膜完整性检测系统。膜过滤机用的冷、热水，要经过 20μm 预过滤处理大颗粒后，再供膜过滤机使用。

（7）无菌灌装

① 灌装间应达到 30 万级的洁净要求，洁净室的设计、建造以及卫生消毒可以参考医药行业的 GMP 标准。

② 洁净室工作人员要穿洁净服，人数在 4 人以内。避免人员频繁进出，人员进出时要进行严格消毒。

③ 纯生啤酒用啤酒瓶应采用卫生条件好的新瓶（如薄膜包装的托板瓶）；采用适合纯生啤酒使用的无菌瓶盖，瓶盖贮存斗应安装紫外灯消毒。

④ 洗瓶机的末道洗水改用热水对瓶子进行冲洗，洗瓶机出口端至洁净室入口的输瓶系统要安装隔离罩和紫外灯，并且要对出口端热消毒 1 个小时；要使用含有抑菌成分的链条润滑剂和具有抗水、耐酸碱功能的软化剂，对输送链板、接水板、护瓶栏、玻璃罩、链条底架部位等要进行消毒。

⑤ 灌装压盖机使用前要对设备表面及入瓶、出瓶处进行清洁，提前打开紫外灯进行空气消毒。每月定期对灌装压盖机进行酸洗，预防机内结垢。

七、纯生啤酒的生产过程要确保可靠的无菌条件

在纯生啤酒的生产过程中，最为重要的是必须严格控制生产过程的杂菌污染，最后的无菌过滤和无菌灌装只是辅助手段，以此来保证并提高纯生啤酒的质量。

为此，要求在啤酒生产的全过程尽量做到没有或基本没有杂菌污染。为了确保纯生啤酒质量和降低后期无菌过滤、无菌包装的工作负荷，要求杂菌应小于 10 个/mL。

1. 啤酒生产过程中杂菌污染的类型

① 一次污染和二次污染。一次污染是指啤酒生产过程中，从可以被污染的时候开始发生的微生物接触污染，这种污染危害较大。二次污染是指啤酒经过无菌处理后再次发生的接触污染，主要发生在清酒和包装过程。二次污染是生产纯生啤酒必须严格控制的内容。

② 交叉污染和累积污染。交叉污染是指由于生产设备、生产工具、添加酵母以及其他共用的设施被杂菌污染，消毒灭菌不够所引发的相互污染。其中，以酵母的污染危害较大。

累积污染是指在啤酒生产过程中，各个工序不断发生污染，造成污染程度的累加。这种污染的情况最为严重，对啤酒质量的危害性最大。

③ 直接污染和间接污染。直接污染是指与产品直接接触的原辅材料、添加剂、设备、管道和气源、水源等含有杂菌对产品产生的污染；间接污染是指污染了与产品直接接触的物品而受到的污染，如人体、环境等。

2. 纯生啤酒生产的工作

① 首先要做好与产品直接接触的气源、水源和其他物料的无菌过滤和消毒灭

菌工作，防止产品的直接污染和二次污染。

② 其次对麦芽汁制备、啤酒发酵、无菌过滤和包装等生产过程，要分别配置相应的 CIP 和 SIP 系统，尽量做到不共用。

③ 生产所使用的容器、管道、阀门等的内壁要经抛光处理。内壁抛光后的 *Ra* 应不低于 0.8μm，尽可能达到 0.5μm。

④ 整个啤酒生产过程要在密闭的、带正压的条件下进行，并得到良好的 CIP 洗涤和有效的 SIP 消毒灭菌。

⑤ 啤酒制品处于冷状态下所使用的各种原料、材料、制剂，包括添加酵母，都应严格控制无菌条件，确保不发生杂菌的污染。

⑥ 要完善微生物检测手段，确定相应的微生物检测点和检测制度，使用先进的检测方法和检测仪器，全程进行有效的微生物监测，确保无菌生产的条件。

第四节 高浓度稀释啤酒

一、概述

高浓度稀释啤酒，就是先制备高浓度的原麦汁，然后根据现有设备的生产能力，在以后的工序中进行稀释，使其达到最后啤酒所要求的原麦汁浓度、以提高糖化、发酵设备的利用率。通常可简称为稀释啤酒，国外有的习惯于称高浓度为高密度。

二、高浓度稀释啤酒的优点

① 提高啤酒设备利用率，若在滤酒后稀释，则糖化、发酵、储酒、滤酒的设备利用率均可提高。例如，使用浓度为 15%～16%的麦汁，生产原麦汁浓度为 11%～12%的稀释啤酒，则设备利用率可提高 25%～50%。

② 生产成本降低。因相应的能耗、清洗及污水处理费用降低，并可增加辅料用量，故使生产费用降低。

③ 增加产量、实物劳动生产率，尤其在旺季，其增产的灵活性具有经济意义。

④ 因酵母增殖量减少，故单位可发酵浸出液的酒精产率提高。

⑤ 可利用一种高浓度原酒稀释成浓度不等的多种产品，增加了生产的灵活性。

⑥ 稀释过程中添加了稀释水，质量稳定，使稀释啤酒的口感柔和、清爽，风味及非生物稳定性均有所改善。

三、高浓度稀释啤酒存在的问题

① 因糖化醪浓度高，故麦芽汁过滤和洗糟难以彻底，残留较高，麦汁收得率较低。在不影响质量的前提下，可将残糖水用作下一锅糖化和洗糟水，以减少这项损失。有条件的生产单位可利用添加糖浆的方法解决此问题。

② 因酒花利用率较低，故需要适当增加酒花用量。

③ 因麦汁浓度高而带来的高渗透压和发酵液高酒精含量，致使酵母活性受损，使用代数减少，酵母凝聚性能降低。但不同菌株受上述影响的程度差异较大，故应慎选优良酵母菌种。

④ 因发酵时泡沫量增加，故发酵损失率也相应增加，发酵罐容积的实际利用率相对减少。

⑤ 成品啤酒的泡沫持久性降低。有大量实践证明，麦汁在煮沸后的生产工序中，其疏水性含氮物逐渐下降，降低的程度与麦汁的浓度成反比，故稀释啤酒的泡持性稍逊于非稀释啤酒，可在过滤过程中适当添加泡沫稳定剂加以弥补。

总之，在少投入而要求大幅度增加产量的情况下，生产稀释啤酒极为必要，在并不要求大幅度增产而且当地消费者均习惯于饮用浓醇型啤酒的背景下，在采用此技术时，应进行全面衡量。

四、 高浓度稀释啤酒的生产工艺

在稀释啤酒生产中，为兼顾啤酒的产量和质量，有人提出采用典型的六器组合式啤酒设备糖化系统，每天糖化不少于 6 次，前发酵时间不少于 8 天，后发酵及储酒期不少于 18 天；啤酒过滤设备的能力与原来相似。

1. 稀释率与用水

即在麦汁制备时，先酿造高浓度麦汁，再按要求的稀释比例，均匀添加稀释用水，并充分混合而制造稀释啤酒。具有可提高糖化、发酵、澄清设备的利用率，降低生产成本，改进啤酒风味及其非生物稳定性等特点，高浓度啤酒稀释全部采用微机自动化控制兑比，精度可达 1‰。

（1）利用水处理配比法稀释高浓度啤酒　简单讲，高浓度啤酒稀释技术就是糖化生产高浓度麦汁，经过发酵和后酵贮藏，在啤酒灌装前加入稀释水，使之达到希望的原麦汁浓度和酒精含量。

此项技术源于人们对低浓低醇啤酒需求的增长。近年来，西方国家开始流行低浓低醇啤酒，其原麦汁浓度一般为 7%～9%，而酒精含量则在 1.0%～3.0%。低浓低醇的生产技术五花八门，有真空蒸馏法、透析法、反渗透法、低温接触法、限制发酵法和稀释法等。从投资规模、经济效益和质量的可靠性来看，在低浓度啤酒的生产中，稀释技术显示出更大的优势。

① 水处理配比稀释法对啤酒原料的要求。优质啤酒酿造需要好的原料，用于稀释的啤酒对原料的要求则更显重要。据报道，啤酒中的风味物质达 850 多种，挥发性成分就有 352 种，而麦芽中含有的挥发性物质达 120 种。麦芽的溶解度、各种成分的组成及辅料的添加比例均会在不同程度上对稀释啤酒的质量产生影响。

② 水处理配比稀释法对稀释用水的要求。啤酒稀释用水应具有和啤酒相同的质量特性。稀释用水的氧含量和二氧化碳含量是重要的质量指标。过多的氧含量不仅会加速啤酒的氧化，破坏啤酒的胶体和风味稳定性，还会导致啤酒中二氧化碳的

含量降低。据测定，啤酒中每溶解 0.1g 空气就会导致 5gCO_2 被替代，这是相当危险的。

稀释用水的生产工艺有多种，如离子交换、电渗析、反渗透、加热灭菌、紫外线灭菌、无菌过滤、真空脱氧、加热二氧化碳洗涤法等。在国内生产实践中，反映较好的工艺是：原水—沙滤—活性炭吸附—反渗透—加热—真空脱氧—二氧化碳饱和。此法集去金属离子、杀菌、除硬、排氧和充二氧化碳等优点为一体，可使水的硬度由13度降至1度，铜、铁、锰等离子接近于零，水中氧含量降至0.03mg/kg，可基本保证稀释后啤酒质量。

(2) 水处理配比稀释法工艺简介　由于各厂生产设备及生产能力有所不同，在啤酒稀释方面采用的工艺也有差别。

目前常见的水处理配比技术工艺有发酵前稀释、下酒后熟时稀释、过滤前稀释和过滤后稀释等。每一种工艺都有其自己的优缺点。

① 发酵前稀释法。此法只是最大限度地提高了麦汁制备的设备利用率，其后续设备的生产能力并没有大的提高。但这种稀释工艺可以使稀释后的啤酒经发酵、后熟等工序后，在风味的协调性和胶体稳定性方面有很大的提高，对稀释用水的氧含量也要求不高。

② 下酒后熟时稀释。此稀释工艺与发酵前稀释相似，但它同时提高了发酵设备的利用率。

③ 过滤前稀释和过滤后稀释。此二法均可最大限度地提高设备的利用率，但稀释后啤酒的稳定性不如前两个工艺。过滤前后稀释用水的质量要求最高，除了卫生和理化指标外，水的温度和二氧化碳含量均应与啤酒一致，否则会导致稀释后啤酒温度升高，二氧化碳溶解不完全，严重时会对硅藻土滤层产生冲击，导致滤层松动。

(3) 水处理配比稀释法技术要点及难点　高浓发酵后，在稀释过程中，酿造用水通过升温、加热、抽真空、充二氧化碳处理时，若出酒管路较长，则应考虑在进入过滤机前安装一台薄板冷却器将酒液进行激冷。

灌装时要严格控制瓶颈空气等，以此来解决啤酒中含氧量，从而保持啤酒风味的稳定。因为成品酒中含有过多的氧会造成瓶装熟啤香气和口味的较大改变，造成啤酒中酒花芳香气味的消失并产生氧化味和因啤酒中不饱和脂肪酸的氧化产生纸板味，严重的会不同程度地出现悬浮颗粒物质或浑浊。因此，要保持啤酒风味的稳定，除在原料及工艺上严格控制外，就是解决啤酒的含氧量问题。

2. 高浓酿造的工艺要点

(1) 麦汁制备

①质料的挑选。高浓酿造应选用糖化力高、库值适中、溶解较好的麦芽，以便分化淀粉中的糖，供应麦汁较高浓度的 α-N 含量。

② 增加投料量，减少加水比。因为受物料吸水和活动性的限定，投料量增大，加水比也不能无穷减小，加水比不能少于 1∶2.7。

③ 煮沸锅中加糖或糖浆。在煮沸锅中增加糖或糖浆，以进一步增加麦汁浓度，

减少浸出物丧失和降低麦汁过滤难度的有效而简朴的方法。

④ 酒花。麦汁浓度愈高，酒花操纵率愈低。α-酸的溶解跟着酒花增加量的增加而降低；总 α-酸和 α-酸的收得率随凝固物增加而减少；高浓麦汁的 pH 要低于普通酿造，α-酸和异 α-酸的收得率有较显著降低。所以，制备高浓麦汁，应酌量增加单位麦汁酒花用量，以保持啤酒所要求的苦味质，或在主发酵后增加酒花浸膏弥补。

（2）发酵工艺

a. 糖化出产时，尽量不要翻开糖化锅、糊化锅等锅体的人孔，制止麦汁与氧过分冲突。糖化过程是麦汁吸氧的首要阶段，应严格节制麦芽粉碎的时间、糖化锅的密闭，制止麦汁回旋时候太长。要尽能够做到糖化在相对密闭的环境中举行，减小热麦汁与氧的冲突机遇。

b. 严格节制过滤速率及洗槽质量。过滤要有好的滤层，使滤出的麦汁廓清、透明。洗槽要完整，但不能过分洗槽，制止多酚物质的大量溶出。

c. 麦汁煮沸要完整，煮沸强度要大于 8%，使麦汁中的可凝固性氮去除洁净。蛋白质凝集不充分，将终究影响成品啤酒的保质期，产生蛋白质浑浊。

d. 严格节制麦汁回旋及静止时间。麦汁煮沸定型后，有大量的热凝固物析出，但是，仍有一些小的蛋白质颗粒不轻易沉降，麦汁回旋通过离心力减少其沉淀时间，麦汁回旋时间在 30～40min 之间。

e. 控制好麦汁冷却，及时去除冷凝固物。麦汁回旋结束后，进行快速冷却。麦汁快速冷却后，有大量冷凝固物析出。麦汁冷却时间一般在 60min 以内。大量的冷凝固物进入发酵罐后，要及时排出。不然，将引发啤酒廓清迟缓及过滤困难。

f. 严格控制麦汁组分。啤酒风味物质的产生量随着麦汁浓度的降低而降低。麦汁中 α-氨基酸的含量对发酵过程构成啤酒风味物质相当重要。一般 α-氨基酸含量控制在 140～160mg/L。

g. 麦汁溶解氧含量要稳定。麦汁中含氧量愈高，酵母增殖愈大，发酵愈畅旺，啤酒风味物质的产生量将愈多。一般麦汁中含氧量控制在 6～10mg/L 为好。

h. 麦汁进罐温度和满罐时间的控制。锥形罐刷洗完后，空罐温度应低于主发酵温度，防止罐温对酵母产生影响。麦汁温度应低于主发酵温度 2～3℃，满罐温度应低于主发酵温度 1℃为好，麦汁应分次进罐中，让酒体温度随酵母滋长、代谢产生的热量使罐温自然升温到主发酵温度，以是，麦汁的冷却温度应遵守先低后高，最后达到满罐温度的原则。切记满罐温度不能太高，防止因偶然降温受冷而影响酵母的滋长，导致发酵迟缓。麦汁满罐时间不能超过 18h。

（3）发酵工艺技术要求

① 严格控制发酵温度和压力　普通环境下，0.1MPa 压力对酵母细胞是无影响的，但对酵母的代谢产品、细胞滋长和发酵速率影响较大。前发酵期不影响细胞滋长速率，最好在糖度降到 3.5%时开始升压。发酵温度的高低直接影响产生风味物质含量的多少。发酵温度提高，发酵速率相应加快，风味物质产生量就多。

② 严格控制后贮时间　后贮时间长，风味物质含量会有小幅度上升。特别是啤酒消耗淡季，后酵贮酒时间应严格控制，贮酒时间通常是7～14天，不然，将会引发啤酒中风味物质含量增加。

3. 过滤

（1）滤酒

① 高浓酿造技术的实施过程中，滤酒和稀释工艺非常首要。

② 滤酒工艺尽量不做变动，但是操纵过程必然要严格控制，使发酵罐和清酒罐的压力保持稳定，不能呈现较大的压力变化。

（2）滤酒的技术要求

① 过滤时，特别是用压缩空气备压时，会增加氧进入的机率，使啤酒氧化，对酒体产生影响。清酒罐要用纯度99.99%的二氧化碳备压，用脱氧水引酒，实施等压过滤，利用脱氧水流加硅藻土。清酒管道应防止酒液形成湍流，导致清酒溶解氧含量太高。

② 清酒罐用CO_2备压，制止氧的溶入。发酵结束后的每个环节，都要严格控制酒液与氧冲突。

③ 保证CO_2或N_2等保护性气体的纯度。采取CO_2或N_2备压，前提是CO_2或N_2的纯度达99.99%以上，杂菌数≤1个/10min。

五、稀释用水的处理

1. 稀释水的质量控制

稀释用水应具有和啤酒相同的质量特性，如生物稳定性、无异味和异臭、具有适量的二氧化碳、与被稀释啤酒具有相同的温度和pH值等。所以，稀释用水需经特别的处理，如沙滤、活性炭滤、无菌处理、排氧、充二氧化碳、调节pH值、冷却等。

稀释用水的基本要求：应合适饮用水标准，无任何微生物和化学净化；无异味和异臭，清澈透明、无悬浮物；无氯气味；溶解氧含量低，需排挤空气；二氧化碳含量应靠近或略高于啤酒的二氧化碳含量；铁、锰含量非常低，低钠、低总盐量，控制水总硬度≤3度；总碱度低。

2. 稀释酒的质量控制

稀释啤酒的质量与普通酿造的啤酒有必然的差异，但是应控制其靠近普通啤酒的质量，故在某些指标上存在必然的差别。普通地讲，稀释啤酒的风味温和一些。啤酒高浓酿造技术不能简单地理解为控制配比浓度。稀释酒的质量要求除满足必须的理化、卫生指标外，对稀释酒的表面、泡沫、喷鼻气和口味及保质期必须有特别的要求。即要求酒体表面清澈透明，无明显沉淀物和悬浮物，泡沫洁白细致、耐久挂杯，口味纯粹、酒体调和、无老化味等。但稀释后的啤酒或多或少地会呈现诸如泡沫粗糙、泡持力降低、酒体寡淡、水味重、非生物稳定性差等质量问题。其原因是多方面的，从原料的挑选、工艺的调整及控制、水的处理、各种添加剂的利用和设备状况等，都能够影响稀释酒的质量。

3. 稀释啤酒的后润色

啤酒后润色技术是指为改良啤酒品质而加入某些添加剂以弥补工艺过程没法达到的技术指标的方法。用于啤酒后润色的添加剂主要有：啤酒抗氧化剂、保鲜剂、胶体稳定剂、泡沫稳定剂、调色剂等。利用这些添加剂对改良高浓稀释酒的品质有很好的作用。

第五节 无醇啤酒和低醇啤酒

一、 概述

在伊斯兰教产生后不久，戒酒就成为一条清规戒律。所以，今天的伊斯兰国家都严禁游客携酒入境，但却允许在市场上出售不含酒精的特制啤酒，即无醇啤酒。这种啤酒是把一般啤酒中除酒精以外的其他成分全部保留下来，它的酒精含量低于0.5%（体积分数），其营养丰富，口感好，深受各地区民众喜爱。

低醇啤酒是指酒精体积分数低于正常啤酒的特种啤酒，如无醇啤酒、低热量啤酒等。无醇啤酒是指经正常啤酒生产过程但酒精体积分数低于0.5%的特种啤酒。

二、 无醇啤酒应用

“无醇啤酒”是专为司机、运动员等特殊人群生产的酒精含量极低的酒，其前期发酵过程与普通啤酒相同，而后期增加了提醇和恢复原口味等特殊加工工艺，使它既保持原有口味不变，酒精含量又大大降低，只有普通啤酒的1/7～1/8。国际上通常将酒精度3.5%～4%的称为普通啤酒，将酒精度≤2.5%且>0.5%的称为低醇啤酒，酒精度≤0.5%的叫无醇啤酒。据了解，最早由瑞士推出的无醇啤酒，在美、德、英、日等国家已经相继生产，并已经有了很大的发展。国内燕京等啤酒生产企业已开始采用低温真空蒸馏技术生产无醇啤酒。

三、 无醇啤酒生产方式

无醇啤酒通常使用两种生产方法：一种是用先进的膜分离方法；另一种是采用热处理方法。在膜分离方法中，最有效及最普遍采用的是反渗透膜分离技术。它是将啤酒经过泵压入反渗透膜组件中，在压力驱动下，水和酒精分子能克服自然渗透压而穿过膜被去除，而色、香、味物质及营养物质则被保留在啤酒中。

由于分离过程中部分水会随着酒精一道被脱除，因此在进料一侧要不停地补加经除气和脱盐处理的纯净水。此外，需要给无醇啤酒补充二氧化碳，以增强口感。另一类方法是热处理方法，即真空蒸馏脱醇法。

总的说来，即使采用最谨慎地去酒精的热处理方法，也容易改变产品的风味，使啤酒口味不正，没有反渗透膜分离法的效果好。

四、 低醇啤酒生产工艺

低醇啤酒生产的关键在于要求酒精含量低但啤酒特有风味不能少，其他质量特征也要保证。

低醇啤酒的生产工艺大致上可以分为两类：一类是通过控制啤酒发酵过程中酒精产生量在所要求的标准范围内，如路氏酵母法、巴氏专利法、高温糖化法等。目前可以使用经过诱导变异的酵母生产无醇啤酒，其能在发酵过程中还原酒精（转变为酯或有机酸等）或基本不产生酒精，能使麦汁正常发酵，无不良风味及有害成分产生，发酵成熟的啤酒中酒精体积分数≤0.5%。

另一类是将正常发酵的啤酒中的酒精通过各种手段去除以达到标准要求，如减压蒸发法、反渗透法、透析法等。

酒精去除法的优点：

① 去除的酒精量可以随意控制，可以生产无醇啤酒。

② 糖化发酵工艺无需变化，只须进行发酵后处理。

酒精去除法的缺点：

① 需要投入大量的资金购置酒精去除设备。

② 需要额外的处理费用和时间。

③ 处理过程中啤酒风味物质会被损失。

④ 处理不当易造成二次污染。

限制发酵法的优点：

① 无须额外的设备投资。

② 生产工艺简单，成本低。

③ 风味损失少。

限制发酵法的缺点：

① 糖化或发酵工艺发生变化且工艺控制要求高。

② 控制不当会影响啤酒口味和稳定性。

目前，两类生产工艺都有使用，采用限制发酵法生产低醇啤酒更为经济实用，采用低温真空蒸馏法生产成本较高，而膜技术的应用为高效、节能、环保的无醇啤酒生产开辟了新的途径。

1. 限制发酵法

(1) 稀释法　将正常浓度的麦汁稀释到较低的浓度进行发酵，也可以将正常的麦汁发酵后稀释到所要求的浓度以生产低醇啤酒，这种方法的缺点是：如果稀释倍数过低，啤酒中的酒精含量达不到要求值；稀释倍数过高，啤酒风味物质同时也被稀释掉，造成啤酒口味淡薄。

(2) 低温浸出糖化法　麦芽粉碎后用低于60℃的热水浸泡，由于麦芽中的淀粉在此条件下不会被糊化而分解，也就不会产生可发酵的糖分，浸出液中仅含有少量的麦芽中带来的糖分。将经过这种糖化方法处理的麦汁进行发酵可产生较低含量的酒精。

(3) 终止发酵法　当啤酒发酵到所要求的酒精含量时快速降温，同时将酵母从发酵液中分离出来，使发酵停止。这种工艺生产的啤酒带有甜味，双乙酰还原难以彻底。

(4) 巴氏专利法　此工艺将高浓发酵和低浓发酵法巧妙地结合起来，既克服了低浓发酵法生产的低醇啤酒口味淡薄的缺点，也克服了高浓发酵法酒精含量偏高的缺点。此法生产的低醇啤酒风味较好，生产工艺简单、易控制。用此工艺可以生产酒精含量从0.9%～2.4%的低醇啤酒。

(5) 废麦糟法　将糖化废麦糟再进行浸泡、加酸分解和蒸煮等处理，生产较低浓度的麦汁，为保证麦汁应有的香味，也可以添加40%～60%低温浸出法生产的麦汁。这种麦汁发酵产生较低的酒精含量，此工艺的缺点是操作烦琐。

(6) 路氏酵母法　采用专门的路氏酵母对正常麦汁进行发酵，由于这种酵母只能发酵麦汁中占总糖含量15%左右的果糖、葡萄糖和蔗糖，而不能发酵麦芽糖，因此只能产生少量酒精。但缺点是这种工艺生产的低醇啤酒由于含有大量的麦芽糖，啤酒带有甜味，而且生物稳定性较差。

(7) 高温糖化法　通过采用较高的糖化温度，跳过β-淀粉酶分解淀粉的过程以避免产生大量的麦芽糖，但要使液化彻底以防过多的糊精残留而影响啤酒稳定性。用此工艺生产的麦汁在发酵过程中酵母只能发酵正常情况25%～30%的糖分，完全可以控制酒精含量在1.5%以下。此工艺的关键在于糖化的精确控制上。糖化工艺控制恰当可以保证啤酒既有合适的发酵度，又有较好的啤酒风味和稳定性。缺点是糖化操作要求较高。

(8) 固定化酵母发酵法　利用特定酵母固定化到一定载体上，麦汁在5～20h内缓慢流过固定化的酵母柱，可通过调节流速控制酒精的形成以生产符合要求的无醇啤酒。在控制酒精形成的同时，发酵副产物和口味物质仍然能产生，生产的无醇啤酒可以达到质量要求，同时酒损低、环保，具有良好的开发潜力。

2. 酒精去除法

(1) 低温真空蒸发（蒸馏）法　该方法是以减压蒸发或蒸馏法将正常发酵好的啤酒中的乙醇蒸发，补加适量水分达到无醇啤酒质量要求；也可将酒精蒸发或蒸馏后，再用一定量的含有低酒精度的啤酒与其混合，使混合后的啤酒风味接近正常啤酒。

该法要求在低压（4～20kPa尽对压力）、低温（30～55℃）下进行蒸馏，使酒精体积分数降至0.5%以下。采用的方法有真空蒸馏法、真空蒸发法和真空离心蒸发法，其中蒸发法使用效果较好。

(2) 膜分离法　膜分离法是使啤酒流过由有机或无机材料制成的膜而达到除醇的目的。常用的方法有反渗透法、渗析法。

反渗透法除醇分为三个阶段：浓缩、二次过滤和补充。浓缩阶段：每百升啤酒经过膜过滤产生2.2L渗出液，残余啤酒的酒精含量和浓度升高。二次过滤阶段：

用完全除盐水补充啤酒中分离的渗出液，直到浓缩液中达到要求的酒精含量为止。补充阶段：浓缩液用水补充至原来的啤酒量，酒精含量也降到0.5%以下，同时还需给啤酒补充CO_2，由于通过反渗透和补充水，啤酒中CO_2含量很低。

渗析法的膜由薄壁空心纤维制成，其孔径很小，啤酒中的酒精通过膜向膜的另一边渗透，而啤酒中的大分子物质被截留下来。随着渗析过程的进行，渗出液中酒精含量逐步增加，啤酒中的酒精含量逐步减少。

第六节 冰啤酒生产技术

一、概述

冰啤既不是冰冻后的啤酒，也不是啤酒加冰块，它是以这种啤酒生产过程的特点来命名的。冰啤的酿造原理是将啤酒处于冰点温度，使之产生冷浑浊（冰晶、蛋白质等），然后过滤，生产出清澈的啤酒。啤酒的酒精含量在3%～4%，而冰啤则在5.6%以上，高者可达10%。冰啤色泽特别清亮，口味柔和、醇厚、爽口，尤其适合年轻人饮用。

因为受到自然环境的限制，目前世界上冰酒产量极少，只有加拿大和德国是正宗冰酒产地。阿根廷利用人工冷冻技术酿造出的第一批冰酒于2012年在美国上市。

二、冰啤酒的特点

1993年加拿大莱伯特（La-batt）公司首先取得冰啤酒发明权和专利权，很快形成规模生产。冰啤酒一经投放市场，立即引起消费者和啤酒爱好者的极大兴趣。随后，欧美、日本、澳大利亚等国家和地区相继推出自已的冰啤酒，做法上各有特点。冰啤酒上市对唤醒疲软的世界啤酒市场起了积极推动作用。近几年，我国许多啤酒厂家也开发出具有民族特色的冰啤酒。

冰啤酒最大特点是对嫩啤酒进行深度冷处理，使之产生冷浑浊并形成冰晶。由于冷浑浊及冰晶的形成，使一部分影响啤酒口味的物质得以除去，从而具备以下特点。

① 酒体更清亮透明，口味更纯正、更柔和，淡雅而清爽。无异味，异香。适合现代人对大自然的追求。

② 酒精含量较高，酒体更醇厚，口感更丰满。

③ 由于冷浑浊物进一步被除去，啤酒的非生物稳定性得到进一步改善，保质期延长。

三、冰啤酒生产工艺

冰啤酒是以优质麦芽、大米为主要原料，经酵母发酵，含有二氧化碳、起泡剂，酒精度较高的、经冷冻结晶处理而制成的淡色啤酒。

冰啤酒酒体更清亮透明，口味更纯正、柔和，淡雅而清爽，无异味、异香，酒精含量较高，保质期长。

1. 冰啤酒酒基质量要求

① 发酵度高。啤酒基本分浓醇型、淡爽型、干爽型三大类。冰啤酒基本属于淡爽型高发酵度啤酒。

② 口味纯正。要求啤酒酒基没有异杂味，如双乙酸味、酵母味、氧化味及其他异味。苦味爽快而柔和，没有甜味。

③ 原麦汁浓度适宜。一般原麦汁浓度以 11～12°P 为宜，其冰点温度可降至－2℃以下，拆出的浑浊物基本可以满足提高啤酒非生物稳定性及改善啤酒口味的目的。

2. 冰啤酒生产工艺

主辅料比：优质麦芽 65%～70%，优质大米 30%～35%。

料水比为 1∶(4.25～4.30)，糊化锅料水比为 1∶5 左右，糖化锅料水比为13∶5 左右。用磷酸调整糖化用水 pH 值。

糖化锅 pH5.2～5.4，糊化锅 pH5.6～6.3。

洗精水用磷酸调 pH5.6～6.0，洗糟 2～3 遍，残糖 10%～15%. 入煮沸锅混合麦汁满量后加磷酸调 pH5.2～5.4。

第七节 全麦芽啤酒、小麦啤酒

随着人们生活水平的提高及消费观念的转变，啤酒的品种正向着多样化、纯生化方向发展。小麦啤酒是以优质小麦芽为主要原料，通过科学方法精心酿制而成的低酒精度饮料酒。小麦啤酒为至少使用 50%小麦芽制成的发酵啤酒，其原麦汁浓度一般至少为 10%。由于小麦啤酒色度较淡，口味清爽，风味纯正独特，越来越受到消费者的欢迎，具有广阔的发展前景。

一、小麦啤酒的类型

(1) 酵母浑浊小麦啤酒（酵母小麦啤酒）。直接在灌装前精确调整瓶内的浸出物含量和酵母数量，要求准确操作。

(2) 晶莹小麦啤酒。过滤后不含酵母的清亮小麦啤酒。

二、小麦啤酒的主要特点

① 二氧化碳含量较高，6～10g/L 或 0.8%～1.0%，能给饮者以清凉舒服之感。

② 泡沫丰富、洁白细腻且泡持性好。泡持性一般可达 250s 以上。

③ 香味纯正、独特。由于酯、高级醇和特定的酚类结合物含量较高而给小麦啤酒带来典雅的香味，如赋予啤酒以果香、花香、丁香味等。

④ 小麦啤酒作为低酒精度的清凉饮料，比其它饮料更能解渴。

⑤ 小麦啤酒可给饮者带来好胃口，小麦啤酒的口味可使饮者产生不断饮用的欲望。

⑥ 小麦啤酒可以促进消化。因为小麦啤酒中少量的酒精和释放出来的二氧化碳可以加快人体内消化酶的活动。

⑦ 由于酒花的成分及钾盐的作用，小麦啤酒具有利尿作用。

⑧ 饮用小麦啤酒可以加快睡眠。人体摄入啤酒中的少量酒精可在很短的时间内产生镇静作用。少量啤酒不会导致疲劳，反而可以放松并排除精神压力。若事先有疲劳感，酒精则会起到加速睡眠的作用。

⑨ 因为酵母储有大量有价值 B 族维生素（特别是维生素 B_1、B_2），所以饮用未经过滤的富含酵母的啤酒更有利于健康。这与追求特别清亮的啤酒刚好相反，而日常生活中这种追求往往是不可避免的。

⑩ 保质期长。采用酶制剂及麦汁澄清技术，可有效地去除啤酒中多余的蛋白质，从而延长其保质期。

三、 酿造用小麦的基本要求

经验表明，蛋白质含量丰富的小麦不适合酿制小麦啤酒。酿造小麦除应符合 GB135186 规定外，还应符合下列基本要求：水分小于等于 13%，发芽率大于等于 90%，千粒重大于等于 35g，淀粉 57%～64%，蛋白质小于等于 13%，发芽力大于等于 85%，无水浸出物大于等于 82%，脂肪 1.5%～2.3%。

由于小麦芽的浸出率较高，所以在酿造小麦啤酒时，小麦芽的使用量一般为 50%～60%。

四、 小麦发芽工艺条件及小麦芽的主要指标

1. 小麦发芽工艺条件

① 浸麦度。初始浸麦度为 38%～40%，发芽时通过喷雾增至 43%～45%。若浸麦度过高，则发芽迅速，品温上升太快，若小麦颗粒堆积密度大，透气效果差，容易发生腐烂，各部位的温差较大且不便于调节和控制。

② 浸渍时间。一般控制在 30h 左右，“浸三断六，辅以喷雾”。因小麦表面较光滑，水滞留性较差，浸麦时应适当增加喷雾次数，以增加空气的相对湿度。同时，由于小麦粒度不够均匀，在一定范围内进行较长时间的空气休止对提高发芽整齐度有利。

③ 浸麦温度。一般控制在 120℃左右。因低温浸渍有利于控制浸麦度，防止二氧化碳浓度过高而影响浸渍及发芽效果。

④ 翻麦次数。一般每隔 12～14h 翻一次，略少于大麦。

⑤ 发芽温度。发芽开始的1～4天控制品温在14～16℃，第5天升至18℃。因低温发芽有利于蛋白质溶解，后期升温能使粗细粉差和麦汁黏度协调一致。

⑥ 干燥温度及时间。由于小麦胚乳中纤维素及蛋白酶含量较高，加之表皮薄而少，因而麦汁黏度高，过滤速度慢。所以麦芽干燥应从45℃开始，并用大风量排潮以最大限度地保存酶的活力；由于在60℃时小麦中低分子氮较多，颜色容易加深，因而焙焦时间一般控制在1.5～2h，比大麦芽短1～2h，焙焦温度控制在78～80℃。

2. 小麦芽的质量指标

小麦芽一般应具备下述要求：水分小于等于5%，α-N大于等于130mg/100g，糖化时间小于等于12min，糖化力大于等于300（WK），色度小于等于50（EBC），库值38%～42%。

五、酵母小麦啤酒（浑浊小麦啤酒）的酿造工艺要点

1. 色度的控制

酵母小麦啤酒的颜色区别较大，浅色类在8～14EBC，深色类在25～60EBC。原麦汁浓度通常在10%～12%，也可能升至13%～14%。小麦芽的比例一般在50%～100%。麦汁的颜色可以通过添加深色麦芽或深色焦香麦芽以及小麦着色麦芽来调整。

2. 糖化工艺要点

糖化工艺必须有利于加强蛋白质的分解，可采用投料温度为35～37℃的两次煮出糖化法（或一次煮出糖化法）。醪液煮沸时间为20～25min，糖化醪的料液比一般为1∶2.8～1∶3，最终确保发酵度达到78%～85%。

糖化工艺条件：35℃→50℃(40min)→63℃(40min)→68℃(40min)→78℃→过滤→煮沸(25～30min)。

3. 发酵工艺要点

(1) 接种　接种温度12～14℃，酵母泥添加量为0.3～1L/100L，并通入适当量的无菌空气（或氧气）。

(2) 主发酵　主发酵十分强烈，在18～21℃下发酵2～4d即可接近最终发酵度。主酵结束后回收酵母（发酵池从上面捞取，锥形罐从锥底抽取）。

(3) 后酵　为保证后酵产生足够的二氧化碳，必须重新添加富含浸出物的麦汁，具体方法如下。

① 添加“头道麦汁”。即准确添加定量（6%～7%）的头道麦汁，头道麦汁需预先灭菌。添加量应以距离最终发酵度约12%为准。添加的浸出物经过发酵后即可产生足够的二氧化碳。

② 添加“打出麦汁”。将主发酵罐内糖度为9%～10%的下面发酵高泡酒加入混合罐内，然后带压继续发酵。

前面两种清祝均需重新追加后酵用的酵母，一般使用下面发酵酵母。

(4) 在主酵后进行混合时，必须尽量避免氧的进入。

(5) 小麦啤酒的发酵工艺特点

① 酵母小麦啤酒（浑浊小麦啤酒）的发酵工艺特点。酵母小麦啤酒发酵工艺的一个特点是瓶内发酵，主要有以下两种形式。

a. 瓶内发酵，无发酵罐中间储酒过程：添加了“SPEISE”和酵母的嫩啤酒被灌装至瓶内，并分两个阶段第一阶段：于12～20℃，3～5日，浸出物在此阶段被发酵至0.1%～20%，双乙酰下降，瓶内压力上升至150～200kPa。

第二阶段：于50℃，14～21日，压力上升至300kPa。

b. 瓶内发酵，有发酵罐中间储酒过程：采用这种工艺时，啤酒起发后在发酵罐内被发酵至终了（6日热阶段，14日冷阶段1℃），达到成熟，然后在瓶内如上述一样经过两个阶段发酵。

② 晶莹小麦啤酒的酿造工艺要点。晶莹小麦啤酒的原麦汁浓度一般在12.5%～13%，色度为8～12EBC，麦芽使用量的50%～70%，可为浅色小麦麦芽加上着色特种麦芽。

糖化工艺与酵母小麦啤酒相似，只是当前酵进行到距离最终发酵约12%时，不用冷却，马上下酒至一高温发酵罐内。

高温发酵保压至400～500kPa，3～7日后冷却至8℃左右，添加酵母后下酒到低温发酵罐内。在10日内降温至0℃，500kPa。过滤前一周降温至－2℃，并维持此温度至灌装。

酒精含量的控制。小麦全啤酒中酒精含量的平均值应控制在3.5%～46%（质量分数），一般为4.0%左右。

(6) 小麦啤酒发酵罐预留空间的控制　由于小麦啤酒在发酵阶段形成很强烈的泡沫，所以发酵罐只能装50%以下的麦汁，泡沫上升的空间至少为40%。锥形贮酒罐只有很小的泡沫上升空间，不过此空间取决于锥形贮酒罐中的具体工艺情况，若仅进行低温贮藏，则空余空间为5%～8%；若还要进行双乙酸分解，则空余空间为10%～12%；若要添加高泡酒，则空余空间为25%。

六、 小麦啤酒的生产工艺与技术

小麦啤酒是以小麦芽为主要原料，使用部分麦芽、辅料（大米等），添加酒花，采用上面发酵工艺酿制成的特殊类型的啤酒，其特点是口味清爽、柔和，酒精含量较高，泡沫性能好，类似于国外的白啤酒或上面发酵啤酒。

1. 小麦啤酒的生产形式

小麦啤酒生产形式有以下三种。

(1) 上面发酵型　属于传统的爱尔（Ale）啤酒生产方法，用小麦芽、麦芽为原料，按一定的糖化工艺制成麦汁，在较高的温度下接种上面酵母进行发酵，发酵结束后用撇沫法回收酵母，经适当时间的后熟及贮酒制成，具有爱尔啤酒典型的风味。

(2) 混合发酵型 其糖化操作与上面发酵型相同，但同时使用两种酵母（上面酵母和下面酵母）进行发酵，不过酵母添加的时间不同，即先使用较高的温度和用上面酵母进行发酵，达到一定的发酵度后，按上面发酵的方式回收酵母，然后转入贮酒罐。在贮酒罐添加下面酵母进行发酵，经过适当时间的后熟处理即可。

(3) 阶段发酵型 类似于混合发酵型，即以小麦芽、麦芽制成的麦汁在较高的温度下添加上面酵母进行上面发酵，待发酵结束后用酵母离心分离机分离掉上面酵母，再经瞬间杀菌除去上面酵母并迅速冷却到下面酵母发酵温度，同时添加上述麦汁和下面酵母进行第二次发酵，经后熟处理。国外白啤酒主要采用以上方法生产。

2. 小麦芽的选择

一般选择蛋白质含量低、色度和黏度较低的小麦制成小麦芽。

① 小麦芽的溶解度一般低于大麦芽，粗细粉浸出物差值偏高，库尔巴哈值偏低，蛋白质的溶解不足，糖化时应加强对蛋白质的分解。

② 小麦芽没有粗糙的皮壳，其无水浸出率比大麦芽高约5%。

③ 小麦芽中花色苷的含量较低，洗糟水温可以提高到80℃（洗糟水先进行酸化处理）。

④ 小麦芽糖蛋白含量较高，酿制出的啤酒泡沫性能好，泡沫丰富持久。

⑤ 小麦芽由于细胞溶解不足，小麦芽中β-葡聚糖等半纤维素的含量高，制成的麦汁黏度高，易造成麦芽汁过滤困难，糖化时应添加适量的β-葡聚糖酶、戊聚糖酶以降低麦汁黏度，加快过滤的进行。

⑥ 小麦芽中蛋白质含量较高，会造成麦汁过滤困难和啤酒的非生物稳定性较差，应尽量选用蛋白质含量较低的小麦品种制备小麦芽。

⑦ 麦芽汁过滤尽量采用麦汁压滤机。

⑧ 传统的小麦啤酒具有明显的酯香味和酸味，而采用下面酵母低温发酵酿制出的小麦啤酒风味变化不大。

⑨ 小麦啤酒滤酒前添加硅胶可以提高啤酒的澄清度，使啤酒易于过滤。

3. 工艺要求

(1) 加强糖化阶段蛋白质的分解 小麦芽的含氮量高于大麦芽，且小麦芽的溶解度低于大麦芽，粉状粒的比例稍低（80%多），库尔巴哈值不到40%，必须加强蛋白质的分解。

(2) 小麦啤酒的浊度较高，麦汁煮沸时可以添加麦汁澄清剂（卡拉胶），添加量为20～30mg/100L麦汁，以提高麦汁清亮度，加快麦汁过滤。

(3) 加强麦汁煮沸，煮沸强度应达到9%～10%，煮沸pH值为5.2～5.4。还可以添加适量的$CaCl_2$，有利于蛋白质的絮凝沉淀。

(4) 采用低温发酵工艺，升压后及时排放酵母，减少酵母自溶，进入贮酒期每2天左右排放一次酵母。0℃以下贮酒时间适当长些，以利于蛋白质和蛋白质-多酚物质的析出。

(5) 滤酒时添加蛋白酶如酶清或木瓜蛋白酶等进一步分解蛋白质，添加量应根据小试确定。添加过量会使啤酒口味淡薄，泡沫性能变差，同时也会造成啤酒浑浊（因其本身也是蛋白质）。

(6) 过滤前对发酵液快速降温，使发酵液温度达到−1℃以下，促进蛋白质的析出。

(7) 过滤前也可以添加适量的食用单宁沉淀蛋白质，添加量一般为 20mg/100L 啤酒左右，有利于防止啤酒浑浊，避免啤酒过滤困难。

第八节 黑啤酒和微色度啤酒

一、概述

黑啤（Stout）色深，麦芽味重，较甜。酒花较多数酒浓，酒度 3%～7.5%，具滋补作用。黑啤酒起源于200多年前的爱尔兰，成名在德国的慕尼黑。酿造黑啤酒的主要原料除使用一般的淡色麦芽外，还要加入一定量的黑色麦芽和焦香麦芽，因而酒液有浓郁的麦芽焦香味。其原料选用优质大麦芽、酒花、酵母，对工艺要求也比普通酿造严格，发酵期为16天。

黑啤酒酒液呈红褐色，含有丰富的二氧化碳，有明显的麦芽焦香味，令人陶醉，注入杯中，泡沫细腻，挂杯持久，杀口力强，口味醇厚，焦香浓烈，若与肉类食品同时食用，还能起到去腻的作用。

黑啤酒由于不过滤酵母，所以营养相当丰富，除富含一定量的低糖分子和氨基酸外，还含有维生素 C、维生素 H，酒精含量≥3.7%，糖度（原麦汁浓度）12度左右，它的氨基酸含量比普通啤酒高 3～4 倍，且发热量也很高，每 100mL 黑啤酒的发热量大约为 77kcal，因此是啤酒中的佳品，人们称之为“黑牛奶”。

经常饮用黑啤酒能开胃、健脾、软化血管，并能帮助消化及利尿，对妇女节还能起到补血强力作用。黑啤酒的原料中有焦香麦芽，焦香麦芽是我国中药里的“焦三仙”（焦神曲、焦山楂、焦麦芽）之一，中医认为它是“滋养性健胃消化药，专治伤食、停食、食欲不振、消化不良。”对老年人和患有消化不良症的人最为有益，“授乳妇饮之，可消化乳胀”。

德国慕尼黑的黑啤酒很有名，但不是发源地。

生产全麦黑啤酒采用淡色麦芽、焦糖麦芽和黑麦芽共同制成黑麦汁，其配比为 90∶5∶5，料水比为 1∶4，以升温浸出糖化法制备麦汁。发酵温度 8～10℃，接种量 3%，主发酵 15d，后发酵 30d。黑啤酒黑褐色，口味协调，具有明显的焦香味。

二、酒品溯源

酒体厚重的深色上发酵啤酒，在英、德两国十分流行。黑啤酒顾名思义就是要将麦芽放到太阳下先做日光浴，然后再进烤箱烘焙成黑美人，接下来的酿造过程就和其他啤酒一样了。啤酒的颜色取决于麦芽，也就是说，黑啤酒的黑色是来自麦芽。黑色麦芽的色与香取决于烘烤和焙干的程度。

一般的黑啤酒的源头可以追溯到明翰啤酒。这种明翰啤酒就是19世纪下半叶在德国的明翰地区发展起来的下层发酵啤酒。其特征是使用3种混合麦芽、减少啤酒花使用量、采用硬度较高的水酿制。明翰啤酒是色浓、味香、有着柔和的麦芽香的黑啤酒的原点。

三、 著名黑啤酒

1. 海德堡（Heidelberg）黑啤酒

海德堡是德国很有名的一种黑啤酒，欧美国家和日本都有仿制。这种啤酒采用烘烤较重的麦芽以及7%～10%的结晶麦芽和少量的黑麦芽。普通啤酒的原麦汁浓度并不高，一般为12%左右，在德国销售的大量生啤酒，原麦汁浓度只有10%，酒精含量4.2%（体积分数）。出口的高档海德堡啤酒，原麦汁浓度则高达18%～20%。它采用悬浮性强的酵母，发酵度较高，但产量较少。

2. 皇家（HB）黑啤酒

黑啤酒成名于400多年前的德国慕尼黑，其中以“德国慕尼黑皇家（HB）黑啤”最为著名。HB黑啤麦芽度12°P，酒精度4.1%。

HB的慕尼黑皇家啤酒品牌知名度享誉欧洲各地，早在1516年德国威廉四世就颁布啤酒制造过程的规定，于慕尼黑建造了一座专供皇家御用的啤酒厂，并命名为皇家啤酒，简称为HB。“H”代表德国皇家，“B”代表啤酒，HB啤酒就这样诞生了。其黑啤继承了巴伐利亚慕尼黑地区的传统酿造工艺，泡沫洁白细腻，挂杯持久，口味醇厚，焦香浓烈。

HB慕尼黑皇家啤酒是德国众多啤酒品牌中，唯一同中国公司有生产合作的品牌。在保证口感的同时，大大降低了生产成本，使中国的广大啤酒爱好者也能享受到口味正宗且价格合理的德国黑啤。

燕京啤酒（莱州）有限公司自1992年与HB公司展开合作以来，至今一直是HB在亚洲唯一生产商。HB啤酒不添加任何食品添加剂或辅助材料（大米、淀粉等）进行发酵，产品一直沿用德国“啤酒纯度律”原则，精选澳洲麦芽、德国纯正啤酒酵母、德国绿色香型酒花、优质酿造用水等天然原料酿制而成。整个酿造过程由德国HB总部远程监控，确保产品质量。生产HB啤酒，原料精选、工艺独特、酒味香醇、营养丰富、情调优雅，自问世以来一直保持着崇高的地位，成为啤酒节的精品，至尊至纯酿造经典的品牌理念成就了HB至高无上的荣耀和品味。

3. 维登堡纯生黑啤

2004年，维登堡修道院纯生黑啤酒荣获啤酒世界锦标赛冠军，其冠军的标志在每个5L桶侧身可见（啤酒世界锦标赛冠军是全世界啤酒界最高荣誉的象征）。同时，维登堡修道院纯生黑啤酒是德国啤酒品牌中唯一经德国政府及啤酒世锦赛组织授权使用啤酒世锦赛冠军标志的啤酒。

维登堡修道院纯生黑啤酒属于Brarock Dunkel型啤酒，维登堡修道院纯生黑啤酒的整个酿造、过滤、包装等过程都是建立在对微生物污染的严格控制之上的，其特点体现在不用高温同样能达到杀菌效果，营养成分不被破坏，口感更鲜、更纯。

维登堡修道院纯生黑啤酒是全世界最古老的修道院黑啤酒，酒精度4.7%，原麦汁浓度12度，保质期9个月。

4. 埃尔巴赫黑啤

埃尔巴赫传承了500年的上等巴伐利亚酿酒工艺。“埃尔巴赫”啤酒拥有近500年的历史，并以其所在地埃尔巴赫（IRLBACHER）命名，一直为布雷家族所拥有。最早为16世纪由布雷·斯坦伯格的伯爵奥托·卡米勒斯建立的一座啤酒窖，后来在1811年由波申格尔·布雷的男爵弗朗茨·加布里埃尔将其建设成为一家具有一定规模的酿酒厂，专业酿造高品质、高纯度的啤酒。“埃尔巴赫”所有的产品都严格根据德国最古老的《啤酒纯正法》来酿造，都须进行一套至少八周的啤酒成熟加工程序，这样酿出的啤酒浓郁、均衡、精致。

德国埃尔巴赫啤酒，运用酿酒厂自己深井里打出的清澈泉水，再加上世代相承近500年的上等酿造工艺，以此保证“埃尔巴赫”啤酒纯正的德国巴伐利亚血统与众不同的口味，是巴伐利亚最好的啤酒之一，得到了巴伐利亚和世界各地人们的赞许。

5. 博瑞克黑啤酒

博瑞克黑啤由德国 Privatbrauerei Eichbaum GmbH & Co. KG 公司生产、装瓶，100%德国原产。

Privatbrauerei Eichbaum GmbH & Co. KG 坐落于欧洲的第二大内陆港德国曼海姆。啤酒酿造是曼海姆的传统强项。Privatbrauerei Eichbaum GmbH & Co. KG 有超过300年的啤酒酿造技术和经验，采用专用的优质原材料，严格遵从1516酿造法；并拥有自有实验室，以保证产品品质；啤酒厂有3口水质甘洌的井，产品酿造用水均采自这三口井。Privatbrauerei Eichbaum GmbH & Co. KG 是 Baden－Württemberg 最大的啤酒厂，有240名员工，获取了 DIN EN ISO 9001：2000 和 IFS Version 4 认证。Privatbrauerei Eichbaum GmbH & Co. KG 参与了多种体育赞助活动，如世界杯现场直播，产品畅销欧洲26个国家，世界上50个国家。

Benriker 口味比较醇厚，略带甜味，酒花的苦味不明显，原麦芽汁浓度12～20度，酒精含量在3.5%以上，其酒液突出麦芽香味和麦芽焦香味。

6. 健力士黑啤

健力士黑啤是一种产自亚瑟健力士父子有限公司［ARTHUR GUINNES & SON LTD］，用麦芽及蛇麻子酿制的黑啤。

1759年12月31日，34岁的亚瑟·健力士用100英镑租下了位于都柏林圣詹姆斯门一家废弃的啤酒厂9000年的使用权，健力士开始时想酿造都柏林风格的棕色爱尔啤酒，没多久有人从伦敦带来了一种叫“因泰”的黑啤酒，于是健力士又决定酿造自己的黑啤。

经过了一段时间，他的啤酒的名声沿着苏伊士运河慢慢传开了。10 年后健力士开始向外国出口啤酒健力士啤酒迅速销往世界各地。很多书上说健力士啤酒厂在英国是错误的，其实是在爱尔兰的首都都柏林。

健力士黑啤口感醇厚，感觉稍带点苦味，但是没有普通啤酒的涩味感觉，比较适合西方人口感。

7. 吉尼斯黑啤酒

1759 年，一个名叫阿瑟·吉尼斯的人在爱尔兰都柏林市圣詹姆斯门大街建了个啤酒厂，生产一种泡沫丰富、口味醇厚、色暗如黑的啤酒，这就是吉尼斯黑啤酒。

成立之初，爱尔兰已有 200 家啤酒厂，其中仅圣詹姆斯门大街就有 10 家，竞争异常激烈。然而，吉尼斯啤酒公司还是在众多啤酒公司中脱颖而出。到 1833 年，它已成为执爱尔兰啤酒市场牛耳的大公司。到 1930 年，每 10 个都柏林男人中就有一人或直接或间接靠吉尼斯啤酒厂维持生计。目前吉尼斯黑啤酒在 50 多个国家酿造生产，销往 150 多个国家，每年销量为 18.83 亿品脱（约 9 亿多升）。

中国人对于吉尼斯黑啤酒也许不太熟悉，但对于吉尼斯世界纪录，却几乎无人不知。其实，吉尼斯世界纪录正是吉尼斯啤酒公司的一个成功创意，其目的是提升吉尼斯品牌的知名度。在 200 多年的发展过程中，吉尼斯啤酒公司一直不断设法吸引人们对其品牌的关注，这也正是它成功的“秘方”之一。

在爱尔兰和世界上其他许多地方，吉尼斯黑啤酒以其独特的魅力征服了无数的饮酒人。然而，近些年，它也面临着墙内开花墙外香的尴尬。英国是吉尼斯啤酒最大的消费地，爱尔兰排在第二位。在爱尔兰国内，吉尼斯黑啤酒销量平平，2001 年下半年甚至还下降了 3%。究其原因，主要是因为在爱尔兰，吉尼斯黑啤酒也像许多其他老品牌一样，被年轻人看做是老古董。爱尔兰二三十岁的年轻人或是改喝海涅肯贮藏啤酒等低度酒，或是喝烈性鸡尾酒，如伏特加与“红牛”酒调制成的鸡尾酒，如何吸引这些年轻人成为吉尼斯啤酒公司的一个挑战。

四、 中国四大黑啤品牌

1. 新疆黑啤酒

新疆黑啤酒，又叫浓色啤酒，酒液为咖啡色或黑褐色，原麦芽汁浓度 12～20 度，酒精含量在 4.3%以上，其酒液突出麦芽香味和麦芽焦香味，口味比较醇厚，略带甜味，新疆黑啤酒酒花的苦味不明显。

新疆黑啤选用极好的楼兰之星啤酒花。好水是好酒的基础，新疆黑啤采用被世界公认的独有天山冰川水。采用好水、好啤酒花和德国经典工艺精心酿造而成，口味香醇，是普通啤酒没有的，是通过中国绿色食品发展中心 A 级认证的绿色食品。

2. 麦城黑啤酒（MIADSON STOUT）

1986 年马来西亚华侨李耀仁在新加坡创立桶装 MIADSON STOUT，由于 MIADSON 一改过去英式高酒精度，口感适合亚洲人，所以获得民众的欢迎，1987 年 MIADSON 在马来西亚的 Kuala Dungun（瓜拉龙运）生产瓶装系列，并从当年开始出口到国外，由于当时产量所限，MIADSON 限制销售数量，故当时价格非常高昂，售价在30美元/瓶，但无法阻挡消费者对 MAIDSON 的喜爱。1990年 MAIDSON 开始出口欧洲及美洲。1991年后新加坡独资 SMG 公司（SINGAPORE SOLE PROPRIETORSHIP MAIDSON STOUT INTERNATIONAL INVESTMENT GROUP LIMITED 即新加坡独资麦城黑啤国际发展集团有限公司）接管 MAIDSON 在全球的业务，并开始在俄罗斯和中国开展业务。麦城黑啤的广告语为“一种品牌让你享受健康，一种味道让你难以忘怀”。

MAIDSON STOUT 的每一次出现必将会有独特的表现，麦城黑啤在全球的经营方针为学习并逐渐融入当地，争取让民众喝到不一样的高品质黑啤。

MAIDSON STOUT 麦城黑啤口感醇厚，感觉稍带点苦味，但是没有普通啤酒的涩味感觉。MAIDSON 的低数值型号比较适合亚洲人口感，高数值型号比较适合西方人的口感。

3. 青岛黑啤酒

青岛黑啤酒属浓色型啤酒，又名青岛波打酒，是在青岛啤酒5厂生产的，原麦汁浓度是18度，用的是标准的330mL瓶装。还有一种是用棕色296瓶子罐装的，原麦汁浓度14～15度。

烟台自古就有民间酿酒习俗，又是我国最早引入啤酒的商埠之一。据《中国实业志·山东》记载：“醴泉啤酒公司，厂址在烟台南山老虎岩。设立于1920年，以制造啤酒、汽水为业，商标有三光、双头鸟两种。”

青岛黑啤酒属啤酒中色泽黑褐色的一种，其特点就是原麦汁浓度高，口味浓厚，富有明显而浓郁的麦芽香味。该酒的酿造水为品质优良的虎岩泉水，再辅以焙炒过的黑麦芽、结晶麦芽，经科学方法酿制而成。

4. 蓝宝黑啤酒

蓝宝黑啤酒已经更名为艾尔黑啤酒，是北京艾尔集团授权给广州蓝带集团之北京蓝宝酒业生产的。这款产品的配料为酿造水、麦芽、焦糖麦芽、黑麦芽、淀粉、大米、啤酒花。

蓝宝（艾尔）黑啤酒的味道十分香醇，黑啤酒的麦芽醇香味远胜普通啤酒，口感醇厚，感觉稍带点苦味，但是没有普通啤酒的涩味感觉。这款产品的酒精度也稍高，喝着感觉口味稍重。总的来说，蓝宝黑啤酒值得去尝试，且其口感还是相当棒的。

五、 黑啤酒和微色度啤酒作用

1. 美容作用

黑啤酒不仅味道浓郁，口感甘醇，而且还是一份护肤佳品。在德国，很多女性都用黑啤酒来滋养肌肤。

黑啤酒主要能给皮肤保湿、提供养分和收缩毛孔。这是因为，黑啤酒虽然也是经谷物发酵酿造与其他啤酒相比，其酒花含量更多，更具滋补效用。一方面能够分解皮肤的油脂和角质，从而起到收缩毛孔的作用；另一方面，啤酒中富含的营养素可以滋养皮肤，并在皮肤表层形成一层黏黏的“保护膜”，减少水分的流失。

2. 保健作用

黑啤可有效预防老年性白内障。

在加拿大，一项综合研究显示，适量饮用啤酒，特别是一杯烈性黑啤酒，可能会预防白内障的发生。伦敦西安大略大学的一位生物化学教授说，黑啤酒，含有大量的抗氧化剂，而抗氧化剂可以防止白内障的发生。

科学家还说，在动物模型中，抗氧化剂可以减少大约50%的白内障发生机会。这种抗氧化剂主要存在于啤酒花中，其实各种啤酒都有类似作用。

六、 黑啤酒酿造的生产工艺与技术

黑啤酒是以大麦芽、酒花、水为主要原料，经酵母发酵作用酿制而成的饱含二氧化碳的低酒精度酒。现在国际上的黑啤酒大部分均添加辅助原料。有的国家规定辅助原料的用量总计不超过麦芽用量的50%。但在德国，除制造出口啤酒外，国内销售啤酒一概不使用辅助原料。国际上黑啤酒常用的辅助原料为玉米、大米、大麦、小麦、淀粉、糖浆和糖类物质等。

根据所采用的酵母和工艺，国际上黑啤酒分为下面发酵啤酒和上面发酵啤酒两大类。

黑啤酒原料粉碎；将麦芽、大米分别由粉碎机粉碎至适于糖化操作的粉碎度。

糖化：将粉碎的麦芽和淀粉质辅料用温水分别在糊化锅、糖化锅中混合，调节温度。

糖化锅先维持在适于蛋白质分解作用的温度（45～52℃）（蛋白休止）。将糊化锅中液化完全的醪液兑入糖化锅后，维持在适于糖化（β-淀粉和α-淀粉）作用的温度（62～70℃）（糖化休止），以制造麦醪。麦醪温度的上升方法有浸出法和煮出法两种。

根据黑啤酒的性质、使用的原料、设备等决定用过滤槽或过滤机滤出麦汁后，在煮沸锅中煮沸，添加酒花，调整成适当的麦汁浓度后，进入回旋沉淀槽中分离出热凝固物，澄清的麦汁进入冷却器中冷却到5～8℃。

发酵：冷却后的麦汁添加酵母送入发酵池或圆柱锥底发酵罐中进行发酵，用蛇管或夹套冷却并控制温度。进行下面发酵时，最高温度控制在8～13℃，发酵过程分为起泡期、高泡期、低泡期，一般发酵5～10日。

发酵成的黑啤酒称为嫩啤酒，苦味强，口味粗糙，CO_2含量低，不宜饮用。

后酵：为了使嫩啤酒后熟，将其送入贮酒罐中或继续在圆柱锥底发酵罐中冷却至0℃左右，调节罐内压力，使CO_2溶入啤酒中。贮酒期需1～2月，在此期间残存的酵母、冷凝固物等逐渐沉淀，啤酒逐渐澄清，CO_2在酒内饱和，口味醇和，适于饮用。

过滤：为了使啤酒澄清透明成为商品，在－1℃下进行澄清过滤。对过滤的要求为：过滤能力大，质量好，酒和 CO_2 的损失少，不影响酒的风味。过滤方式有硅藻土过滤、纸板过滤、微孔薄膜过滤等。

第九节 果味型啤酒、保健型啤酒

一、水果啤酒的营养价值

山楂汁和银杏汁调在一起，有治疗动脉硬化、冠心病、脑血栓的作用。若把梨汁、杏仁汁、枇杷汁调在一起，就有清肺、止咳、化痰、抗癌作用。以上这些功效是传统啤酒不能相比的。若把水果啤酒和传统啤酒作一个简单的比较，就能看出它特有的风格。

① 一般传统啤酒只有一个品味，而水果啤酒则有多种果品的色、香、味，首先能增加人们的食欲。

② 传统啤酒是以麦芽、碎米、酒花为原料，其维生素含量较少，而水果啤酒则是以水果为原料，水果中含有多种氨基酸、矿物质、葡萄糖、维生素，特别是维生素C的含量比谷物类高得多。

③ 传统啤酒要经过煮料、糖化、成品杀菌等多次高温处理，其中营养成分破坏很大，特别是维生素C的损失就更大，而水果啤酒只用一次成品巴氏杀菌，则维生素C保留得较多。

④ 大量饮用传统啤酒会使人体发胖，这种使人超重的“文明病”是当今人类的一大公害，而水果啤酒则相反，是清除“文明病”的最佳食品。

二、生产水果啤酒的效益

① 生产1t水果啤酒最低能给制造商带来500元纯利。

② 发展特色水果、增加果农收入，解决卖果难的问题。

③ 发展乡镇企业，解决就业难的问题。

④ 繁荣城乡市场，增加消费者营养，提高人民健康水平。

⑤ 投资少、见效快、获利高。

三、水果啤酒的原料要求

一般水果都可以作原料，但没有特殊水果好。国内外很多名酒都是以特色水果酿造而成，那么什么是加工型特色水果呢？

① 它们都有较好的色、香、味。

② 有较高的酸度和出汁率。

③ 有较高的营养价值和一定的疗效作用。

④ 必须按AA级绿色食品标准进行生产。

四、 水果啤酒的生产工艺

生产工艺包括以下几个方面：原料选择与卫生处理→破碎→发酵→分汁→贮存→检验→过滤→罐装→杀菌→成品包装等工序。

五、 水果啤酒酿造的质量标准

① 原料必须符合AA级绿色食品标准。

② 应有本品种的色、香、味。

③ 厂址应选在原料充足、交通方便、水质较好、无公害的地方。只要严格掌握每个生产环节，就一定能生产出优质、营养、安全、健康的高级饮品来。

第十节 用玉米作辅料/主料生产啤酒的新技术

一、 概述

啤酒大多以70%的大麦芽为原料，以30%的大米为辅料酿制而成。每生产100kg大麦芽，约需大麦143kg。因玉米是高产作物，价格低廉，用玉米代替部分大麦芽生产啤酒，不仅解决了原料问题，而且还能降低成本。

二、 玉米酿制啤酒试验的新技术

玉米从色泽上区别，可分为红、黄、白三种，但其品种又分为马齿型、半马齿型、硬粒和半硬粒等。从类型而论，可分为粉玉米、甜玉米和糯玉米。其中马齿型的产量最高，种植最为普遍。

品种对比试验结果显示白玉米酿制的啤酒风味最佳，但因马齿型玉米的产量高，故以该品种作为本试验的原料。

1. 糊化工艺操作条件试验

(1) 玉米面浸渍与液化　要使辅料中的淀粉易于糖化，必须进行糊化以破坏淀粉粒。糊化之前水分应渗入淀粉中，使其吸水后而膨胀，然后再高温蒸煮才能破坏淀粉结构。玉米面的浸渍温度在50℃左右时，膨胀的程度很小，必须逐渐加热，达到80℃以后，才能显著膨胀。因此，在糊化前，先加热至45℃，保持20min，使其吸入少量水分后，再加热至80℃保持20min，这样才能达到淀粉全部膨胀的目的，有利于糊化。

逐渐加温浸渍，也是液化的过程，一般常规方法为加入10%的麦芽，使淀粉的磷脂酶与淀粉作用而形成可溶性淀粉，使糊化酶易与之起加水分解作用。在试验中为了节约麦芽，改用α-淀粉酶，其用量为0.3%（对玉米面），经试验其效果与加麦芽相同。液化不好，就易形成不溶性淀粉，进一步影响糊化，而使淀粉不易被酶水解，影响麦汁得率和过滤性能。经试验证明，玉米面的浸渍与液化的温度、时间同大米有所区别。

（2）玉米面糊化　由于加入了α-淀粉酶进行液化，因此，糊化的温度可适当降低，时间也可缩短，开始试验时，糊化温度采用102℃保持10min，可是糖化时间长达70min。这就证明淀粉膜未破裂，内容物未全部流出变成可溶性淀粉，因而使糖化时间延长。后来用120℃的温度保持20min，糖化时间缩短至50min左右。最后将糊化时间延长至30min，而糖化时间缩短至20～30min，获得了合格的麦汁。因此，确定糊化温度102℃保持30min，应用于扩大试验，取得了满意的结果。

2. 糖化工艺操作条件试验

（1）麦芽粉浸渍　啤酒生产无论是煮沸法还是浸出法，在糖化前麦芽都需要使用温水进行浸渍。这样才能使麦芽中淀粉软化、膨胀和溶解，同时加强各种酶的活性，以使麦芽中的可溶性物质能大量溶解出来，有利于加速糖化。在试验中体会到，浸渍温度低，浸渍时间势必延长，如用30～40℃温水浸渍，时间长达30～60min，经试验确定用45℃温水浸渍，保持20min就能获得满意结果。

（2）蛋白质分解温度　蛋白质对啤酒的风味和泡沫都有很大的影响，同时又是发酵期间酵母的营养，所以掌握好蛋白质的分解温度和时间是必不可少的工作。

蛋白质分解最适宜的温度，要根据原料中蛋白质的种类，酶系分解温度、时间以及pH值等的影响而变化。玉米中的蛋白质含量和性质都与大麦、大米中的蛋白质都有所区别。本试验仅用玉米作为辅料，所以没有补充其他植物蛋白，但对分解的温度和时间都进行了试验。

在小试验中对蛋白质的分解温度，初期采用56℃，保持30～60min，获得的麦汁成分和啤酒风味都不理想。为了适应原料质量情况，进一步探索所用原料的适宜温度和时间，以达到提高质量的目的，对蛋白质分解温度开展了一系列的试验。结果表明在蛋白质分解温度56℃之前，保持温度52℃一段时间，时间20～30min适宜，结果表明，各种氮的含量均有提高。

（3）加食盐的实验　小试初期酿制的啤酒，口味淡薄，缺乏醇厚、爽口感，泡沫的持久性也较差，曾对糊化、糖化等进行了多方面的实验未能达到要求，因此，加入适量食盐，口味就发生了明显变化。由于加入的食盐，具有降低表面张力、分散二氧化碳的作用，这就促进了二氧化碳的含量增加，并改善了泡沫持久性。二氧化碳含量低，不仅泡沫少，而且口味平淡、苦味重。另外加入食盐还有利于发酵正常进行。在试验中还感到加入食盐后，消除了酒中玉米味。通过试验确定每升麦汁加入0.6g食盐较为适宜。

（4）糖化操作　当玉米面糊化后，加入需要量的冷水与麦芽粉，在温度45℃时保持20min，升温到52℃时停留20～30min，再升温到56℃保持30min，又加温到65～68℃保持30min进行糖化。最后升温到78℃停留10min进行灭酶。

（5）其他操作条件　麦汁的过滤、煮沸、加花、冷却、发酵等操作，都与正规啤酒酿制的操作方法相同。

3. 感观品评和理化分析

前酵的发酵时间为5～6天，后酵42天，啤酒感观品评与理化分析如下。

(1) 感观品评　色：淡黄、澄清。香：具有麦芽与酒花香气。泡沫：洁白细腻，上升高度与持久性良好。味：醇厚、无异味、润滑、爽口、有杀口力。

(2) 理化分析　酒精：3.3%。实际浓度：4.7%。酸度：1.58。原麦汁浓度：11.19%。色度：0.45。实际发酵度：57.73。

根据品评与理化分析，玉米作为辅料酿制啤酒，产品质量与大米辅料酿制的啤酒基本上是一致的，完全可以应用于生产中。

4. 经济效益

采用玉米代替大米作为辅料生产啤酒，每吨啤酒耗用量按60kg计算，大米的价格为0.37元/kg，玉米为0.198元/kg。因此，每吨啤酒能降低成本10.32元。以万吨啤酒汁，每年能多获得10万元的利润。

5. 试验结论

① 玉米来源广泛，价格低廉，用玉米作辅料的啤酒质量与大米辅料的无差别，因此采用玉米作为辅料生产啤酒是可行的。

② 玉米面在浸渍糊化时，加入α-淀粉酶，玉米面用量可提高到40%，亦能获得满意结果。

③ 在酿制中加入食盐0.6g/L，能改善啤酒的风味。

④ 玉米面的脂肪含量在2%左右，对酒质无影响。

⑤ 蛋白质分解温度，在56℃前，增加一段52℃时间是适宜的。

下面向读者介绍两种玉米占不同原料比例生产啤酒的方法。

三、 玉米作辅料生产啤酒

1. 配方举例

玉米面150kg，麦芽粉350kg，α-淀粉酶450g，酒花粉3.5kg，食盐1.5kg。

2. 工艺流程

玉米→粉碎→玉米面→浸渍→液化→糊化→糖化→浸渍→蛋白分解→糖化→灭酶→过滤→煮沸→沉淀→冷却→前发酵→后发酵→过滤→灌装→成品

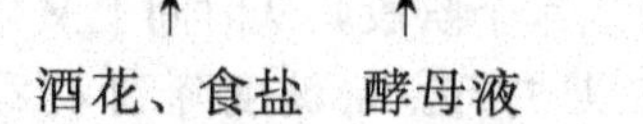

3. 操作要点

(1) 玉米面的制备　品种对比试验结果，白玉米酿制的啤酒风味最佳，而黄色玉米的产量高，生产厂家可根据具体情况选择原料。

玉米经清选后，除去皮和胚，然后粉碎成玉米面。一定要把玉米胚去除干净，否则对啤酒的质量有严重的影响。

(2) 浸渍　要使玉米中的淀粉易于糖化，必须进行糊化以破坏淀粉粒结构。α-糊化之前水分应渗入淀粉颗粒中，使其吸水后膨胀，然后再高温蒸煮才能破坏淀粉结构。

在150kg玉米面中加入600kg的水，同时加入450g。α-淀粉酶，搅拌均匀，加热至45℃并保持20min，使玉米面吸入少量水分。

(3) 液化　将浸渍后的玉米面加热至80℃，保持20min，使淀粉充分吸水膨胀。

(4) 糊化　液化后，将温度升至102℃，保持30min左右，用碘液试验无蓝色反应即可。

(5) 糖化配料　350kg麦芽粉预先用45℃的温水浸渍20min，使麦芽中的淀粉软化、膨胀和溶解，同时加强各种酶的活性以及麦芽中的可溶性物质能大量溶解出来，有利于加速糖化。

玉米面糊化后，加入浸渍后的麦芽粉和2000kg冷水，在45℃温度下保持20min。然后升温到52℃，保持20～30min，再升温到56℃保持30min，进行蛋白分解。之后加温至65～68℃，保持30min进行糖化，最后升温至78℃停留10min进行灭酶。

(6) 过滤　灭酶后用加压过滤机过滤，得到的糟粕用少量的水洗涤，然后再过滤，两次得到的滤液混合。过滤时检查麦汁浓度以及色、香、味和澄清程度，在不影响麦汁清亮度的情况下，可尽量加大过滤速度，如发现过滤速度减慢时，要随时检查流槽，洗槽后再过滤。浑浊的麦汁采用回流，直至麦汁清亮无杂质再停止回流。

(7) 煮沸　过滤后的麦汁注入煮沸锅内，进行煮沸，其间分三次加入酒花粉。酒花粉的加入量为麦汁的0.15%，约3.5kg，同时按0.6g/L麦汁的量加入食盐，约1.5kg。

(8) 沉淀、冷却　用回旋沉淀槽除去麦汁中的酒花糟、变性蛋白等沉淀物，防止这些物质带至酵母繁殖槽中影响发酵质量。将沉淀后的麦汁温度降至8～10℃。

(9) 前期发酵　将冷却后的麦汁注入酵母繁殖槽内，待部分麦汁流入后即将所需的酵母种子加入槽内，使酵母尽快起发，酵母液的加入量为麦汁的0.6%～0.8%。对麦汁进行通风供氧，并促使酵母均匀地分散于麦汁中。添加酵母后，酵母繁殖槽内继续流加麦汁，并防止发酵液溢出。发酵从表面现象看可分为变白、气泡、低泡、高泡、落泡和泡盖形成六个阶段，从时间上又分为气泡期、高泡期和泡盖形成期。温度管理要根据这三期进行。待糖度降到4.2～4.5时，要加快降温，使品温降到4℃左右，送入后发酵罐中。前发酵期一般需6～9天的时间。

前发酵完成之后，发酵液送去后发酵罐，发酵池底部留下了大量的沉淀酵母，将其收集处理后，可作下次发酵之用。

(10) 后期发酵　下酒后开口发酵3～4天，温度控制在2.8～3.2℃，让罐中的酒花树脂和蛋白质凝结物溢出罐外，然后再封罐。保持罐内压力1kg/cm^{2}以上，待罐内压力稳定后，再把温度降到 1～1.5℃，约保持 15 天，然后把温度降到 -1～1℃，散装啤酒在低温下贮藏 20 天，瓶装啤酒需低温贮藏 27～30 天。后期发酵需 40～50 天的时间。

（11）过滤　经贮藏后的成熟啤酒，其残余的酵母和蛋白质凝固物等大部分沉积于罐的底部，少量仍悬浮于酒液中，必须经过过滤或分离，得到清亮透明的啤酒。

滤酒时需要压力稳定，工具洁净，过滤后的酒要清亮透明有光泽。回收的酵母可用作饲料酵母。

（12）灌装　灌装前酒液的温度应控制在 0℃左右。对洗瓶、打盖、杀菌、验酒等工序要严格控制，以保证啤酒的质量。

4. 注意事项

① 酶制剂在加入前先用水调开，防止结块。

② 啤酒中氯离子含量的多少，在一定程度上影响风味和啤酒泡沫质量。因玉米中氯离子的含量比大麦低，应在麦汁中加入适量的食盐。食盐的加入不仅有利于发酵的正常进行，而且还可以改善啤酒的质量，消除啤酒中的玉米味。食盐的加入量为每升麦汁 0.6g。

5. 质量标准

（1）感官指标　色泽：淡黄、澄清。气味：具有麦芽与酒花香气。泡沫：洁白细腻，上升高度与持久性良好。滋味：醇厚、无异味、润滑、爽口、有杀口力。

（2）理化指标　酒精 3.3%；酸度 1.58；原麦汁浓度 11.19；色度 0.45，实际发酵度 57.73。重金属指标同普通啤酒。

（3）卫生指标　细菌总数：熟啤酒≤50 个/毫升。大肠杆菌群：生啤酒≤50 个/100mL，熟啤酒≤3 个/100mL。致病菌：不得检出。

四、玉米作主料生产啤酒

1. 配方举例

玉米面 630kg（占 69%），大麦芽 270kg（占 30%），麸皮 9kg（占 1%），食盐 0.5kg，7658 淀粉酶 1kg，啤酒花 7kg。

2. 工艺流程

淀粉酶、麸皮（加入浸渍）　麦芽粉（加入糖化配料）

玉米→粉碎→玉米面→浸渍→液化→保温→糖化配料→保温→蛋白分解→糖化→灭酶→过滤→煮沸→沉淀→冷却→前发酵→后发酵→过滤→灌装→成品

酒花、食盐（加入煮沸）　酵母液（加入前发酵）

3. 操作要点

（1）玉米面的制备　玉米经清选、去皮、去胚后，在烘箱中烘烤 20min，然后粉碎成玉米面。

(2) 配料、浸渍　在630kg的玉米面中加入1kg麸皮和1kg7658淀粉酶，然后加入2.4t 45℃的温水浸渍20min，使玉米面部分吸水。

(3) 液化、保温　浸渍后升高温度至80℃，保温20min，这是第一次液化。然后再升温至102℃，保温10min，这是第二次液化。此时淀粉已充分糊化。用碘溶液试验，如无蓝色反应即可。

(4) 糖化配料、保温　将液化后的醪液温度降至68℃，添加余下的8kg麸皮、0.5kg食盐和270kg麦芽（麦芽预先用水浸渍），加水至6.1t。适当调节pH值5.3～5.5，在45℃下浸渍20min。麸皮的加入是为了补充β-淀粉酶的不足。

(5) 蛋白分解　在56℃温度下保温30min，然后温度升至68℃，保温60min。

(6) 灭酶　将温度升至78℃进行灭酶，时间为10min。

(7) 过滤　用过滤机加压过滤。过滤剩下的糟粕用少量水洗涤，然后再进行过滤，2次的滤液混合。过滤时检查麦汁浓度以及色、香、味和澄清程度，在不影响麦汁清亮度的情况下，可尽量加大过滤速度，如发现过滤速度减慢时，要随时检查流槽，洗槽后再过滤。浑浊的麦汁采用回流，直至麦汁清亮无杂质再停止回流。

(8) 煮沸　过滤后的麦汁注入煮沸锅内，进行煮沸，其间分三次加入酒花粉。酒花粉的加入量为麦汁的0.15%，约3.5kg，同时按0.6g/L麦汁的量加入食盐，约3kg。

(9) 沉淀、冷却　用回旋沉淀槽除去麦汁中的酒花糟、变性蛋白等沉淀物，防止这些物质带至酵母繁殖槽中影响发酵质量。将沉淀后的麦汁温度降至8～10℃。

(10) 前期发酵　将冷却后的麦汁注入酵母繁殖槽内，待部分麦汁流入后即将所需的酵母种子加入槽内，使酵母尽快起发，酵母液的加入量为麦汁的0.6%～0.8%。对麦汁进行通风供氧，并促使酵母均匀地分散于麦汁中。添加酵母后，酵母繁殖槽内继续流加麦汁，并防止发酵液溢出。发酵从表面现象看可分为变白、气泡、低泡、高泡、落泡和泡盖形成六个阶段，从时间上又分为气泡期、高泡期和泡盖形成期。温度管理要根据这三期进行。待糖度降到4.2～4.5时，要加快降温，使品温降到4℃左右，送入后发酵罐中。前发酵期一般需6～9天的时间。

前发酵完成之后，发酵液送去后发酵罐，发酵池底部留下了大量的沉淀酵母，将其收集处理后，可作下次发酵之用。

(11) 后期发酵　下酒后开口发酵3～4天，温度控制在2.8～3.2℃，让罐中的酒花树脂和蛋白质凝结物溢出罐外，然后再封罐。保持罐内压力1kg/cm^{2}以上，待罐内压力稳定后，再把温度降到1～1.5℃，约保持15天，然后把温度降到−1～1℃，散装啤酒在低温下贮藏20天，瓶装啤酒需低温贮藏27～30天。后期发酵需40～50天的时间。

(12) 过滤　经贮藏后的成熟啤酒，其残余的酵母和蛋白质凝固物等大部分沉积于罐的底部，少量仍悬浮于酒液中，必须经过过滤或分离，得到清亮透明的啤酒。

滤酒时需要压力稳定，工具洁净，过滤后的酒要清亮透明有光泽，回收的酵母可用作饲料酵母。

(13) 灌装　灌装前酒液的温度应控制在0℃左右，对洗瓶、打盖、杀菌、验酒等工序要严格控制，以保证啤酒的质量。

4. 注意事项

① 酶制剂在加入前先用水调开，防止结块。

② 啤酒中氯离子含量的多少，在一定程度上影响风味和啤酒泡沫质量。因玉米中氯离子的含量比大麦低，应在麦汁中加入适量的食盐。食盐的加入不仅有利于发酵的正常进行，而且还可以改善啤酒的质量，消除啤酒中的玉米味。食盐的加入量为每升麦汁0.6g。

5. 质量标准

(1) 品尝鉴定　泡沫洁白，细腻挂杯；口味纯正，风味正常；杀口力尚可，爽口稍差；有酒花香，但不明显；色泽淡黄，清亮透明；口感达到正常酒水平。

(2) 理化指标　双乙酰0.194mg/L；二甲硫0.03mg/L；异戊醇68～76mg/L；乙酸乙酯28mg/L；乙醛1.0mg/L；硫化氢0.001mg/L。

(3) 卫生指标　细菌总数：熟啤酒≤50个/mL。大肠杆菌群：生啤酒≤50个/100mL，熟啤酒≤3个/100mL。致病菌不得检出。

五、试用70%玉米酿造啤酒的新技术

使用70%的玉米、30%麦芽生产啤酒，其理化指标和感官鉴定均达到了老工艺啤酒质量水平。实践证明，用70%玉米生产啤酒，不仅为缺少大麦、大米的地区发展啤酒生产、开辟原料来源提供了技术条件，而且在节约麦芽降低成本上，也取得了较显著的经济效果。

黑龙江省富锦啤酒厂吸取玉泉酶法糖化试点的经验，把玉米配比应用到40%；通过糖化加麸皮后，玉米增到53%～70%，最后由常年亏损转亏为盈，从而扭转了被动局面。

(1) 玉米麦汁糖化工艺条件

①设备：一锅一槽，班产热麦汁6t。②配比：玉米面70%，麦芽30%。③工艺：加辅料升温浸出糖化法。④措施：a. 用细菌α-淀淀酶液化。b. 用麸皮补β-淀粉酶的不足。c. 加食盐调整麦汁氯离子。

(2) 玉米麦汁糖化工艺流程　①上料时将麸皮与麦芽上在一块，放料时同时投入食盐。②pH值：液化为5.5～5.7，糖化为5.3～5.5。③玉米面成分：无氮浸出物79.4%，粗纤维2.1%，蛋白质12.6%，无机盐1.7%，脂肪5.3%。④麦芽的糖化力为288WK。

(3) 工艺流程　浸渍（45℃、20min）→液化（8℃、20min）→保温（102℃、10min）→加水（加至6t），麦芽（270kg），水（4.20t）→配料→7658淀粉酶（1kg），糖化配料，盐（0.5kg），麸皮（7.5kg），玉米面（630kg）→保温（45℃、

20min）送过滤槽→升温至78℃→糖化（65℃、60min至碘不变色）→蛋白分解（55℃、60min）。

（4）工艺分析

① 料液化比与产量关系：同样投料，由于料水比的变化，产量相差很大。料液比增大之后，麦汁产量稳定在6.2t左右，比过去增加600kg。

② 在酶法糖化工艺中，液化操作除与产量有关外，对麦汁组分和以后操作有很大的影响。液化不当，易使淀粉老化量增加。一般是反应温度越低，时间反应越长，不溶性淀粉形成量就越多。把液化温度提高到80℃，在80℃下，从40min改为20min，这样不但产量得到提高，同时过滤也有明显改善。

③ 对102℃的处理：时间过长，给过滤带来很大的困难。1979年从40min改为20min，现在是10min，并没受到任何影响。

④ 原来蛋白分解温度，是沿着传统的分解温度50℃进行的，麦汁的过滤度一直受到很大影响，自从发现蛋白分解产物与过滤关系之后，把蛋白分解温度改为55℃，麦汁的过滤时间从3.3～4.0h缩短为2.5h左右，基本恢复到传统的过滤时间，同时也改善了麦汁的清亮程度。

⑤ 麸皮的应用，加与不加的明显区别，主要体现在还原糖与可发酵性糖的含量上。加麸皮，还原糖一般为7.8%～8.4%，不加麸皮则达不到6%。

⑥ 糖化时加食盐，目的是解决啤酒口味淡薄与粗糙感。与此同时，酒的色泽、泡沫也得到了改善。加盐量以氯离子含量为指标，目前一般在140～150mg/L。

⑦ 糊化前45℃浸渍的目的，是让玉米原料有个充分吸水膨化过程，以利于液化、蛋白休止和糖化操作，进而发挥玉米自身的酶潜力，改善醪液的流动性；而在糖化前经45℃浸渍，使产量和麦芽糖、可发酵性糖、氨态氮都有所提高。从两个浸渍的作用看，时间的长短，对产量和麦芽组分影响很大，实践表明，20min较为适宜；时间过长反而影响酒的产量、外观指标和口味。

（5）质量标准

① 品尝鉴定结果

a. 泡沫洁白，细腻挂杯。

b. 口味纯正，风味正常。

c. 杀口力尚可，爽口稍差。

d. 有酒花香但不明显。

e. 色泽符合部颁标准。

f. 口感达到正常酒水平。

② 理化指标情况。试验罐分析结果：双乙酰0.194mg/L，乙醛1.000mg/L，异戊醇68～76mg/L，氯离子139～141mg/L，乙酸乙酯28mg/L，硫化氢0.004mg/L，二甲硫0.03mg/L。

（6）经济效果

① 节约粮食：70%玉米、30%麦芽的啤酒与传统酒相比，每吨啤酒节

粮 77.7kg。

② 降低成本：每吨酒降低原料费用 52.49 元。

第十一节 其他生产啤酒的新技术

一、甘薯啤酒饮料的新技术

以鲜甘薯为原料，辅以大枣汁，利用啤酒酵母和葡萄球酵母混合发酵，经调配、杀菌，制成酸甜可口、香味纯正、泡沫洁白丰富的新鲜甘薯发酵配合饮料。

操作要点如下。

① 液化：添加 0.1%α-淀粉酶，在温度 70℃、pH=5.6 条件下液化 60min。

② 糖化：添加 0.1%的糖化酶，在温度 55℃、pH=4.5 条件下，反应 30min。

③ 醪液调整：浆液可溶性固形物浓度调整 4%～5%。pH 为 4.8～5.2，干啤酒花 1%。

④ 接种发酵：添加 2%～3%啤酒酵母液态培养液及 2%～3%（质量分数）的固定化葡萄酒酵母种子，发酵温度 10～12℃，时间 3～4 天，醪液发酵终点可溶性固形物含量为 2%～2.5%。

⑤ 调配后发酵：添加可溶性固形物含量为 5.5%～6%的枣汁，调节 pH 为 4.2～4.3，发酵温度 10～12℃，时间为 2～3 天，发酵终点可溶性固形物含量为 2%～2.5%。

⑥ 澄清：罐温降至 0℃左右，保持 12h，吸上清液，要求液体的透光率大于 95%。

⑦ 杀菌：料液终点 pH 为 4.0～4.2，属酸性食品，采用巴氏杀菌过程为 10-20-15min/70℃。

二、大豆肽啤酒生产的新技术

肽是有多个氨基酸连在一起的短链，它是蛋白质的分解产物。生物的生长发育、细胞分化、大脑活动等均涉及肽，大豆蛋白经酶水解生成大豆蛋白肽。大豆蛋白肽是小分子肽类，除了营养丰富、易于吸收，还具有降低血压、抗胆固醇、抗血栓形成、改善脂类代谢、防止动脉硬化的作用，能增强人体体能和肌肉的力量，促进大脑和神经发育，提高记忆力，抗癌，抗衰老，当今社会，大豆蛋白肽已经风行欧美等发达国家和地区，成为供不应求的保健食品，国内市场前景广阔。

啤酒作为低酒精饮料，在酒类市场上占有相当大的比例。啤酒营养丰富、富含大量氨基酸、矿物质及微量元素。深受消费者喜爱，将大豆蛋白肽添加到啤酒中，不但可以提高啤酒的营养价值，还可以增加啤酒的保健功能，同时又提高产品的附加值，对于开拓啤酒市场具有积极的意义，尤其是现在保健啤酒大行其道，大豆蛋白肽啤酒上市后其市场前景一定会很广阔。

大豆肽啤酒产品质量可优于国内同一产品，在不增加设备的情况下，可使糖化发酵生产能力提高一倍，吨酒耗电耗煤减少50%，该项技术如应用于生产将会给企业带来可观的经济效益，因效益显著，技术特点突出，现已申请国家专利。

主要工艺概况：

① 发酵状态及工艺实施的情况：发酵液理化指标情况一切正常，发酵过程也很正常，降糖速度较快，可以不加α-乙酰乳酸脱羧酶，可以达到较好的双乙酰还原水平，酵母形态在发酵过程中较好，代谢能力较强。

② 大豆α-N含量比对照样增加54mg/L，大豆肽含量较对照样增加约100×10^{-6}，满足了酵母对氮源的要求，肽类物质具有一定的生理活性，在发酵过程中，可使酵母菌体健壮，提高酵母活性，催化酶促反应，缩短发酵周期。

③ 大豆蛋白肽中高分子氮含量不高，大部分均是小分子肽类，非生物稳定性较好，对啤酒的外观、非生物稳定性不造成影响，相反，还可大大提高啤酒的泡持性。

④ 由于大豆蛋白肽所具有的高溶解性、低黏度、低酸沉和热稳定性，使成品啤酒的理化指标、微生物指标均达到国家优级啤酒标准，保质期在8个月以上。

⑤ 大豆蛋白肽啤酒口感较好，杀口力较强，泡沫洁白细腻持久挂杯，口味丰满纯正圆润，酒体内无明显的悬浮物和沉淀物，酒花香气较明显，无异香异味。

三、6°P柠檬啤酒生产的新技术

1. 柠檬汁的加工

选取优质柠檬清洗干净，研磨破碎，泵入压榨机榨汁，过滤，杀菌。贮于密闭的容器内，整个榨汁过程要尽量避免与氧接触，减少柠檬汁的氧化、褐变和营养物质的损失。

严格控制工艺卫生，防止细菌污染而引起柠檬汁酸败。要求细菌总数≤50个/mL，大肠菌群≤3个/100mL。

一般市场购买的柠檬汁应清亮透明，无明显悬浮物和沉淀物，具有柠檬特有的香气。细菌总数≤50个/mL，大肠菌群≤3个/100mL。

2. 6°P麦汁的生产（50t麦汁/锅）

原料使用一级加麦芽，生产全麦芽麦汁，以保证麦汁有足够的氨基氮，保证酵母生长需要。糖化采用30℃低温浸渍，53℃蛋白质分解，62℃糖化完全后，尽快升温到78℃过滤，洗糟水温76～78℃。

糖化用水用酸和石膏调至pH=5.2～5.4，以保证复合酶发挥最佳效果。酒花分两次添加，第一次麦汁初沸30min后加入8kg，第二次麦汁煮沸终了10min加入6kg，煮沸强度要大于8%。

麦汁溶解氧含量要大于8×10^{-6}，入第一锅麦汁后添加酵母，满罐酵母数控制在1300万～1600万个/mL。根据各厂啤酒口味要求不同，柠檬汁的添加量可增减，添加柠檬汁进入发酵罐发酵。

麦汁满罐后要及时排渣，满罐温度为8℃，执行8℃恒温发酵，当外观糖度降为3.0°P时，开始保压并升温到12℃，进行双乙酰还原，当双乙酰降到0.06mg/L时，降温到0～1℃贮酒，贮酒时间要大于7天，贮酒压力为0.08～0.10MPa。

3. 过滤

滤酒工艺同普通啤酒滤酒工艺。滤酒时，添加0.3kg甜味剂/t清酒，1.5kg柠檬酸/t清酒。甜味剂、柠檬酸用酒液溶解后，在隔氧的情况下用流加泵加入，确保与酒液混合均匀，清酒贮酒24h后，可灌装。

4. 保质期实验及品评

取柠檬啤酒放入啤酒保质期实验仪水浴中，0℃贮存24h后，测浊度，记为初始浊度，加热到60℃，贮存24h，再降温到0℃，测其浊度。如此循环，直到浊度升到1.5EBC时为止。每个循环相当于保质期30天。

四、 德国黑啤酒与特点

1. 德国黑啤酒

德国黑啤酒的源头，可以追溯到明翰啤酒。明翰啤酒色浓、味香，有着柔和的麦芽香，是德国黑啤酒的鼻祖。

黑啤酒又叫浓色啤酒，酒液为咖啡色或黑褐色，原麦芽汁浓度10～20度，酒精含量在3.5%以上，其酒液突出麦芽香味和麦芽焦香味，口味比较醇厚，略带甜味，酒花的苦味不明显。该酒主要选用焦香麦芽、黑麦芽为原料，酒花的用量较少，采用长时间的浓醪糖化工艺酿成。制作中，首先要将麦芽放到太阳底下先做日光浴，然后再进烤箱烘焙成“黑美人”，接下来的酿造过程就和其他啤酒一样了。啤酒的颜色取决于麦芽，也就是说，黑啤酒的黑色来自麦芽。黑色麦芽的色与香取决于烘烤和焙干的程度。

黑啤酒的营养成分相当丰富，除含有一定量的低分子糖和氨基酸外，还含有维生素C、维生素H、维生素G等。其氨基酸含量比其他啤酒要高3～4倍。而且发热量很高，每100mL黑啤酒的发热量大约为100kcal，享有“黑牛奶”的美誉。

除了明翰地区，德国的其他地区也有饮用黑啤酒的习惯。比如前东德的图林根州（Thueringen）和萨克森（Sachsen），以及梅克伦堡州（Mecklenburg-Vorpommern）。班贝克（Bamberg）的人们则一直保持着爱喝烟熏啤酒（Rauchbier）的传统，这种啤酒有一种独特的烟熏火腿的香味，因酿酒的麦芽是用火烤干的。

2. 德国啤酒与特点

（1）《纯正啤酒法》——德国啤酒纯粹品质的法律保证　公元1516年，巴伐利亚大公威廉四世颁布了《纯正啤酒法》，明确规定只能用麦芽、水、啤酒花及酵母生产啤酒，其他成分（如大米、玉米、淀粉等）一律禁止使用，保证了德国啤酒的纯粹品质。

（2）啤酒花——啤酒中最重要的若味营养物质　德国啤酒味重偏若，恰恰是用料扎实的直接体现。“味苦”来自于啤酒花，有抗癌、利尿、解毒的功效。有些啤酒在酿造原料中加入大米、玉米甚至淀粉等物质，冲淡了啤酒花的苦味，但我们却不能品尝到原汁原味的健康啤酒了。

（3）麦芽汁——高浓度的麦芽汁含量　啤酒根据麦芽汁的浓度可以分为低、中、高三种浓度类型。绝大多数德国啤酒的麦汁浓度都在中、高度，即麦汁浓度12度以上。高麦汁浓度的啤酒，生产周期长，稳定性好，口味浓郁，口感圆润，含有更加丰富的蛋白质和各种维生素、氨基酸等营养物质。

（4）高成本——德国啤酒澄清工艺　德国啤酒采用成本高昂的微生物澄清技术，绝对不使用甲醛、亚硝酸盐、含有重金属和镭等放射性物质的有害化学澄清辅助剂。因此，畅饮德国啤酒不会产生隔夜头疼与次晨喉干等现象。长期大量饮用使用甲醛等酿造辅助剂的啤酒会对身体健康造成严重影响。

（5）浓郁的麦香和爱尔兰带——细腻品质的直观体现　德国啤酒泡味洁白细腻，具有油脂般的绵软感觉，拥有上品啤酒的特征：泡沫的持久度在2～4min，泡沫落去后，能够在怀壁上形成“爱尔兰带”现象。爱尔兰带越明显，说明啤酒的品质越好。

（6）德国制造专利包装及使用方法　独有5L的聚会装，仅一次性使用，是德国的专利发明，采用真空罐装技术，在最大程度上保证了啤酒的风味，并带来新鲜的饮用体验。使用方式：将酒桶底部的红色龙头向外拉出，然后逆时针方向旋转90°，啤酒即可流出，同时，请逆时针方向旋转酒桶上方中心的红色泄气旋钮，卸掉真空，酒流即变得顺畅。停止饮用时，反方向操作龙头以及红色泄气阀即可封存。

五、 慕尼黑干啤酒生产工艺与新技术

1. 原料与酿造用水

慕尼黑选育了优良的酿造专用大麦新品种。采用蛋白质含量较高的大麦制麦芽。德国的酒花产量很大，品种亦多，既有苦味花，也有香味花，可赋予啤酒浓郁的香味。慕尼黑的啤酒工业很发达，这与当地优良的水质也有密切关系，但水的硬度较高。

2. 制麦芽

① 普通麦芽和特种麦芽（巴伐利亚麦芽）这两种麦芽仍采用古老的地板式发芽法，浸麦度大于48%。

叶芽长度为麦粒长度的3/4，允许大于1的叶芽达10%左右。焙焦温度高达150℃，且烘干阶段的时间也较长。成品麦芽呈深黄或浅褐色，允许有少量焦糊麦芽存在。这种麦芽具有麦芽香的浓的焦香味。

② 深色焦香麦芽制作方法同巴伐利亚麦芽，但焙焦温度高达180℃以上，成品麦芽焦香味浓，但不得有焦糊味。

③ 着色麦芽用干麦芽或部分焙干的普通麦芽制成，其焙焦温度为240℃，具有很强的着色力。

3. 制麦汁

采用传统的复式糖化设备，但麦汁过滤使用“得士丹克”快速过滤机，大大缩短了过滤时间。麦汁煮沸时，酒花分 3 次添加，可保持住酒花的芳香和柔爽的苦味。

4. 发酵

前发酵仍采用敞口的发酵池，进行低温较长时间的发酵。酵母泥经振荡器去除酒花树脂、碎片等杂质，再用低温无菌水洗净后，供下次前发酵用。后发酵在木桶或铝桶中进行，采取分次满桶法进料。酒龄通常为 7～10 周，最长有 8 个月之久。

第十二节 自酿特种啤酒设备简介

一、自酿啤酒机

啤酒机主要由粉碎机、糖化锅炉、过滤槽、沉淀槽、板式换热器、发酵罐、售酒柱、制冷机、冷媒箱、控制柜等组成。啤酒机发酵过程主要为低温发酵。啤酒机负责提供技术支持，以及在酿酒过程中所需要的一些原料都可以提供。

主要用于生产鲜啤酒，其生产流程为麦芽粉碎→糖化→麦汁过滤→煮沸→麦汁沉淀→发酵→贮酒→售酒。

鲜啤酒与普通啤酒主要区别有三点：①原料，鲜啤酒生产采用全麦芽，而普通啤酒还会添加辅料如大米、淀粉等。②工艺，鲜啤酒不经过滤和高温杀菌，保持了啤酒原有的口感和营养物质。③成分，鲜啤酒必需含有活性酵母才能称为鲜啤酒，普通啤酒没有。

二、啤酒机设备组成

① 主体设备：组合糖化系统、发酵及贮酒设备。

② 配置设备：粉碎机、板式换热器、制冷机组、造作控制系统。

③ CIP 洗涤设备：水处理和卫生泵路设施。

三、组合糖化系统

本系统配以粉碎机和板式换热器，完成从麦芽粉碎到麦汁定性的整个糖化过程，产出合适发酵的定型麦汁。包括糖化煮沸锅和过滤回旋槽两部分。该系统为不锈钢制造，外形用紫铜板装饰，采用特种保温材料保温。

糖化煮沸锅：麦芽浸渍、糖化兼作麦汁煮沸用，主要部件为糖化锅、电加热器、减速机、电机。糖化锅使糖化醪液混合均匀浸出麦芽中的有效成分，均匀加热；电加热器供加热醪液用，分上下两组六支，可根据需要分别或同时使用，使用电压为 380V。减速机、电机为搅拌器动力来源，搅拌速度达到工艺要求。

过滤回旋槽：分为上下两部分，上层为过滤槽，供醪液过滤用，固液分离；下层为回旋槽，是凝固物、酒花槽与麦汁分离设备。

过滤槽：主要部件有不锈钢过滤板、喷水器、麦汁排出管等。

滤板：安装于底部，应绝对水平，筛孔为长形燕尾孔，有效过滤面积大于8%，保证麦汁与物料快速分离，麦汁澄清滤除。

喷水器：安装于设备中央，均匀洒水供洗槽用。

麦汁排出管：排除经过过滤板过滤后的澄清麦汁。

麦汁试镜：检查过滤麦汁澄清度。

回旋槽：煮沸后麦汁经泵沿切线方向进入，形成离心漩涡，在回旋槽底部中心形成沉积物堆，使固液分离。

四、 配套设备

① 泵：不锈钢卫生泵，选用专业厂家优质产品。

② 管路系统：醪液在两组合锅间根据需要循环，加水或送出麦汁用。

③ 粉碎机：粉碎麦芽用，为对辊式。

④ 板式换热器：密封冷却器，达到冷却的目的。选用定点厂家设备，进口不锈钢板制造。

五、 发酵酿酒设备

锥形发酵罐：完成麦汁发酵至生鲜啤酒的整个酿造过程。罐体为不锈钢制造，采用聚氨酯保温层，保温层厚度为70mm，罐内自动洗涤。外置冷却带，可根据工艺要求控制发酿品温，设置一排气兼备压管路，不超过0.2MPa，发酵后期酵母沉积锥底，可方便收集排出。

制冷、贮酒设备：啤酒是低温发酵产品，需要冷媒吸收中间产品的发热量，控制温度是生产的关键之一。设备主要供工艺耗冷，即麦汁，发酵液，鲜啤酒的降温及发酵过程施放所需要移走的热量，低温贮酒等。

六、 啤酒生产成本

啤酒机生产出来的啤酒成本很低，一般成本价在1.6～1.9元/L，常温下保存时间为几小时，而低温下可以保存1～2个月。

七、 生产的鲜啤种类

啤酒机设备生产的鲜啤酒主要是黄啤和黑啤两种为主，可以根据客户要求增加别的啤酒品种。生产黑啤酒的主要原料为水、大麦芽、焦香麦芽、黑麦芽等，啤酒的黑色是由黑麦芽产生的，不是添加人工色素。

1. 使用说明

① 搬运时，应尽量使箱体保持正直，倾斜度最大不能超过45°

② 冰箱放置在空气流通、阴凉干燥、周围无腐蚀性气体存在的环境中，切忌靠近热源，避免阳光直射，箱体周围离墙应保持大于10cm，放置应垫平，使箱体平稳，以免产生震动或过大的噪声。

③ 冰箱安装或关机5min后不能开机，切勿停机后立即开机，且搬运摆放后30min内不能开机。

④ 注意：切不可用锐利的金属器具铲除冰层。

⑤ 如环境温度较大时，箱体外部可能会产生露珠，这属正常现象，请用软质干布及时擦干。

⑥ 请定期清扫冷凝器及风扇上的油尘，确保节能，制冷效果最佳。

⑦ 箱内温度利用温控器控制，用户可根据自己的需要调节温度。

2. 维护保养

① 机器运行发现异常情况，不得随意拆卸零件，必须及时请专业技术人员检查排除。

② 压缩机反复启动时间应相隔5min，以免压缩机造成严重事故。

③ 机组散热强，需定期去除散热翅片表面积灰，油污，以提高制冷效果。

④ 整机如长期停用应切断电源，保持箱内清洁干燥。

八、自酿啤酒的营养价值

1. 啤酒的营养价值

a. 啤酒因营养丰富，素有“液体面包”的雅称。在1972年墨西哥召开的世界第九次营养食品会议上，被推荐为营养食品。

b. 啤酒除含有酒精和二氧化碳外，还含有多种氨基酸、维生素、糖类、无机盐等成分。

c. 1L原汁浓度为12波美度的啤酒，其热量相当于770g牛奶或210g面包。人一天需要2986kcal热量，每升啤酒可产生788kcal热量，相当于成人每天需要热量的1/4，所以冬天饮用时可使身子暖和起来，改善末梢血管的供血状况，防止冻疮。

d. 啤酒中含有多种维生素和17种人体日常所需的氨基酸，可成为菜和水果的代用品。

e. 因人而异，啤酒还具有一些医疗作用，啤酒中含有酒花素，有强心、镇静等功效，还可以开胃健脾，促进血液循环。

2. 啤酒的饮用

a. 对一般人来说，每次控制在1L以下。

b. 啤酒可用于佐餐或作为清凉饮料，但均宜在较低温度下饮用。

c. 佐餐时的啤酒，酒温以14～15℃为宜。

d. 作为消暑解渴的清凉饮料，则宜在10℃左右饮用，此时泡沫最丰富，细腻又长久，香气浓郁，口感舒适。

九、 自酿发酵罐发酵法及发酵方式

传统啤酒是在正方形或长方形的发酵槽（或池）中进行的，设备体积仅在5～30m^3，啤酒生产规模小，生产周期长。

20世纪50年代以后，由于世界经济的快速发展，啤酒生产规模大幅度提高，传统的发酵设备已满足不了生产的需要，大容量发酵设备受到重视。所谓大容量发酵罐是指发酵罐的容积与传统发酵设备相比而言。大容量发酵罐有圆柱锥形发酵罐、朝日罐、通用罐和球形罐。圆柱锥形发酵罐是目前世界通用的发酵罐，该罐主体呈圆柱形，罐顶为圆弧状，底部为圆锥形，具有相当的高度（高度大于直径），罐体设有冷却和保温装置，为全封闭发酵罐。圆柱锥形发酵罐既适用于下面发酵，也适用于上面发酵，加工十分方便。

德国酿造师发明的立式圆柱锥形发酵罐由于其诸多方面的优点，经过不断改进和发展，逐步在全世界得到推广和使用。我国自20世纪70年代中期，开始采用室外圆柱锥形发酵罐发酵法（简称锥形罐发酵法），目前国内啤酒生产几乎全部采用此发酵法。

十、 自酿啤酒设备发酵罐能酿出酵母味的原因

啤酒酿造除了所需要的成套设备外，必备的原料也是不能少的，下面具体来聊一下啤酒酵母的添加以及酿造出酵母味的原因，就像蒸馒头一样一定要有优质的酵母才能保证馒头不出异味，同样啤酒酵母添加时一定要注意以下几点。

① 从外观上看啤酒酵母色泽洁白或乳白，无异味杂味，凝聚紧密，无黏着现象，无明显杂质。

② 镜检观察，细胞大小均匀，细胞质透明，无明显空泡，无杂菌感染。

③ 死亡率小于3%。

④ 冰水保存时间（0.5～2℃）不超过5天。

⑤ 使用代数不超过7代。

酵母添加量因酵母的活性、麦汁浓度和发酵工艺等不同而有所差异，原则上以能迅速起发为度，添加过多或过少均不宜。添加过少，起发缓慢，酵母增殖时间延长；容易引起染菌并使发酵时间延长；添加过量，容易引起酵母退化和自溶，给啤酒带来不愉快的酵母味。一般情况下，麦汁浓度越高，发酵温度越低，酵母使用代数高，添加量相对越高。根据这一原则，我国10～12°P麦汁的酵母添加量一般为0.4%～0.7%，近年来，有的啤酒厂为提高发酵速度，加快设备周转，降低啤酒中双乙酰含量，将酵母添加量提高到0.6%～0.8%，尚不致产生不良后果。以下原因会导致啤酒酵母味比较严重。

① 在啤酒的酿造过程中可能由于啤酒酵母的添加量过大，或者因为啤酒酵母的代数使用过多，以致啤酒酵母衰老造成。

② 在沉淀酵母未得到排放，老弱酵母在啤酒发酵罐内停留的时间过长，加之

锥底因积聚过多酵母从而降低了冷却效果，致使罐底酵母长时间处于高温条件下，从而引起酵母自溶并分散到酒液中，给发酵液带来酵母味。

③ 在自酿啤酒设备生产原浆啤酒的过程中对温度的控制相当重要，可以用严格一词来形容对温度的控制，温度控制不合理，在双乙酰还原末期，如下段温度与中、上段温度差过大，会引起啤酒液强烈的对流，从而导致酵母沉降比较困难，并产生自溶的现象。

④ 储酒温度过高和储酒时间过长，导致酵母自溶并释放出脂肪酸。这些物质会使发酵液具有不舒适的异味，并对泡沫造成不利影响，其中乙酸乙酯和十二酸乙酯含量高时可共同作用形成酵母味。

⑤ 卫生问题。如果管理不当会造成一些细菌的繁殖，从而影响发酵液出现酵母味。

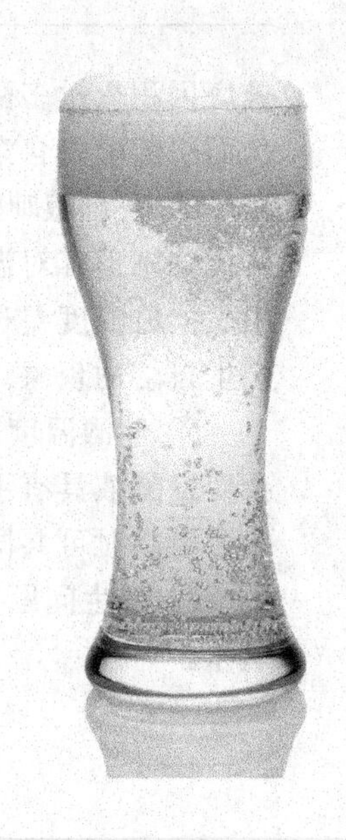

第九章 啤酒酿造过程弊病分析与质量管理

我国啤酒工业发展很快，几十年内年产量便从10kt迅速增长到26000多千吨，跃居为世界第一啤酒生产国。随着生产规模的逐渐扩大和消费者对产品质量要求的提高，市场的竞争必然日趋激烈。在这种形势下，如何降低生产成本、缩短生产周期和提高啤酒质量对于各生产企业来说，就变得越来越重要。同时，啤酒生产中的一些因素，如麦芽的质量、麦汁的黏度和发酵度等，在不同程度上影响着啤酒的质量。如何降低生产成本、提高产量和稳定品质，减少这些不利因素的作用，正日益受到世界各国啤酒行业的重视。

第一节 概述

一、 啤酒酿造技术变革

长期以来困扰啤酒酿造者的最大问题一是电耗过大，电老虎使啤酒成本大幅提高；二是保质期过短，仅仅几天鲜啤酒就变质了。现在天津澳泊食品采用一种不用电、在常温条件下发酵酿造啤酒，鲜啤酒的保质期可达六个月的新工艺。这项啤酒的技术革命正在悄然兴起，酿酒无需采购麦芽，无须糖化、煮沸和过滤，不用电，使用COOPERS啤酒原汁，兑20倍左右的水，使用常温酿造设备发酵4天就可以喝到各种新鲜美味的啤酒。

COOPERS啤酒原汁是这场革命的引发剂。原汁使复杂的啤酒酿造变得异常简单，任何家庭主妇在自己家里都能造出高品质的啤酒。

这种原汁是选用澳洲优质麦芽经糖化制成麦汁，再兑上啤酒花，通过计算机控制，在真空的条件下用全套自动化的机器设备浓缩而成。它不含任何添加剂、防腐剂，属纯天然产品。使用这些原汁可以酿造黑啤、红啤、黄啤等多种新鲜啤酒，所酿出啤酒的保质期可达6个月。而普通鲜啤酒的保质期只有几天。COOPERS啤酒的品质之优，举世公认。

澳洲自酿啤酒一改过去低温发酵法，啤酒的发酵过程在一般室温下完成（21～27℃），因为我们所用的酵母是COOPERS常温干酵母，它是高科技的结晶。

酿啤酒不用采购麦芽，无需糖化，这在过去是神话。在常温条件下进行发酵则更是传统的禁区。但在神奇的COOPERS自酿啤酒面前，过去的禁区被打破了，神话也成为现实。2001年10月，这种技术已被中国专利局正式批准为发明专利，并在中国专利局主办的第七届中国专利新产品新技术博览会上荣获金奖。

现在人们一旦有了COOPERS原汁、设备和技术，就可以自己动手酿造啤酒了，就像几个世纪前许多欧洲家庭所做的一样。

二、 酿造酒损的控制方法

酿造过程中的酒损主要是在发酵和过滤过程中产生的酒液损耗，降低酒损可以直接提高公司的效益、减少酿造成本。发酵及过滤工段产生酒损的一些关键点及控制措施如下。

① 在发酵过程中接麦汁开始时酒顶水切换过迟、接麦汁结束后水顶酒切换过早，导致部分麦汁被排掉，造成麦汁损失。

控制方法：统一接麦汁的操作方法，操作人员必须在现场的视镜边上监视，根据视镜中酒液颜色的变化及时切换。

② 当麦汁进入发酵罐24h后及升温后，排放冷凝固物时，如不及时确认并关闭底阀，会使酒液排掉，造成损失。

控制方法：排冷凝固物时，发酵罐底阀开度要尽量小，见到有麦汁时立即关闭底阀，增加排放次数，每次减少排放量。

③ 当酵母回收过程中，会把酒液回收入酵母罐，使部分酒液损失。

控制方法：回收过程中，要尽量关小发酵罐底阀，用较小的流量来回收酵母，操作人员必须在现场观察回收管道视镜中酵母的稠度及酵母罐液位上升的情况，随时调整底阀的开度或及时关闭底阀。

④ 滤酒开始时酒顶水切换过迟、结束后水顶酒切换过早，都会导致部分发酵液损失。

控制方法：统一滤酒操作方法，操作人员在视镜边上监视，及时切换。

三、 发酵生产过程中微生物控制

1. 发酵原料及发酵罐区卫生

(1) 发酵原料

① 冷麦汁：要求麦汁管线无菌化，管线内壁光滑无残留物，麦汁管线无卫生

死角，严格控制取样点数量并对取样的微生物胶球定时更换，保证取样处卫生干净整洁。

② 酵母：应确保无菌。

③ 压缩空气：应满足干燥、无油、无水、无味等要求。因设备的水平，压缩空气内无水难做到，因此，在充氧管线的终端应加装疏水系统，并定期检查更换过滤芯，评价滤芯效果。

(2) 罐区卫生　要确保罐区卫生整洁，无霉斑、无死角，管路、罐底卫生良好，定期进行清理。

2. CIP 清洗（就地清洗）

系统必须能够进行自身刷洗，并定期检查自身刷洗效果。关注 CIP 液浓度、温度、清洁度、微生物情况。为保证刷洗效果，可在 CIP 液中加入除垢剂、渗透剂等，同时，管线刷洗时，CIP 液流速需保持在 2m/s 以上，这就需要经常对 CIP 供泵叶轮、供管管线上的换热器除垢或酸浸泡。另外，一旦 CIP 供泵工作，需检查该泵的机封。CIP 用的跨接管应浸泡在杀菌槽中，随时关注杀菌液清洁度，随时或定期更换。

(1) 麦汁管线刷洗　刷洗时，必须将取样阀门打开一并刷洗，另外，管线接口、弯头接口处内壁应无焊接点，即接口内壁光滑，防止存在死角。刷洗时应对麦汁管线与酵母添加管线交汇处四通阀阀芯（四通阀拉杆与唇封）一同刷洗，及时更换微生物取样口的胶球或羊角阀内的奶嘴。冷麦汁进发酵罐时，注意管线的跑冒滴漏。为保证效果，可定期进行酸碱交替刷洗。最好每锅进麦汁前再对管线进行热水杀菌。

(2) 发酵罐 CIP　发酵罐进行 CIP 前，应先适当补充压缩空气。发酵罐连同取样阀用 50 度左右碱液进行刷洗，刷洗时将取样阀一并打开一起刷洗（若碳钢发酵罐，则温度适当降低，以免影响涂层）。刷洗过程中，CIP 供压力应大于 0.4MPa，并开启用于刷洗罐底气动阀阀腔的电气开关，防止存在刷洗死角。若发酵罐刷洗结束与进麦汁时间间隔超过八小时，则再进行一次消毒剂循环，超 24h 则重新进行 CIP。保持好罐底进出口处的卫生，尤其螺纹间隙内的细节之处，防止环境卫生影响刷洗残水的微检。定期开罐检查刷洗效果及涂层情况，定期检查罐顶组件的密封性以及洗球通透性。发酵罐清空后应及时刷洗，刷洗后及时排净罐底残水，当发酵罐使用 3～4 个周期时要进行一次酸碱交替刷洗。如发酵罐出现染菌就需要立即进行深刷洗即酸碱交替刷洗，酸碱循环时间 60～90min。

(3) 酵母储罐　目前基本采用 85℃以上无菌热水做储罐 CIP 清洗的最后一步，因此，酵母储罐 CIP 结束后，应特别注意罐内压力情况（随着温度降低，罐内会形成负压，导致防真空阀开启，罐体会吸入空气导致被污染），需维持正压，并定期校正压变及压力表。此外还应注意 CIP 供的压力，压力过高或太低，均达不到预定的刷洗效果。刷洗酵母储罐时，需全程对取样阀内外部以及排压阀及排压管线进行刷洗，定期开罐检查刷洗效果，关注罐顶组件气密性洗球通透性。必要时可对酵母储罐进行蒸汽杀菌，若成都凯成酵母储罐，还需注意安全阀阀腔内洗球的工作情况，必要时可对其进行改造。

(4) 酵母用管线　刷洗回收管线。刷洗前，更换取样口胶球并再次排空储罐内残留热水，刷洗时，对在线激冷薄板及回收泵进行全方位刷洗，刷洗时暂将回收泵旁通关闭，以CIP液流动力推动转子运转，可充分刷洗转子，防止产生卫生死角，定期为激冷薄板及泵内转子进行除垢或酸碱交替刷洗。需注意刷洗过程中的跑冒滴漏。

(5) 酵母扩培　扩培液微生物至关重要。每次扩培前，都应从统气密性、取样口内垫圈情况、充氧管线等方面检查，并对其进行深度刷洗。扩培开始时，保持好周边环境卫生，对空间喷洒消毒剂进行空间灭菌，有条件的单位可将扩培系统隔离，安装紫外灯。化验室转接至车间扩大培养时，注意接种杀菌的细节操作。

(6) 充氧氧管线　充氧前，需对充氧管线、过滤芯进行蒸汽杀菌。经常检查充氧管线气密性，检查与麦汁管线连接处单向阀是否正常，定期更换滤芯。

总之，啤酒虽为微生物发酵的产物，但有害微生物会对啤酒风味造成极大影响，防控微生物不仅是酿造人员也是微生物工作者需长期坚持的工作。啤酒生产过程中防控微生物。搞好卫生是第一要务，要形成制度化常态化。对直接参与者应经常培训引导，对与啤酒接触的设备，管线等应做好卫生工作。

四、啤酒生产二次污染的预防

啤酒在包装过程中形成的污染称为二次污染。二次污染的主要部位在洗瓶机、灌装压盖机和周围的环境。预防二次污染也是啤酒厂关注的重要课题之一。

对包装车间二次污染的有效防范措施是加强设备外部卫生，具体清洗部位如下。

(1) 洗瓶机清洗要求　各水槽、喷淋管、滤器（网）每周大清洗一次；出瓶凸轮、降瓶器、导板每日清洗一次，每周大清洗一次。要求无黏膜、无污物、无标纸，检查洗后空瓶细菌总数≤20个/mL。

(2) 输瓶系统及背压气体管线清洗要求　输瓶链条、过渡板、接液板、接液槽每日清洗一次，每周大清洗一次；链板采用食品灭菌型润滑液，做到无黏膜、无累积物、无标纸、无玻渣；护栏、防蝇罩、验瓶台每日清理；背压气体管线每月蒸汽灭菌一次，要求干燥不带水，检查背压气体细菌总数≤10个/mL平皿。

(3) 灌装压盖机清洗要求　进瓶螺旋、进出瓶星轮、中间星轮、导板、真空阀、托瓶转台等，每天用≥85℃热水清洗一次；压盖滑道等每天清洗，保证无黏膜、无异味；输酒管、酒泵、酒缸每天生产前后用≥85℃热水清洗10～20min，每周用3%～5%火碱水（≥85℃）、3%磷酸清洗灭菌，检查细菌数≤5个/mL；高压引沫水系统采用加热法杀菌除氧，检查细菌数≤20个/mL。

(4) 环境清洗要求　车间空间每月用20000×10^{-6}的ClO_2原液敞口放置于空气中灭菌一次，检查空间细菌总数≤50个/mL平皿；车间地沟每周清理一次（灌装压盖机周围地沟每周清理2次）并用漂白粉涂撒灭菌，要求无异味；操作人员保持工作服洁净，操作前先洗手，检查操作工双手细菌数≤100个。

五、 啤酒保鲜技术的进展

啤酒是采用发芽的谷物作原料，经磨碎、糖化后，通过酵母发酵酿制而成，含有蛋白质、维生素、糖类、矿物质等丰富的营养物质，故有“液体面包”之称。适量饮用，有健胃、消食、清热、利湿、强心、镇静、杀菌的作用，具有较高的辅助医疗价值，因此，啤酒是一种非常理想的低酒精度绿色饮料。

多年来，啤酒以其鲜香清爽的口味和多元丰富的营养，备受广大消费者的喜爱，与此同时人们对啤酒的鉴赏水平和质量要求也在不断地提高。啤酒能否在消费时还保持包装始初的新鲜度，越来越被消费者所重视。如何提高啤酒的稳定性，延长保鲜期，已成为啤酒生产中亟待解决的问题。

1. 啤酒的变质机理

啤酒稳定性是一种专业术语，具体含义是指啤酒本身具有的保鲜、保质的能力。广义概念上将啤酒稳定性分为生物稳定性、胶体稳定性和风味稳定性，三者共同决定成品啤酒的质量。

啤酒中包含上千种成分，它们互相影响、互相渗透，反应机理相当复杂，对稳定性的影响涉及原料处理、加工工艺、运输贮藏、饮用消费等各个环节。

（1）影响啤酒生物稳定性的因素　微生物的存在是引起啤酒腐败的重要条件，生物不稳定性多出现于生产过程和贮藏期间。主要原因有：①不清洁的工作方式使有害微生物进入到啤酒中，繁殖并产生酒中完全不能饮用的代谢产物，对酒体澄清及口味产生不利影响。②过滤工艺是将啤酒中仍然存在的酵母细胞和其他浑浊物除去，避免其在以后的时间内析出的分离过程，过滤设备超负荷运行会导致过滤效率降低。③后酵时间太短，发酵不完全，导致最终发酵度与成品发酵度差值增高，微生物就可能在灌装后的啤酒中找到可发酵性物质，获得营养而赖以生存。④灌装时氧气的吸入，为微生物在灌装后的成品中存活、繁殖创造了条件。

（2）影响啤酒胶体稳定性的因素　啤酒中含有的胶体颗粒由于分子间的布朗运动而相互碰撞，互相之间不断形成氢键。随着时间的延长，越来越多、越来越大的分子连接在一起，直到最后形成可见的浑浊物。影响啤酒胶体稳定性的主要因素有：①温度升高使胶体颗粒获得能量，加快运动，从而强化布朗运动，加快形成氢键的反应进程。②氧气的参与促使啤酒中含有的巯基蛋白质和多肽形成双巯键的高分子蛋白质及多酚聚合产生沉淀。另外，光线的射入有助加快氧化进程。③金属离子是氧化反应的有效催化剂，啤酒中金属离子的存在可以加快胶体浑浊的形成。

（3）影响啤酒风味稳定性的因素　啤酒生产从制麦到发酵过程，形成了大量风味物质，如醇类、酯类、羰基化合物、有机酸、硫化物等。随着贮存期的延长，开始丧失原有香味和口味，风味开始变坏。主要产生因素有：①高级醇的类黑色素中介氧化反应，氨基酸的Strecker降解反应，醇醛缩合反应，不饱和脂肪酸的光氧化反应，酒花酮类物质的光氧化反应，均能形成不饱和羰基化合物，引起啤酒风味恶化。②长时间高温库存，加速成品啤酒中的化学反应，对酒中的呈味物质造成不良影响。③光线照射会使啤酒形成让人感到十分不愉快的日照味。

此外，啤酒在运输、贮存过程中的剧烈运动，一方面会加快胶体间的接触，强化布朗运动；另一方面，也间接地使成品酒中微生物得以存活并繁殖，影响啤酒的生物稳定性，给啤酒的总体质量产生不良影响。

2. 啤酒的保鲜技术

（1）物理保鲜技术　啤酒保鲜常用的物理方法是添加蛋白吸附剂，如成品酒在过滤前添加适量的聚乙烯吡咯烷酮（PVPP），吸附多酚；也可添加硅胶，吸附大分子蛋白质。为取得更好的效果多采用二者配合添加，近年来国外还研究开发出许多新技术。

加拿大研制成功充氮低氧工艺技术。其设备以声速将氮气注入水中后产生极小细泡，氧气从水中扩散到氮气泡内，随解析器内排出的气水混合物从底部入口进入浓缩的啤酒罐，上升的氮气从稀释的啤酒内带走一部分氧气，使氧气含量进一步降低，可将水中含氧量从6.5～7.0mg/L降到0.2～0.3mg/L。

德国发明了一种新型多用途啤酒澄清剂，其中的阴离子硅溶液和阳离子硅溶液[(1∶1)～(6∶1)]可快速连续形成絮状，除去普通澄清剂不能去除的妨碍过滤的物质，大大改善过滤性能，提高胶体稳定性。

比利时开发了一种特制的多孔玻璃反应器，能吸纳大量酵母小球，增大酵母进入液体的表面积。啤酒在这种反应器内2h就可酿熟，并在此发酵阶段内酵母能继续利用糖分，进而使啤酒形成独特的风味与外观，且比传统技术缩短一半时间。

日本麒麟啤酒公司开发出高压电杀菌系统。该系统以40kV的交流电向电容器充电，继而对酒液加瞬间高压（高电压水下脉冲放电）。该法既能杀伤啤酒中的污染菌，又不会影响酵母作用。该系统优于热杀菌，并解决了连续发酵系统容易扩散污染的缺点。

日本开发的控制溶氧、降低啤酒中双乙酰浓度的专利技术，采用固定化酵母厌氧发酵。在圆柱反应器中充填80%被1%海藻酸钙固定的啤酒酵母、麦芽糖汁后，真空脱氧吹进CO_2，使溶存氧小于0.1mg/L，呈嫌氧态。每小时于8℃定量原料进入反应器，反应后出口发酵液乙醇浓度达3.2%～3.8%（质量分数）。成品啤酒比普通啤酒的双乙酰浓度低75%～90%，香味无损，运行稳定。

此外，日本秋田县信合食品研究所开发生产一种天然沸石，烘成0.6～1mm颗粒状，具有强度高、吸附力强的特点。该沸石经加热从内部放出结晶水，呈轻石状多孔质，能吸附啤酒酵母，使其浓度提高100～1000倍，促进了酒类发酵，缩短了发酵时间。

（2）生化保鲜技术　通过添加抗氧化剂提高啤酒的抗氧化性，常用的有维生素C、SO_2、葡萄糖氧化酶。近年来，国内外都有人试用超氧化物歧化酶（SOD）来抑制自由基的氧化作用，以改善啤酒的稳定性。

在麦芽糖化醪休止时添加甲醛，添加量相当于麦芽用量的 $1.0\times10^{-4}\sim2.0\times10^{-4}$，甲醛与多酞结合后与多酚形成不溶性络合物，在糖化醪过滤时除去。

在发酵贮酒过滤前向啤酒中加入 6～16g/100L 的没食子单宁，它与啤酒中可溶性高分子蛋白形成络合物沉淀，过滤除去蛋白质。

采用添加木瓜蛋白酶或菠萝蛋白酶制剂，加入量为每 1000L 啤酒 20 万～40 万单位，对抗冷浑浊有明显作用，最好在贮酒时添加。

六、彻底消除啤酒和果汁的氧化与老化

啤酒的氧化和老化是啤酒厂家的一个老生常谈的问题，也是至今都没有得到良好解决的问题。一提到氧化，厂家就一致的想到必须要抗“氧”，于是氮备压灌装，使用各种各样的品种繁多“抗氧剂”，想方设法来控制减少啤酒中的氧，可是所有的“抗氧”手段都使到了，灌装后的啤酒经过两三天后仍然出现了老化味，那么为什么呢？这个问题让啤酒厂家们百思不得其解。实际上啤酒的氧化是一个得失电子的复杂过程，没有分子氧的参加也照样造成啤酒的氧化和老化，所以分子氧并不是啤酒氧化的必需因素。

看出啤酒老化现象是由于啤酒中活性氧和维生素 C 氧化后的产物而引起的一系列氧化还原反应造成的。而活性氧和自由基是啤酒风味恶化的根源。一般来说，分子氧几乎没有反应活性，在啤酒中只有变成活性氧及自由基后，其反应活性才大大增强，尤其是羟基自由基是反应活性最强的自由基。

Na-Vb 属维生素 B 族，与其特有的相乘性物质络合而成的新型天然抗氧化保鲜稳定剂，广泛应用于啤酒行业，对防止啤酒氧化、控制啤酒贮存过程中的双乙酰回升、提高非生物稳定性和风味稳定性、延长啤酒保鲜期都具有极为显著的效果，同时对防止啤酒杀菌后出现的“泡沫环”亦有良好的效果。

Na-Vb 抗氧剂并不是直接作用于氧，而是切断啤酒氧化的传递途径，使氧不能作用于啤酒，彻底去除了啤酒的氧化味和老化味。

开始的意图是用来消除果汁由于多酚和单宁的氧化而造成的褐变和氧化老化味，后来应用于啤酒中后，竟有着不可想象的抗氧化抗老化的效果。

七、啤酒浊度的原因与控制

啤酒浊度的高低不仅是衡量一种啤酒品质好坏的重要指标，也是啤酒厂管理、技术、设备能力高低的综合体现。清亮透明的啤酒总是给人一种愉快的感觉，对于消费者来说啤酒好坏最直观的就是啤酒浊度，因此降低啤酒浊度、延长啤酒保质期对啤酒生产来说很重要，尤其是啤酒消费周期偏长的淡季至关重要。现结合某厂生产过程中出现的一些情况分析总结如下。

1. 原麦汁浓度

各个厂家根据自己厂的实际情况生产不同浓度的啤酒。在设备、生产正常情况

下，啤酒浓度不同所出成品的浊度也有差异。一般来说浓度越高浊度越高（表 9-1）。这与啤酒内所含固形物含量有关。

表 9-1　不同浓度成品酒浊度值　　单位：EBC

品种	最大值	最小值	平均值	批次
11 度酒	0.5	0.3	0.425	4
10 度酒	0.5	0.2	0.312	75
8 度酒	0.4	0.2	0.268	77
6 度酒	0.2	0.2	0.2	2

2. 发酵液后贮时间

发酵液后贮时间长短对成品酒浊度影响比较大。有人认为发酵液后贮时间越长啤酒越好，显然这种认识是错误的。发酵液后贮一般分三个时期。

（1）发酵液零度，后贮 5 天　此时啤酒口味生硬，酵母沉降情况不是很好，在发酵液中悬浮大量酵母。此时滤酒将造成过滤困难，并且成品酒浊度偏高。

（2）发酵液后贮 5～20 天　此时，啤酒各种风味物质相互结合，口感柔和不生硬，并且酵母沉降情况较好。此时将是滤酒最佳时期。单次预涂滤酒量高，啤酒清亮浊度低。

（3）发酵液后贮 20 天以上　随着发酵液后贮时间的延长，发酵液内酵母逐步产生自溶，蛋白质含量升高，啤酒产生酵母臭味。此时滤酒清酒发白，浊度高，杀菌后成品浊度有所下降，但瓶内将出现明显片状悬浮物。虽然现规定啤酒内可有轻微悬浮物，但消费者大多是不认可的。

表 9-2　酒龄与浊度对照表　　单位：EBC

月份	最大值	最小值	平均值	批次	后贮时间/天
2 月份	0.6	0.3	0.425	85	24.7
8 月份	0.5	0.2	0.292	158	10.2

注：后贮时间为平均值。

酒龄与浊度对照表见表 9-2。因此，为降低成品酒浊度必须合理控制酒龄。

3. 酵母的排放

主酵完成后，酵母就会沉降下来。酵母与发酵液及时分离对保证啤酒口味以及啤酒浊度都是十分必要的。发酵液 pH 值一般在 4.15 左右，而酵母 pH 值在 5.50 左右，酵母长时间在较低 pH 值环境下易自溶，从而使啤酒口味变差，成品酒浊度也增高或出现悬浮物。因此，酵母及时回收或排放十分必要。

4. 半成品浊度

该厂通过对半成品的检测以及对应的成品对比发现：半成品浊度影响成品浊度（表 9-3）。

表 9-3　半成品浊度与成品浊度对照表　　单位：EBC

半成品浊度	成品浊度最大值	成品浊度最小值	成品浊度平均值	批次
大于 2	0.5	0.3	0.402	8
小于 1	0.5	0.2	0.326	30

分析原因认为：半成品浊度高，麦汁清亮度差，使得发酵液浑浊，从而发酵液过滤困难造成成品浊度偏高。

因此车间从降低半成品浊度入手来降低成品浊度，方法如下：

① 保证糖化效果，糖化批批做碘试，碘试不完全延长糖化时间。

② 麦汁过滤过程中必须保证麦汁清亮透明，不清亮的麦汁不得进入煮沸锅。

③ 煮沸强度必须达到规定的要求，否则对煮沸锅进行煮火碱。

通过以上措施，半成品浊度降下来了，成品浊度也有了保证。

5. 滤酒过程中注意问题

发酵液再好，只要滤酒过程出现问题，成品浊度也会很高。因此滤酒过程中必须加强巡检，发现问题及时解决。为降低成品浊度必须做好以下几点：

① 保证预涂质量。预涂质量好坏直接影响成品浊度。

② 根据酒体合理搭配粗、细土比例。

③ 滤酒时必须排净管道中的气体，以免气体冲击预涂层，破坏啤酒的正常过滤。

④ 发酵罐备压平稳，避免压力互高互低。

⑤ 加强巡检，发现过土及时循环。

通过以上措施，该厂成品酒浊度较以往有了大幅度降低。

第二节　啤酒的色度与形成因素及关键的控制

一、 啤酒的色度

啤酒色度大部分在啤酒酿造过程中产生，主要包括原料中麦芽色度的浸出，煮沸色度的形成，包装杀菌及激沫时色度变化。

同时，在发酵和过滤时又会消失部分色度物质。用公式可表示为：

啤酒的最终色度＝原料色度＋煮沸色度＋激沫色度＋杀菌过程－发酵色度－过滤色度

二、 啤酒生产过程色度物质的形成因素

色度物质的含量主要与生产过程中色素物质的浸出和形成条件有关。以美拉德反应为主体，通过麦芽与酒花中多酚物质的溶解、氧化聚合形成。控制工艺条件，

减少类黑素的生成量，使啤酒最终具有良好的光泽。

(1) 原料因素

① 制造麦芽用的大麦因品种不同会产生不同的色度，同时受到制麦工艺的直接影响。如浸麦度过高，叶芽生长过长，焙焦期空气湿度过高，温度高而烤糊，都会形成大量黑色素。麦芽色度是决定啤酒色度的首要条件，一般在生产工艺相对固定的条件下，通过调整麦芽的色度和采用不同原料配比方案来调整麦汁和啤酒的色度。

② 酒花因素。酒花储存时间过长，或已氧化变质，其中的酚酸、儿茶素、花色苷等物质过多会产生苦涩感，同时也使啤酒色度加深。良好的酒花呈黄绿色，陈年酒花则由于被氧化而变成褐色或红色；酒花中的单宁物质与铁盐反应呈蓝黑色，单宁物质氧化后变成红色鞣酐均会增加啤酒色度；酒花用量过大，添加时间不同等均会在一定程度上影响啤酒色度。

③ 酿造用水对色度物质浸出的影响。如果水中的碳酸盐含量过高就会增加糖化醪液色度，使麦汁色度上升。酿造用水的 pH 过高或是水质太硬等都会增加色素物质的浸出机会，以及造成多酚物质的过多溶解。因此，在使用时应对水进行软化处理和调节 pH 值，保证最终麦汁的 pH 值在 5.2～5.5 之间。

(2) 麦汁制备阶段对麦汁及啤酒色度的变化影响

① 采用增湿粉碎与干法粉碎对原料氧化有一定的影响，防止氧化则同时也防止了色泽的上升。

② 糖化过程醪液搅拌频繁，糖化时间稍长，洗槽水 pH 控制不当，或过分洗槽，都会使醪液中析出过多的色素物质和多酚组分，增加麦汁色度。

③ 糖化醪太浓，麦芽比例过大，在回旋沉淀槽中停留时间过长，以及与麦汁接触的管道、容器、阀门等非不锈钢材质，其中溶出的铁离子会增加麦汁氧化的程度，并使色度回升。

④ 煮沸过程对麦汁色度的变化影响：一般麦汁在过滤煮沸时，色度随过滤时间长短、煮沸时间长短而变化，时间越长，色度越深。

煮沸过程若是常压煮沸，麦汁过分接触空气而氧化，使色度上升。麦汁在煮沸时若醪液未盖满加热面而开通蒸汽进行加热，很容易在加热器边缘产生焦糖化作用。

⑤ 热凝固物分离与冷却：应使热凝固物与麦汁尽快分离，及早冷却，否则，麦汁在高温条件下色度上升较快，应避免高温下多酚氧化和褐变反应产生，并以最短时间达到接种温度。冷却结束，及时对煮沸锅等进行彻底清洗，以除去残存的焦糖色物质。

(3) 发酵和过滤时色素物质的损失对啤酒色度的影响　麦汁经发酵和过滤后，色度有一定程度的下降。发酵使 pH 在一定程度上下降，以及产生的酒精类成分都增加了色素物质沉积的机会，导致部分色素物质损失并随回收酵母泥或通过排放冷凝固物等流失。

若使用的酵母菌种不同，其吸附性、凝聚性的不同都会在一定程度上影响色度物质的含量。

过滤时部分色素物质通过吸附滤除（使用硅藻土、珍珠岩等吸附），色度有所降低。因过滤介质具有静电吸附性能，所以比介质微孔更小的粒子，如蛋白质、酒花树脂、色素、酵母等都被不同程度的吸附。采用高浓稀释法生产时，也会使啤酒色度有一定程度的下降。

（4）包装过程部分工序对啤酒色度的变化主要包括两个方面：灌装激泡和杀菌工艺。

若从激泡与未激泡的工艺看色度变化，激泡情况与色度没有明显的关系。但是在后期保存过程中，通过强化实验结果却有很大的不同，未激泡的色度有明显的上升趋势，表明在激泡过程中，溶解氧的增加将使啤酒在后期氧化从而增加一定色度。

若从单一杀菌工序对啤酒色度的变化看，随着杀菌温度的升高，啤酒色度也将呈上升趋势。

三、影响啤酒色度的关键控制点

① 选择合适的原料配比组分，加强麦芽的指标控制，减少多酚类物质的浸出条件。

② 采用快速糖化工艺，尽量缩短麦汁过滤时间和洗槽时间，控制洗槽残糖。

③ 控制麦汁的煮沸时间和酒花的添加时间以及添加量，缩短回旋沉淀时间，进行快速冷却。

④ 控制好灌装激泡压力和杀菌温度，即控制好杀菌 PU 值。

⑤ 整个生产过程应加强氧含量的检测，避免过度氧化造成啤酒色度的上升。

第三节 啤酒酵母自溶的原因及解决措施

发酵过程实际是酵母代谢过程，要获得高品质啤酒，必须首先具有生命力旺盛、自身强壮、性能良好、风味有益的酵母菌种。而酵母性能受发酵工艺条件及外观环境等因素的影响而发生变化，不可避免会出现酵母衰老、死亡与自溶，减少酵母自溶，延长酵母使用寿命，是保证啤酒质量稳定的根本基础。

一、酵母自溶原因

酵母细胞的胞液中含有较多的胞内蛋白分解酶，在正常工艺条件下，酵母强壮，酵母胞内蛋白分解酶不会外泄。而当工艺环境恶化，酵母衰老或死亡后，胞内蛋白分解酶便会发生外泄，并作用于酵母细胞壁的蛋白结构，使酵母细胞发生破裂，酵母自溶随之产生，俗称“酵母内耗”。酵母自溶后细胞质溶液中一些物质如多糖、氨基酸、蛋白质、多肽类、核苷酸、少许盐类等大量进入啤酒，使啤酒中总氮、α-氨基氮、pH 值、电导率等指标发生变化，则对啤酒的风味、胶体稳定性等产生影响。

啤酒发酵过程中酵母自溶是不可避免的，只是自溶程度和自溶速度不同而已。我们的目的不是杜绝酵母自溶，而是控制酵母自溶的程度，延缓酵母衰老死亡的进程。

二、影响酵母自溶的因素

（1）酵母菌种　因酵母本身性能不良，表现为衰老、变异、酵母活性低，在工艺条件变化时极易死亡而自溶。

（2）麦汁组成　麦汁营养成分组成不合理，导致酵母营养不良，特别是缺乏α-氨基氮、可发酵糖、维生素、生长素等。麦汁中含锌量过高也会加速酵母自溶。

（3）酵母添加量　酵母添加量过高，导致麦汁中一些营养成分短时间内被耗完，致使酵母在以后进程中处于贫养状态而“内耗”。添加量过高，新生酵母生成少，也会造成酵母衰老、自溶。

（4）酵母使用代数　酵母使用代数高，特别是酵母不经过洗涤而连续使用，将衰老、死亡酵母带入下一批发酵液，造成酵母生理机能衰退而自溶。

（5）发酵工艺条件　发酵工艺条件如温度、压力、pH 值控制不当，促使酵母变异。如麦汁满罐初始温度高，发酵过程高温持续时间长，温度、压力波动幅度大，锥部保温差，温度高、pH 值偏高等。

（6）酵母回收时间　酵母回收时间、方法、压力、酵母贮存条件等对酵母质量有重要影响，酵母回收不及时，回收方法不当，回收时压差过大，压力使放过快，将造成酵母细胞破裂，后酵贮酒时间长，锥部温度高，均可导致酵母性能下降。酵母泥长时间得不到分离而滞留在发酵液中也会使酵母细胞自溶。由此可知，酵母收集太晚、贮存时间长易自溶，可以通过酵母泥 pH 值变化来判定。如果酵母泥显示的 pH 值明显高于成熟啤酒的 pH 值，则说明酵母已发生自溶。当酵母泥 pH 值比啤酒 pH 值高 0.5 以上则判定酵母已经自溶。

（7）微生物污染　一旦污染有害菌，其代谢产物及 pH 值的改变将严重影响酵母活性，导致酵母自溶。酵母自溶后细胞汁溶液中的多糖、氨基酸、蛋白质、核酸、核苷酸、少许盐类等物质会进入啤酒。自溶酶还可以降解自身细胞蛋白质，产生一系列的含氮化合物，从而改变啤酒中固形物的比例，导致啤酒胶体稳定性、风味稳定性的下降。

三、酵母自溶对啤酒风味的影响

（1）产生啤酒“酵母味”　酵母自溶后大量细胞内物质进入啤酒，使啤酒产生“酵母味”。其代表物位癸酸乙酯，含量超过 1.5×10^{-6}时就能使人感到很不舒服。

（2）啤酒苦味，涩味加重　酵母自溶后释放出的氨基酸有许多是呈味物质，进入啤酒将导致啤酒苦味加重，俗称“酵母苦”，涩味也会加重，降低了啤酒的爽口感。

（3）产生双乙酰味　酵母自溶后细胞内尚未分解的双乙酰及其前体物质α-乙酰乳酸则会进入啤酒，乙酰脱羧酶生成双乙酰，必将造成啤酒中双乙酰含量升高甚至超标，导致产品不合格，失去再饮性。

（4）影响啤酒的稳定性　酵母自溶后自溶酶分解自身蛋白产生系列大、中、小分子含氮物质，在过滤时难以被除去而影响啤酒浑度，致使啤酒失光沉淀。pH值的改变同样会使啤酒胶体失去平衡，稳定性下降。

（5）影响啤酒的泡沫　酵母自溶液中的核酸类物质增加啤酒中总酸量，另一方面蛋白质分解酶释放进入啤酒后，水解啤酒中起泡蛋白，从而破坏了啤酒泡沫的起泡性和持久性。

（6）影响啤酒的酸度　酵母自溶液中的核酸类物质增加啤酒中总酸量。另一方面蛋白质类物质在酸碱滴定过程中与NaOH反应而变性，导致NaOH滴定时消耗量增加，计算结果使总酸量增加。酵母自溶后氨基酸及蛋白质释放会改变啤酒pH值。虽然氨基酸、蛋白质因等电点较高而使啤酒pH值升高，但啤酒本身具有缓冲能力，所以啤酒pH值变化并不大且不成线性关系。

（7）对啤酒过滤性能的影响　啤酒自溶形成的大分子会在啤酒过滤中堵塞介质孔径。自溶酵母会增加啤酒黏度，造成过滤困难和耗土量增加，从而提高过滤成本。酵母自溶是影响啤酒过滤速度的重要原因之一。

四、防止酵母自溶的措施

1. 选择优良的菌株

酵母菌种是影响啤酒酵母自溶的决定性因素，不同的酵母菌种生成的风味物质的种类和数量有很大的差别，在同等发酵条件下，有的酵母菌会产生比其他菌种高数倍的风味物质。酵母接种量的大小对风味物质的生成量也有一定的影响，当加大酵母接种量时，酵母的繁殖量将减少，风味物质的生成量也相应减少；当接种量不足时，酵母的繁殖量将增大，产生较多的风味物质。因此，合理地选择酵母菌种是从根本上控制酵母的最有效的方法。菌种是企业生产优质啤酒的前提，它决定了产品的风味特征，只有全面、客观、真实地分析菌种的特性，最大程度地依据菌种特点、适应酵母菌种的生理特性，加强生产全过程酵母的使用和管理，为稳定产品质量提供可靠的保证，才能酿造出新鲜度高的啤酒。生命力弱的酵母在高温下难以存活，必然导致死亡率提高，促使酵母自溶。因此选择的酵母应满足：①无任何啤酒有害菌；②死亡率$\leqslant$5%；③起发速度快，酵母增值峰值高；④发酵完全，降糖速度快，发酵度高；⑤发酵性能好，双乙酰还原快；⑥外观干净，凝聚性好，酵母泥成浓泥状；⑦保证啤酒香味、口味、无异味。酵母具有均匀形态，大小一致，平滑的细胞壁，细胞汁透明均一，菌落直径$\geqslant$5nm，乳白色，表面光滑，有少量皱纹，能被接种针挑起。

2. 酵母添加及使用代数的控制

酵母添加量受麦汁成分、麦汁浓度、温度、充氧量等因素的影响，酵母添加量少，起发慢，不但易污染杂菌，同时会引起一系列的质量缺陷，如增值缓慢，酵母易早衰，最终导致不正常的风味及香味，但酵母添加量过高，会造成酵母新增细胞数少，且后期易缺乏营养，同样造成酵母早衰与变异。麦汁满罐酵母数应以镜检为准。生产中满罐酵母细胞浓度以（12～15）$\times 10^6$个 mL 为宜。资料显示，酵母使用5代以后其性能开始下降，并随代数升高（5代以后）而加剧，随酵母使用代数增加，酵母本身的一些特性就会退化，如降糖速度变慢，还原双乙酰能力下降。一些衰老的酵母就会出现死亡和自溶，就露天发酵罐而言，如果酵母不经洗涤而连续使用，势必将衰老、死亡的酵母带入下批发酵液，加速酵母自溶，影响啤酒口味。为了保证酵母正常活性，使用代数以4～5代为宜。如果回收洗涤复壮，使用代数可适当延长。对回收酵母的质量要求：回收使用的酵母泥，必须色泽洁白、无异味、无酸味，外观黏稠，酵母细胞形态大小均匀、饱满、液泡小，细胞壁薄，内容物不明显，无异形细胞。发酵液的杂菌和有害菌的检测结果，是评价该罐酵母受污染程度的标志，要本着“无菌使用酵母”的原则，微生物不合格的罐不能作为传代酵母使用。要坚持“先检查、后使用”的原则，回收酵母在添加使用前要进行检测，酵母的死亡率要低于5%、pH值不能高于5，pH值若高，说明酵母有自溶现象，这样的酵母泥不应再回收使用。酵母回收代数应控制在5代以内，保证酵母的强壮及良好的活性，保持啤酒良好的风味，同时也降低了传代酵母被杂菌污染的机率。

酵母回收的时机要把握好。经实践证实，当发酵液外观糖度降至3.5%时，开始封罐保压（0.08～0.10MPa），升压2～3d后开始回收酵母是最好的时机，这时的酵母多为活性高、发酵旺盛、强壮。这种回收的优点是：因酵母细胞不经过停滞期，直接进入快速生长期，所以起发快，发酵旺盛，降糖、还原双乙酰速度快，更能保证啤酒新鲜度的稳定。

正确选择使用回收酵母。发酵过程中，酵母的沉降是有梯度的，下层多为衰老、死亡的细胞，并掺杂有大量冷凝固物等，中层则是在发酵旺盛期繁殖的、最具有活力的、强壮的、发酵力高的酵母，上层是较为轻质的酵母，并混有酒花树脂等杂质，质量较中层差。因此，在选用酵母时，要采取“掐头去尾取中间”的方法。

3. 制备营养丰富、组分合理的麦汁

麦汁是酵母繁殖、发酵的基本营养液，也是氮源、碳源的主要提供源。所以，麦汁质量高低直接关系到酵母性能和发酵，也是影响酵母衰老、死亡、自溶的主要因素，麦汁中和酵母有关的成分主要由游离氨基酸、可发酵性碳水化合物、Zn^{2+}浓度和麦汁脂类物决定。

酵母扩培阶段需大量增殖，需要丰富的营养供给，包括氨基酸、无机盐、生长素等。最重要的是氨基酸，麦汁营养缺乏将导致酵母发育不良，增殖的酵母细胞会形态变小，甚至形成异常，影响发挥其正常生理性能，扩培过程麦汁缺乏营养时可追加酵母营养盐或酵母提取液予以补救。从大生产中提取的麦汁用于扩培时，应尽量避免长时间高温杀菌，以免破坏麦汁营养成分。

酵母接种充氧的目的是为类脂类化合物的合成提供条件，进行有氧代谢。实践证明，有氧条件下的酵母即使在饥饿状态下仍能维持生命，反之则极易死亡自溶。麦汁充氧方式为冷却边充氧，原则上批批充氧，最后一批是否充氧则根据情况而定，以不溢出麦汁为限，麦汁含氧量为 8～10mg/L。同时应注意，同浓度麦汁溶氧量与麦汁温度、麦汁运动及麦汁空气压力接触面积有关。麦汁溶解氧与麦汁浓度、温度成正比，充氧不可过量，以免增殖过程造成营养缺乏，但也不能过低，否则，起发慢，发酵时间长，降温时酵母敏感，降糖停止，后酵差，啤酒最终质量难保证。

4. 严格发酵工艺条件

温度是影响酵母性能的主要因素。发酵过程温度的剧烈变化会引起酵母突变，温度又通过乙醇毒性加速酵母死亡与自溶。酵母最适生长温度为 28～30℃。而酵母扩培过程是逐步由高温（25～30℃）降至接种温度（6～8℃），所以扩培过程、发酵过程要精心操作，调温调压要缓慢，给酵母一个自我调节、自我适应的过程。

5. 加强酵母管理

酵母质量管理是啤酒质量管理的重要内容，其重点是酵母回收时间、酵母贮存时间、温度、贮存方法等。回收酵母贮存原则是：①短期保存；②单一品种保存，回收后又沉降的酵母不宜用于生产；③低温保存。酵母回收应在等压条件进行，防止酵母细胞因压力变化而破裂，回收酵母温度不宜高。高温下酵母凝聚性差，回收量少，回收温度以 0～5℃为宜。酵母贮存温度为 0～3℃，贮存时间不超过 3 天。

6. 加强卫生管理，保证纯种发酵

啤酒生产的各个环节中，杂菌一旦浸入，将导致酒液浑浊、酸败等现象，而啤酒发酵应在相对“纯净”的环境下进行，任何杂菌的侵入都将影响到发酵的正常进行，特别是污染了野生酵母的发酵液，会使啤酒中高级醇的含量明显上升。因此，应加强对啤酒中有害微生物检测，典型的有害菌为四联球菌、醋酸菌、果胶杆菌类和巨球菌类等，醋酸菌给啤酒带来入口酸味，四联球菌类给啤酒带来不愉快的双乙酰味，果胶杆菌、巨球菌类给啤酒带来下水道臭味。要严格控制生产环节的清洗杀菌，保证按清洗杀菌工艺进行，各微生物控制点检测合格后再进行生产。

要确保严格按杀菌工艺执行，给啤酒酿造提供良好的环境。每锅麦汁都要杀菌，发酵罐清洗杀菌后，要用无菌空气备压至 0.01～0.02MPa，使发酵罐保证有一定的正压力，防止空气进入而带入杂菌。进麦汁前，再用配制好的消毒剂杀菌一次。冷麦汁要求无杂菌和厌氧菌；发酵液杂菌要小于 5 个/mL，厌氧菌小于 3 个/100mL。

实现纯种扩培，纯种发酵，从酵母扩培开始直至发酵结束防止杂菌污染，应加强卫生检测与管理，以防止杂菌与酵母在营养上的竞争，以及杂菌代谢物对酵母的毒副作用而导致酵母自溶。

第四节 啤酒酿造过程中 pH 值的影响与控制

一、概述

1. 啤酒的 pH 值主要取决于 4 个因素

① 啤酒的缓冲能力。

② 啤酒中酸的组成、性质及各酸的浓度和电离度。

③ 被盐基饱和的酸根的比例。

④ 啤酒中所含的矿物质阳离子的浓度。

2. pH 值对啤酒质量和风味的影响

（1）pH 值对啤酒风味的影响

① pH 值对口感质量的影响。控制啤酒 pH 值为 4.3～4.4，则啤酒的口感风味淡爽、柔和、协调；pH 值在 4.0 以下，啤酒口感会发酸。实践表明，有的啤酒滴定总酸偏高，但口感可能不酸，且 pH 值不一定低；有的啤酒滴定总酸偏低，但口感却发酸。只有适宜的总酸和 pH 值，才能够赋予啤酒柔和、清爽、活泼的口感和良好的泡沫及香味。

啤酒口感酸度还与啤酒杀口力有关，即 CO_2 充足的啤酒，酸味明显些、爽快些。同时，口感酸度还与饮用者对酸的敏感程度和阈值有关。

② pH 值对啤酒老化物质的影响见表 9-4。

表 9-4 不同醪液 pH 值时的老化物质含量 单位：μg/L

醪液 pH 值	5.8	5.5	5.2
反-2-壬烯醛	0.30	0.37	0.21
庚醛	0.91	0.93	0.65
反-(2，4)-庚二烯醛	0.1	0.09	0.08

从表 9-4 可以看出，pH 值对老化物质含量即口味稳定性会产生较大影响。当 pH 值降至 5.2 时，啤酒的口味质量是相对令人满意的。

③ pH 对啤酒乙醛的影响见图 9-1。

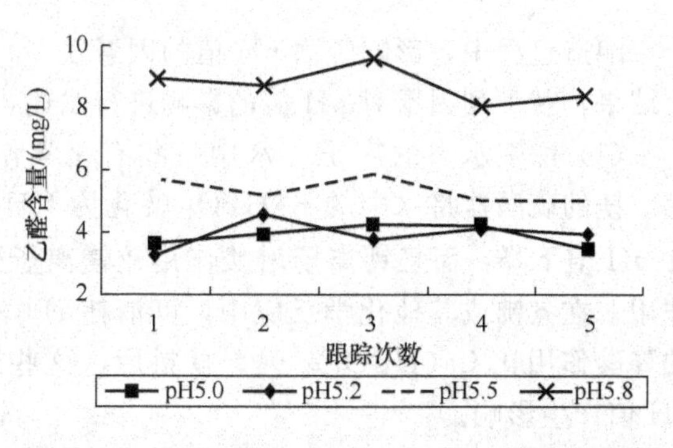

图 9-1 不同糖化 pH 值下成品酒乙醛含量比较

乙醛与双乙酰及 H_2S 并存，形成嫩啤酒的生青味，赋予啤酒不纯正、不协调的口味和气味。

从图 9-1 可以看出，成品酒乙醛含量随麦汁 pH 值升高而上升。通常要求最终麦汁 pH 值为 5.2～5.5，使乙醛含量<10mg/L，否则，啤酒会呈现辛辣的腐烂青草味。

当然，pH 值也会影响到高级醇、DMS 等发酵副产物含量，即影响到啤酒风味，此处不再赘述。

(2) pH 值对啤酒胶体稳定性的影响　pH 值对蛋白质-多酚间相互作用的影响是非常强烈的，会影响啤酒的浑浊物数量。在正常的啤酒 pH 值范围内，当 pH 值接近 4.5 时，啤酒就会出现相对多的浑浊物，不利于啤酒的胶体稳定性。

(3) pH 值对啤酒色度的影响　发酵过程中，随着 pH 值的降低，原溶解于麦汁中的色素物质被凝析出来，与蛋白质、酒花树脂等物质共同存在于泡盖中，导致色度下降。

(4) pH 值对啤酒苦味质的影响　发酵时 pH 值下降快。pH 值越低，则未异构化的 α-酸析出越多，因此，不利于苦味质的提高。

二、发酵过程中 pH 值的变化和作用

① 发酵过程中，啤酒 pH 值由满罐麦汁 5.2～5.5 降至 4.2～4.4。pH 值的下降，主要发生在起发阶段和对数生长阶段。酵母通过消耗磷酸盐、同化氨基等作用，在发酵前 3～4 天，使 pH 值快速下降。在后发酵阶段，pH 值下降速率明显趋缓，几乎保持恒定（图 9-2）。

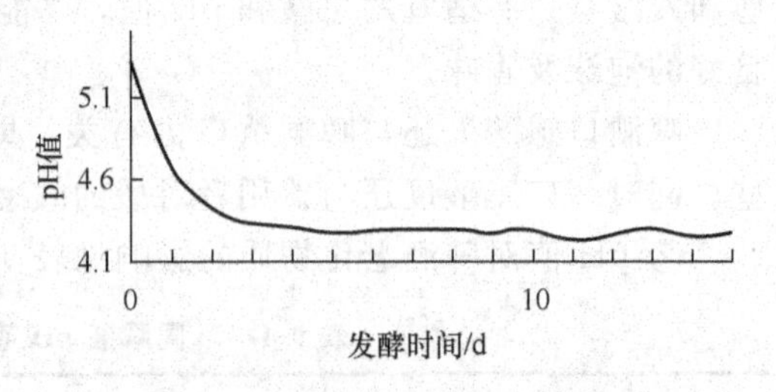

图 9-2　发酵过程中 pH 值变化趋势

② 发酵后，啤酒 pH 值降至 4.2～4.4，其作用有：a. 使不稳定的蛋白质-多酚复合物充分分离析出，改善了啤酒的胶体稳定性。b. 促进双乙酰前驱体的转化，加快后熟速度，使啤酒口味更细腻、纯正、成熟。c. 低 pH 值的酸性环境抑制了污染菌的生长和繁殖，改善了啤酒的生物稳定性。

三、生产过程中影响啤酒 pH 值的因素

酿造过程中，影响啤酒 pH 值的因素很多。测试专家（韩龙）结合实际跟踪检测结果，就下列因素对 pH 值的影响进行浅述，现介绍给读者，仅供参考。

(1) 酿造水中的离子　水中一些有化学作用的离子与 pH 值有一定的关系。钙、镁的硫酸盐将水中的 K_2HPO_4 转化为 KH_2PO_4，实现增酸作用，使醪液和麦汁 pH 值下降，而且钙离子增酸作用较镁离子强得多。但是，HCO_3^- 却具有降酸作用，在煮沸或其他化学反应中，可消耗 H^+，使 pH 值上升，而且 $Mg(HCO_3)_2$ 的降酸作用比 $Ca(HCO_3)_2$ 强。投料后，这些化学反应或被抑制或被促进，故对 pH 值产生影响。

(2) 辅料大米比例的影响　见表 9-5。

表 9-5 不同大米比例下麦汁和啤酒 pH 值及总酸

大米比例/%	麦汁 pH 值	啤酒 pH 值	啤酒总酸/(mL/100mL)
25	5.21	4.33	2.24
35	5.24	4.28	2.09
45	5.30	4.11	1.93

从表 9-5 可以看出，随大米用量的增加，麦汁 pH 值将增加，但成品啤酒 pH 值却下降，啤酒缓冲能力减弱，总酸也下降。

(3) 麦汁充氧的影响　从表 9-6 可以看出，随冷麦汁充氧量的增加，啤酒 pH 值下降，主要是因为麦汁含氧量高时，酵母代谢能力强，TCA 循环活跃，发酵产生的有机酸增加；但过高的充氧量是不适宜的。

(4) 发酵温度和酵母接种量等工艺条件的影响

表 9-6 同一酵母菌株在不同充氧量下的发酵液 pH 值

充氧量/$\times 10^{-6}$	6	8	10	12
成熟发酵液 pH 值	4.49	4.23	4.10	3.94

表 9-7 同一酵母菌株在不同发酵温度下的发酵液 pH 值

发酵温度/℃	9.0	10.5	12.0
满罐第 4 天发酵液 pH 值	4.6～4.8	4.5～4.6	4.2～4.4
成熟发酵液 pH 值	4.3～4.5	4.3～4.4	4.1～4.3

表 9-8 同一酵母菌株在不同接种量下的发酵液 pH 值

接种量/($\times 10^6$个/mL)	12～15	15～18	18～20
满罐第 4 天发酵液 pH 值	4.7～4.8	4.5～4.7	4.3～4.5
成熟发酵液 pH 值	4.2～4.5	4.2～4.4	4.1～4.3

从表 9-7 和表 9-8 可以看出，随着酵母接种量和发酵温度的提高，发酵强烈、速度快，发酵产生的有机酸多。pH 值下降越快，最终发酵液 pH 值也略低。

(5) 酵母自溶　酵母借助自身细胞酶对自身物质进行不可逆分解，使啤酒 pH 值上升。自溶后，释放的氨基酸和蛋白质等电点较高，导致 pH 值上升。但若啤酒本身的缓冲能力较强，啤酒的 pH 值变化就小，而且不呈直线关系。酵母泥离心上清液 pH 值与啤酒 pH 值的差值 ΔpH 与酵母死亡率呈正比关系（表 9-9），可依此判断酵母质量。

表 9-9 不同酵母死亡率下的 ΔpH

酵母死亡率	ΔpH	酵母死亡率	ΔpH
<3%	0.2	5%～8%	0.5～8
3%～5%	0.5	>10%	1.0

（6）微生物污染　啤酒生产过程中，由于受微生物污染的影响，也会造成啤酒pH值下降和啤酒口感发酸。乙酸和乳酸含量过高都是杂菌污染所致，生产中必须严格控制微生物污染。

四、酿造过程中pH值的控制措施

除上述影响因素外，还可以从以下几点来控制pH值。

① 选择溶解良好、总酸含量适宜的优质麦芽，赋予麦汁足够的缓冲能力，以得到较高的浸出率。一般要求淡色麦芽协定麦汁pH值为5.55～6.05。

② 对酿造水进行脱CO_2和软化处理，控制残余碱度<1.78mmol/L。

③ 调节Ca^{2+}浓度，添加磷酸、乳酸等制剂，调节糖化醪和洗糟水等的pH值。但反对单一外加酸量过多而造成口感单调，最好对醪液和麦汁进行生物酸化，以使口味纯正、柔和。

④ 采用45～50℃的下料温度，有利于磷酸盐和蛋白质的分解，提高麦汁缓冲能力，制备有利于酵母增殖的麦汁。

⑤ 筛选生酸幅度适宜的酵母菌种，控制回收酵母的质量，可使新鲜、活力强的酵母的成品啤酒pH值达到理想值。

⑥ 制订合理的发酵工艺，提高发酵度为66%～68%，并尽可能缩小最终发酵度和成品发酵度之差。

总之，酿造过程中控制啤酒pH值十分重要。

① pH值是一项重要的控制指标，它不仅对啤酒的酿造过程、生产成本产生影响，而且对成品啤酒的质量、风味及胶体稳定性等均产生影响。

② 生产过程中，有许多因素对啤酒pH值会产生影响，必须结合能耗、生产效率、啤酒风味等方面，制订合理的工艺，以更好地控制过程产品和成品啤酒的pH值。

③ pH值在啤酒酿造中的影响、作用以及与啤酒其他质量指标之间的关系还有待进一步研究。

第五节　二氧化碳对啤酒质量的影响及控制

二氧化碳是啤酒的重要成分之一，它能有效提高啤酒呈味物质的效果，延长啤酒的保存期，饮用时给人以清爽、刺激的杀口感。啤酒中的二氧化碳是发酵过程中产生的或部分人工补充的，啤酒中二氧化碳含量在0.45%～0.60%之间。当二氧化碳含量不足时，啤酒中的发泡性就会降低，碳酸气给人的刺激太轻微，口感平淡无味，啤酒就会失去应有的特色；当二氧化碳含量过高时，杀口力太强也会冲淡啤酒应有的独特风味，如香味、苦味等，同时还会造成啤酒泡沫多、易爆瓶等现象。

因此，作为酿造工作者要想生产出高质量的啤酒，就必须充分掌握CO_2的有关性质、质量要求及控制措施。

一、 CO_2的基本性质

1. CO_2在水中的溶解性

CO_2无色、无味、无臭，能大量溶解于水中，且易液化，这是CO_2十分重要的特性。CO_2溶解于水时，其溶解量与压力、水温、气液两相的接触表面积等有关，啤酒中CO_2的含量通常以溶解的体积倍数衡量。在1个物理大气压下，温度在15.5℃时，1体积水可溶解1体积CO_2。

2. 水温与CO_2溶解度的关系

在压力不变的情况下，CO_2的溶解度随着水温的下降而增加。在1个大气压下CO_2的溶解度与水温的关系见表9-10。

表9-10 在1个大气压下CO_2的溶解度（1L水中）

温度/℃	体积/L	质量/g	温度/℃	体积/L	质量/g
0	1.714	3.347	11	1.154	2.240
1	1.646	3.214	12	1.117	2.166
2	1.584	3.091	13	1.083	2.099
3	1.527	2.979	14	1.050	2.033
4	1.473	2.872	15	1.019	1.971
5	1.424	2.774	16	0.985	1.904
6	1.277	2.681	17	0.956	1.845
7	1.331	2.590	18	0.928	1.789
8	1.282	2.494	19	0.902	1.736
9	1.237	2.404	20	0.787	1.689
10	1.194	2.319	21	0.854	1.641

3. 压力与CO_2溶解度的关系

在水温不变的情况下，CO_2的溶解度随着压力的增加而增加，在490kPa以下的压力时，溶解度压力曲线近似为一条直线，也就是服从亨利定律。例如，在15.56℃时，测得啤酒的压力为98kPa，按亨利定律$S=HP_i$，在标准大气压和15.56℃的温度下，亨利常数$H=1$。

所以$S=P_i=(P+1)=(1+1)=2$(倍体积)

式中，S为溶解量；P_i为绝对压力；P为表压力。该啤酒所含游离CO_2为2倍体积。

4. 气液接触面积和时间与CO_2溶解度的关系

在一定压力和温度下，CO_2在水中的溶解度随着接触表面积的增大和接触时间的延长而增大。

5. 水和 CO_2 中空气的含量与 CO_2 溶解度的关系

CO_2 在水中的溶解度与水和 CO_2 中空气的含量有关。在同一压力和温度下，水和 CO_2 中所含的空气越少，水中溶解的 CO_2 就越多。在一个大气压下，温度20℃时二氧化碳、氧、氮的溶解度如下：

① 1 体积水溶解 0.88 体积二氧化碳。

② 1 体积水溶解 0.028 体积氧。

③ 1 体积水溶解 0.015 体积氮。

④ 1 体积水溶解 0.0176 体积空气（20%氧和 80%氮组成）。

⑤ 在 1 体积水中溶解二氧化碳与溶解空气的体积比为 0.88∶0.0176＝50∶1，即若要水中溶解 1 体积的空气将要挤出 50 倍于空气体积的二氧化碳。因此，溶解二氧化碳的水中空气尽量要少，二氧化碳的纯度要尽量高。对于采用啤酒高浓稀释工艺的厂家一定要注意上述两个因素的重要影响，应采取措施对氧含量加以控制。

二、啤酒中 CO_2 的主要作用

① 调节风味，在啤酒中碳酸起到缓和溶液 pH 值的作用，使啤酒中各种风味更协调，并赋予啤酒较强的杀口性，具有开胃、通气、清凉、消暑的作用。

② 有利于促进啤酒泡沫的形成，并有利于泡沫的均匀性、稳定性和持久性。

③ 能有效隔阻氧气的溶入，提高啤酒的抗氧化能力，延长啤酒的保鲜时间。

④ 啤酒中溢出的 CO_2 有利于啤酒芳香气味的散发。

⑤ 溶解在啤酒内的 CO_2 能抑制杂菌生长，增强啤酒的防腐能力，延长啤酒的保存期。

⑥ 能降低啤酒的 pH 值，促进酒花树脂析出，使啤酒苦味更加柔和。

三、二氧化碳的质量要求

1. 外购二氧化碳的质量要求

目前，国内啤酒行业使用的二氧化碳主要有天然二氧化碳、发酵碳酸气和化工厂废碳酸气等。一般的二氧化碳气中都含有少量的杂质和异臭，必须经过净化（氧化、碱洗、水洗、脱臭和吸湿等）精制后，才能用于生产。由于二氧化碳是啤酒的主要呈味物质，它的质量优劣会直接影响成品酒的风味和口感，因此，啤酒厂对外购二氧化碳的质量必须进行严格控制和验收。

① 二氧化碳的纯度 99.9%（体积分数）以上，无色、无味、含水量不大于 0.1%，其水溶液呈微酸性。

② 二氧化碳的成分中，氢氧化钾不吸收物不大于 1%，不得含有其他气体如 CO、SO_2、SO_3、NH_3 和矿物油等杂质。

③ 在贮存及运输过程中必须保证 CO_2 的质量不会改变，因此在制造贮存和运输食品级液体 CO_2 的贮罐及槽车内筒时（采用双层真空粉末绝热技术工艺），最好

使用不锈钢材料，用碳钢材料来制造内筒是不合适的，这是不能忽视的问题。

2. 回收二氧化碳的质量要求

由于二氧化碳也是啤酒发酵过程的副产物之一，经过回收、净化和提纯处理后既得到综合利用，减少了温室气体的排放，保护了环境，提升了啤酒的新鲜度，又可以降低成本，可谓益处多多。但啤酒发酵过程产生的大量二氧化碳气体中夹带高级醇、酒精、DMS及二氧化硫等有异杂味的物质，需要经过物理处理后，除去异杂味物质而得到纯度达到标准要求的二氧化碳。再经提纯后的二氧化碳气体就可用于啤酒过滤填充和制备脱氧水填充，亦可用作排氧与背压。经回收、纯化后的 CO_2 纯度要求达到99.99%体积分数以上，否则将影响使用效果。有了纯度高、质量好的 CO_2，则可生产高质量、高品位的啤酒，且在色、香、味、口感上会有极大的改观，易于被市场接受。

四、 二氧化碳的主要用途

在啤酒生产中除麦汁冷却过程需要充氧外，其他生产过程（包括酿造、包装过程）均需要隔绝氧气，尽量减少氧的摄取。所以，就需要在酿造容器、灌装机中充有隔绝氧气的惰性气体。二氧化碳则是构成啤酒泡沫和杀口性的骨架成分，也是最好的隔氧惰性气体。啤酒生产中 CO_2 的用途主要有两点：一是直接添加至酒体中；二是用于啤酒的气封隔氧，具体应用如下。

① 对糊化锅、糖化锅、煮沸锅及沉淀槽等糖化系统进行醪液的隔氧保护处理，减少氧的摄入，提高麦汁的新鲜度。

② 用于制备低溶解氧含量的碳酸水，在啤酒高浓稀释工艺中使用。

③ 清酒过滤过程中对发酵罐、清酒罐、脱氧水罐和补土缸等容器进行 CO_2 背压，防止氧的溶入。

④ 为保证成品酒质量，依据高浓发酵液、稀释比例、发酵液 CO_2 含量等技术参数对清酒进行 CO_2 在线补充。

⑤ 对发酵液进行洗涤，除去双乙酰、硫化物、醛等挥发性生青味物质，加快啤酒成熟。

⑥ 灌装过程中，采用 CO_2 引酒、顶水、二次抽真空和酒缸、容器等背压，目的是气封隔氧。

五、 啤酒生产过程中 CO_2 的控制措施

1. 啤酒发酵过程中的控制措施

在啤酒发酵过程中，酒液中二氧化碳的含量取决于所采取的工艺措施，特别是发酵温度和封罐压力的选择尤为重要。根据亨利定律，发酵液 CO_2 含量随着贮酒压力的升高而升高，随着贮酒温度的降低而升高。贮酒压力一般控制在0.05～0.07MPa，温度一般控制在0～－1.5℃之间。若发酵液 CO_2 含量高，可适当降低贮酒压力，但不得低于0.04MPa。若发现发酵液 CO_2 含量偏低，则可通过外加方

式，以弥补 CO_2 的不足。具体控制措施：当发酵液满罐7～8天时在化验双乙酰含量的同时检测 CO_2 含量，根据发酵液 CO_2 含量调整发酵罐压力。

① 发酵液 CO_2 含量小于0.45%，说明酒液发酵异常，应采取必要的工艺措施调升罐压。

② 发酵液 CO_2 含量0.45%～0.50%时，罐压继续升高。

③ 发酵液 CO_2 含量0.55%～0.60%时，罐压不变。

④ 发酵液 CO_2 含量大于0.60%时，罐压降至0.07MPa以下。

⑤ 发酵液内 CO_2 达到饱和，此时 CO_2 含量可以通过以下公式计算：

CO_2（%）$=0.298+4P-0.008t$（P 为罐压MPa；t 为贮酒温度℃）

2. 清酒过滤过程中的控制措施

贮酒期 CO_2 含量相对稳定，在正常滤酒过程中发酵液 CO_2 损失在0.01%～0.02%之间。因此，在滤酒前，先检测发酵液 CO_2 含量再选择滤酒工艺。

① 滤酒过程中会损失 CO_2，因此，发酵液 CO_2 含量在0.55%～0.60%之间，可以正常过滤。首先将清酒罐用 CO_2 背压至0.10MPa，酒液开始进入清酒罐时 CO_2 损失很大，但随着酒液液位的不断提高 CO_2 损失会越来越少，到滤酒结束时要保持清酒罐压力不低于0.08MPa。

② 对于 CO_2 含量偏低的发酵液，可以采取与 CO_2 含量较高的发酵液勾兑混合，以使混合后的清酒 CO_2 含量达标。

③ 对于采取高浓稀释工艺的厂家，所制备的碳酸水二氧化碳含量应接近或略高于发酵液的二氧化碳含量，促使稀释后的清酒 CO_2 处于平衡状态。

④ 合理安排生产时间，过滤后的清酒应在24h内灌装结束，以避免啤酒在清酒罐内贮存时间过长，因温度变化而影响 CO_2 含量。

3. 成品酒的控制措施

① CO_2 是保证啤酒独特口味和泡沫性能的关键，而温度和压力则是影响啤酒中 CO_2 溶解量的主要因素。实践表明，啤酒温度越低，灌装背压越高，CO_2 越不容易溢出。因此，为尽量减少啤酒中 CO_2 的损失，灌装时应严格控制啤酒温度和背压气体的压力。

② 灌装速度对酒体 CO_2 的损失也产生一定的影响。正常灌装时，酒体中的 CO_2 损失较少，但当设备出现故障时，灌装速度放慢，造成 CO_2 损失较大，因此，为了确保成品酒 CO_2 含量，必须保证设备的运转效率。

③ 提高包装瓶子的刷洗质量，防止因瓶子刷洗不净而造成成品酒 CO_2 的损失。

④ 合理控制啤酒杀菌的PU值，既要保证啤酒的杀菌质量，又要保证酒体中的 CO_2 不过多逸失。

4. 各工艺阶段 CO_2 用量的控制

① 贮酒结束时，酒液中含 CO_2 量在0.55%～0.60%之间，依据国标规定的成品啤酒 CO_2 含量，在发酵液 CO_2 含量很低及稀释比例超过40%时，清酒中 CO_2 添加量约为4.5kg/kL。

② 清酒罐、脱氧水罐、缓冲罐背压耗 CO_2 量约为 5.0 kg/kL。

③ 灌装（含二次抽真空）时背压耗 CO_2 量约为 7kg/kL。

④ 硅藻土溶解和添加时需置换其中的氧气，需用 CO_2 量为 0.8 kg/kL。

⑤ 其他送酒管道、过滤设备耗 CO_2 量为 0.3kg/kL。

⑥ 从啤酒过滤至包装压盖约消耗 CO_2 总量为 18kg/kL。

总之，近年来，随着啤酒淡爽化趋势的发展、高浓稀释工艺的推广以及啤酒保鲜技术的应用，二氧化碳在啤酒工业中的作用愈来愈受重视，它不仅是啤酒的呈味物质，决定着啤酒口味的优劣，而且是啤酒的护卫者，对啤酒的新鲜度和保质期起到至关重要的保护作用。毋庸置疑，二氧化碳质量的好坏、含量的高低和生产过程控制措施是否得当都将直接影响着啤酒的内在质量。因此，作为啤酒酿造工作者对于二氧化碳的工艺控制应当引起足够重视。

第六节 啤酒糖化过程生产控制与过程管理升级

一、 计算机（PLC）技术在控制啤酒糖化过程中的应用

1. 计算机（PLC）技术

（1）PLC 发展现状　从技术上看，计算机技术的新成果会更多地应用于可编程控制器的设计和制造上，会有运算速度更快、存储容量更大、智能更强的品种出现；从产品规模上看，会进一步向超小型及超大型方向发展；从产品的配套性上看，产品的品种会更丰富、规格更齐全，完美的人机界面、完备的通信设备会更好地适应各种工业控制场合的需求；从网络的发展情况来看，可编程控制器和其他工业控制计算机组网构成大型的控制系统是可编程控制器技术的发展方向。

（2）PLC 的构成　从结构上分，PLC 分为固定式和组合式（模块式）两种。固定式 PLC 包括 CPU 板、I/O 板、显示面板、内存块、电源等，这些元素组合成一个不可拆卸的整体。模块式 PLC 包括 CPU 模块、I/O 模块、内存、电源模块、底板或机架，这些模块可以按照一定规则组合配置。

（3）PLC 编程可采用以下三种方式。

① 用一般的手持编程器编程，它只能用商家规定语句表中的语句编程。这种方式效率低，但对于系统容量小、用量小的产品比较适宜，并且体积小，易于现场调试，造价也较低。

② 用图形编程器编程，该编程器采用梯形图编程，方便直观，一般的电气人员短期内就可应用自如，但该编程器价格较高。

③ 用 IBM 个人计算机加 PLC 软件包编程，这种方式效率最高，但大部分公司的 PLC 开发软件包价格昂贵，并且该方式不易于现场调试。

因此，应根据系统的大小与难易、开发周期的长短以及资金的情况合理选购

PLC产品。

2. 啤酒生产中的糖化生产

（1）啤酒糖化生产原理　啤酒生产工艺主要是由麦汁制备、啤酒发酵、啤酒罐装等工艺流程组成，而其中麦汁制备过程俗称糖化。糖化的目的，是通过物理和生化的作用，使麦芽（包括辅料）的内容物大部分溶解出来，也就是说通过煮沸（醒液和麦汁）、控制温度和pH值等以及发挥酶的作用来实现，而且保持最大的收得率和最少的损失率。糖化的任务是在经济合理的基础上，保证麦汁的组成分能适合酵母的繁殖并顺利地进行发酵。

（2）啤酒糖化控制系统的特点　控制系统主要针对啤酒生产的糖化发酵过程，完成从大米和麦芽的投料、糖化及发酵全过程的自动化控制，满足啤酒糖化、发酵对控制精度的要求，对啤酒糖化的各种参数，根据其不同的特点分别采用预测控制和串级控制。糖化过程控制的特点首先是糊化、糖化、过滤、煮沸以及澄清各个工序是间歇进行的，而且各个工序在时间上还要交叉作业控制。

（3）啤酒糖化生产工艺过程　麦汁制造俗称糖化，就是指麦芽及辅料的粉碎，醪的糖化、过滤，以及麦汁煮沸、冷却的过程。糖化工序主要是将大米和麦芽等原料经除尘、粉碎、调浆后送入糊化、糖化锅内，严格按照啤酒生产的工艺曲线进行升温、保温，并在酶的作用下，使麦芽等辅料充分溶解，再将麦汁与麦糟过滤分离。过滤后的麦汁经煮沸、蒸发、浓缩以达到工艺要求的浓度，同时，在这个工艺过程中添加酒花，煮沸后的麦汁送入旋流澄清槽澄清，再经过薄板冷却至（10±0.5）℃左右送入发酵罐。

3. PLC在啤酒糖化生产中的应用

（1）PLC控制系统构成　基于PLC的温度控制系统一般有两种设计方案，一种是PLC扩展专用热电阻或热电偶温度模块构成，另一种是PLC扩展通用A/D转换模块来构成。

① 扩展热电阻/热电偶模块。在热电阻/电阻信号输入模块中温度模拟量产生对应的16位A/D数字值，其对热电阻变送的温度信号的分辨率约为1/8度，控制器在数值处理中可以直接使用模块的转换值，无需在硬件级电路上作其他处理。热电阻温度模块的使用十分方便，只需要将热电阻接到模块的接线端子上，不需要任何外部变送器或外围电路，温度信号由热电阻采集，变换为电信号后，直接送入温度模块中。

② 扩展通用A/D模块。在PLC温度控制系统中，可以用通用模拟量输入输出混合模块构成温度采集和处理系统。通用A/D转换模块不具有温度数据处理功能，因此温度传感器采集到的温度信号要经过外围电路的转换、放大、滤波、冷端补偿和线性化处理后，才能被A/D转换器识别并转换为相应的数字信号。

（2）啤酒糖化控制系统中的PLC　由于现场采集和控制元件分布比较分散，PLC完成对糖化现场的数据采集，将采集到的数据传至操作站的上位机和模拟屏，同时，接受上位机或模拟屏发出的指令对糖化现场的执行机构进行控制执行，现场采集的信号种类主要包括开关量（自动阀的开、关回信及各类报警信号的输出等）、模拟量信号（压力、液位等现场各种变送器）、脉冲信号（涡轮等流量计）、数字信号（称料电子秤）等。PLC 主要技术指标如下。

① 温度检测精度 0.1℃。

② 脉冲量检测：无附加误差，最大计数频率 50kHz，输入电压 5～24VDC。

③ 温度控制精度为±0.2℃和±0.5℃（发酵过程）。

④ 开关状态检测：均以开关量形式读入，无触点开关，容量 24V，DC500mA。

⑤ 控制信号输出：无触点开关，容量 24V，DC500mA，4～20mADC 模拟量输出和比率 PID 调节输出。

⑥ 采集、控制输出响应时间≤200ms。

（3）PLC 选用 A/D　4 通道的模拟量模块采集现场变送器的输出值，采集分辨率为 1/4000。PLC 每个扫描周期刷新一次 IR 测量通道值。A/D 模块本身有滤波功能，为了更好地消除现场干扰信号对系统采集数据的影响，保证 A/D 模块采集的准确性，通过程序对 IR 测量通道值进行数字滤波，克服干扰。滤波的方法很多，可以求平均值，也可加权平均等。对于现场流量计输出的脉冲信号，PLC 当作高速计数输入，糖化现场的温度测量采用 PLC 的温度模块完成，不使用温度变送器，从热电阻或热电偶直接读取信号。读入的温度值为 BCD 码，可直接用于显示。虽然温度模块转换速度慢，响应时间以秒计，但一般温度这种参数变化较缓慢，故使用它还是能满足控制要求的。

总之，PLC 具有通用性强、使用方便、适应面广、可靠性高、抗干扰能力强、编程简单等特点，因此采用 PLC 来解决自动控制问题已成为最有效的工具之一。啤酒产业正逐渐向管控一体化过渡，使生产数据更好地整合到经营决策渠道，智能化程度也将得到进一步提高，这对利用高新技术改造传统产业，提高我国啤酒产业的综合实力具有重大的实际意义。

二、 青岛啤酒厂糖化控制系统管理的升级

青岛啤酒股份有限公司的前身是国营青岛啤酒厂，始建于 1903 年，是我国历史最悠久的啤酒生产企业。目前公司在国内拥有 46 个啤酒生产厂和 3 个麦芽生产厂，分布于全国 17 个省市，规模和市场份额居国内啤酒行业之首。其生产的啤酒是国际市场上最具知名度的中国品牌之一，已行销世界四十余个国家和地区。青岛啤酒二厂作为青啤集团的骨干企业，以其近 500 人的员工规模和年产 20 万吨的生产能力在集团中居于举足轻重的地位。

1. 工艺介绍

青岛啤酒二厂于 1991 年建成投产，其糖化车间全套引进德国 STEINICKER 技术设备，采用典型的三罐两槽糖化工艺，精选优质麦芽、上等大米及清冽的崂山矿泉水，经一次煮出获得糖液，随后历经过滤、煮沸、沉淀、冷却等主要工艺环节，得到澄清的上好麦汁，供给发酵工段以酿造出驰名中外的青岛啤酒。

为保证质量，对各工艺参数的控制都有严格要求，例如全车间除煮沸温度外的所有工艺温度控制误差均不得超过+0.2℃，糖化及糊化时间控制偏差不超过1min等。

2. 控制系统概况

青岛啤酒二厂糖化车间原控制系统采用Siemens S5软硬件集成。经过此次改造，新系统硬件全部升级为Siemens S7系列PLC，其中CPU为一块S7 416-2，通信、运算能力及稳定性相比原系统大幅提升。软件方面，采用最新的Siemens Braumat Classic V5.3，双服务器冗余结构，在确保工艺24h不间断连续运转之余，Braumat特有的各种组件及功能也令用户在工艺改进、生产管理等诸多方面获益良多。通信结构由两层网络构成：底层现场总线采用久经考验表现卓越的Profibus-DP，连接AS站及包括远程IO在内的各ET-200M站；上层终端总线为工业以太网，使得配方服务器与AS站之间快速、稳定互联。

3. 技术难点及解决办法

系统自1991年投产以来，为青岛啤酒二厂的生产发挥了重要作用。然而，经过13年的连续运行，加之现场条件的限制（环境温度较高），最近几年，系统数次出现死机现象。且故障往往发生在夏季，正值啤酒生产的旺季，成为二厂生产中的一大瓶颈。为此青岛啤酒二厂痛下决心，在又一个生产旺季来临前夕升级老系统。由此便引出本项目最大的一个难点：为了不至于影响生产，尤其为了不使后续的发酵工段受到影响，现场只有7天切换时间。7天之内，包括老系统硬件拆除、新系统硬件安装、接线、通信集成、软件安装、调试、SAT在内的一系列工作必须全部完成，第8天必须恢复每天6个批次以上的正常产酒能力。不仅如此，在老系统投产至今的十多年时间里，还历经了两次较大的改造，而这两次改造并没有留下任何文档资料，这样一来，原有的接线图纸参考价值就变得非常有限，完全不足以应付如此紧迫的切换任务，控制系统的硬件切换显得尤为艰巨。

巨大的压力摆在每个项目组成员的面前。面对挑战，项目组以积极的态度和严谨的作风来面对，从项目展开的第一天起就全力配合用户对现场每一片端子、每一根接线展开排查，重新绘制准确的老系统接线图纸，同时紧锣密鼓地展开新系统硬件的设计与分包集成工作，反复论证各种方案以寻求最优质量、最小时间与成本的最佳组合。其后的事实证明，所有人在现场调试前两个月里的努力都没有白费，现场断电宣告切换开始72个小时后，系统硬件一次性切换成功，为随后的软件调试成功、恢复产酒能力及优化原有工艺打下了坚实基础。本项目的另一个难点在于，经过多年生产运行和数次改造，STEINICKER既没有留下、用户也没有总结出一份可用作工程实施依据的工艺描述。

针对这一困难，项目组一面加强与用户的技术澄清，一面与来自德国西门子的啤酒行业自控专家密切合作，从原有的S5程序中解读现场工艺的点滴细节。严谨缜密的工作作风最终赢来了丰硕的成果，不仅在时间极其紧张的SAT阶段提前一天恢复系统产酒能力，而且经过多处优化与调整，使得生产比改造之前更加顺畅、稳定、高效，彻底解决了困扰青岛啤酒二厂的夏季生产瓶颈问题。

4. 项目采用的新技术及效果

Braumat V5.3新系统在青岛啤酒二厂糖化车间的应用，使得这一凝聚了西门子30年啤酒行业工程经验的流程管理与信息系统在其全球800多套安装的业绩薄上又写下浓墨重彩的一笔。而新版本灵活、强大的各功能组件，也令用户获益匪浅。

5. 操作界面

Braumat的操作界面专为啤酒行业度身定做，丰富多样的设备图标、功能强大的控制面板、简洁直观的信息反馈大大降低了操作人员的劳动强度，较之原有的模拟屏，操作更为可靠、便捷。

6. 订单批次计划系统

Braumat的订单批次计划系统使用户全面管理当前运行及计划中的订单批次成为可能。在此环境下用户不仅可以定制、发布、撤销订单批次，也可以追踪、监视当前批次的运行状况，并且还预留了与未来上层信息管理系统的接口。

7. 批报表

对于批量生产行业来说，连续生产领域常见的报表（年报月报周报班报）已不足以胜任，当今追求高质量、低能耗的生产管理迫切需要即时了解、事后追溯每一批次、每一步序的关键生产数据。Braumat的批报表功能应运而生，充分满足了核心用户需求，使得用户生产主管对每一订单、每一批次的生产质量都了然于胸。

8. 用户总结

经过细致的调研、论证，青岛啤酒二厂决定对原有糖化工段自控系统进行升级改造。由于对软、硬件的熟悉程度等诸多有利因素，上海西门子自动化有限公司最终在糖化自控改造项目的招标中中标。

在合同甲、乙双方的良好沟通、精诚合作下，技术人员克服了工期短、任务重的不利因素，一次试车成功，使项目在既定的工期内得以顺利竣工。

新系统运行以来得到西门子公司的大力支持及关注，稳定性及自动化水平得以大幅度提升，故障率明显降低，达到了预期效果。

第七节 啤酒酿造过程中主要缺陷风味的控制

一、概述

目前国内大型啤酒集团多采用气相色谱来分析啤酒风味，以此确定啤酒的典型风味物质构成，也有采用SPME/GC6820（固相微萃取技术）测定啤酒风味物质。青岛啤酒集团在国内开发啤酒定性手段和传统啤酒品评相结合的手段，全面开展啤酒指纹研究，涉及风味物质种类之多达到同行业先进水平。

青岛啤酒风味物质应用研究，采用各种分析检测手段，定性啤酒风味成分，控制麦芽、酒花、大米、水等酿造原料质量，跟踪研究啤酒生产过程，确定工艺关键点，使整个啤酒生产过程控制达到数据化，建立啤酒风味评价方法及啤酒风味基准体系，保持啤酒口味的一致性，实现异地生产青岛啤酒。

一瓶质量优良的啤酒，口味是正常的，出现口味异常、口味缺陷的啤酒，往往在饮用时给人以不舒服、不爽口的感觉。当啤酒在口味上已出现缺陷，很难加以纠正，更不可能去掉异味，这时作为一名酿造者必须了解发生这些缺陷的原因，并在生产过程中加以防止。

二、啤酒主要缺陷风味

(1) 不愉快的苦味　啤酒必须有苦味，没有苦味不能称之为啤酒，啤酒中的苦味应该是爽快的，饮后很快就消失掉，这是正常的；如果饮后感到粗糙，苦味消失慢，这是不愉快的苦味。使用劣质的酒花或酒花贮存时间太长、太热，以及添加酒花方法不当，都可能产生这种苦味，碳酸盐含量高的或碱性的酿造水亦可造成这种苦味。相对来说，啤酒的 pH 值也是一个影响因素，啤酒 pH 值为 4.3 时，苦味呈 30%，pH 值 5.0 时苦味呈 50%，因此 pH＝5.0 的啤酒则比 pH＝4.3 的更苦，也更粗糙。此外，还有酵母自溶苦，重金属含量高造成的苦，麦皮造成的涩苦味，高级醇含量高造成的苦味以及含氧化合物作为杀菌剂未冲洗干净而造成的异苦，这些苦味都是不愉快的粗苦味，都属于非酒花苦，从工艺上来讲，是完全不应该有的。酵母自溶为什么会苦？自溶会产生氨基酸，而氨基酸中的精氨酸、组氨酸、异亮氨酸、亮氨酸、蛋氨酸、酪氨酸等超过阈值时都显苦味。

(2) 不成熟味　啤酒成熟的标准是纯正、爽口、无异杂味。往往由于发酵不彻底，使啤酒带有甜味，残余浸出物、糊精等较多，饮后有浓厚或腻厚的感觉，酵母代谢产物和副产物如双乙酰、乙醛、二甲基硫、硫化氢等，都是口味不成熟的标志。其中，双乙酰已作为啤酒成熟与否的指标。

① 双乙酰味。在超过口味界限值时呈馊泔水、馊饭味，有的认为像带黄油臭的焦味，或者像烧焦的酸麦芽味，是一种很不愉快的味，它的味限值为 0.15×10^{-6}。双乙酰是发酵过程中产生连二酮（VDK）的一种前驱物质，除它之外还有 2,3-戊二酮。双乙酰在啤酒中的味阈值很低，淡色啤酒中含量应控制在 0.06×10^{-6} 以下，超过 0.1×10^{-6} 将有纸板味或抹布味，在某公司实际品评当中，双乙酰含量在 $(0.02\sim0.04)\times10^{-6}$ 之间，较为敏感的品评人员就能感觉到。

② 乙醛味。乙醛是酵母发酵的中间代谢产物，它是酒精的前驱物质，在主发酵中大量产生（达到最高值），而后很快又降低，但在啤酒中仍有部分残留。超过含量值则影响啤酒的口味，有一种使人郁闷的气味，或者有一种粗糙的苦味感，含量过高时，则有一种辛辣腐烂的青草味，它的界限值为 $(3\sim15)\times10^{-6}$。乙醛高表明酵母活性差，染菌也会提高啤酒中的乙醛含量。增加麦汁营养，提高活性并保持这种高活性对降低乙醛含量尤为重要。

③ 硫味。啤酒中的硫味主要来自挥发性硫化物，其代表物质有硫化氢和二甲基硫（DMS）两种，硫化氢有类似臭鸡蛋的气味，辨别阈值 0.01×10^{-6}，二甲基硫有洋葱味（煮玉米的味道），辨别阈值为 0.15×10^{-6}。其来源包括：制麦发芽过程焙焦时分解产生 DMS；麦汁煮沸时含氨基酸分解产生 DMS；酵母代谢产生硫化物；发酵过程污染杂菌后（杆菌、球菌）则产生大量的硫化物。

（3）酵母味　口味纯正的啤酒不应有酵母味，发酵不正常时往往啤酒含有酵母味，主要是酵母自溶引起的，酵母自溶可产生各种氨基酸，如精氨酸、络氨酸、异亮氨酸、亮氨酸、蛋氨酸、色氨酸、酪氨酸，含量高时都可产生苦味，酵母自溶后还产生癸酸乙酯，这种酯类有酵母臭味，是目前检测酵母自溶程度的重要指标。酵母自溶发生在整个发酵过程中，如酵母在保存期间，由于保存温度高，保存时间长，在发酵时酵母添加量多，发酵温度高，都能造成酵母自溶，成品啤酒多少都会带有酵母味。目前由于高浓发酵和大罐技术的使用，加重了酵母的负担，所以使用代数应尽量少，以多扩大繁殖新酵母为主。

（4）高级醇味　高级醇也称为杂醇油，高级醇在啤酒中适量存在能使酒体丰满，香气协调，但含量过低啤酒寡淡，过高则会使人不洁的腐臭感和不愉快的苦涩味，刺激的酒精味、还含有腻厚感。啤酒中的高级醇主要有正丙醇、异丁醇、异戊醇、β-苯乙醇、色氨醇、酪氨醇等，这些醇类存在于啤酒中都可赋予啤酒不同的口味，而且有些醇类还是啤酒香气的重要组成部分。异丁醇和异戊醇在不正常的发酵条件下产生，超过阈值后，除了一种不愉快的苦味外，还产生一种所谓“杂醇油”味，即戊醇，饮后使人感到头疼，即“上头”。β-苯乙醇、色氨醇和酪氨醇都属于芳香族的高级醇，这些高级醇都是在高温情况下强制发酵产生的，温度越高、时间越长，产生量越多，气味越明显。

（5）异常的酯香　啤酒中有各种酯类，它是构成啤酒芳香的主要载体，啤酒含有酯类是必要的，酯的含量极微，但对啤酒风味影响很大，含量过多则使啤酒产生一种不愉快的气味，破坏了啤酒应有的风味。啤酒中的酯类含量最多的是乙酸乙酯，占 30%～60%，其次是乙酸异戊酯、辛酸异戊酯、乳酸乙酯等，含量虽然不多，但作用较明显，其香气也明显，很容易超过界限值 $(0.3\sim3.0)\times10^{-6}$。酯类是酵母发酵时所产生的高能化合物乙酰辅酶 A 与酯类缩合而成。因为酵母细胞中存在有乙酰辅酶 A，脂肪酸渗入酵母细胞内而形成酯。在发酵过程中，发酵温度高，酵母量多，易形成较多的酯类。

（6）铁腥味　酿造水含铁量高，啤酒与铁制容器长时间接触，使啤酒产生铁腥味。啤酒中含铁量不能超过 0.2×10^{-6}。

（7）氧化味　在啤酒生产中，接触空气的机会比较多，产生氧化味的机会也多，如贮酒在过滤时需要用压缩空气备压而过滤，在过滤时用酒顶水，或用水顶酒，或用压缩空气顶酒，都易使酒液受到氧化，清酒罐装酒时，采用氮气备压，若氮气纯度不够，长时间与酒液接触，增加了酒的氧化；还有过滤时产生的酒头、酒尾，有时候不能及时过滤，需放置 1～2 天才能过滤，而且带入酒头或酒尾量比例较大时，发生氧化味更加严重。

(8) 霉味和酚味　霉味：主要由于霉菌类所感染，啤酒霉味是青霉菌所致，使用了发霉的原料也可使啤酒产生霉味。

酚味：似医院消毒水味，酿造水中含量在1×10^{-6}时，很容易感觉出来，给饮用者带来不舒服的感觉。

(9) 污染味　麦汁经过酵母的发酵作用而变成啤酒，若麦汁和啤酒中感染了其他微生物，致使啤酒发生浑浊，产生其特有的怪味，导致啤酒不堪饮用，不能入口。啤酒是一种低酒精含量的酒类，对细菌来说，麦汁是最好的培养基。

三、控制措施

啤酒的成分非常复杂，合理控制风味物质的浓度，使啤酒保持原有风味，保持新鲜感，提高产品质量，是每一位酿造者肩负的使命，各种风味物质相互协调才不会出现缺陷口味，对缺陷风味物质的研究，虽然目前难度大，随着科学技术不断发展，预测风味物质的形成机制，防止不良风味产生，将会对啤酒行业产生必要影响。产生风味物质的原因大致可归纳为三个方面。①材料的原因：材料包括原辅材料、水、酵母等酿造啤酒必须使用的物料，这些材料的质量、所含有的成分和酿造过程中发生的物理、化学变化，对啤酒的口味影响最大。②设备的原因：设备条件（与物料、酒液直接接触的设备）包括结构、材质、可控制程度等，是可能影响啤酒质量的重要因素，往往因为设备结构不合理、材质使用不当等造成对啤酒口味的直接的或间接的影响。③工艺的原因：包括工艺方法、工艺条件和工艺操作三方面，综合起来即是技术管理措施和技术管理水平的问题，由于原料的变化，设备条件的限制，必须临时采取正确的工艺措施来适应和改善啤酒风味。

(1) 不愉快的苦味控制措施　严格控制酒花的添加比例和添加时间；控制贮存酒花库温度2～4℃；控制啤酒pH值偏酸性。

(2) 双乙酰味的控制措施　增加麦汁α-氨基氮含量不低于180mg/L；选用活性较强的酵母，控制酵母使用代数不超过5代；发酵过程温度控制应先低后高，减少双乙酰的前驱体α-乙酰乳酸的产生量（α-乙酰乳酸对口味没有直接影响，α-乙酰乳酸的含量高，遇热、振荡、氧化脱羧成双乙酰），有利于双乙酰还原。

(3) 乙醛味的控制措施　发酵温度不宜超过12℃，控温缓慢，防止温度突然变化；加强后发酵阶段CO_2洗涤，可排除部分乙醛。

(4) 硫味的控制措施　关注制麦焙焦温度的变化对硫化物的影响；麦汁强烈煮沸可除去大部分二甲基硫（DMS）；控制麦汁回旋沉淀时间；发酵温度的高低直接影响硫化物的生成量，应该加以控制；严格控制发酵过程，包括麦汁、管道、压缩空气和空罐清洗杀菌，防止微生物污染。

(5) 酵母味的控制措施　回收使用的酵母泥，必须色泽洁白、嗅之无异味、尝之无酸味，外观较黏稠；显微镜检细胞形态应大小均匀、饱满、液泡小，细胞壁薄，内容物不明显，无异形细胞。发酵液的杂菌和有害菌的检测结果，是评价该罐酵母受污染程度的标志，要本着“无菌使用酵母”的原则，微检不合格的罐次不能使用，应及时淘汰不用、废弃处理，要坚持“先检查、后使用”的原则。回收酵母在添加使用前要进行检测，酵母的死亡率要低于5%、pH值不能高于5，pH值若高，说明酵母有自溶现象，这样的酵母泥不应再回收使用。酵母回收代数应控制在5代以内，这样做可以保证酵母的强壮及良好的活性，保持啤酒良好的风味，同时也降低了传代酵母被杂菌污染的概率。

在旺盛发酵后，酵母沉积到锥底部分要及时冷却，控制锥底温度在2～4℃，否则沉淀的酵母层温度上升可达15℃左右，易促进酵母自溶（酵母发酵时亦会产生热量）；锥形发酵罐在满罐24h后，要及时排放锥底部分的酵母死细胞和冷凝固物，做到排放及时、彻底，冷贮酒期间加强锥底部分死酵母的排放，做到少量多次；在发酵升温升压进行双乙酰还原后，排放一次沉淀酵母，这些都是减少自溶酵母的必要措施。

(6) 高级醇味的控制措施　麦汁中α-氨基氮含量对高级醇产生较大影响，麦汁中含氮量少，麦芽溶解不良，或糖化使用过量的辅料，高级醇产生量较多，麦汁中α-氨基氮含量过高，超过250mg/L也可产生较多的高级醇。应合理控制α-氨基氮含量，调整原辅料配比。调整适宜的麦汁α-氨基酸水平是降低高级醇含量的重要工艺措施。燕京啤酒（山东无名）股份有限公司生产8°P啤酒和10°P啤酒两种系列产品，8°P啤酒α-氨基酸含量控制在130～150mg/L之间；10°P啤酒α-氨基酸含量控制在140～160mg/L之间，既能保证酵母生长的需要，又不产生较多的高级醇。

加压发酵（0.1MPa压力对酵母细胞是无影响的），有利于控制高级醇含量，但应防止压力过高，否则会加速酵母沉降，影响双乙酰还原。主酵期为不影响酵母细胞繁殖速度，糖度降到4.5°P时，开始升压。发酵温度的高低直接影响产生高级醇含量的多少。发酵温度提高，发酵速度相应加快，高级醇生成量就多，发酵温度降低到10℃，高级醇含量控制在合适的范围内。

酵母回收的时机要把握好，当发酵液外观糖度降至4.5°P时，开始封罐保压（0.0～0.10MPa），升压2～3天后是回收酵母的最好时机。这时沉降的酵母多是活性高、发酵旺盛的、强壮的。这种回收的优点是：因酵母细胞不经过停滞期，直接进入快速生长期，所以起发快，发酵旺盛，降糖、还原双乙酰速度快，可缩短发酵周期，降低高级醇含量，更能保证啤酒质量风味的稳定。

(7) 异常酯香的控制措施　合理控制麦汁通风量，有利于降低酯含量；发酵过程中添加糖化酶会增加酯含量，故生产中可适当，防止酯类产生过量。

(8) 铁腥味的控制措施　控制硅藻土助滤剂中铁离子含量；发酵罐内壁专用涂料，应定期检查是否脱落；控制酿造水铁离子含量在0.1×10^{-6}。

(9) 氧化味的控制措施　清酒采用CO_2备压，前提条件是CO_2的纯度达99.9%以上，以此减少与氧的接触；在过滤时添加抗氧化剂，以降低溶解氧；在保证微生物合格的前提下，严格控制瓶颈空气和杀菌PU值。当瓶颈空气含量在5～10mL时，啤酒的保鲜期只有15天，当瓶颈空气含量在5～15mL时，啤酒的保鲜期只有3~7天。如果啤酒的瓶颈空气含量高，啤酒高温杀菌时，啤酒强烈氧化，会很快产生老化味。

(10) 霉味和酚味的控制措施　原辅料进货前应严格把关，检验合格后方可入库；对用于啤酒生产中的水做预过滤或者活性炭过滤处理，去除水中的异味。

(11) 污染味的控制措施　清洁卫生、杀菌消毒也是一种重要的必不可少的工作，必须严格、认真地去做。发酵罐清洗杀菌后，进麦汁之前，使用无菌空气备压至0.01~0.02MPa，使发酵罐保证有一定的压力，防止空气进入而带入杂菌。

四、相关的管理工作

在目前啤酒酿造生产过程中，应结合工厂现有的技术条件，从原料进厂至最终产品出厂，各个环节严格把关，规范操作，培养一批有一定专业知识、经验丰富的技术人员和操作人员，提高他们的判断力和解决问题的能力，以此提高工艺的执行力度。

出现异味时，因为有些风味是很难做出正确判断的，有些风味是工厂从未接触到的，这就要求工作者在生产中积累经验，结合上述三个方面的原因及时查找并采取措施，查找设备材质是否合理、选用原料是否合理、工艺过程控制是否符合要求，紧紧围绕这三个方面采取相关措施。

酿造出口味良好的啤酒是一项十分细致的管理工作，需要在过程控制中不断检查、不断调整，在生产实践中不断积累经验。改善啤酒口味，提高质量，在日益竞争激烈的市场中显得尤为重要，这就需要我们酿造者付出更多的精力，努力保持啤酒风味稳定，为消费者奉献出更好的产品。

第八节　优质啤酒的生产管理与过程控制

优质啤酒的生产是一项系统工程，要求每个环节都按照工艺标准去做。

一、生产原料的控制

(1) 麦芽　如果生产麦芽焙焦温度不足，出炉水分高于5%，那么，在麦芽贮存及糖化过程中就会产生过多的氧化前驱物质。因此，要采取有效措施将麦芽出炉水分控制在<5%，焙焦温度在85℃时达3h以上。

(2) 大米　大米作为辅料，其脂肪的含量应加以控制。含脂肪过多的大米不易贮存，易氧化生成脂肪酸，应增加大米脂肪与脂肪酸的含量及大米新陈度的检测。应使用一星期内脱壳的大米，新陈度显色不合格的大米绝不使用。

(3) 啤酒花　根据酒花品种、新陈度等改进添加工艺，并严格冷藏贮存。使用时要现领现用，酒花在糖化室的贮藏时间最好不超过12h，否则酒花将自身氧化，造成啤酒苦味不均一，酒体发涩。

尽量将多种原材辅料搭配使用，保证啤酒风味的一致，如法麦、澳麦、加麦、国产麦芽等按一定比例搭配使用，避免由于原料的不稳定而影响啤酒的质量。

二、 生产过程控制措施

(1) 糖化单元控制措施

① 糖化生产时，尽量不要打开糖化、糊化锅等锅体的人孔，避免麦汁与氧过分接触。

糖化过程是麦汁吸氧的重要阶段，应严格控制麦芽粉碎的时间、糖化锅的密闭，避免麦汁回旋时间过长，尽量做到糖化在相对密闭的环境中进行，减小热麦汁与氧的接触机会。

② 严格控制过滤速度及洗槽质量。过滤要形成好的滤层，保证滤出的麦汁澄清、透明。洗槽要彻底，但不能过度，避免多酚物质的大量溶出。洗槽时一般控制残糖浓度为1～1.5°P。

③ 麦汁煮沸要彻底，煮沸强度要大于8%，保证麦汁的可凝固性氮去除干净。蛋白质凝聚不充分，将影响成品啤酒的保质期，产生蛋白质浑浊。

④ 严格控制麦汁回旋及静止时间。麦汁煮沸定型后，有大量的热凝固物析出。然而，仍有一些细小的蛋白质颗粒不易沉降，麦汁回旋给细小颗粒以离心力，缩短了其沉淀时间，麦汁回旋时间一般控制在30～40min之间。这样既保证了麦汁热凝固物的去除，又避免了麦汁过分与氧接触。

⑤ 控制好麦汁冷却，及时排除冷凝固物。麦汁回旋完毕后，进行急冷却，有大量冷凝固物析出，麦汁冷却温度愈低，冷凝固物愈多，一般冷却时间控制在60min以下。大量的冷凝固物进入发酵罐后要及时排出，否则，将引起啤酒澄清缓慢及过滤困难。

⑥ 合理控制麦汁组分。啤酒风味物质的生成量随麦汁浓度的升高而升高。麦汁中α-氨基酸的含量对发酵过程形成啤酒风味物质至关重要。一般要求12°P麦汁，α-氨基酸含量控制在140～160mg/L，这样既对啤酒整体风味有利，又不影响酵母的生长和繁殖。

⑦ 麦汁溶解氧含量要稳定。麦汁含氧量愈高，酵母增殖愈多，发酵愈旺盛，啤酒风味物质的生成量将愈多；反之，酵母增殖量少，不利于发酵的正常进行，一般麦汁含氧量控制在6～10mg/L为宜。使用分锅次满罐的麦汁，最后一锅麦汁可以不充氧，防止发酵罐麦汁含氧量过高，酵母增殖量过大，产生较多的影响啤酒风味的物质。如果麦汁补氧量不足（$<6\times10^{-6}$），会降低酵母细胞的增殖速率，延长细胞的停滞期，导致细胞过早衰老；过量补氧（$>10\times10^{-6}$），也会导致细胞过度出芽和发酵，产生大量酵母，促使酵母退化和变异，致使代谢不正常。

⑧ 麦汁进罐温度和满罐时间的控制。锥形罐刷洗完后，空罐温度控制应与主发酵温度保持一致，避免罐温对酵母起发温度产生影响。麦汁起始接种温度应低于

主发酵温度2～3℃，满罐温度应低于主酵温度1℃为宜。麦汁在分锅次进罐过程中，让酒体温度随酵母繁殖代谢产生的热量，使罐温自然升温到主酵温度，所以麦汁的冷却温度应遵循先低后高，最后达到满罐温度的原则。以10℃主发酵、四锅次进酒满罐为例，说明麦汁冷却温度为：第一锅6.5～7.0℃；第二锅7.0～7.5℃；第三锅7.5～8.0℃；第四锅8.0～9.0℃。切忌满罐温度过高，防止因突然降温受冷而影响酵母的繁殖，导致发酵迟缓，麦汁满罐时间不能超过18h。

(2) 发酵单元控制措施

① 严格控制发酵温度和压力。一般情况下，0.1MPa压力对酵母细胞是无影响的，但对酵母的代谢产物、细胞繁殖和发酵速度影响较大，前酵期为不影响细胞繁殖速度，最好在糖度降到3.5°P时开始升压。发酵温度的高低直接影响产生风味物质含量的多少，发酵温度提高，发酵速度相应加快，风味物质生成量就多。

② 严格控制后贮时间。后贮时间长，风味物质含量会有小幅度上升。特别是啤酒消费淡季，后酵贮酒时间应严格控制，贮酒时间一般为7～14天，否则，将可能引起啤酒中风味物质含量增多。

③ 做好酵母菌种的管理工作。啤酒酵母的特点决定了啤酒的口味，要提高啤酒的质量，必须保证酵母质量。原菌种要保持性能稳定，不能出现变异、退化等现象，否则，很难保证最终产品的口味均一。

a. 选用优良的酵母菌种。酵母菌种是影响啤酒风味的决定性因素，不同的酵母菌种生成的风味物质的种类和数量有很大差别，在同等发酵条件下，有的酵母菌会产生比其他菌种高数倍的风味物质。因此，合理选择酵母菌种是从根本上控制风味物质含量的最有效方法。

b. 酵母的控制要求。回收使用的酵母泥，须色泽洁白、无异味、无酸味，外观黏稠，酵母细胞形态大小均匀、饱满、液泡小，细胞壁薄，内容物不明显，无异形细胞。

实践证实，当发酵液外观糖度降至3.5°P时，开始封罐保压（0.08～0.10MPa）。升压2～3天后回收酵母是最好的时机，这时的酵母活性高、发酵旺盛、强壮。这是因为酵母细胞不经过停滞期，直接进入快速生长期，所以起发快，发酵旺盛，降糖、还原双乙酰速度快。

发酵过程中，酵母的沉降是有梯度的。下层多为衰老、死亡的细胞，并掺杂有大量冷凝固物等；中层则是在发酵旺盛期繁殖的、最具有活力的、强壮的、发酵力高的酵母；上层是较为轻质的酵母，并混有酒花、树脂等杂质，质量较中层差。因此，在选用酵母时，应采取“掐头去尾，取中间”的方法。

满罐酵母数控制在$(1.5～2.0)\times10^7$个/mL之间，酵母的接种量控制在0.8%为好，如果酵母接种量较少（低于1.0×10^7个/mL），会增加酵母细胞的繁殖时间，延长发酵周期，不利于酵母迅速形成生长优势，极易造成杂菌污染；相反，如果接种量过高，会使新生的酵母细胞减少，而造成成熟、衰老的多，最终影响酵母的回收质量。

c. 加强微生物控制管理，防止杂菌污染。啤酒生产的各个环节中，杂菌一旦侵入，将导致酒液浑浊、酸败等现象，啤酒发酵也应在相对“纯净”的环境下进行，任何杂菌的侵入都将影响发酵的正常进行，特别是污染了野生酵母的发酵液，会使啤酒中高级醇的含量明显上升。因此，应加强对啤酒中有害微生物的检测。

典型的有害菌有四联球菌、醋酸菌、果胶杆菌类、巨球菌类等。醋酸菌给啤酒带来入口酸味；四联球菌类给啤酒带来不愉快的双乙酰味；果胶杆菌、巨球菌类给啤酒带来下水道臭味。要严格控制生产环节的清洗杀菌，保证按清洗杀菌工艺进行，各微生物控制点检测合格后再进行生产。每锅麦汁都要杀菌，发酵罐清洗杀菌后，要用无菌空气备压至0.01～0.02MPa，使发酵罐保证有一定的正压力，防止空气进入而带入杂菌，进麦汁前，再用配制好的消毒剂杀菌一次。冷麦汁杂菌要求为0个/mL、厌氧菌0个/100mL；发酵液杂菌要小于5个/mL、厌氧菌小于3个/100mL。

(3) 过滤单元控制措施

① 过滤时，特别是用压缩空气备压时，会增加进入氧的机会，使啤酒氧化，对酒体产生影响。清酒罐要使用纯度99.99%的二氧化碳备压；用脱氧水引酒实行等压过滤；应用脱氧水流加硅藻土；清酒管道避免酒液形成端流而使清酒溶解氧含量过高。

② 清酒罐、罐装机要用CO_2备压，避免氧的溶入。发酵结束后的每一个环节，都要严格控制酒液与氧接触，清酒溶解氧控制在0.05×10^{-6}以下，罐装后的清酒溶解氧要控制在0.2×10^{-6}以下，瓶颈空气控制在3mL以下。

③ 保证CO_2或N_2等保护性气体的纯度。采用CO_2或N_2备压，前提条件是CO_2或N_2的纯度达99.99%以上，杂菌数≤1个/10min。

第九节 啤酒的生产过程疵病分析与质量控制

一、啤酒溶解氧含量与啤酒酿造质量控制

啤酒中溶解氧含量的高低是决定啤酒非生物稳定性和风味稳定性的主要因素之一。成品啤酒中溶解氧的含量应控制在0.1mg/L左右，过高易导致啤酒产生类似脂肪氧化后的臭味，影响啤酒的爽快、醇厚性，且使啤酒的后苦味增强，甚至由于成品啤酒中过多氧的存在造成本已还原的双乙酰再次生成，使啤酒产生“生青味”并氧化啤酒中的一些风味物质，使啤酒风味变差。氧的存在还会促进多酚的氧化，氧化物与多酚聚合，达到一定程度时会使啤酒风味变差，导致啤酒失光和浑浊。因此，为降低啤酒溶解氧，最大限度地保证啤酒的稳定性及延长货架期，应从以下几个方面对溶解氧加以预防和控制。

1. 原辅材料的控制

① 糖化生产时应根据每批进厂麦芽的指标，及时调整生产工艺，如下料温度、

蛋白分解温度和时间。糖化温度和时间要根据麦芽质量加以调整，以保证投入原料的相对稳定。从源头上控制溶解氧的上升，以便有效地保证麦汁组分的相对稳定性。

② 应尽可能使用新鲜的辅料大米，因为随着陈化时间的延长，其游离脂肪的含量会逐渐增多，容易产生脂肪氧化的臭味。

2. 糖化过程的控制

① 为了尽可能避免在糖化过程中麦汁过多地吸氧，糖化醪应使用脱氧水兑制；糖化时尽量减少搅拌，以降低搅拌翻滚时空气溶入其中；糖化和麦汁过滤时最好采用惰性气体覆盖醪液表面，以隔绝空气，避免麦汁吸氧。另外还要根据糖化生产工艺要求，往糖化锅中加入乳酸或磷酸，保证醪液的 pH 值在 5.4～5.8 之间，如麦芽中 β-葡聚糖的含量高于 150mg/L 时，应适量加入含 β-葡聚糖酶高的复合酶，以降低麦汁黏度，保证醪液的液化效果，减少因麦汁过滤时耕糟、回流次数过多而吸氧。

② 糊化锅、糖化锅、煮沸锅的人孔在生产时一定要关闭。从糊化锅进入糖化锅、过滤槽和煮沸锅的物料管最好设计为底部进料，以减少醪液和麦汁在输送过程中与氧气的接触机会。煮沸时间应严格控制在 90min 之内，缩短麦汁在回旋沉淀槽中停留的时间。麦汁冷却采用一段薄板冷却，缩短麦汁入罐时间并严格控制麦汁的充氧量。麦汁充氧量过少不利于酵母的繁殖，还会导致双乙酰还原发生困难。充氧量过多会使酵母前期发酵过于旺盛，形成过量的 α-乙酰乳酸，还会消耗多量的快速还原物质，阻碍部分风味物质的还原，导致发酵后期双乙酰还原较慢，破坏啤酒香气，诱发异常气味，同时副产物增多，高级醇含量高会使啤酒饮用后有“上头”的感觉，所以冷麦汁充氧量应控制在 $(8\sim10)\times10^{-6}$ 之间。

3. 发酵液的控制

① 酵母发酵阶段如吸入过多氧气，会破坏发酵液中还原物质的平衡，大量消耗发酵液中的还原物质，降低成品啤酒的抗氧化能力。

② 发酵大罐的备压气体：滤酒前，发酵液用 CO_2 备压。

③ 发酵液压力要求：备压时 CO_2 压力为 0.10～0.12MPa，且 CO_2 纯度为 99.8%以上。

④ 由于市场竞争激烈，导致企业生产的酒品种较多，有时一种酒的库存较大，另一种酒已告急，需开另一罐酒，导致排土次数增加，未滤完酒的大罐上方空气进入发酵液，引起发酵液溶解氧升高。为了杜绝此类现象，发酵液开罐后原则上要求一次滤完，特殊情况下不能一次滤完的，开罐时间不得超过 3 天。

4. 滤酒管路的控制

滤酒的管路要采用不锈钢，且管路内壁光滑，接缝处平整，无凹凸不平的现象。还要保证滤酒的管路、泵、阀门密封良好。

5. 硅藻土添加罐的控制

滤酒预涂时粗细土比例一般为 1∶2，在生产中可视具体情况加以调整，往硅藻土添加罐添加硅藻土时，应缓慢而均匀，在保证涂层厚度均匀和结实的同时，用 CO_2 备压，防止吸入空气。

6. 过滤机的控制

① 预涂：预涂时用脱氧水，预涂结束后用 CO_2 将机内脱氧水顶出。

② 过滤：整个过滤系统在过滤过程中要求压力相对稳定，避免因压力不均衡、滤速波动较大而使滤土层破坏，造成过滤循环时间延长而导致溶氧上升。还要在适当范围控制滤酒速度（各厂可根据本公司实际情况而定）。

7. 清酒罐的控制

① 清酒罐用 N_2 或 CO_2 备压，压力控制在0.12～0.15MPa之间。

② N_2 气或 CO_2 纯度要求在99.9%以上。

③ 连接清酒罐与发酵罐的管路应完好，无泄漏点。

8. 抗氧化剂的添加

① 过滤时适当添加抗氧化剂如异维C钠，增强啤酒的抗氧化能力。

② 添加位置：粗滤前加入添加罐中。

9. 灌装的控制

① 清酒管路到灌装的距离要尽量短，减少吸入氧气。

② 灌装采用脱氧水引酒、顶酒，酒液流动要平稳，不形成湍流。

③ 过滤及清酒管路的泵、元件和阀门密封性要好，不得有泄漏，防止吸入空气。

④ 清酒的溶解氧含量尽可能低，最好控制在0.1mg/L以下。

⑤ 灌酒机用 N_2 或 CO_2 备压，纯度在99.2%以上。

⑥ 酒机正常运行时，瓶内的瓶颈空气为瓶子卸压后瓶颈空间所保留的气体，该部分气体含有酒缸备压使用的 CO_2 混合气体以及抽真空时余留在瓶内的空气，而不是瓶子离开酒缸后外界空气进入到瓶内。酒机正常运行时，在瓶酒卸压离开酒缸后，瓶颈内应充满泡沫且不断上升溢出，如果瓶颈内的泡沫没有充满瓶颈且在激泡或压盖之前开始消退，此时外界气体可能扩散到瓶颈内引起瓶颈空气含量增高，因此必须保证酒机卸压正常。

⑦ 由于机器备件本身的性能差异，实际上每个瓶子抽真空度的效果是有差异的。不是每个瓶子均能抽掉80%的空气，而是各有不同。为了控制酒机增氧量，必须定期对酒机抽真空系统以及灌酒阀件（定中罩、真空阀密封、卸压阀密封）进行检查和更换，保证抽真空效果，并且要求抽真空度≤－0.08MPa。高压激沫时，激沫头要对中且激沫压力为0.15～0.20kg，以减少灌装过程吸氧。

⑧ 调整好杀菌机高温区的杀菌温度和时间，避免高温氧化现象的发生。

10. 设备控制

维修人员要认真做好设备的维护和预维修，保证所有与酒接触的管道、泵、阀门的密封性，以杜绝氧的吸入。

总之，只有对生产的各环节严格控制溶解氧，把溶解氧控制在合适的范围之内，才能充分保证啤酒的品质。

二、 影响啤酒酵母发酵的异常因素与质量控制

酵母是啤酒发酵的灵魂，酵母质量的优劣直接关系到啤酒质量的好坏。产品质量是企业的生命，是企业长期发展的基石。在啤酒的生产过程中，酵母的性能和管理在啤酒生产中占着举足轻重的作用。做好酵母管理，提高酵母质量，酿造高质量的啤酒并保持产品稳定是我们所追求的目标。

酵母性能很大程度上影响着啤酒酿造工艺的控制，对啤酒品质起着非常重要的作用。保持接种酵母有旺盛的发酵力是保证啤酒质量稳定的前提，生产酵母一旦发生退化或发酵表现异常，就会影响啤酒酿造工艺的控制和啤酒质量的稳定。

鉴于啤酒酵母对啤酒质量有如此的重要性，如何防止酵母退化，如何预防和控制发酵异常，是我们啤酒厂应时刻关注的问题，应把酵母扩培、酵母管理给予足够的重视。

1. 酵母发酵异常的原因

由于环境因素的影响，往往造成酵母细胞机能的衰退。如麦汁营养不良等因素，造成酵母退化突变，造成发酵异常，也会造成酵母细胞的死亡，导致酵母自容量的增加。酵母的变异会造成各种性能的转变。以下从酵母菌种、麦汁营养成分、发酵过程控制三方面谈谈原因。

(1) 酵母菌种

① 凝聚性受遗传基因和细胞膜的结构影响，跟酵母的类型有关，是一种酵母细胞本身生理机能的衰退。

② 菌种保存条件不好，如培养基干燥，将引起酵母菌种的退化。

③ 保种温度升高，也将引起酵母菌种退化。温度越高，高温时间越长，菌种退化越严重。

④ 保菌不当，营养丰富致使酵母长得过分肥大，易衰退。

⑤ 有些酵母代数升高，凝聚性较强。

⑥ 留种酵母急着用于扩培，造成代谢慢，易衰老。

⑦ 汉生罐留种量多，新酵母少，酵母易衰老。

(2) 麦汁营养成分

① 麦汁过滤不合理，蛋白质、多酚（或树脂）复合物、酒花中的多酚（单宁）等高分子会大量进入发酵罐，造成酵母吸附成团。

② 麦汁营养组成不合理，导致代谢慢，酵母易衰老，突变机会多。

③ 麦汁中的凝固物去除不好。麦汁中带正电荷的蛋白质、类脂、葡聚糖小颗粒的物质与带负电荷的酵母互相作用形成紧密的凝聚物，酵母易早衰。混浊麦汁中含有大量的脂肪酸或沉淀物会吸附在酵母表面，造成酵母呼吸代谢困难、降糖迟缓或产生大量高级醇。

(3) 发酵过程控制

① 酵母添加偏多，造成新酵母较少和后期缺乏营养，酵母易衰老、突变。接种量过多，发酵速度快，高泡期结束时可能营养不足，从而影响活力，使酵母不易排斥分开或酵母相互聚集，尤其下面酵母表面电荷多，酵母吸附发酵液中的蛋白质、冷凝固体、酒花树脂等大分子物质，并被包围在这些物质中加剧凝聚。

② 锥形发酵罐底部酵母不宜用于发酵液接种，因为这些酵母沉积得很快，而且锥底冷媒制冷效果差，沉积的酵母易自溶衰老，突变机会更多。

③ 发酵液温度忽高忽低，还原期升温、升压过迟，都会促进啤酒酵母的退化，增加死亡率。温度越高，酵母自溶越容易发生，并导致有害副产物生成量增多。发酵、双乙酰还原结束后，应及时排放锥形罐底部的啤酒酵母，如果排放不净，底部降温困难，温度上升，易引起酵母死亡、自溶。

④ 随着发酵的进行，pH 值逐渐降低。当 pH 值与蛋白质的等电点接近，酵母细胞电荷减少或趋于零，有利于蛋白沉淀，又有利于酵母凝聚。pH 值过高、过低往往会加速酵母衰老、死亡和自溶。

⑤ 发酵末期，冷却过急造成局部酵母自溶死亡，部分酵母产生变异。

⑥ 酵母清洗：国际酿酒研究基金会认为不恰当的清洗可造成酵母活性降低，生存力差，发酵作用下降，凝聚状态改变，澄清性能改变，酵母细胞数以及酵母代谢成分变化等。

⑦ 麦汁管道及发酵罐刷洗、杀菌做得不够彻底，污染上细菌或其他野生酵母，从而使发酵异常或风味改变。

2. 酵母发酵异常与质量控制

(1) 菌种及扩培　根据菌种保藏原理，选择科学的方法，正确保藏酵母菌种。菌种保藏主要是根据微生物生理、生化特点，使微生物的代谢处于不活泼、生长繁殖受抑制的休眠状态。即利用低温、干燥、缺氧的条件，使菌种在长时间内保持原有的生产状态和生命活力。

留种酵母需经活化技术处理、复壮后再进行扩大培养。采取科学的扩培方法，掌握恰当的扩大倍数和移种时间。实验证明，在酵母生长高峰期，即 15h 前必须充分供氧，15h 后只能少量通风起搅拌作用。保持接种酵母旺盛的发酵力是保证啤酒稳定的前提。

应选择对酒精的依赖性和对渗透压的承受力强的酵母。应选择高活性的酵母类型，酵母死亡率低，酵母自溶也就少。应采取恰当的酵母菌种，定期扩培，提供健壮、发酵旺盛的酵母供生产需要，及时淘汰高代劣质酵母。

(2) 麦汁营养成分及充氧

① 麦汁营养成分。麦汁的营养成分对啤酒酵母的代谢非常重要。麦汁中 α-氨基氮、可发酵性糖、pH 值、无机离子及生长素等营养成分不合理，会导致酵母营养缺乏、代谢缓慢、酵母衰老，从而引起酵母的死亡及自溶的可能性。

应及时调整糖化工艺及其参数，合理添加辅料，改进定型麦汁的组成和澄清度。Zn^{2+}是乙醇脱氢酶的辅助因子，麦汁中缺Zn^{2+}会造成严重退化现象，一般来说Zn^{2+}应保持在0.2mg/L左右。pH值主要在麦汁中予以控制，以使pH值稳定并合适发酵要求。

酵母在生长和发酵过程中，需要多种微量元素进行正常的新陈代谢。无机离子对酵母生长和发酵有利有弊。

② 充氧。麦汁充氧量要适中，一般为（8～10）$\times 10^{-6}$，按工艺要求严格控制冷麦汁的充氧（过多过少都不宜），其目的是供给酵母充足的氧。在发酵过程中，酵母对氧的需求是非常重要的。主发酵开始时需要氧，其他工序中有氧的存在是不利的。当麦汁中溶解氧不足时，啤酒发酵增殖率下降，新增健壮的啤酒酵母较少，易造成酵母细菌的衰老死亡。

通风供氧还具有搅拌的作用，将大大加快麦汁的运动，从而带动悬浮在发酵液中的酵母细胞的剧烈运动。通过液体的震动、洗涤作用，将助于酵母细胞摆脱吸附在细胞表面的附着物，从而加大细胞与麦汁的有效接触面积，加强其对麦汁中营养物质及氧的吸收，这对酵母细胞的生长繁殖是有利的，同时还可以避免酵母过早发生凝聚、沉降现象。

（3）发酵操作

① 酵母回收添加及接种量。根据酵母菌种的性能，采用合理的发酵工艺曲线，确定酵母的最佳回收时间和添加数量。接种量控制在一定的范围，酵母状况要良好。添加量一般以满罐麦汁酵母数（10～20）$\times 10^6$个/mL为宜。繁殖罐或发酵罐中满罐酵母数过高，麦汁中的α-氨基氮迅速被同化，会造成酵母繁殖生长代数相对较少，即新增酵母浓度过低，后期缺乏营养，酵母极易衰老死亡。如果自溶酵母再接种使用，会引起恶性循环。

② 加强发酵技术管理工作，认真控制麦汁的降糖和升温升压时间等。在温度控制方面，服从工艺温度条件，准确控制各时间段的温度，利用罐体上、中、下降温带的控制，实现酵母在酒液中的分布要求。发酵温度要适中，不能过高或过低。

在保种过程中，若发生诸如温度等因素的明显变化，极易发生变异改变原有性状。要求种子罐保种温度控制在0～2℃最为合适。种子罐保种如何保持温度的稳定是保持酵母性能一致性的关键。

③ 改善锥底冷媒带制冷作用，避免酵母泥长时间处于高温饥饿状态，控制酵母细胞自溶的限度。任何影响酵母存活率的因素都促进酵母的自溶，比如罐体过高、压力过大、酵母代数过高等也同样要引起重视，并采取相应的对策。

3. 工序的配合

为酿造高质量的啤酒，必须具有较高活力的酵母。为有效地提供酵母适合的营养，科学管理使用酵母，需要各工序的配合。酵母的环境适应性虽然很强，其遗传稳定性很高，但是能够引起其代谢形式发生改变的因素也很多，要想做到有效地控制，必须从多角度、全方位对其深入研究分析。防止酵母发酵异常，一方面应找出影响酵母发酵的原因，加强酵母管理；另一方面在生产中不断选育新菌种，经分离纯化后用于生产，使生产用的酵母经常保持旺盛的活力。

第十节　中试啤酒厂自动控制与质量控制

一、概述

滋曼公司因提供超精密啤酒酿造解决方案而在啤酒酿造行业中享有良好的声誉，高质量和持续研发是该公司与众不同的特点。滋曼公司几十年来一直采用西门子自动化技术。在 2006 年 6 月，该工程集团在其路德维希堡的总部交付了一个独一无二的中试工厂。这个中试工厂可以较小规模地仿真所有市场上的常规酿造工艺，其自动化技术是最先进的。

这个中试工厂的主要用途是在实际操作条件下试验新技术（图 9-3）。这个小型啤酒厂配备有与大规模工厂相同的技术。它采用基于 PCS 7 的 Braumat 工艺控制技术，并采用西门子组件的实际水平操作。在仅 $100m^2$ 内，这种小规模啤酒厂具有完整啤酒厂的所有特点，能通过 Braumat PCS 7 工艺控制系统以全自动的方式运行。

图 9-3　在完整的小规模啤酒厂中试验新的组件

滋曼公司利用该中试工厂来开发最佳的生产工艺，对如 Sitrans P300 压力传感器（图 9-4）那样的新组件进行试验，并与一起进行研究和开发新产品。

图 9-4　在中试设备中采用了 Sitrans P300 压力感测器来测量密封容器的压力

在敞开式啤酒酿造罐上，一种压力传感器测量液柱的静压力，根据液柱的静压力值测定液位。在封闭式发酵罐和贮藏罐中的液位是用两个压力传感器监控的。

二、原位灭菌和原位清洗作为卫生标准

卫生在食品和饮料工业中是极其重要的，因此，所有的测量仪表必须满足严格的卫生要求，例如能够进行原位灭菌和原位清洗。由于其不锈钢外壳具有非常卫生的设计，Sitrans P300 很容易就能满足卫生方面的要求。

这种平头测量组件满足无死角测量的最佳要求，也更易于清洗。这种压力传感器具有高达 150℃ 的指定温度范围，能够经受原位灭菌操作而没有偏差。

三、长期测量稳定性

Sitrans P300 压力传感器（图 9-5）的最大测定偏差为 0.075%，5 年内的最大长期漂移为 0.25%，具有长期稳定的测量性能。低的测量误差使工艺的运行更接近最佳的效率水平，从而提高了系统生产力。

图 9-5　采用不锈钢外壳的 Sitrans P300 压力感测器的特征是绝对卫生的设计

这种传感器可采用所有常规螺纹类型，并结合到生产设备中。而且，与众不同的具有平头膜的卫生连接，满足没有死角的工艺连接要求。一个激光焊缝连接传感器和测量组件膜，具有高表面光洁度，工艺侧不需要再密封，这将防止产品残留的积累并预防可能的细菌生长。所有与工艺介质接触的组件和焊缝的表面光洁度，均保证符合欧洲卫生设备设计集团的标准。

四、简单的参数设置

Sitrans P300 压力传感器可直接在现场安装和操作或通过控制系统设置参数。这种传感器最有利和用户友好的功能之一是地址能够在设备上原位调节，这对用户来说肯定是有利的，可节省大量时间。

另外，通过 HART 或 Profibus PA 模拟斜坡函数简化了试运行。一个输出为 4～20mA 的电流传感器安装在 P300 上，专用于测量电路的试运行。在数据循环交换中产生的动态信息具有多用途诊断功能，方便了故障的分析，从而减少了停机时间，增加了设备的总体利用率。

第十一节 啤酒生产的自动化和过程综合

啤酒市场竞争十分激烈，竞争的关键在于产品的竞争、质量的竞争，而质量的优劣主要取决于生产的装备水平、技术水平和管理水平。因此，采用高新技术改造传统的啤酒行业，提高啤酒生产过程的自动化水平、管理水平，达到啤酒生产的高技术产业化，已经成为啤酒行业的当务之急，也是啤酒行业求生存、求发展的必由之路。

一、过程自动化的概述

通常，可把一个除原料加工以外的、完整的啤酒生产过程分为麦汁制备、啤酒酿造和灌装三大过程。其中，麦汁制备过程主要包括了粉碎、糊化、糖化、过滤、煮沸、澄清与冷却以及CIP等生产工序；啤酒酿造过程主要包括了麦汁充氧/酵母添加、酵母培养/酵母扩培、酵母回收、啤酒发酵、CO_2回收、啤酒处理、清酒以及CIP等工序，其他辅助工序还有脱氧水制备、热水制备、CIP液制备、冷冻、空气压缩等。其中对产量和质量起着关键性作用的主要是麦汁制备和啤酒酿造两大过程。

由浙江浙大中控技术有限公司与浙江石梁酒业集团有限公司共同合作开发的、面向全厂的啤酒生产过程综合自动化系统，采用先进控制技术、计算机技术、网络技术和现代测量技术，实现了纯生啤酒生产线自麦汁制备投料开始至啤酒灌装前的过程全自动及全过程联动联锁控制。该系统针对啤酒生产设备与工艺特点，在实现啤酒生产过程自动化的同时，实现工艺优化，降低生产成本，实现了生产过程的快速稳定控制，获得了较大的经济效益。

二、系统组成与系统功能

1. 硬件结构

操作站间通过以太局域网相连并与全厂信息管理系统连接，实现数据共享。该系统具有性能价格比高、扩展方便、控制精度高、可维护性强、无故障工作时间长等特点，性能指标能满足啤酒生产过程的全方位需求。系统具备可扩充性，能够实现与其他集散型计算机控制系统、上层信息管理系统的无隙连接。系统操作站采用进口的工业控制计算机，控制站采用分布式I/O结构的PLC，极大地降低了成本，方便了现场布线和设备维护。

2. 软件功能

用先进的组态软件或编程软件，实现了啤酒生产过程的优化控制和安全操作，生成友好的人机界面，实时、安全、可靠地对啤酒生产过程实行监督、控制和优化。

采用了先进控制技术、过程优化技术、网络技术、现场总线技术和现代测量技术，软件设计规范化、模块化，接口灵活，升级方便；专用控制模块很好满足了啤酒生产过程的各种特殊要求，麦汁制备过程、啤酒酿造过程、CIP过程等实现了全自动控制。

采用工艺流程图形化操作，直观简洁。

提供分组控制画面，模拟传统调节仪表和测量仪表显示、操作方式，实时显示测量值、设定值、输出值、手自动运行方式和报警方式等信息，实现任意分组、方便操作工操作；供多种表格显示，可以根据需要把相关参数集中在一张表格中，便于掌握生产状况和分析；提供趋势显示，可以根据需要把相关参数集中在一张趋势图中，便于比较和分析；工程师站、操作员站均有身份密码识别和权限识别，操作安全。登录操作实时记录每一个阀门、电机操作状态以及进行该项操作的人员，以便安全管理。

提供报警画面显示。

提供实时和历史报表、批次报表的显示和打印功能。

三、关键控制技术

1. 麦汁制备过程

麦汁制备过程是啤酒生产的关键环节之一，对整个啤酒生产的产量、质量、消耗等影响很大。糖化过程工艺指标控制的好坏，对啤酒的稳定性、口感、外观有着决定性的影响。糖化生产过程工艺比较复杂、技术要求高，控制难度较大。在浙江石梁酒业集团糖化生产过程的控制中，主要采用了下面几项检测和控制技术。

① 快测温技术。采用快速测温元件，保证浸渍水、调浆水、洗糟水、麦汁冷却温度的准确快速控制。

② 先进的温度控制技术。糊化锅、糖化锅、煮沸锅的温度控制采用逆模型反馈控制的先进算法，克服了糊化锅、糖化锅、煮沸锅温度对象较大的时滞特性。该控制算法实际使用效果非常好，保证了包括拐点在内的温度控制实际偏差<+0.3℃。

③ 防溢锅控制技术。糊化锅、煮沸锅采用独家创立的溢锅检测软件及防溢锅控制软件，解决溢锅问题。该技术实际使用效果良好，自该项技术实施以来从未发生锅溢锅现象。

④ 过滤槽全自动控制技术。系统综合利用槽层差压、麦汁浊度、平衡罐液位、麦汁过滤流量等可测参数，实现自动洗槽、自动耕槽、自动回流/过滤控制，保证清亮度，并达到最快的过滤速度。

⑤ 麦汁制备过程全自动控制技术。实现自投料开始（料仓进料）至出料（去发酵车间）的过程全自动控制。

自动CIP过程控制及CIP液自动回收控制技术：保证CIP洗液的温度、压力、pH值等技术指标，达到规定的清洗度，并达到最快的清洗速度。

⑥ 安全联锁控制技术：杜绝CIP洗液对物料的污染，保证生产的绝对安全。

2. 啤酒酿造过程

啤酒酿造过程是啤酒生产的重要一环，它直接关系到啤酒的产量、口味和质量。发酵过程周期长，且不同于一般的化学或物理过程，是一种厌氧型生物发酵过程，有许多不确定随机干扰会影响整个发酵生产。而且，不同品种的啤酒、每一工艺阶段对发酵罐内的温度、罐顶压力的控制要求都不一样，精度要求高，因此采用各种新技术提高自动化程度非常重要。

对于纯生啤酒的生产而言，从麦汁冷却至灌装以及酵母培养、酵母回收、CO_2添加、CO_2回收、脱氧水生产、无菌空气制备等每个环节的严格 CIP 及无菌操作是保证纯生啤酒生产的必要手段。

在啤酒酿造过程控制中采用的关键技术主要体现在以下几个方面。

精确的啤酒发酵温度测量技术：温度是啤酒生产过程中最重要的测控参数之一，而我国大多数啤酒生产厂采用的是热电阻温度变送器测量温度信号，事实表明，由于受到结露的影响，采用热电阻测量温度信号还存在一些缺陷。因此，浙大中控作了深入的研究之后，基于集成电路温度传感器成功开发了 SBWJ 型啤酒温度变送器，并于 2000 年获得国家发明专利。

啤酒发酵温度的先进控制技术：露天啤酒发酵罐的罐体直径一般为 4～6m，有效容积多为 200～500m^3，因此，罐体温度控制对象滞后很大且具有明显的时变性，采用常规控制方案难以达到满意的控制效果。为此我们在对被控对象特性、制冷机理、控制要求及特点等方面进行深入研究的基础上提出了多模态优化控制策略，以保证发酵温度的精确控制。

纯生啤酒生产过程的综合自动化控制技术：采用先进的现场总线技术和分布式 I/O 计算机控制系统对麦汁冷却、麦汁充氧/酵母添加、啤酒发酵、啤酒过滤、啤酒修饰、高浓稀释、清酒、灌装、酵母培养/扩培、酵母回收、CO_2 添加、CO_2 回收、脱氧水制备、取样等各个生产环节进行联动联锁控制，并以严格的自动 CIP、消毒、杀菌控制，保证整个生产过程的无菌化操作。

安全联锁技术：整个啤酒生产过程各个环节均涉及 CIP 操作，CIP 液有酸、碱、冷热水、消毒液、无菌水等。CIP 操作不仅要求达到规定的清洗度，同时要杜绝 CIP 洗液对啤酒的污染，所以在控制过程中必须采用合理安全的联锁技术，保证生产的绝对安全。因此，设计一个非常可靠、完整的安全联锁操作系统同样至关重要，这在啤酒生产过程综合自动化系统中也是一个重要的组成部分。

3. 信息技术

强大的信息管理功能和生产决策功能是先进的 CIMS 系统中的重要组成之一。信息管理包括整个啤酒生产过程的生产信息管理、市场营销管理、财务管理等，一方面用来支持控制的优化，另一方面支持生产决策功能的运行，使各级领导能根据市场导向、质量反馈等各种信息进行及时的经营决策、生产调度和生产优化，提高市场竞争力。基于计算机网络技术、开放的通信协议和标准数据接口的分布式体系结构更多地采用标准化部件和软件，信息综合处理实现各局部之间信息交换、共享，实现协调管理，包括工艺技术管理、配方管理、人员管理、优化资源配置等方面，有效地提高企业的创新能力。

第十二节 啤酒企业实行“清洁生产”的基本模式

清洁生产是在产品生产过程和产品预期消费中，既合理利用自然资源，把人类和环境的危害减至最小，又充分满足人们的需要，使社会、经济效益最大的一种生产方式，是一种新的创造性思想，该思想将整体预防的环境战略持续应用于生产过程、产品和服务中，以增加生态效率和减少人类及环境的风险。清洁生产是时代的要求，是世界工业发展的一种趋势，是相对于粗放的传统工业生产模式的一种方式，概括地说，低消耗、低污染、高产出是实现经济效益与环境效益相统一的21世纪工业生产的基本模式。

一、实施清洁生产主要体现的内容

① 尽量使用低污染、无污染的原料，替代有毒有害的原材料。

② 采用清洁高效的生产工艺，使物料能源高效地转化成产品，减少有害环境的废物量。

③ 向社会提供清洁的产品，这种产品从原料的提炼到产品最终处置的整个生命周期中，要求对人体和环境不产生污染危害或将有害影响减少到最低限度。

④ 在商品使用寿命终结后，能够便于回收利用，不对环境造成污染或潜在的威胁。

⑤ 完善企业管理，有保障清洁生产的规章制度和操作规程，并监督其实施，同时，建设一个清洁、优美的厂容厂貌。

⑥ 要求将环境因素纳入设计和所提供的服务中。

清洁生产使自然资源和能源利用合理化、经济效益最大化、对人类和环境的危害最小化。通过不断提高生产效益，以最小的原料和能源消耗，生产尽可能多的产品，提供尽可能多的服务，降低成本，增加产品和服务的附加值，以获取尽可能大的经济效益，把生产活动和预期的产品消费活动对环境的负面影响减至最小。对工业企业来说，应在生产、产品和服务中最大限度地做到：

① 节约能源，利用可再生能源、清洁能源，实施各种节能技术和措施，循环利用各物料。

② 减少原料和能源的使用，采用高效的生产工艺，提高产品质量。

③ 培养高素质人才，完善企业管理制度，树立良好的企业形象。

二、清洁生产的特点

清洁生产是现代科技和生产力发展的必然结果，是从资源和环境保护角度要求工业企业的一种新的现代化管理手段，其特点如下。

（1）是一项系统工程　推行清洁生产需企业建立一个预防污染、保护资源所必需的组织机构，要明确职责并进行科学的规划，制定发展战略、政策、法规。包括产品设计、能源与原材料的更新与替代、开发清洁工艺等。

（2）重在预防和有效性　清洁生产是对产品生产过程产生的污染进行综合预防，以预防为主，通过污染物产生源的削减和回收利用，使废物减至最少，以有效地防止污染的产生。

（3）经济性良好　在技术可靠的前提下执行清洁生产、预防污染的方案，进行社会、经济、环境效益分析，使生产体系运行最优化，即产品具备最佳的质量价格。

（4）与企业发展相适应　清洁生产结合企业产品的特点和工艺生产要求，使其目标符合企业生产经营发展的需要。环境保护工作要考虑不同经济发展阶段的要求和企业经济的支撑能力，这样清洁生产不仅推进了企业生产的发展，而且保护了生态环境和自然资源。

三、实施清洁生产的途径

清洁生产是一个系统工程，是对生产全过程以及产品的整个生命周期采取污染预防的综合措施，主要途径如下。

① 在产品设计和原料选择时以保护环境为目标，不生产有毒有害的产品，不使用有毒有害的原料，以防止原料和产品对环境的危害。

② 改革生产工艺，更新生产设备，尽量可能提高每一道工序的原材料和能源的利用率，减少生产过程中资源的浪费和污染物的排放。

③ 建立生产闭和圈，废物循环利用。

④ 加强企业自身科学的管理。

四、啤酒行业实施清洁生产分析

伴随着科技的进步和发展环境的完善，我国的啤酒行业得到空前的发展，啤酒的产销量、经济效益等重要经济指标同步增长，企业的管理得到改善，并且以纯生啤酒为代表的清洁生产典范得到健康的发展。下面就我司在实施清洁生产中所取得的实效进行分析说明。

实施清洁生产，是企业既发展生产又解决生产工艺过程污染的有效途径。在实施清洁生产大体经历清洁生产审计、方案筛选及评估、方案实施及总结经验四个阶段。

清洁审计工作从原料入手，审计现有的生产工艺、工序物资、能量的消耗以及产品有关资料，进行物、能的平衡分析，从中找出企业管理制度是否完善、工艺流程是否合理、操作是否规范、检测的方法以及数据是否准确、原辅料的比例是否合理、废物废水废气的处理是否达标、产品质量是否欠佳等问题。针对审计中发现的问题，提出方案进行论证优化选择，从中确定方案的实施。其实施包括项目的名称、内容、目的以及成效分析。

通过清洁生产审计、整改方案的实施，提高企业的整体素质，完善了企业的管理制度，促进了生产工艺技术的进步，提高了产品的质量，增加了产品附加值，减轻了生产工艺过程中污染物的排放，取得了明显的经济效益和环境效益，具体表现在以下方面。

① 严格原料的管理，避免原料的损失，提高原料的质量。

② 优化工艺路线，调整工艺参数，使能源、原料、辅料等得到节约。

③ 针对生产工艺过程中所产生污染物的合理处理，有效地增加了物质的再利用率。

④ 为创造一个有利于微生物控制的良好厂区环境和生产现场环境，公司在厂房设计以及工艺布局的论证时均严格按照近于制药行业要求的生产环境进行设计，即按“清洁生产”要求精心设计。

⑤ 这里要着重提一下纯生啤酒的清洁化生产。纯生啤酒生产技术是建立在对微生物生态深入认识的基础上，国际上经过十几年的研究和实践，通过不断完善提高啤酒酿造设备水平，优化啤酒生产工艺流程，减少微生物污染传播机会，创造一个无菌酿造、无菌过滤、无菌包装的生产环境。

清洁生产项目是一项系统工程，涉及观念、资金、技术、经营理念等诸多因素。因此，必须从经营理念、人才机制、生产设备条件、生产现场管理、市场营销、科研能力、信息化等方面进行分析总结。

① 树立以顾客为中心的经营理念。

② 建立“有效的人才管理机制”。公司坚持从实际出发，建立人才库，注重人才本土化培养和社会配置相结合的原则，保证企业高素质人力资源能不断满足企业发展的需要。

③ 先进的生产和检测装备。公司北厂建设引进了具有国际先进水平的现代化生产设备和计算机自动化控制系统，生产过程采用全电脑控制，使生产过程中能够对其工艺参数、质量状况、操作过程和设备运行情况进行实时在线显示和记录，并使数据有可追溯性。在监视检测方面，公司从国外引进了二十多台国际先进的检测仪器等。

④ 生产现场的有效管理。“5S”活动得到有效实施。

⑤ 有效的市场营销策略。

⑥ 公司重视新产品、新技术、新材料、新工艺的开发和应用。自 1997 年以来，连续开发了小麦啤酒、全麦啤酒、低醇啤酒、枸杞啤酒、螺旋藻啤酒、纯生啤酒、真啤酒、国宴、精品系列等。

⑦ 先进高效的信息化管理。

总之，推行清洁生产是企业实现可持续发展自身要求的技术条件，实现清洁生产是一个企业的责任。现在我国的啤酒行业从原料的生产、产品的研制开发、工艺技术的优化等，均形成了一个完整的体系。在啤酒行业竞争异常激烈的今天，应不断完善企业自身的管理，提高产品的质量，使清洁生产的模式与规范渗透到生产的各道工序与理念上来。

第十三节 啤酒企业的技术管理与质量管理

啤酒企业的技术管理工作主要涉及两个方面的内容：一是技术管理；二是质量管理，两者均在不同程度上对保证啤酒质量起到关键作用。

一、技术管理

（1）工艺文件的控制　根据技术质量部每年度技术管理总结，啤酒企业要求每年度必须对所有的技术质量文件进行完善和修订，及时融入新的管理理念、思想和日常管理过程中的改进意见和方法，使相关工艺技术要求、卫生制度以及原辅、包装材料、半成品、成品内控标准等技术文件和生产过程控制指标及质量考核更趋全面、具体，使之更合理、可操作、易控制、能监督，进而使啤酒企业年度各项技术质量管理工作有章可循，同时，每年技术质量部均提出企业质量管理方面的某个或几个指标作为年度技术管理和对生产系统考核的重点。

在制定工艺制度时主要遵循的原则为：

① 工艺应具有先进性，适应当今技术发展方向和水平。

② 工艺应具有实用性，设计工艺方案时必须综合考虑企业的实际装备情况、生产实际和操作习惯。

③ 工艺应具有灵活性，在不影响产品质量的前提下，一些技术指标和参数可给生产车间一定的范围和操作空间，便于车间操作和问题的处理。

④ 工艺应具有权威性，工艺方案由工艺主管编制，啤酒企业技术质量部审核并需总工批准后方可实施。

（2）工艺卫生的管理　啤酒企业的卫生管理是啤酒生产中最重要的控制环节。“三分工艺、七分卫生”的要求一点也不过分，酿造过程中必须要做好对有害微生物的控制，严禁有害微生物的污染，应及时做好清洗、消毒和灭菌工作。

① 完善的工艺卫生管理制度是搞好工艺卫生的根本保证。啤酒企业要制定了糖化、发酵、清酒、包装等生产工序所涉及的所有管道、容器和操作用具的清洗杀菌方案，技术质量部对所使用的碱性、酸性清洗剂和杀菌剂及时跟踪，每年更换一次不同成分的杀菌产品，并且制定了微生物的检验频率、标准和严格的考核制度。

② 对啤酒生产过程中容易污染的部位应加强监控，如酵母扩培罐、麦汁冷却设备、管道、发酵罐、清酒罐、酒机等微生物易污染的部位均应加强重点检测。对杀菌机的杀菌效果做到班班检测，技术部质检人员抽测并行。每次CIP清洗液的温

度、浓度、清洗时间必须要达到工艺要求，保证清洗灭菌效果。

③ 强化监督机制，实行自检与专检相结合。质检部门定期对生产车间抽检，以落实工艺卫生执行情况，若发现问题，限期改正。

④ 做好原始记录保存工作。生产中的一切原始记录，包括检验记录和操作记录，要求如实填写，并由相关的车间和质检部门做好原始记录的保存工作，以便生产出现问题或成品出现问题时及时查找事故原因，妥善处理。

(3) 设备改造的实施　啤酒企业每年利用生产淡季，及时协调设备部门做好影响工艺实施和产品质量的技术改造和设备更新。近几年，国内不少啤酒企业不断采用新技术、新工艺、新装备分别对酿造水的处理由电渗析改为反渗透；麦汁过滤由过滤槽改为压滤机；麦汁煮沸方式由常压改为低压动态；清酒压送由气体压送改为泵送；灌装酒机的二次抽真空改造，灌酒前的 CO_2 气体置换和高压激沫装置的恢复，以及杀菌机 PU 自控装置的改造和酵母添加系统的实施，均对产品质量和风味的稳步提高起到了关键的作用。

二、质量管理

(1) 原辅材料、包装材料的管理　原辅材料的管理是啤酒质量管理的第一步，也是非常重要的环节，因此啤酒企业在原辅材料管理上应做好以下工作。

① 建立原辅、包装材料的质量管理制度。啤酒的主要原料包括水、麦芽、大米和酒花，辅料类包括酶制剂、澄清剂、稳定剂、清洗剂、杀菌剂和助滤剂等均应纳入管理范畴。应根据相关国家和行业标准，制定出啤酒企业的内控标准，必须选择有资质的、质量和信誉较好的供货商，并按规定要求提供产品使用说明书、随货合格证明材料和有资质的第三方检验报告。

② 实行严格的检验制度。对于啤酒酿造所用的主要原料实施严格的取样检验制度，对所进麦芽分车次进行码垛，增加取样点，做到批批检验；对于大米的外观质量，要求做到每袋检验，及时将质量较差的挑出。

③ 加强仓储管理。所有原料必须做到防潮、防霉、防虫害；需低温储存的物资（如酒花、酶制剂类等）应放入冷库中保管，防止其性能和酶活力的降低，影响啤酒的内在质量和产品风味。

④ 合理控制原辅材料的进货数量。根据公司的实际生产活动，每月提出月采购计划，并要求分上中下旬分批采购。尤其对于大米的采购最多保证有 5 日的使用量即可。另外，在货物的领取和使用过程中，要求啤酒企业仓库和使用单位严把原辅材料的质量关，严禁霉变或异常的物资投入生产。

(2) 生产过程的质量控制　过程质量控制，始终灌输“爱护质量就像爱护自己眼睛一样”的思想，严格按照 ISO9001 质量管理体系要求开展工作，以过程质量控制保产品结果。

① 确立关键控制点。根据啤酒企业的工艺制度和产成品内控标准要求，合理确定从糖化、发酵、清酒到包装的关键控制点，并根据各控制点的要求制定了单独

的考核方案，分别进行考核，如麦汁的浓度、总酸、色度、碘值、TBA 值、卫生指标（含厌氧菌）等；发酵液的浓度、发酵度、酒精度、总酸、双乙酰、卫生指标（含厌氧菌）等；清酒的浓度、酒精度、总酸、发酵度、浊度、双乙酰、溶解氧、卫生指标（含厌氧菌）等；成品啤酒除符合 GB4927 标准要求外，另外还对瓶颈空气和灌装增氧量进行考核，严格控制杀菌 PU 值，减少酒体的热负荷。

② 对于影响产品质量的重点指标严格监控，精细管理。根据以往生产和质量管理经验，技术质量部对生产系统中一些出现过和易出现问题的工序进行重点监控。

a. 对双乙酰含量的控制。技术质量部要求检测中心在发酵过程中双乙酰还原结束、后贮开滤前和成品出厂前分别进行检测和控制。

b. 对酵母的控制。酵母的扩培无论是实验室还是现场操作必须由检测中心来完成，严格执行酵母扩培管理规定，并对扩培效果（含厌氧菌）进行自检。密切跟踪从满罐到双乙酰还原结束的酵母数情况，出现异常及时排查和处理并对开滤前的后贮酵母数进行检测，指导车间合理进行清酒过滤操作。

c. 对溶解氧、瓶颈空气的控制。技术质量部积极协调设备改造，实施清酒的泵送灌装和罐体的带压酸洗，合理使用 CO_2，目前清酒溶解氧基本控制在 $(0.01\sim0.03)\times10^{-6}$；包装车间对灌装机也进行了改造升级，安装了灌装前的 CO_2 气体置换装置，对二次抽真空和高压激沫装置进行了改造，目前真空度达到 $-0.095\sim-0.090$MPa，灌装增氧量基本控制在 0.04×10^{-6} 以下，瓶颈空气含量基本达到 1.2mL 以下。

d. 对发酵液的卫生指标控制。过去，发酵液的厌氧菌控制是个老大难的问题。啤酒企业技术部门都要将其列入年度工作目标，对发酵车间进行了固定管路改造，成立了 QC 攻关小组，分别对冷却麦汁、无菌风、管道杀菌水、洗罐残水和酵母等多个控制点进行跟踪检测，发现气源质量是影响发酵液厌氧菌超标的根本因素。啤酒企业要对各气路的无菌过滤装置，尤其对酵母扩培室的无菌过滤装置进行改造，提高酵母和发酵液的厌氧菌含量合格率。

e. 对出厂产品的检验。为保证所有销售产品的合格，从感官指标、理化指标、卫生指标和计量指标，啤酒企业技术部门均做到了对所有出厂产品批批检验，合格后方可开具入库销售通知单，力求做到让消费者满意。

(3) 对包装成品的外观质量控制　啤酒包装是啤酒生产中的最后一道工序，包装质量的控制直接影响啤酒的最终质量，包装质量的好坏直接影响到企业的形象，好的外包装能直接引起消费者的消费欲望。成品外观应做到：

① 酒液清亮透明，无悬浮物及杂质，不得有漏气、漏酒现象，容量合格。

② 瓶子外壁不得有污物及附着物，异型瓶、色差较大、过度磨损的瓶子应挑出。

③ 所用的标签应与产品要求一致，各标签应粘贴工整，做到不褶皱、不破损、不脱落，无缺标、破标、重标、翘标、反标、倒标等。

④ 生产日期准确、清晰，字体大小规范。

⑤ 塑膜包装应按规格包装，包装端正，无烂包、偏包现象；周转箱必须冲洗，干净整洁，无污物；纸箱应大小适中，封口平整光滑。

⑥ 搬运和堆放时要轻装轻放，整齐牢固。

（4）对感官品评的管理　啤酒企业组成了以技术总工为组长，技术、酿造、包装等部门负责人、技术人员以及国家、省级、公司级品酒员为组员的品评小组，对啤酒企业的原辅、包装材料和半成品、成品进行品评管理。生产过程的品评，由各工序的检验、操作人员及班组长进行。

啤酒企业技术部又对品评制度进行了重申和完善，尤其增加啤酒企业品评频率和酿造车间品评要求，要求每周组织开展所有出厂成品啤酒的品评，做到批批产品均得到有效感官检查；要求酿造车间（或结合技术质量部）对在滤和待滤发酵嫩啤酒、在滤、在装及已滤待装清酒进行感官品评，最大限度地避免口感异常的产品流入市场。

（5）对留样产品的有效管理　为检验啤酒的保存期，了解啤酒的口味变化；为市场发生的质量问题酒提供依据，啤酒企业都要建立产品样品室，分别对每罐清酒所对应的产品进行留样，要求巡检人员每天需对存样酒进行检查，并做好记录，检查发现的异常情况应及时报告和处理。

啤酒质量管理涉及的方面比较多，以上所述仅是技术质量管理部门所能做到的很小一部分，另外，产品质量还受到设备、人员操作、动力供应部门的“水、电、汽、冷、风”等各种因素的影响和制约。搞好啤酒质量管理工作，不单单是技术质量部门的工作，它是一个企业各部门有效工作的一个最终体现，产品质量管理水平的提高能够塑造企业良好的品牌形象，能够使企业产品形成自己独特的品牌个性和魅力，能够培养消费者对企业产品树立牢固的忠诚度。只有所有涉及质量工作的部门密切配合，靠质量取胜，企业才能在激烈的市场竞争中长久不衰。

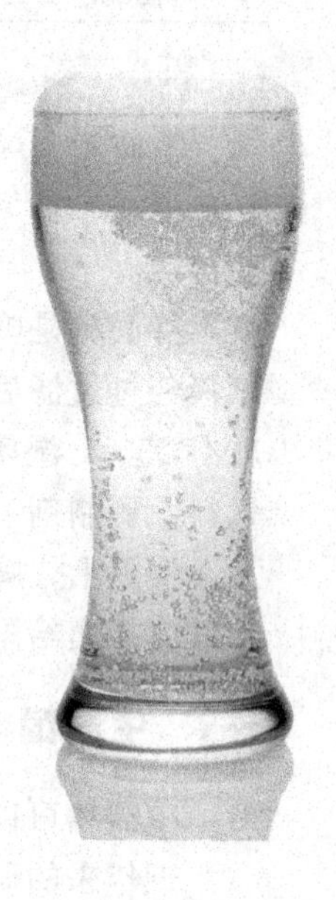

第十章

啤酒副产物综合利用与水处理技术及质量指标

麦糟又称啤酒糟或酒糟。啤酒糟是啤酒酿造生产的主要废弃物之一，是以大麦为原料，经发酵提取籽实中可溶性碳水化合物后的残渣，大约占啤酒总产量的四分之一。

据世界主要国家啤酒产量统计表明，2011 年中国啤酒产量比上年增加 10.7%，连续 10 年增幅第一，占世界总产量的四分之一。在排行榜上，啤酒产量占世界第二位的国家是美国，但和 2010 年相比减少 1.5%，第三位是巴西，增长 3.4%。

统计数据显示，2011 年世界啤酒总产量比上一年增加 3.7%，为 19271 万千升，连续 27 年更新最高纪录。以印度、中国等新兴市场国家经济增长为背景，全球啤酒生产量上升。

2012 年中国啤酒总产量突破 4600 万千升，产量连续 11 年位居世界第一。随着啤酒产量的不断增加，啤酒酿造过程中的酒糟迅速增加。

据测定鲜啤酒糟含水分 79.25%，粗蛋白 5.19%，粗脂肪 1.86%，粗纤维 1.41%，无氮浸出物 11.50%，灰分 0.78%。

目前工厂主要是将湿糟作为粗饲料直接低价出售，其收益甚微，有的则是将湿糟直接排放，不仅造成严重的环境污染，还导致资源的浪费。为此，越来越多的研究人员更加关注如何合理开发与应用啤酒糟，如从啤酒糟中提取膳食纤维，制备功能性乳酸，发酵纤维饮料，用啤酒糟生产饲用木聚糖酶等。

第一节 啤酒糟的综合利用

啤酒糟是啤酒厂最主要的副产物，啤酒糟一般是在啤酒糖化过程结束时，糖化醪液经过过滤后残留的皮壳、高分子蛋白质、纤维素、脂肪等，每生产 1kL 啤酒就有 250kg 湿糟，如能很好地再利用也可取得可观的经济效益。本节将从啤酒糟在饲料、酶制剂、食品等方面的应用进行综述。

实际上，啤酒糟是微生物的良好营养基质，但目前，大部分啤酒生产企业只是将其直接卖给附近农户用以养猪、养鱼，以致啤酒糟的价值并未得到充分利用。

一、 生产饲料

啤酒糟可以直接作饲料，从其营养成分来看，作为饲料还是理想的。

近年来的研究发现，运用理化方法处理后的酒糟废液仍含有大量的有机物，且 COD 值在 1500mg/L 左右，若直接排放，将对环境产生严重影响。如果将啤酒糟作为基本原料进行混合菌种发酵，则可得到菌体蛋白饲料。这样不仅可以变废为宝、减少污染，还可以将原本作为粗饲料添加的啤酒糟变为精料（即高营养含量添加剂）。发酵后，饲料中含有丰富的维生素、多种微生物酶、生物活性物质及生长调节剂，且蛋白质含量高，营养平衡，动物容易吸收，解决了目前配合饲料中营养水平低、吸收效率低的问题。利用啤酒糟作为原料载体，采用多菌种混合固态发酵技术，是适合我国生产高蛋白菌体饲料的有效途径，同时，也为综合利用啤酒糟开辟了一条新路。

目前，以啤酒糟为原料，进行深加工，成为高效利用啤酒糟的趋势，以下将介绍啤酒糟在饲料工业的高效应用。

1. 制作颗粒饲料

吕建良等报道了以啤酒糟为主要原料，适量添加废酵母、碎麦、麦根等富含营养的啤酒副产品，经脱水干燥制成颗粒饲料，达到一举两得的效果。此做法与直接出售湿糟相比，创造出更大的经济效益，同时还有明显的环境效益。

2. 发酵啤酒糟生产饲料

啤酒糟可以利用微生物或理化方法进行处理。近年来运用理化方法处理的酒糟废液仍含有大量的有机物，COD 值在 1500mg/L 左右，若直接排放，将对环境产生严重影响。利用啤酒糟为基本原材料进行混合菌种发酵，可得到菌体蛋白饲料。在不添加辅料的情况下，混菌发酵后可将啤酒的粗蛋白提高到 35%，其中真蛋白提高 11%，粗纤维降低 2.05%，氨基酸占粗蛋白的 94.1%。这样不仅可以变废为宝、减少污染，而且可以将原本作为粗饲料添加的啤酒糟变为精料，即高营养含量添加剂，饲喂效果也比较理想。

郭建华等报道了以糖糟和啤酒糟为原料，糖糟 70%、啤酒糟 30%，接入酵母菌，固态法发酵 60h，发酵温度 30℃，生产蛋白饲料。结果表明：每克发酵基质中可得酵母 95 亿个。发酵基质粗蛋白从 25%提高到 36%，得到粗蛋白含量很高的优质蛋白饲料。

时建青等报道了将啤酒糟和稻草按一定比例袋装发酵贮藏，分别在 30d、60d、90d、120d 开袋取样进行 pH 值、乳酸、NDF 和 ADF 含量分析，结果表明随发酵时间的延长，pH 值逐渐降低，乳酸含量逐渐增加，NDF 和 ADF 含量逐渐下降。表明饲料通过发酵处理不但可以较长时间地保存，而且可使纤维成分降解，从而改善其营养价值。

3. 生产单细胞蛋白饲料

以啤酒糟为主要原料，经霉菌、酵母菌等多种混合发酵，可转化为营养丰富的单细胞蛋白饲料。发酵后的啤酒糟蛋白饲料其蛋白质质量分数提高到 35%以上，粗蛋白提高 10%～15%，氨基酸及 B 族维生素都有不同程度提高，含有多种活性因子，具有较高的生物活性，消化吸收率高，具有较高的营养价值。

在饲喂奶牛的实验中，用1kg 的发酵啤酒糟蛋白饲料替代 9kg 未加工处理的新鲜啤酒糟，每头牛每天多产奶 315g，其经济效益相当可观。

啤酒糟菌体蛋白饲料的开发，既缓解了我国蛋白质资源的短缺，又降低了生产单细胞蛋白的成本，极大地增加了啤酒糟的利用附加值，是实现高效利用啤酒糟的重要途径，同时是啤酒糟资源开发的必然趋势。

二、 生产粗酶制剂

以啤酒糟为主要原料，通过微生物发酵，得到粗酶制品，明显提高了经济效益和环境效益。目前此方面的研究得到了众多研究者的青睐，将会成为高效利用啤酒糟的一个发展趋势。

酶制剂是继单细胞蛋白饲料酵母、活性饲料酵母之后的又一种微生物制剂。

以下将介绍啤酒糟在酶制品工业中高效应用。

1. 啤酒糟生产木聚糖酶

啤酒糟中无氮浸出物的主要成分是木聚糖。以啤酒糟作为主要原料，进行发酵生产具有高科技含量、高附加值的饲料添加剂——木聚糖酶，用于畜牧和养殖业中，为综合开发利用啤酒糟这一再生资源开辟了新途径。

曾莹等试验研究以黑曲霉 An54-2-1 为菌种，经过固态发酵制备木聚糖酶的浸提工艺和盐析工艺，并对提取的木聚糖酶进行部分酶学特性的研究。结果表明，采用 0.2%的 NaCl 为浸提剂，固液比为 1∶200（g/mL），浸提时间为 1.5 h，质量分数为 60% 的 $(NH_4)_2SO_4$ 盐析分离时，木聚糖酶相对活力最高，得率为 77.08%。

通过对提取的木聚糖酶酶学特性研究表明，黑曲霉 An54-2-1 所产的木聚糖酶最适反应温度为 50℃，温度在 45～60℃范围内，木聚糖酶有着较宽的温度适应性；酶反应的最适 pH 值为 5，酶反应的最适 pH 值范围为 4.5～5.5，而猪消化道温度为40℃，小肠pH值为5～7；鸡的体温为41℃，腺胃至结肠内容物的pH值为2～7，与黑曲霉An27-2所产木聚糖酶的酶学特性参数基本吻合，也与其他报道的商品木聚糖酶最适pH值和最适温度近似。因此，以啤酒糟为主要原料，以黑曲霉An54-2-1发酵生产的木聚糖酶是一种较为理想的饲用酶制剂。

2. 啤酒糟生产纤维素酶

纤维素酶（cellulase）是降解纤维素生成葡萄糖的一组酶的总称，现已广泛用于食品加工、发酵酿造、制浆造纸、废水处理及饲料等领域，尤其是利用纤维素生产燃料乙醇是解决世界能源危机的有效途径之一，其应用前景十分广阔。

啤酒糟中含有大量的膳食纤维，是很好的天然膳食纤维源，添加在焙烤制品中可产生良好的褐变效应。

王异静等依据正交设计法，探讨了碱法和酶法提取啤酒糟中的水溶性膳食纤维的最佳工艺。通过实验，得到了碱法和酶法提取啤酒糟中水溶性膳食纤维的最佳工艺条件。

① 碱法最佳工艺条件为提取温度70℃，NaOH浓度0.9%，提取时间80min，液固比17∶1。酶法最佳工艺条件为酶解温度60℃，加酶量10%，酶解时间5h，pH解为5.5，液固比15∶1。

② 碱法的水溶性膳食纤维得率要远大于酶法的水溶性膳食纤维得率，碱法在提取水溶性膳食纤维的同时，还提取了一部分碱溶性半纤维素。酶法提取水溶性膳食纤维得率较低，酶添加量大，应该对纤维素酶进行更广泛的选择，以达到较高的得率和经济效益。

③ 碱法提取的水溶性膳食纤维颜色较深，为焦糖色，酶法提取的水溶性膳食纤维颜色较浅，为黄色。

目前，用于生产纤维素酶的菌种主要是木霉属和曲霉属，但木霉易产生毒素，限制了其在食品等领域的应用。黑曲霉是公认的安全菌种。国外，已实现黑曲霉纤维素酶的工业化生产。

啤酒糟的主要成分是麦芽壳和未糖化的麦芽，这些物质含有大量的纤维素，而纤维素是纤维素酶的诱导物，而且啤酒糟中含有一定量的含氮化合物和多种无机元素及维生素，质地疏松，是固态发酵生产纤维素酶的优良基质。以啤酒糟为主要原料，采用黑曲霉（*Aspergillus niger* sp.）固态发酵生产纤维素酶，对培养基的组成和培养条件进行了优化。适宜的培养基组分为：500mL三角瓶中装入啤酒糟和棉粕20g，配料比8∶2，料水比1∶1.5，于30℃发酵66h，滤纸酶活和羧甲基纤维素酶活分别达到（759.9±51.7）U/g和（14 187.8±579.1）U/g（干物质），而在含氮量相等的条件下，试验所用的几种无机氮对酶活影响不显著；KH_2PO_4和$CaCl_2$在所研究的添加范围内对产酶影响也不显著。

三、作食用菌栽培原料

啤酒糟是一种良好的食用菌栽培原料。它的营养成分适合平菇、鸡腿菇、金针菇等菌丝生长，既可降低食用菌生产成本，又能解决环境污染问题。

邵伟熊等对啤酒厂的废弃物啤酒糟进行了栽培金针菇的再利用试验。食用菌培养基配方：棉籽壳40％、麦糟50％、玉米粉50％、石灰粉1％、石膏1％、尿素1％、磷酸钙0.6％、蔗糖1％。培养料必须彻底灭菌，这是啤酒糟栽培食用菌的关键。高压灭菌1.5kg/cm^2，1.5～2h，然后接种量3％～5％，18～25℃避光堆叠培养40～45天。结果表明，用啤酒糟完全可以代替棉籽壳、木屑等来栽培金针菇，对酒厂来说，既可以降低生产成本，又能减少环境污染。

有研究也显示，啤酒糟配合酒糟培育高产平菇的方法，一般18天菌丝长满袋，25天左右可以出菇。

四、生产燃料乙醇

燃料乙醇（FuelEthonal，FE）作为一种新型的可再生、清洁能源，越来越受到世人的重视。目前，燃料乙醇的生产主要以粮食或薯类为原料，产品成本高。

宋安东等利用酒糟生物质为原料，进行生产燃料乙醇的试验研究。结果表明，酒糟生物质的燃料乙醇产率可达4.03％以上。

五、生产甘油

啤酒糟是含淀粉质（多糖化合物）的原料，淀粉经水解或多糖化合物经“糖化降解”为单糖分子（如葡萄糖等已糖），单糖分子在酿酒酵母的作用下，经空气进行发酵，可生成甘油。丁琳等以啤酒生产中的副产物酒糟为原料，经酶法糖化，再经亚硫酸盐诱导进行甘油发酵。通过正交实验，确定最佳工艺条件为：亚硫酸钠：酒糟＝1：20（质量比），发酵液pH值为7，发酵温度为30℃，产品收率可达11.9％。

用废啤酒糟作原料制取甘油，具有原料来源丰富、投资少、设备简单、操作方便、生产成本低等特点，因此，应用前景广阔，可实现工业化的生产。

六、生产沼气

我国是一个能源消耗大国，能源紧缺逐渐成为阻碍经济发展的主要因素。目前，有些啤酒厂利用细菌对啤酒糟进行沼气发酵，将产生的沼气用作燃料。

1t啤酒糟可以发酵生产23m^{3}的沼气，1m^{3}的沼气燃烧相当于0.8kg煤燃烧的热值。沼气发酵的上清液，尚可提取VB12，底层糟渣可作肥料。

七、生产复合氨基酸

以啤酒糟主要原料（添加其他辅料和啤酒废酵母），采用多菌种混合发酵生物工程技术，利用微生物体内的纤维素酶、淀粉酶将原料中的纤维素和淀粉降解成能被微生物吸收利用的糖，使之生长发育，再分泌多种蛋白酶。

肖连东等通过酶解法提取啤酒糟中的蛋白质，确定了最佳工艺条件为：水解蛋白酶的添加量2mL/100g干啤酒糟，反应温度60℃，pH=8.0，反应时间5h，固液比1∶12。在此条件下，水解蛋白提取率为63.6%。采用高效液相法对酶解液中的18种氨基酸含量进行了分析。18种游离氨基酸含量占总蛋白含量24%，8种游离状态的必需氨基酸占游离氨基酸的39%。对其功能特性研究表明，该蛋白具有很高的溶解性和乳化能力，且优于国产分离蛋白，在食品工业中有很高的应用价值。

吴会丽等采用通过正交试验得到酶解法提取啤酒糟中蛋白质的最佳工艺条件为：水解蛋白酶的添加量2mL/100g干啤酒糟，反应温度60℃，pH=8.0，反应时间5h，固液比1∶12。在此条件下，水解蛋白提取率为63.6%。

何劼采用二次固态发酵工艺，混合发酵啤酒糟和玉米芯。菌种Y-1先对半固体的鲜啤酒糟进行深层发酵，然后用菌种PS-2对Y-1发酵后的啤酒糟65%、玉米芯30%、麸皮5%组成的培养料，在28～30℃条件下，进行6～8天固态发酵。结果显示，发酵品内粗蛋白由21.27%提高到31.19%，提高率46.63 %；纯蛋白由16.87%提高到24.81%，提高率47.07%；饲料中第一限制性氨基酸——赖氨酸由0.37%提高到0.73%，提高率97.3%；粗纤维含量由22.16%降至16.03%，降解率为27.66%。

李娜等通过醇-碱法进行蛋白质提取的研究，对影响蛋白质提取的因素如醇碱比的选择、提取温度、提取时间及提取料液比等条件进行了正交试验，确定了获得最大提取量的条件，即以醇、碱比为1∶2作为提取剂，提取温度30℃，提取时间为70min，提取料液比为1∶30。

李睿等以啤酒工业废糟渣为原料，采用两种霉菌进行液态混合发酵制备复合氨基酸，对如何提高培养过程中霉菌纤维素酶活力，从而提高麦糟蛋白质利用率进行了研究，并进行了发酵试验。发酵液中，游离氨基酸含量为2688.5mg/100mL，游离氨基酸含量占水解氨基酸的77.7%，氨基酸组成合理。

八、 啤酒糟在其他领域中的应用

1. 啤酒糟生产食醋

目前，国内外对啤酒糟的生物处理方法的研究除上述几方面外，还有利用微生物对啤酒糟进行发酵，以制取酿醋的报道。

利用啤酒糟为原料，配以一定比例的玉米粉，通过双菌种制曲，一方面使啤酒糟中的麦壳替代了部分填充料——稻壳，另一方面使啤酒糟中的蛋白质得到利用，提高了食醋的质量。本技术既降低酿醋粮耗，又充分有效地利用啤酒糟这一资源，减少了环境污染。

如沈秀荣利用啤酒糟生产食醋，总酸（以醋酸计）4g/100mL，还原糖>3g/100mL，氨基酸>0.35g/100mL，各项卫生标准均达到GB2719—81要求。

2. 啤酒糟生产酱油

酱油是人们生活中不可缺少的调味品，随着人们生活水平的提高，对酱油的需求越来越大。而随我国大豆种植面积的减少，使酿造酱油的主要原料豆粕供应紧张，因而寻求替代豆粕的廉价原料来酿造酱油就十分迫切。随着啤酒产量的增加，啤酒糟的数量越来越多，啤酒糟含有较丰富的蛋白质、十多种氨基酸及多种微量元素，可作为酱油生产的主要原料。

刘军报道了鲜啤酒糟作为辅料用于酱油制曲，不仅可以降低原材料成本，而且容易使曲料处于疏松状态，大大提高制曲过程的通风效率，改善发酵过程的传质和传热效果。各试验组孢子发芽率基本相同，辅料取代率为 20%和 40%时，其孢子数、成曲和酱油质量与传统配料相当，蛋白质利用率分别为 78.04%和 78.31%。

3. 在食品调味品工业的应用

啤酒糟可直接制作食品。日本一专利采用新鲜啤酒糟，在 100～114℃条件下干燥 10s～10min 后，调制面团→发酵→成型→烘焙→冷却→包装，即可得到香味独特的啤酒糟食品。此外，将啤酒糟与其他原料混合，通过发酵得到所需的调味品，既可缓解调味品原料的不足，降低成本，又可减少啤酒糟对环境污染的压力，是高效利用啤酒糟的好渠道。

GABA 是一种天然的非蛋白氨基酸，是存在于哺乳动物中枢神经系统中的一种重要的抑制性神经递质，有降血压、静安神、治疗癫痫、强记忆力、调节激素分泌、抑制哮喘及活化肝肾功能等生理活性。GABA 作为一种新型的功能因子在功能性食品领域具有广泛的发展和应用前景。

张徐兰等初步研究了在啤酒糟中生产 GABA 的发酵条件并进行了条件参数优化，得出最佳发酵条件：装瓶量 35g、发酵温度 26℃、发酵周期 8.08d，预测的 GABA 最佳条件下的产量为 0.1743mg/g。

第二节 啤酒糟的深加工工艺与技术

近年来，不少啤酒厂开始对啤酒副产物进行深加工，这样既可减少环境污染，又能增加经济效益，其最主要的加工方法是以啤酒糟为主要原料，适量添加废酵母、碎麦、麦根等富含营养的啤酒副产物，经脱水干燥生产成颗粒饲料，可节约大量的饲料用量，目前有不少饲料厂上了颗粒饲料的生产线。

一、啤酒麦糟的成分分析

（1）颗粒饲料营养成分要求　作为饲料，一般来说其成分要求在以下范围（以干物质计）：粗纤维含量不超过 16%；蛋白质、脂肪含量不低于 29%；水分含量不超过 12%。

（2）湿酒糟成分分析　直接排放的湿酒糟，经检测，其成分大致如下：粗蛋白 5%；粗脂肪 2%；粗纤维 3%；水分 85%；灰分 0.5%。

(3) 烘干后的酒糟粉成分分析　烘干后制粒前的干糟粉，经检测成分如下：粗蛋白 27.5%；粗脂肪 8.9%；粗纤维 4.5%；水分 9.5%；灰分 2.5%。

由以上分析看，干酒糟的营养成分已基本达到成品颗粒饲料的要求，添加废酵母、碎麦等高蛋白物质，能影响到成品颗粒饲料的成本，因此可根据客户对营养成分的要求和售价的高低来决定添加量的多少。

二、工艺流程

啤酒糟生产颗粒饲料的工艺流程为：湿酒糟—搅拌均质—预脱水—烘干—按比例添加辅料—主、辅料混合—粉碎—制粒—冷却筛选—称量包装。

三、物料衡算

以年产 100000t 的啤酒厂为计算依据，糖化锅容量 35t，日糖化 12 锅次，排出的湿糟含水以 82%计，预脱水后的酒糟含水 60%，烘干后的干糟含水 8%～9%，成品颗粒饲料含水 10%～12%，预脱水和烘干每日 3 班 24h 生产，制粒每日一班 8h 生产，糖化锅每锅次产生湿糟量 5.6t，日产湿糟 67.2t；湿糟处理量 2.8t/h（即挤压脱水设备的处理能力）；挤压脱水后的酒糟量 1.26t/h（即烘干设备的处理能力）；烘干后的酒糟粉量 0.544t/h；经加入废酵母、碎麦、麦根等辅料后制成成品产量 2.1t/h；全年生产日为 300 天，成品颗粒饲料年产量为 5000t。

四、设备选型

将湿酒糟制成颗粒饲料，其主要设备是预脱水和干燥设备，预脱水设备主要是板框式压滤机和螺旋压榨机，干燥设备主要是列管式干燥机和流化床干燥机，它们各有优势，目前国内大多数啤酒厂采用的是法国诺顿和德国威特公司生产的颗粒饲料成套设备，还有部分是参照生产的国产化设备，这类生产线采用的是板框式压滤机和列管式干燥机的组合，其生产能力是年产颗粒饲料 5000t，基本上能处理年产 100000t 啤酒所产生的酒糟。

五、生产过程中的工艺设备控制重点

由于各厂的实际情况不同，制麦、糖化工艺的不同，糖化辅料添加比例的差异，会造成麦糟的成分及含水量不同。设备布置上的差异，附属设备选用的不同，都会造成颗粒饲料制造工艺上的变化，因此相同的生产线，使用起来各有不同，如果只按说明书上指导来操作，往往会遇到许多问题，生产出的产品也达不到要求。根据我们的体会，在生产过程中有些工序要重点控制，根据实际，调整工艺，改造设备，使整个生产线能顺利运行，生产出合格的成品。

1. 酒糟输送

① 在糖化工序麦汁过滤时，由于每次排糟用水量差异，因而湿糟的水分含量往往也不相同，在泵入均质罐后，需调整水分使之保持在 85%～90%之间，保温

40～60℃，这样才能使酒糟均匀地进入到压滤机中，如果水分过少，料干，易填塞管道，影响生产的进行；而水分过大，则实际进料量少，造成产量低，能耗大。

② 因为从湿酒糟罐到酒糟均质罐的输送是间断性的，为防止停机后酒糟干结堵塞管道，最好在酒糟泵前后各加一个自来水管，在辅料前后冲洗管道，酒糟太干堵塞管道时也可用它疏通。

2. 压滤

压滤工序是颗粒饲料生产中的关键工序，也是最容易出故障的工序。

① 压滤机一个工作周期约 1h，每次进料可达 2.85t，有时处理能力达不到 2.85/h，主要原因是回流阀开启过早，使实际进滤袋的料达不到要求的量，经实验，进料压力可达 0.3MPa，等压力达到 0.3MPa 时再开回流阀，这样滤袋里的料基本能达到规定的处理量。

② 压滤机板框在压滤完毕伸展复位时如果发生倾斜，有一个重要的原因就是液压油内有杂质，堵塞了某一个调速阀，使 4 个油缸不同步造成的，因压滤机是高精密的液压装置，因此必须保证液压油的纯度。

在实际生产中发现，4 个油缸的压力经常不相同，运行时不同步，同样会造成板框倾斜，将相同压力的两个油缸调整到板框的对角线上，即使另外两个压力较小，不起作用，也能保证板框不倾斜，正常运行。

③ 液压系统是压滤机的心脏，为保证液压系统的正常工作，可增加液压油冷却系统，使油温保持在40℃以下，能使压滤机长时间连续工作，这在进口的颗粒饲料成套设备中是没有的。

④ 由于啤酒过滤时排出的废硅藻土也排出酒糟罐，这样将使板框压滤机的滤袋糊住，造成出水不畅，使压滤机的出水能力下降，压出的酒糟水分过大，达不到烘干机的要求，因此，措施之一是减少酒糟罐中的硅藻土排放量，措施之二是规定至少要每周清洗一次滤袋，一定要彻底清洗。

⑤ 压滤机的各板框滤袋进料量要大致相等，否则压滤时会因袋内酒糟量不等而造成板框倾斜，严重时会将板框拉坏，可以人工调节进料量，使进料均衡。

⑥ 压滤机压出的含水 65% 左右的酒糟呈饼状，加上酒糟内的硅藻土会增加黏性，酒藻饼不易破碎，往往造成通往干燥机的下料管堵塞，最好在贮料斗里加一个搅拌器，将酒糟搅拌松散，也可加压缩空气喷吹管，在下料管填塞时用它吹通。

3. 烘干

酒糟烘干也是重要工序，但与压滤机相比，运转相对稳定，故障较少，操作也相对简单，主要是保证酒糟水分在65%以内，烘干也就能达到 10%以下，干燥机自动化程度较高，只需按下工作按钮，主电机运转约 4min 后自动打开电磁阀进蒸汽，当机内压力达到 0.16MPa 时，自动转为由电机阀控制送汽，电磁阀关闭，压力升到 0.32MPa 时，进料螺旋、关风机、出料螺旋、提升机等自动运行，开始进行酒糟烘干，当机内温度≥95℃时，自动关闭电机阀，停止供汽，当温度≤80℃时，继续供汽，压力低于 0.16MPa 时，自动停止进料，高于此压则继续工作，停机时，只需按下自动停机钮，停止进料，只有主电机和风机继续运转 4h，将机内温度降到接近室温，自动停机。

4. 制粒

此工序将半成品制成成品，制粒的强度、光滑度都直接影响着成品的质量，因为啤酒麦糟中麦皮较多造成干糟过于松散、不易成粒，即使成粒也因黏度不够而破碎较多。因此，应添加一定比例的废酵母和碎麦，增加黏度，同时也增加了成品的营养价值，从工艺上可调整下料量和蒸汽量，加大湿度，使颗粒易成形，从操作上，该工序对操作工人的技术要求较高，从各厂的情况看，经验丰富的熟练工人制出的颗粒光滑、强度高，而且产量大，建议制粒工作采用专人操作。

总之，对啤酒糟深加工生产颗粒饲料，是很有发展前景的，与直接出售湿糟相比，生产颗粒饲料可创造更大的经济效益，同时具有明显的环抱效益，还可以解决企业下岗人员的再就业问题，该生产线以 3 班运转计，可以安排 30～50 名操作工人，因此，用啤酒糟生产颗粒饲料，具有良好的经济效益和社会效益。根据我们在实践中的摸索与思考，感觉到目前大多数生产颗粒饲料的厂家所采用的“板框压滤机-列管干燥机”的模式并不是最科学最经济的，板框压滤机由于采用液压装置，要求精度高，也易出故障，与螺旋压榨机相比，其操作复杂，使用成本高，维修难，从工艺上看，螺旋压榨机要求压榨前的酒糟含水量不大于 80%，而且压榨后的酒糟含水量也较高，但通过调整排糟含水量，酒糟完全能符合压榨要求，而且不必再加水和搅拌，压榨出的酒糟含水量 65% 左右，也能满足列管干燥机的要求，与板框压滤机比，螺旋压榨机投资小，使用简单，不易出故障，运行成本低，因此颗粒饲料生产线选用螺旋压榨机更为理想一些。

第三节 废酵母的回收利用

人们喜欢饮用啤酒是因为其具有产于自然食品成分的营养元素，而啤酒厂的副产品麦糟、废酵母浆、蛋白质凝固物和酒花糟等也是来自于这些自然成分。如麦糟含有丰富的蛋白质，废酵母浆不但含有蛋白质，还含有维生素和矿物质。

这些啤酒副产品可分为：①麦糟和酒花糟；②废糟水、热凝固物和冷凝固物；③废酵母浆等。

一、 废酵母的利用价值

啤酒废酵母是啤酒生产的重要副产物，在啤酒酿造过程中，每生产 10000t 啤酒，大约有 100t 剩余酵母产生，其中 2/3 是主发酵酵母，其余 1/3 是后发酵酵母。

这些酵母泥除一部分留作下一批啤酒发酵接种之用外，大部分作为剩余的酵母泥而排放。现代大罐啤酒发酵，每生产 1000L 啤酒可得到含水量约 82% 的湿酵母泥 20kg（3.6kg 干物质）或 3.9kg 干酵母。

二、 废酵母的深加工应用与举例

在日本、欧美等国家和地区，由于受环境保护法的严格制约，啤酒生产厂家十分重视啤酒废弃物的综合利用。与国外相比，我国的啤酒废酵母泥回收利用的比例较低，技术水平不高，工业化、实用化程度更是有较大的差距。

（一）啤酒酵母在饲料工业中的应用

酵母泥经加热、自溶及干燥后制得的酵母粉，可以直接作为商品出售，也可用做饲料添加剂，这是目前国内外啤酒废酵母综合利用的最主要方法。

我国“七五”、“八五”期间对啤酒废酵母开发蛋白饲料作了重点攻关，目前此项技术在国内已基本成熟，工业化推广程度较广，绝大部分回收的啤酒废酵母都制成了饲料和饲料添加剂。

日本的啤酒废酵母有 50％用作混合饲料，12％～13％用作强化饲料。

（二）啤酒酵母在食品工业中的应用

1. 啤酒酵母生产营养酱油

啤酒酵母泥还可以生产诸如营养酱油的调味剂。

2. 酵母抽提物的制备

天然调味料——酵母抽提物的生产及其在食品工业上的应用，在我国仍属一门新兴的行业。目前国内调味料主要以味精为主，每年市场需求量约 52 万吨。而酵母抽提物年产量只有几千吨，使用厂家大多依赖进口，市场潜力很大。

酵母抽提物作为天然调味料的一大品质，含有多种氨基酸、核苷酸、肽类化合物、维生素及微量元素等，营养丰富，滋味鲜美，肉香味浓郁而持久，集调味与营养两大功能于一体，是味精及植物水解蛋白所无法比拟的。酵母抽提物添加到各类食品中，具有独特的调味效果，能很好地改善产品风味，提高产品质量。目前国际上酵母提取物的生产和应用已形成一个独立的工业体系，如在欧美、日本等国家和地区的食品行业中得到广泛应用，在鲜味增强剂的市场中占有率高达 35％，在我国尚处于起步阶段，也有少数厂家应用面包酵母生产的抽提物上市销售，消费市场亦启动，主要用于方便面调味料粉和酱油。利用废弃啤酒酵母生产的酵母抽提物其质量与其面包酵母的产品同样好，并有成本低廉的优势，特别适合中国国情。

3. 利用啤酒废酵母生产食品添加剂

啤酒废酵母经清洗、脱苦除臭、加温自溶、灭菌灭酶、添加营养成分等工序可制得酵母蛋白营养粉，用作食品添加剂，添加到面包、饼干、香肠等食品中。

将废酵母经自溶破壁、分离提纯、浓缩可制得酵母浸膏，是兼具营养、调味和保健功能的优良食品添加剂。

从废酵母泥中提取甘露糖蛋白，作为水包油型乳化剂，在饲料、乳制品的新品开发和乳化中很有现实意义。

（三）啤酒废酵母在生物制药工业中的应用

在生制药工业中，已开发的产品主要是药用酵母、酵母浸出汁、凝血质、麦角固醇、磷脂胶木海藻糖、核酸核苷类药物、辅酶Ⅰ、果糖二磷酸钠和谷胱甘肽等。

1. 利用啤酒废酵母制取核酸、核苷酸、核苷类药物

啤酒酵母中含有丰富的核糖核酸（RNA），它主要包含在细胞质内，含量达4.5%～8.3%。提取核酸的关键在于细胞破壁，纯化干燥得到成品。核酸进一步降解，可以得到核苷酸。核酸和核苷类药物具有扩张末端血管、增加血红蛋白浓度、增加红细胞数和白血球数、减轻浮肿和抗病毒等作用。

2. 利用啤酒废酵母制取果糖二磷酸钠

果糖二磷酸钠（FDP）是人体代谢的一种活性生化物质，可作为恢复和改善细胞代谢的分子水平药物。FDP药物可供静脉注射，能显著改善心脏机能、缓和冠状动脉阻塞，用作心肌梗死、心功能不全、心肌缺血发作、休克等症的急救良药。在制作保健食品、制取美容化妆品方面亦广为应用。

3. 制取谷胱甘肽等其他生化药物

谷胱甘肽是由谷氨酸、半胱氨酸和甘氨酸构成的三肽，具有参加肝细胞内的氧化还原反应及对——SH酶的激活和提高Fe^{2+}酶活性的作用，它作为肝脏病与药物中毒的治疗药品已经商品化，日本朝日啤酒公司在啤酒酵母中注入谷胱甘肽合成酶基因（GSH-1），并控制培养条件，每单位重量的干燥菌体可以6%的高利率生产谷胱甘肽保肝药。

此类技术的最显著特点是收益高，如5′-核苷酸在日本及东南亚售价为100万美元/吨左右，由于技术含量高，工艺要求严格，投资大，故风险也较大。日本有20%的啤酒废酵母回收后制成生化药品，如ABI03、谷胱甘肽保肝药等。

（四）啤酒废酵母的深加工举例

1. 废酵母身价“发酵”

企业应考虑剩下的废物重新利用问题，做到节能环保。啤酒的生产中会产生大量废酵母。

以前，燕京啤酒都是将其制成酶解粉和酵母粉销售，1985年起，燕京啤酒开始深度开发酵母。

从湿酵母中提取酒精，可以供公司制冷车间使用，大大节约了生产成本。每处理100t啤酒酵母混合液就可回收约70t啤酒废液，而这70t啤酒废液又可以回收约5.5t浓度为95%的酒精，如果在市场上销售，按每吨酒精的市场价格为5500元计算，可收益3万元，按照目前产量700t计算，一年可以获利385万元。这是废酵母处理的第一步。

燕京啤酒又与中科院合作开发，成功地从提炼酒精后的酵母中提取出核糖核酸，这是抗病毒、抗肿瘤、抗心脑血管疾病等核酸类药物的基础原料，每吨市场价为15万元左右，其经济价值为酵母粉的18倍，每年可创造近500万元收益。公司于2004年开始进行规模生产，当年生产核糖核酸17.5t，销售额相当于2001～2003年酵母粉销售收入的总和。

2003年，燕京啤酒又投资1700万元，建成年产35吨的核苷酸生产线。核苷酸主要被用作生物制药和保健品的添加剂，具有很高的药用价值，且国际市场需求旺盛。从酵母中提取核苷酸每年可获得约7000万元收益，这是废酵母处理的第二步，核苷酸生产项目已逐渐成为燕京啤酒新的利润增长点。

从酵母中提取核糖核酸的提取率为4.1%，提取核糖核酸后的酵母废料仍可加工成酵母粉销售，这是废酵母处理第三步。从湿酵母中提取酒精到提取核糖核酸到加工酵母，燕京废酵母深度开发的“三部曲”为企业打开了更广阔的领域，创造了可观的经济效益。

2. 酵母抽提物攻克难题

对于啤酒产生过程中出现的废酵母，很多啤酒厂会将其烘干，然后加工为各种牲畜、鱼类的饲料。这种产品不仅浪费资源，而且附加值非常低。

在拓普生物科技有限公司的厂房里看到几个用管道连在一起的设备，看上去就像倒置的酒瓶。据介绍，这些高至屋顶的设备就是用来分离啤酒和酵母的。啤酒厂也是用这样的大罐，上面是啤酒，下面是酵母。可别小看这些酵母，它在我们这儿至少能形成上千个品种，主要用于保健，提高机体免疫力。例如培养基，可以用于抗生素药品的生产，酵母抽提物用在食品添加剂中可以代替味精。

利用现代生物工程技术对这一“废弃物”进行加工，然后提取核糖核酸、酵母抽提物、葡聚糖、甘露寡糖等。这相当于是把1元钱买来的东西，经过加工处理，再以100块钱卖出。

废酵母的深加工技术其中一项生产出来的“酵母抽提物”，一般采用的是65%的浓度，即65%是固体，35%是水。但是菌的活性很强，最简单的细菌都会使它变质，因此需要找到一种气体来代替空气。

据拓普生物科技有限公司介绍，在技术上，拓普生物自主研发了多项生物技术，攻克了不同品牌啤酒原料并行分离生产同种菌的难题，这使企业拥有了掘取“高附加值”的钥匙。其中附加值最高的一种产品是胞二磷胆碱，产量很少，在市场上大概能卖到2000多元一公斤。

产业结构调整必然带来生产方式的调整以及产品结构的变化。发展高附加值产品，拓普生物“废酵母的深加工”为我们提供了一个鲜活的例子。

三、 啤酒废酵母的干燥工艺

酵母粉是直接将酵母菌体干燥而制成的。

1. 滚筒干燥

这是简单而最常用的方法。

2. 热空气干燥

将酵母条置于带有蒸汽夹套的加热研磨机中，边加热加研磨成粉状。利用热空气干燥的酵母质量较好，色泽浅，主发酵酵母常用此法干燥。

3. 喷雾干燥法

喷雾干燥法干燥温度虽然很高，但酵母所含水分蒸发的潜热足以防止酵母焦化和变性。酵母粉在国内多压制成片，用于医药（如健胃消食片、酵母片）提供蛋白质和维生素，并作为一种能帮助消化的辅助药物而被广泛采用。

四、 酵母浸膏的制备工艺过程

在国外，很大一部分酵母被制成酵母浸膏而作为人类食品或用于微生物培养基的制备。所采用的酵母全部是主发酵酵母，其制作过程可分为自溶、分离、去苦和蒸发。

啤酒废酵母的综合利用，既解决了环境污染问题，又可给企业带来可观的经济效益，在啤酒企业应大力宣传和提倡。

五、 啤酒废酵母利用新研究

1. 活性干酵母

① 活性干酵母是以固体形式存在，且不失去活性的酵母产品。

② 活性干酵母有两个基本特征：一是常温下长期储存不失去活性；二是将活性干酵母在一定条件下复水活化后，即可恢复成自然状态并具有正常酵母活性的细胞。

高活性干酵母具有含水量低、复水快、储藏时间长、使用方便等优点。活性干酵母应用于酿酒和发酵面食加工等领域。

2. 活性干酵母生产工艺

（1）原则　一是温度不大于53℃，在53℃时不要超过10min；二是必须在无菌状态下生产；三是含水率不大于15%。

（2）生产工艺流程　发酵罐→输送管道→洗涤池→输送管道→烘干炉→包装。

（3）技术要求

① 碱循环：自来水冲洗10～15min→火碱循环50～60min→自来水冲洗10～30min；碱浓≥1.0%，碱温40～60℃。

② HPC-4循环：自来水冲洗10～20min→HPC-4循环40～60min→自来水冲洗20～30min；浓度1.0%～2.0%。

③ H_2O_2循环：自来水冲洗10～20min→H_2O_2循环30～40min；浓度0.4%～0.8%。

④ 热水：温度≥85℃，时间≥20min。

⑤ 洗涤用水来自酿酒车间杀菌后热水。

⑥ 每次生产前走热水。

⑦ 每周一次碱循环、HPC-4循环和H_2O_2循环，H_2O_2循环后可以不走热水。

3. 酵母深加工的发展方向

① 酵母深加工可以制得酵母抽提物——谷胱甘肽、海藻糖、葡聚糖、甘露聚

糖、核酸、核苷酸、麦角固醇等高附加值的产品。

② 酵母抽提物是国际流行且具营养性的新型增鲜剂，在中国的方便面行业、调味品、肉制品、水产品、培养基行业的应用越来越广泛。

③ 应加强特殊用途的酵母，如高谷胱甘肽、高核酸酵母菌种的选育，富硒、富锌酵母菌种的选育。

第四节 二氧化碳的回收和利用

随着国民经济不断发展，居民消费水平和层次的不断提高，人们越来越重视环保和能源的再生利用。二氧化碳回收则是已成为啤酒生产行业资源再利用的重要环节，生产出二氧化碳没有直接排放到空气中，而是存储起来准备再循环利用，不但减少了大气污染也节省了能源，给企业带来了较好的经济效益。

一、 二氧化碳回收工艺过程

本系统利用水洗、水分离除尘并降温，专用吸附剂吸附脱硫脱水，专利脱烃技术脱烃，并结合精馏塔精馏的方式脱除甲烷、氢气、氮气、一氧化碳、氧气等杂质，储存在储槽中供读者及用户使用。

本节主要介绍啤酒发酵过程产生 CO_2 气体的回收工艺，及纯度控制的方法。

CO_2 回收装置的工艺流程见图 10-1。

图 10-1 CO_2 回收装置的工艺流程

（1）除沫 从发酵间过来的 CO_2 气体，经除沫器分离除去泡沫及液滴，送往洗涤塔（图 10-2）。

（2）洗涤 经除沫后的气体，进一步经水洗涤，除去水溶性成分，如乙醇、乙醛等（图 10-3）。

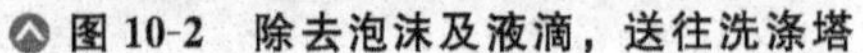

图 10-2 除去泡沫及液滴，送往洗涤塔

图 10-3 除去有水溶性成分，如乙醇、乙醛

(3) 压缩 经除沫、洗涤等（图 10-4)。

图 10-4 压缩：经除沫、洗涤

啤酒生产系统中二氧化碳回收再利用工艺和施工方法详见如下举例。

二、 二氧化碳的利用

1. 适用范围

这种施工方法适用于啤酒生产二氧化碳循环再利用的系统和其他能生产出二氧化碳的工艺过程。

2. 工艺原理

通过生产二氧化碳回收装置的设备、管线等设施的安装、使用达到二氧化碳回收再利用的目的。即从发酵车间发酵罐内酒发酵产生二氧化碳通过管道连到除沫器除掉发酵气体中夹带的泡沫，在进到洗涤塔中洗掉能溶于水的杂质，洗涤后的气体进入压缩机压缩，发酵气体升压后进吸附器，经活性炭吸附除掉发酵气体中未洗涤掉的有机物，之后进入分子筛干燥器，除掉发酵气中的水分，干燥后的二氧化碳气进入冷凝器进行液化在经过提纯后进入储罐中储存。储罐中的二氧化碳液可进过压缩灌装机装进储气瓶中，也可通过汽化器与蒸汽进行冷热交换，使其汽化在进入用户用气系统。

施工安装施工前做好准备工作，组织质量安全的保证体系。

三、二氧化碳回收（贮存、供气）系统专利技术

1. 用于啤酒生产过程的二氧化碳回收贮存系统

提供一种用于啤酒生产过程的二氧化碳回收贮存系统，包括压缩机、吸附器、干燥器构成，三者以管道相连，所述压缩机与干燥器的排放管道上设有回收装置，排放管道与二氧化碳贮存气囊相连。在排放管道上设置了回收装置与贮存气囊，使发酵后产生的二氧化碳在经过压缩机开机压缩时排放的气体和干燥器干燥后排放的气体通过蒸发冷凝器的再生气体进行回收再利用，既节约了能源，也避免了二氧化碳对环境的影响。

2. 用于啤酒生产过程的二氧化碳回收供气系统

一种用于啤酒生产过程的二氧化碳回收供气系统，包括干燥器、蒸发冷凝器、贮罐以及汽化器，所述干燥器与蒸发冷凝器之间设有并联装置。通过增加并联装置，使回收的二氧化碳在经过干燥器后，直接输送到使用车间，简化了中间经过蒸发冷凝，贮存到贮罐再转换输出的繁琐流程，无车间用气时，则进行贮存，大大节约了电能和蒸汽热能，也避免了二氧化碳的浪费，二氧化碳的回收利用大大节约了能源。

四、啤酒行业里的二氧化碳回收系统举例

随着环保意识的增强，人们对温室效应也愈加重视。长期以来，啤酒生产中大量的二氧化碳的处理，是许多啤酒企业十分关注的问题。

图 10-5 为南京顺风-派尼尔空气和气体净化设备有限公司的一套二氧化碳回收系统。

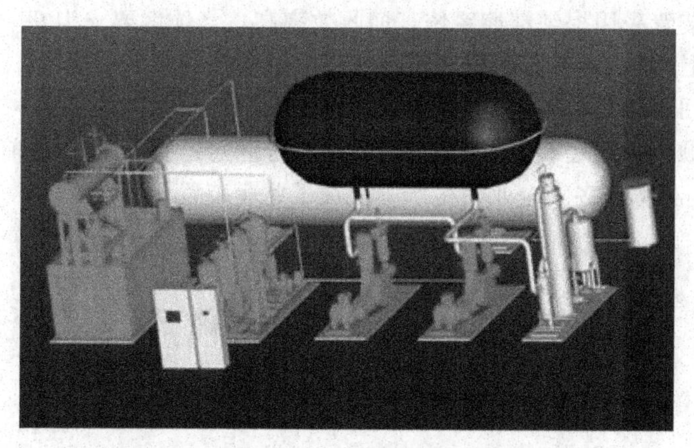

图 10-5 800kg/h 二氧化碳回收系统效果图

1. 系统简介

在图 10-5 中，回收系统由右向左流程为：发酵气→除沫洗涤系统→压缩系统（两台压缩机）→吸附干燥系统→液化提纯系统→储液罐→汽化减压系统。

主要性能参数：冷却水进来温度最大32℃；冷却水进来压力0.15～0.5MPa；二氧化碳进气97%；二氧化碳纯度大于99.99%；回收效率大于90%（纯度99.99%时）。

2. 系统特点

（1）设备设计、制造方面

① 整个回收系统工艺和设备（含压缩机、制冷系统、净化系统、控制系统等主体设备）均为该公司自主设计。

② 整个回收系统主要设备（含压缩机、制冷系统、净化系统、控制系统等设备）均为该公司自主制造。

③ 关键部件采用国外著名品牌，制冷压缩机采用德国比泽尔，制冷元件采用丹麦丹佛斯，气动阀门、温控阀也采用国外品牌。

④ 压缩机、制冷系统、净化系统、控制系统等主体设备在公司组装完毕后整体试机，试机成功方能出厂。

（2）设备安装调试、使用方面

① 冷干机、吸附塔、干燥塔、液化器、制冷系统出厂前已有机地组装在一起，现场安装方便，占地面积小，且试机合格出厂大大减少了设备调试时间。

② 整个回收系统由西门子PLC优化控制，各个单元设备相互连锁，自动化程度高。

③ 故障自我检索、自我诊断，出现故障时自动报警且能文字显示常见故障点，系统自动停机，避免造成重大设备事故和不合格产品现象。

④液晶触摸屏正确显示各单元设备运行参数，10.4寸触摸屏直观明了。

（3）设备运行经济性能方面

① 回收装置采用提纯精馏系统，回收效率高，当纯度要求为99.99%时，回收率为90%以上。

② 相同回收能力时系统电耗低。

③ 南京顺风的这套装置，具有十分明显的优点，据了解，目前已经有华润、青啤、燕京、英博等多家企业在生产中使用了此套装置。

第五节 啤酒废水处理与综合利用

一、 概述

随着人民生活水平的提高，我国啤酒工业得到了长足发展，其产量逐年上升。1998年全国有啤酒厂1000多家，年产啤酒1000万吨。

① 经过十多年的发展，随着啤酒酿造工业的飞速发展，中国已成为世界第一啤酒生产大国，年产啤酒2300多万吨，年需求啤酒大麦原料500万吨以上。由于

国产啤麦品质还不尽如人意和未形成大面积原料基地，我国每年须进口啤酒大麦原料 250 万～300 万吨，成为世界上最大的啤酒原料进口国，占啤麦市场交易量 12%。

② 但是在啤酒 产量大幅度提高的同时，也向环境中排放了大量的有机废水。据统计，每生产 1 t 啤酒需要 10 ～30 t 新鲜水，相应地产生 10～20 t 废水。

③ 我国现在每年排放的啤酒废水已达 1.8 亿吨。

④ 由于这种废水含有较高浓度的蛋白质、脂肪、纤维、碳水化合物、废酵母、酒花残渣等有机无毒成分，排入自然水体后将消耗水中的溶解氧，既造成水体缺氧，还能促使水底沉积化合物的厌氧分解，产生臭气，恶化水质。

⑤ 另外，上述成分多来自啤酒生产原料，弃之不用不仅造成资源的巨大浪费，也降低了啤酒生产的原料利用率，因此，在粮食缺乏，水和资源供应紧张的今天，如何既有效地处理啤酒废水又充分利用其中的有用资源，已成为环境保护的一项重要研究内容。

二、 啤酒废水的产生与特点

啤酒生产工艺流程包括制麦和酿造两部分，二者均有冷却水产生，约占啤酒厂总排水量的 65%，水质较好，可循环用于浸洗麦工序，中、高污染负荷的废水主要来自制麦中的浸麦工序和酿造中的糖化、发酵、过滤、包装工序，其化学需氧量在 500～800mg/L 之间，除了包装工序的废水连续排放以外，其他废水均以间歇方式排放（表 10-1）。

表 10-1 啤酒工业中、高污染负荷废水的来源与浓度

工序	废水中 COD_{Cr}浓度/(mg/L)	排放方式
浸麦	500～800	间歇排放
糖化	500～800	间歇排放
发酵	2000～3000	间歇排放
包装	500～800	连续排放

啤酒厂总排水属于中、高浓度的有机废水，呈酸性，pH 值为 4.5～6.5，其中的主要污染因子是化学需氧量（COD_{Cr}）、生化需氧量（BOD_5）和悬浮物（SS），浓度分别为 1000～1500mg/L、500～1000mg/L 和 220～440 mg/L。啤酒废水的可生化性（BOD_5/COD_{Cr}）较大，为 0.4～0.6，因此很多治理技术的主体部分是生化处理。

三、 啤酒废水处理技术

目前，国内外普遍采用生化法处理啤酒废水，根据处理过程中是否需要曝气，可把生物处理 法分为好氧生物处理和厌氧生物处理两大类。

1. 好氧生物处理

好氧生物处理是在氧气充足的条件下，利用好氧微生物的生命活动氧化啤酒废水中的有机物，其产物是二氧化碳、水及能量（开释于水中）。这类方法没有考虑到废水中有机物的利用问题，因此处理成本较高，活性污泥法、生物膜法、深井曝气法是较有代表性的好氧生物处理方法。

（1）活性污泥法　活性污泥法是中、低浓度有机废水处理中使用最多 、运行最可靠的方法，具有投资省、处理效果好等优点。该处理工艺的主要部分是曝气池和沉淀池，废水进入曝气池后，与活性污泥（含大量的好氧微生物）混合，在人工充氧的条件下，活性污泥吸附并氧化分解废水中的有机物，而污泥和水的分离则由沉淀池来完成。

我国的珠江啤酒厂、烟台啤酒厂、上海益民啤酒厂、武汉西湖啤酒厂、广州啤酒厂和长春啤酒厂等厂家均采用此法处理啤酒废水。

据报道，进水 COD_{Cr} 为 1200～1500mg/L 时，出水 COD_{Cr} 可降至 50～100mg/L，去除率为 92%～96%。活性污泥法处理啤酒废水的缺点是动力消耗大，处理中常出现污泥膨胀。污泥膨胀的原因是啤酒废水中碳水化合物含量过高，而 N、P、Fe 等营养物质缺乏，各营养成分比例失调，导致微生物不能正常生长而死亡。解决的办法是投加含 N、P 的化学药剂，但这将使处理成本提高。而较为经济的方法是把生活污水（其中 N、P 浓度较大）和啤酒废水混合。间歇式活性污泥法（SBR）通过间歇曝气可以使动力耗费明显降低，同时，废水处理时间也短于普通活性污泥法。

例如，珠江啤酒厂引进比利时 SBR 专利技术，废水处理时间仅需 19～20h ，比普通活性污泥法缩短 10～11h，COD_{Cr} 的去除率也在 96%以上。

扬州啤酒厂和三明市大田啤酒厂采用 SBR 技术处理啤酒废水，也收到了同样的效果。

刘永淞等认为，SBR 法对废水的稀释程度低，反应基质浓度高，吸附和反应速率都较大，因而能在较短时间内使污泥获得再生。

（2）深井曝气法　为了提高曝气过程中氧的利用率，节省能耗，加拿大安大略省的巴利啤酒厂、我国的上海啤酒厂和北京五星啤酒厂均采用深井曝气法（超深水曝气）处理啤酒废水。深井曝气实际上是以地下深井作为曝气池的活性污泥法，曝气池由下降管以及上升管组成。将废水和污泥引入下降管，在井内循环，空气注入下降管或同时注入两管中，混合液则由上升管排至固液分离装置，即废水循环是靠上升管和下降管的静水压力差进行的。其优点是：占地面积少，红酒效能高，对氧的利用率大，无恶臭产生等。据测定，当进水 BOD_5 浓度为 2400mg/L 时，出水浓度可降为 50mg/L，去除率高达 97.92%。当然，深井曝气也有不足之处，如施工难度大、造价高、防渗漏技术不过关等。

（3）生物膜法　与活性污泥法不同，生物膜法是在处理池内加入软性填料，利用固着生长于填料表面的微生物对废水进行处理，不会出现污泥膨胀的问题。生物接触氧化池和生物转盘是这类方法的代表，在啤酒废水治理中均被采用，主要是降低啤酒废水中的BOD_5。

生物接触氧化池是在微生物固着生长的同时，加以人工曝气。这种方法可以得到很高的生物固体浓度和较高的有机负荷，因此处理效率高，占地面积也小于活性污泥法，国内的淄博啤酒厂、青岛啤酒厂、渤海啤酒厂和徐州酿酒总厂等厂家的废水治理中采用了这种技术。青岛啤酒厂在二段生物接触氧化之后辅以混凝气浮处理，啤酒废水中COD_{Cr}和BOD_5的去除率分别在80%和90%以上。在此基础上，山东省环科所改常压曝气为加压曝气（P=0.25～0.30MPa），目的在于强化氧的传质，有效提高废水中的溶解氧浓度，以满足中、高浓度废水中微生物和有机物氧化分解的需要。结果表明，当容积负荷≤13.33kg/(m^3·d COD)，停留时间为3～4 h时，COD和BOD平均去除率分别达到93.52%和99.03%。由于停留时间缩短为原来的1/4～1/3，运转费用也较低。

生物转盘是较早用以处理啤酒废水的方法。它主要由盘片、氧化槽、转动轴和驱动装置 等部分组成，依靠盘片的转动来实现废水与盘上生物膜的接触和充氧。该法运转稳定、动力消耗少，但低温对运行影响大，在处理高浓度废水时需增加转盘组数。该方法在美国应用较为普及，国内的杭州啤酒厂、上海华光啤酒厂和浙江慈溪啤酒厂也在使用。据报道，废水中BOD_5的去除率在80%以上。

2. 厌氧生物处理

厌氧生物处理适用于高浓度有机废水（COD_{Cr}>2000mg/L，BOD_5>1000 mg/L）。它是在无氧条件下，靠厌气细菌的作用分解有机物。在这一过程中，参加生物降解的有机基质有50%～90%转化为沼气（甲烷），而发酵后的剩余物又可作为优质肥料和饲料。

因此，啤酒废水的厌氧生物处理受到了越来越多的关注。厌氧生物处理包括多种方法，但以升流式厌氧污泥床（UASB）技术在啤酒废水的治理方面应用最为成熟。

UASB的主要组成部分是反应器，其底部为絮凝和沉淀性能良好的厌氧污泥构成的污泥床，上部设置了一个专用的气-液-固分离系统（三相分离室），废水从反应器底部加入，在上向流、穿过生物颗粒组成的污泥床时得到降解，同时产生沼气（气泡）。气、液、固（悬浮污泥颗粒）一同升入三相分离室，气体被收集在气罩里，而污泥颗粒受重力作用下沉至反应器底部，水则经出流堰排出。

截至2009年，全世界已建成38座生产性UASB反应器用于处理啤酒废水，总容积达80200m^3。

国内已有北京啤酒厂、沈阳啤酒厂等厂家利用UASB来处理啤酒废水。荷兰、美国的某些公司所设计的UASB反应器对啤酒废水COD_{Cr}的去除率为80%～86%，北京啤酒厂UASB处理装置的中试结果也保持在这一水平，而且其沼气产率为0.3～0.5m^3/kg COD。

清华大学在常温条件下利用UASB厌氧处理啤酒废水的研究结果表明，进水

COD_{Cr}浓度为 2000 mg/L 时，去除率为 85% ～90%。沈阳啤酒厂采用回收固形物及厌氧消化综合治理工艺，实行清污分流，集中收集 COD_{Cr}大于 5000mg/L 的高浓度有机废水送入 UASB 进行厌氧处理，废水中 COD_{Cr}的质能利用率可达 91.93%。

实践证明，UASB 成功处理高浓度啤酒废水的关键是培养出沉降性能良好的厌氧颗粒污泥。颗粒污泥的形成是厌氧细菌群不断繁殖、积累的结果，较多的污泥负荷有利于细菌获得充足的营养基质，故对颗粒污泥的形成和发展具有决定性的促进作用；适当高的水力负荷将产生污泥的水力筛选，淘汰沉降性能差的絮体污泥而留下沉降性能好的污泥，同时产生剪切力，使污泥不断旋转，有利于丝状菌互相缠绕成球。

此外，一定的进水碱度也是颗粒污泥形成 的必要条件，因为厌氧生物的生长要求适当高的碱度，例如：产甲烷细菌生长的最适宜 pH 值为 6.8～7.2。一定的碱度既能维持细菌生长所需的 pH 值，又能保证足够的平衡缓冲能力。由于啤酒废水的碱度一般为 500～800mg/L（以 $CaCO_3$ 计）碱度不足，所以需投加工业碳酸钠或氧化钙加以补充。研究表明，在 UASB 启动阶段，保持进水碱度不低于 1000mg/L 对于颗粒污泥的培养和反应器在高负荷下的良好运行十分必要。应该指出，啤酒废水中的乙醇是一种有效的颗粒化促进剂，它为 UASB 的成功运行提供了十分有利的条件。

总之，UASB 具有效能高、处理费用低、电耗省、投资少、占地面积小等一系列优点，完全适用于高浓度啤酒废水的治理，其不足之处是出水 COD_{Cr}的浓度仍达 500mg/L 左右，需进行再处理或与好氧处理串联才能达标排放。

四、 啤酒废水的利用技术

利用自然生态良性循环的方法净化和利用啤酒废水，也是目前啤酒废水综合治理的一个方向，有利于实现废物的资源化。

1. 啤酒废水土地利用

废水的土地利用在国内外都有悠久的历史。其目的不单纯是废水农田浇灌，而是根据生 态学原理，在充分利用水资源的同时，科学地运用土壤-植物系统的净化功能，使该系统起到废水的二级、三级处理作用。

废水的土地利用一般有快速渗滤和地表漫流两种方法。前者的特点是加入的废水大部分都经过土壤渗透到下层，因而仅限于在砂及砂质黏土之类的快渗土壤上使用，植物对废水的净化作用较小，主要是由土壤中发生的物理、化学和生物学过程使废水得到处理。后者是一种固定膜生物处理法，废水从生长植物的坡地上游沿沟渠流下，流经植被表面后排入径流集水渠。废水净化主要是通过坡地上的生物膜完成的，这种方法对于渗透较慢的土壤最为适用。

根据谢家恕、萧月芳等的研究，啤酒废水经过土地利用系统后，水质明显改善，能够达到农田浇灌水质标准（GB 5084—85）的要求；同时又可节省水源，增加农田土壤的有机质含量，提高农作物产量。其经济效益在干旱地区更能得到体现。

当然，啤酒废水的土地利用也存在一定的问题：①处理过程中会产生臭味，必须将处理场地设在远离居住区的地方，这样需要较长的输水干管；②废水的含盐量过高时，将危害植物生长，并造成土壤排水、通气不良。如何避免这些问题发生，需要进一步研究。

2. 啤酒废水的植物净化

啤酒废水中有机碳含量丰富，氮、磷的含量也有一定水平，可以为植物生长提供必要的营养物质。近年来，一些学者利用啤酒废水对普通丝瓜（Luffa cyclindrica)、多花黑麦草（Lolium multiflorum ）、水雍菜（Ipomoea aquatica)、金针菜（Hemerocallis fulva）等植物进行水培试验，发现这些植物长势良好并能完成其生活史，既创造了经济效益，同时又明显降低了废水中多种污染物（COD 除外）的浓度。这为啤酒废水的资源化处理开拓了一条新思路。据报道，目前无锡市酿酒总厂已在氧化塘中种植丝瓜以强化处理系统的净化效果。

总之，啤酒废水是一种中、高浓度的有机废水，随着啤酒工业的不断发展，其产生量也将持续上升。为了避免纳污水体的水质恶化，除了实行清、污分流，提高冷却水的循环利用率以降低排放量外，还必须对其进行有效处理。

好氧生物处理、厌氧生物处理、土地利用和植物净化等方法是常见的啤酒废水治理方法。好氧生物处理对于低浓度废水有较高的 COD 去除率（>90%），但是需要大量的投资和场地，能耗较高，受外界环境（温度等）影响较大；厌氧生物处理对于高浓度废水有较高的 COD_{Cr} 去除率，它克服了好氧生物处理的大多数缺点，还能进行生物质能转化，大幅度降低处理成本，因而为越来越多的厂家所采用，其最大缺陷是出水 COD_{Cr} 的浓度仍然很高，难以达到《污水综合排放标准》的要求。土地利用系统固然能够改善废水的水质，节约水源，增加土壤有机质含量，但是占地面积大，易产生臭味，还可能引起土壤盐碱化。用植物净化啤酒废水，可以有效去除其中的 N、P 和浊度，并可获得一定的经济效益，但是对 COD_{Cr} 的去除率却不高。

要得到理想的处理结果，实现啤酒废水治理的环境效益和经济效益的统一，必须将两种或三种技术结合使用，这是解决啤酒废水污染问题的根本出路。例如，把厌氧和好氧处理池串联使用，依靠前者把废水的高负荷降低，再以后者把低浓度废水处理达标，其动力消耗则可由前一过程的质能转化予以补偿。又如，把生物处理与土地利用结合起来，既能有效净化废水，还能起到互补作用，产生更高的经济效益。

第六节 啤酒企业“三废”处理方案举例

一、污水处理工艺的改进

广州市某公司经过调研分析，决定污水处理系统采用厌氧+好氧工艺，厌氧部分采用荷兰帕克公司专利环保技术——内循环厌氧反应器（IC 厌氧反应器），该工程于正式施工以来，不到一年投入试运行，投资达到2500万元以上，日处理污水达到25000t，经过处理后的污水COD平均低于60mg/L，BOD低于20mg/L。

由于调节池、预酸化池、厌氧反应器均进行密封，对产生的废气进一步处理，减少了废气对周围环境的影响。

二、 废气处理工艺的改进方案

为了广州市工业旅游景点的需要，某公司计划对锅炉烟气采用脱硫除尘一体化的方式进行处理。具体改造的方法为采用静电除尘+半干法脱硫+布袋除尘组合除尘脱硫工艺，改造后的烟尘浓度小于50mg/m^3，脱硫效率达70%以上，彻底消除冒“白烟”现象，并拟将将烟囱高度减少到60m以下，并将其进行艺术美化处理。

项目总投资预计达1000万元以上。

本项目的实施计划为：

① 完成脱硫、除尘方案的可行性分析论证工作。

② 完成图纸设计、审查工作。

③ 大修期间进入施工阶段，完成改造工作，新处理工艺中产生的干灰可用。

三、 CO_2回收方案

通过引进CO_2回收设备，回收啤酒发酵产生的CO_2并提纯到纯度为99.99%后液化储存，再经汽化后输送到各使用车间。引进该设备后，使污染大气的CO_2变废为宝。目前某公司共有CO_2回收设备6套，总投资达300多万元，回收能力达到2t/h。两年来共回收二氧化碳15000t，价值近1500多万元，取得经济效益与环境效益双丰收。

四、 废酵母回收处理方案

通过引进酵母压榨机，利用酵母压榨机滤布前后压差，酵母无法通过滤布的原理滤出酵母中的酒液。该设备主要是将啤酒发酵中产生的废酵母进行压榨后回收，同时可以回收部分酵母液中的酒液。使用该设备后，不但减少了环境污染，而且由于废酵母及酒液的回收，取得了良好的经济效益。珠江啤酒集团公司是国内首次引进该设备的厂家。第一台压榨机于1988年引进，目前公司共有两台酵母压榨机，每台酵母压榨机价格约25万美元。经压榨后的酵母送到酵母干燥车间，经加工后制成干酵母粉作饲料用，第一年生产干酵母粉858t，价值约378万元。

五、 麦糟回收处理方案

糖化车间副产品湿麦糟，一部分作为饲料直接出售，一部分用于生产颗粒饲料，既治理了啤酒废渣排放造成的污染，又达到了“变废为宝”的目的。引进比利时BMM公司生产颗粒饲料的先进工艺技术与设备，建成年产8000t颗粒饲料的生产车间，项目总投资1092.94万元。当年投产，被广州市环保办科技处评为广州市环保科技进步奖二等奖。并参加了第三届国际环境保护展览。当年共生产饲料1500t，价值约150万元。

六、 洗瓶废碱液回收利用

某公司投资150多万元，将灌装车间产生的废碱水通过回收后给热电厂锅炉车间使用，一方面用于脱硫系统烟气的脱硫，一方面用于中和冲灰水。每月可回收废碱液500t（含NaOH1%），当年投产收益，每年不但可以节约中和锅炉冲灰水需投加30%液碱200t，同时还可以减少污水因调节pH值所投加的酸量，也减少了污水处理负担。

七、 灰渣的处理方案

某公司设立专门的灰渣池对灰渣进行沥水与堆放，经沉渣池处理后的冲灰渣水通过水泵进行循环利用。经沉渣池处理的锅炉燃烧煤渣，卖给外单位作制砖材料。

八、 碎玻璃、 废纸皮的处理方案

碎玻璃、废纸皮由某公司安排专人收集，经收集后设置符合环保要求的堆放场地，集中卖给符合环保资质要求的厂家回收利用。

第七节 啤酒企业节能降耗技改方案举例

以下是某公司啤酒企业节能降耗技改方案举例。

一、 节水方案

① 啤酒生产都要使用大量的蒸汽，蒸汽使用后产生的冷凝水是纯净水，可作为软水直接进入锅炉，在回收水的同时又可回收热量。某公司就对车间冷凝水回收系统进行技改，将各车间的蒸汽冷凝水收集后，输送至锅炉车间直接作锅炉用水，每天可回收蒸汽冷凝水约500t。

② 糖化车间采用冰水冷却麦汁，冷却后产生大量热水，除部分用作糖化车间自身的投料、洗糟及设备的清洗外，每天可剩余75℃左右的热水约700t，这部分的热水采取以下方法进行回收利用：

a. 直接用作发酵车间相关管道、过滤设备的清洗用水。

b. 按一定比例与原水勾兑，将温度控制在45℃左右，用作发酵罐、清酒罐、缓冲罐的清洗用水。

c. 直接用作原水处理间脱氯罐的反冲洗用水。

d. 用于高浓稀释无菌脱氧水的制备。

e. 将热水通过以下方式制备锅炉用水。由于锅炉水处理材料不耐高温，因此糖化热水须视具体情况经冷却或与自来水勾兑后控制在一定的温度以下，才能进行水处理。

二、节电方案

① 啤酒生产过程的发酵工序需要将酒在较低的温度下保存，冷站的耗冷用电占某公司总用电的三分之一左右，因此，如何在冷站发掘节电潜力，是某公司整体电耗下降的关键所在。在充分调查研究的基础上，制定冷站开机指标控制规定，根据气温情况，调整并严格控制冷媒供出温度，严格控制开机台数和负载，对制冷机组进行制冷效率及耗能等方面的测试和排序，将效率高、能耗低的机组优先开启。某公司将这一做法推广到空压站、二氧化碳回收站，车间的电耗有了很大程度的下降。

② 对一些大功率的设备加装变频调节装置，如自来水泵、河水泵、风机、空压机等，取得了明显的节电效果。

③ 我公司炉机车间、配电中心控制室以前配备了多台十匹的空调，由于运行时间长，设备经常出现故障，运行维修费用高，已经满足不了生产的需要。经过多次方案的比较，公司决定运用溴化锂制冷技术，利用蒸汽发电后的余热进行制冷，使炉机车间、配电中心控制室和其他办公室用上了蒸汽制冷空调，大大地改善了工作环境，由于蒸汽制冷空调在能源利用上是一种新型高效节能的产品，由此每年可节约用电 18 万度。

三、节煤方案

通过测试，某公司发现锅炉炉膛出口烟气只有 835℃，比设计的 946℃低了 100 多摄氏度，由于炉膛温度较低，使燃煤在炉内未能完全燃烧便成为烟灰从烟道排出，造成飞灰含碳量较高（9.29%）。为降低飞灰含碳量，提高锅炉热效率，公司在大修期间以高温远红外涂料涂刷炉膛内壁，该涂料辐射强度和转换率高，可在 700～2000℃的范围使用，当炉膛涂上该涂料后，炉内表面吸收的热量增大，同时由于涂料本身在高温下辐射率高达 97%，从而使炉膛温度显著提高，使锅炉的热效率提高 5%以上。

第八节 啤酒生产废水处理技术举例

一、啤酒生产废水概况

目前我国啤酒生产废水主要来自麦芽车间，有浸麦废水，糖化工段的糖化、过滤和洗涤废水，发酵工段的发酵废液和洗槽废水，灌装车间的洗瓶水、灭菌用水及瓶破碎时漏出的少量啤酒，其他废水包括冷却水、地面冲洗水等。各股废水的污染物浓度详见表 10-2。

表 10-2 各股废水的污染物浓度

废水种类	占总排量百分比/%	pH	COD_{Cr} /(mg/L)	BOD_5 /(mg/L)	BOD_5 /COD_{Cr}	SS/(mg/L)
浸麦废水	25	6.5～7.5	500～700	200～300	0.45	300～500
糖化、发酵废水	30	5.0～7.0	3000～8000	2000～3000	0.75	800～3300
灌装废水	40	6.0～9.0	100～800	70～450	0.75	100～200
其它混合废水	5	6.0～7.0	200～800			
总排混合废水		6.0～8.0	800～2000	600～1500	0.65～0.74	350～1200

由表 10-2 可知，啤酒生产废水中含有较高浓度的有机物，主要污染物在糖化发酵废水中，这股水的水量大，有机物含量高，是生产废水治理的主要目标。发酵废液中含大量酒精，可进行蛋白饲料回收，取得较高的经济效益。同时，降低了废水处理的有机负荷。

从表 10-2 中看出，总排废水的 BOD_5/COD_{Cr}＝0.74，说明啤酒生产废水的可生化性相当好。但啤酒生产的特点是周期性和规律性较强，因此，生产废水排放也是与之相对应的，水质、水量波动大，瞬时性强，针对这些特点采用先进、合理、成熟可靠的 SBR 处理工艺，在设计中选择合适的工艺参数，充分体现 SBR 法的优点，达到运行灵活，操作方便，适应水质、水量的变化，确保处理后出水水质稳定，达标排放。

二、SBR 工艺流程及运行程序

1. 废水处理工艺流程

根据原水水质情况和要求处理的深度，处理工艺流程如图 10-6 所示。

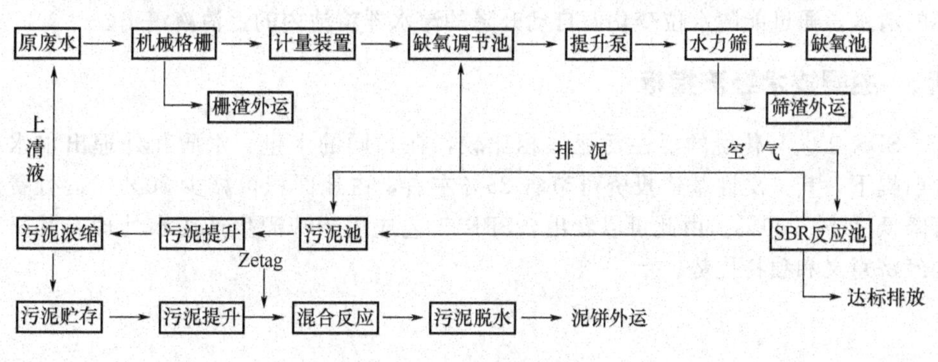

图 10-6 处理工艺流程

2. SBR 反应工艺

该工艺是设计处理流程中的核心部分。

SBR 法系集调节、生物降解和终沉排水等功能于一池的污水生化处理工艺，无污泥回流系统。与传统的连续式活性污泥法处理系统（CFS 法）相比，可省去调节池、沉淀池和污泥回流设备，并具有如下特点。

① 运行效果稳定，由于水在理想的静止状态下沉淀，时间短、效率高、出水水质好。

② 生化反应推动力大，池内厌氧、好氧处于交替状态，因此净化速率高。

③ 耐水量和有机负荷冲击，池内滞留 1/3 以上水，有稀释、缓冲作用。

④ 工艺过程中的各工序可根据水质、水量进行调节，运行灵活。

⑤ 处理设备少、构造简单，便于操作和维护管理。

⑥ 由于反应池内 DO 及 BOD_5 浓度梯度的存在，好氧与厌氧反应可交替运行，有效地控制活性污泥膨胀。

⑦ 应用电动阀、液位计、自动计时器及可编程序控制器可使 SBR 反应过程实现自动化。

由于 SBR 法具有以上这些优点和独特的简单工艺处理流程，近年来得到迅速推广，并不断得到改进、完善，使其成为目前世界上污水处理技术中的热门工艺，目前已有相当数量 SBR 工艺在世界各国成功地进行。同样，在国内近几年来也得到了迅速兴起和发展。天津、江苏、广东、云南、福建等地方，均有成功的工程实例和正在兴建中的工程项目。

SBR 反应工艺的设计根据上述特点和水质、水量结合各厂实际情况。SBR 反应池运行周期、反应池数、反应期的曝气时间可灵活掌握，亦可在充水期的后期或结束时再进行曝气，以便使反应池内能够形成基质浓度梯度和抑制污泥膨胀。

三、 SBR 工艺关键设备

滗水器是 SBR 工艺排水的专用设备，亦是该工艺的关键设备，SBR 池处理达标的清水，通过能随水位变化而自动升降的滗水器将池内的上清液滗出。

四、 主要技术经济指标

SBR 工艺与传统的活性污泥法相比较，在相同的水量、水质和处理出水水质的前提下，其一次性基建投资可节省 25%左右，占地面积可减少 30%，运行费用可降低 20%～30%。由此可以看出，SBR 工艺应用于啤酒生产废水处理有其显著的经济意义和独特优势。

第九节 啤酒工业废水工艺处理方法举例

一、概述

啤酒废水主要来自麦芽车间（浸麦废水），糖化车间（糖化、过滤洗涤废水）、发酵车间（发酵罐洗涤、过滤洗涤废水）、灌装车间（洗瓶、灭菌废水及瓶子破碎流出的啤酒）以及生产用冷却废水等。

啤酒工业废水主要含糖类、醇类等有机物，有机物浓度较高，虽然无毒，但易于腐败，排入水体要消耗大量的溶解氧，对水体环境造成严重危害。啤酒废水的水质和水量在不同季节有一定差别，处于高峰流量时的啤酒废水，有机物含量也处于高峰。

国内啤酒厂废水中：COD_{Cr} 含量为 1000～2500mg/L，BOD_5 含量为 600～1500mg/L，该废水具有较高的生物可降解性，且含有一定量的凯氏氮和磷。

啤酒废水按有机物含量可分为 3 类：①清洁废水如冷冻机冷却水、麦汁冷却水等。这类废水基本上未受污染。②清洗废水如漂洗酵母水、洗瓶水、生产装置清洗水等，这类废水受到不同程度污染。③含渣废水如麦糟液、冷热凝固物、剩余酵母等，这类废水含有大量有机悬浮性固体。

二、啤酒废水处理方法

鉴于啤酒废水自身的特性，啤酒废水不能直接排入水体，据统计，啤酒厂工业废水如不经处理，每生产 100t 啤酒所排放出的 BOD 值相当于 14000 人生活污水的 BOD 值，悬浮固体 SS 值相当于 8000 人生活污水的 SS，其污染程度是相当严重的，所以要对啤酒废水进行一定的处理。

目前常根据 BOD_5/COD_{Cr} 比值来判断废水的可生化性，即当 $BOD_5/COD_{Cr}>0.3$ 时易生化处理，当 $BOD_5/COD_{Cr}>0.25$ 时可生化处理，当 $BOD_5/COD_{Cr}<0.25$ 难生化处理，而啤酒废水的 BOD_5/COD_{Cr} 的比值 >0.3 所以，处理啤酒废水的方法多是采用好氧生物处理，也可先采用厌氧处理，降低污染负荷，再用好氧生物处理。目前国内的啤酒厂工业废水的污水处理工艺，都是以生物化学方法为中心的处理系统。20 世纪 80 年代中前期，多数处理系统以好氧生化处理为主，由于受场地、气温、初次投资限制，除少数采用塔式生物滤池，生物转盘靠自然充氧外，多数采用机械曝气充氧，其电耗高及运行费用高制约了污水处理工程的发展和限制了已有工程的正常使用或运行。

随着人们对于节能价值和意义的认识不断变化与提高，开发节能工艺与产品引起了国内环保界的重视。1988 年开封啤酒厂国内首次将厌氧酸化技术成功的引用到啤酒厂工业废水处理工程中，节能效果明显，节能 30%～50%，而且使整个工艺达标排放更加容易和可靠。随着改革开放的发展，20 世纪 90 年代初完整的厌氧技术也在国内啤酒、饮料行业得到应用。这里所说完整的意义在于除厌氧生化技术外，沼气通过自动化系统得到燃烧，这是厌氧系统安全运行和不产生二次污染的重要保证，也是国内外开发厌氧技术和设备应充分引起重视的问题。厌氧技术的引进与应用可节约能耗70%以上。

下面主要介绍一下处理啤酒废水常用的几种方法。

1. 酸化-SBR 法处理啤酒废水

其主要处理设备是酸化柱和 SBR 反应器。这种方法在处理啤酒废水时，在厌氧反应中，放弃反应时间长、控制条件要求高的甲烷发酵阶段，将反应控制在酸化阶段，这样较之全过程的厌氧反应具有以下优点：

① 由于反应控制在水解、酸化阶段，反应迅速，故水解池体积小。

② 不需要收集产生的沼气，简化了构造，降低了造价，便于维护，易于放大。

③ 对于污泥的降解功能完全和消化池一样，产生的剩余污泥量少。同时，经水解反应后溶解性 COD 比例大幅度增加，有利于微生物对基质的摄取，在微生物的代谢过程中减少了一个重要环节，这将加速有机物的降解，为后续生物处理创造更为有利的条件。

④ 酸化-SBR 法处理高浓度啤酒废水效果比较理想，去除率均在94%以上，最高达99%以上。

要想使此方法在处理啤酒废水达到理想的效果时运行环境要达到下列要求：

① 酸化-SBR 法处理中高浓度啤酒废废水，酸化至关重要，它具有两个方面的作用，其一是对废水的有机成分进行改性，提高废水的可生化性；其二是对有机物中易降解的污染物有不可忽视的去除作用。酸化效果的好坏直接影响 SBR 反应器的处理效果，有机物去除主要集中在 SBR 反应器中。

② 酸化-SBR 法处理啤酒废水受进水碱度和反应温度的影响，最佳温度是24℃，最佳碱度范围是500～750mg/L。视原水水质情况，如碱度不足，采取预调碱度方法进行本工艺处理；若温度差别不大，运行参数可不做调整，若温度差别较大，视具体情况而定。

2. UASB-好氧接触氧化工艺处理啤酒废水

此处理工艺中主要的处理设备是上流式厌氧污泥床和好氧接触氧化池，处理主要过程为：废水经过转鼓过滤机，转鼓过滤机对 SS 的去除率达10%以上，随着麦壳类有机物的去除，废水中的有机物浓度也有所降低。调节池既有调节水质、水量的作用，还由于废水在池中的停留时间较长而有沉淀和厌氧发酵作用。由于增加了厌氧处理单元，该工艺的处理效果非常好。上流式厌氧污泥床能耗低、运行稳定、出水水质好，有效地降低了好氧生化单元的处理负荷和运行能耗（因为好氧处理单元的能耗直接和处理负荷成正比）。好氧处理（包括好氧生物接触氧化池和斜板沉淀池）对废水中 SS 和 COD 均有较高的去除率，这是因为废水经过厌氧处理后仍含有许多易生物降解的有机物。

该工艺处理效果好、操作简单、稳定性高。上流式厌氧污泥床和好氧接触氧化池相串联的啤酒废水处理工艺具有处理效率高、运行稳定、能耗低、容易调试和易于每年的重新启动等特点。只要投加占厌氧池体积 1/3 的厌氧污泥菌种，就能够保证污泥菌种的平稳增长，经过 3 个月的调试 UASB 即可达到满负荷运行。整个工艺对 COD 的去除率达 96.6%，对悬浮物的去除率达 97.3%～98%，该工艺非常适合在啤酒废水处理中推广应用。

3. 新型接触氧化法处理啤酒废水

此方法处理过程为：废水首先通过微滤机去除大部分悬浮物，出水进入调节池，然后中提升泵打入 VTBR 反应器中进行生化处理，通过风机强制供风使废水与填料接触，维持生化反应的需氧量，VTBR 反应器出水进入沉淀器，去除一部分脱落的生物膜以减轻气浮设备的处理负荷，之后流入气浮设备去除剩余的生物膜，污泥及浮渣送往污泥池浓缩后脱水。

该处理工艺有以下主要特点：

① VTBR 反应器由废旧酒精罐改造而成，节省了投资。与钢筋混凝土结构相比，具有一次性投资低、运行稳定、处理效果好等特点。

② 冬季运行时，在 VTBR 反应器外部加了一层保温材料，使罐中始终保持较高的温度，提高了生物的活性。

③ 因 VTBR 反应器高达 10m 左右，水深大，所选用风机为高压风机，风压为 98kPa，$N=75$kW，耗电量大。

4. 生物接触氧化法处理啤酒废水

该工艺采用水解酸化作为生物接触氧化的预处理，水解酸化菌通过新陈代谢将水中的固体物质水解为溶解性物质，将大分子有机物降解为小分子有机物。水解酸化不仅能去除部分有机污染物，而且提高了废水的可生化性，有益于后续的好氧生物接触氧化处理。

该工艺在处理方法、工艺组合及参数选择上是比较合理的，充分利用各工序的优势将污染物质转化、去除。然而，如果由于某些构筑物的构造设计考虑不周会影响运行效果，致使出水水质不理想，使生物接触氧化池的出水（静沉 30min 的澄清液）COD 为 500～600mg/L，经混凝气浮处理后出水 COD 仍高达 300mg/L，远高于排放要求（150mg/L）。

但是此处理方法在设计和运行中会出现以下问题：

① 水解酸化池存在的问题主要是沉淀污泥不能及时排除。由于该废水中悬浮物浓度较高，因而池内污泥产量很大，而原工艺仅在水解酸化池前端设计了污泥斗，所以池子的后部很快就淤满了污泥。另外，随着微生物量的增加在软性生物填料的中间部位形成了污泥团，使得传质面积减小。针对污泥淤积情况，在水解酸化池前可增设一级混凝气浮以去除水中的悬浮物，经此改进后水解酸化池能长期、稳定、有效地运行，其出水 COD 也从 1100～1200mg/L 降至 900～1000mg/L，收到了较好的效果。不过，增设混凝气浮增加了运行费用，而且气浮过程中溶入的 O_2 还可能对水解酸化产生不利影响。因此，在设计采用水解酸化处理悬浮物浓度高的污水时，可增设污泥斗的数量以便及时排除沉淀污泥。此外，为防止填料表面形成

污泥团应采用比表面积大、不结泥团的半软性填料。

② 如果废水中污染物浓度较高或前处理效果不理想，生物接触氧化池前端的有机物负荷较高，使得供氧相对不足，此时该处的生物膜呈灰白色，处于严重的缺氧状态，而池末端成熟的好氧生物膜呈琥珀黄色。同时，水中的生物活性抑制性物质浓度也较高，对微生物也有一定的抑制作用。这些因素使得生物接触氧化池没有发挥出应有的作用，处理效果不理想。鉴于此，可一采取阶段曝气措施即多点进水，污水沿池长多点流入生物接触氧化池以均分负荷，消除前端缺氧及抑制性物质浓度较高的不利影响。改为多点进水并经过一段时间的稳定运行后，生物接触氧化池的出水（30min 的澄清液）COD 为 200～300mg/L。再经混凝气浮工序处理后最终出水 COD＜150mg/L（一般在 130mg/L)，达到了排放要求。

③ 在调试运行过程中，生物接触氧化池中生物膜脱落、气泡直径变大（曝气方式为微孔曝气)、出水浑浊、处理效果恶化的现象时有发生。经研究、分析、验证发现这是由于负荷波动或操作不当造成溶解氧不足而引起的。溶解氧不足使得生物膜由好氧状态转变为厌氧状态，其附着力下降，在空气气泡的搅动下生物膜大量脱落，导致水黏度增加、气泡直径增大、氧转移效率下降，这又进一步造成缺氧，如此形成恶性循环致使处理效果恶化。

④ 在调试运行初期，发生这种现象时一般是增大供气量以提高供氧能力来消除缺氧，结果由于气泡搅动强度增大，造成了更大范围的生物膜脱落、水黏度更大、氧转移效率更低，非但没能提高供氧能力反而使情况更糟。正确的处理措施应是减小曝气量，待脱落的生物膜随水流流出后再逐渐增加曝气量使溶解氧浓度恢复到原有水平，若水温适宜则 2～3d 后生物膜就可恢复正常。

因此当采用此工艺处理啤酒废水时要遵循下列要求：a. 采用水解酸化作为预处理工序时应考虑悬浮物去除措施。b. 采用推流式生物接触氧化池时，为避免前端有机物负荷过高可采用多点进水。c. 应严格控制溶解氧浓度，供氧不足会造成生物膜大范围脱落，导致运行失败。

5. 内循环 UASB 反应器＋氧化沟工艺处理啤酒废水

此工艺采用厌氧和好氧相串联的方式，厌氧采用内循环 UASB 技术，好氧处理用地有一处狭长形池塘，为了降低土建费用，因地制宜，采用氧化沟工艺。本处理工艺的关键设备是 UASB 反应器。该反应器是利用厌氧微生物降解废水中的有机物，其主体分为配水系统，反应区，气、液、固三相分离系统，沼气收集系统四个部分。厌氧微生物对水质的要求不像好氧微生物那么宽，最佳 pH 值为 6.5～7.8，最佳温度为 35～40℃，而本工程的啤酒废水水质超出了这个范围。这就要求废水进入 UASB 反应器之前必需进行酸度和温度的调节。这无形中增加了电器、仪表专业的设备投资和设计难度。

内循环 UASB 技术是在普通 UASB 技术的基础上增加一套内循环系统，它包括回流水池及回流水泵。UASB 反应器的出水水质一般都比较稳定，在回流系统的作用下重新回到配水系统，这样一来能提高 UASB 反应器对进水水温、pH 值和

COD浓度的适应能力，只需在UASB反应器进水前对其pH值和温度做一粗调即可。

UASB反应器采用环状穿孔管配水，通过三相分离器出水，并在三相分离器的上方增加侧向流絮凝反应沉淀器，它由玻璃钢板成60°安装而成，能在最大程度上截留三相分离出水中的颗粒污泥。

此处理工艺主要有以下特点：①实践证明，采用内循环UASB反应器＋氧化沟工艺处理啤酒废水是可行的，其运行结果表明COD_{Cr}总去除率高达95%以上。②由于采用的是内循环UASB反应器和氧化沟工艺串联组合的方式，可根据啤酒生产的季节性、水质和水量的情况调整UASB反应器或氧化沟处理运行组合，以便进一步降低运行费用。

6. UASB＋SBR法处理啤酒废水

本处理工艺主要包括UASB反应器和SBR反应器。将UASB和SBR两种处理单元进行组合，所形成的处理工艺突出了各自处理单元的优点，使处理流程简洁，节省了运行费用，而把UASB作为整个废水达标排放的一个预处理单元，在降低废水浓度的同时，可回收所产沼气作为能源利用。同时，由于大幅度减少了进入好氧处理阶段的有机物量，因此降低了好氧处理阶段的曝气能耗和剩余污泥产量，从而使整个废水处理过程的费用大幅度减少。采用该工艺既降低处理成本，又能产生经济效益。并且UASB池正常运行后，每天产生大量的沼气，将其回收作为热风炉的燃料，可供饲料烘干使用。UASB去除COD达7500kg/d，以沼气产率为0.5m^3/kg COD计算，UASB产气量为3500m^3/d（甲烷含量为55%～65%）。沼气的热值约为22680kJ/m^3，煤的热值按21000kJ/t计算，则1m^3沼气的热值相当于1kg原煤，这样可节煤约4t/d左右，年收益约为39.6万元。

UASB＋SBR法处理工艺与水解酸化＋SBR处理工艺相比有以下优点：①节约废水处理费用。UASB取代原水解酸化池作为整个废水达标排放的一个预处理单元，削减了全部进水COD的75%，从而降低后续SBR池的处理负荷，使SBR池在废水处理量增加的情况下，运行周期同样为12h，废水也能达标排放。也就是说，耗电量并没有随废水处理量的增加而增加。同原工艺相比较，每天实际节约1500～2500m^3废水的处理费用，节约能耗约21.4万元/a。②节约污泥处理费用。废水经过UASB处理后，75%的有机物被去除，使SBR处理负荷大大降低，产泥量相应减少。水解酸化＋SBR处理工艺产泥量达17t/d（产泥率为0.3kg污泥/kg COD，污泥含水率为80%），UASB＋SBR法处理工艺产泥量只有5t/d（含水率为80%）左右，只有水解酸化＋SBR处理工艺的1/3，污泥处理费用大大减少，节约污泥处理费用约为20元/a。

总之，啤酒厂工业废水处理的工艺选择，必须因地制宜，谨防生搬硬套。各种工艺确定时，应充分调查工厂排水水质、水量、排水规律和特点，必要时应取样化验确认；应考察工厂提供的建设场地地形条件和面积大小；考察工厂所能承受的一次性投资及运行成本情况；考察工厂的管理水平和工人素质条件以及确定厂外排水条件及水电增容条件等进行适合本地区建设污水场并能长期达标运行的方案比选。比选中简单适用、运行可靠、达标稳定、节约能耗、投资经济是最重要的工艺原则。

第十节 酿造啤酒用水新型的膜处理技术

水是酿造啤酒所用的“四大”原料中用量最多的原料，同时水也是啤酒组成中含量最高的组分（超过 90%），因此有“水是啤酒血液”之美称。在我国，啤酒酿造所用的水主要有两部分来源：一为市政供水（即为自来水公司），二为啤酒生产企业自己开采的地下井水。其中市政供水的原水也有两部分的来源：一部分为地表水（水库、湖泊及流经当地的河流）；一部分为地下水。

对啤酒酿造来说，其工艺用水的水质要比生活饮用水的水质要求更严。在我国许多城市的给水水源受到生活污水和工农业生产废水的显著污染，而大部分自来水厂采用的混凝、沉淀、过滤和加氯消毒常规净水工艺很难将受污染的原水净化处理成完全符合饮用水水质标准的生活饮用水，更难达到理想的啤酒酿造用水的水质要求，因此很多啤酒生产企业在自来水公司不能提供较好的水质时，自己在自来水进入酿造前增加了一系列深度水处理措施，旨在提供理想的啤酒酿造水，使酿造过程正常，啤酒口感更好。

目前，我国啤酒企业所用的深度水处理措施主要是膜处理技术。膜分离技术可分为液体膜分离和气体膜分离两类。

其中，液体膜分离即为膜法水处理技术。按所用膜材料可分为有机膜和无机膜；按功能可分为分离膜和反应膜；按分离过程可有微孔过滤（MF）、超过滤（UF）、纳滤（NF）、反渗透（RO）、电渗析（ED）、渗析（DT）、气体分离（GB）、渗透汽化（PV）、液膜（SF）、膜反应器和控制释放等多种膜分离技术。

一、微滤

微滤（Micro Filtration，MF）主要是根据筛分原理以压力差作为推动力的膜分离过程。微滤技术的膜孔径为 0.1～1.0μm，介于常规过滤和超滤之间，在给定压力下（50～100kPa）溶剂、盐类及大分子物质均能透过对称微孔膜，只有直径大于 1.0μm 的微细颗粒和超大分子物质被截留，从而使溶液或水得到净化。微滤技术是目前所有膜技术中应用最广、经济价值最大的技术。

微滤的微细孔结构可有效除去水中的泥沙、胶体、大分子化合物等杂质颗粒及细菌、大肠杆菌等微生物，但其对小分子有机物、重金属离子、硬度及病毒去除效果较差，在饮用水制备过程中，常与其他过程相结合，如用 UF 与 MF 处理有轻度污染的河水以制备公共给水，在处理性能及效果上 UF 和 MF 几乎没有差别，在

MF处理中，为得到较高的通量，用混凝进行预处理，所用的混凝剂及助凝剂为$AlCl_3$、Na_2CO_3、NaClO，处理后的水达到饮用水标准。法国有人将无机微滤膜与臭氧/絮凝剂结合进行地表水处理，地表水中细菌、微生物、腐殖酸、无机酸含量很高，用臭氧/絮凝剂使其分解絮凝，然后用孔径为0.2μm的无机微滤膜进行过滤操作，出水中有机物含量很低，浊度由14NTU降到0.18NTU，出水水质达到饮用水标准。南京化工大学膜科学技术研究所用活性炭纤维与陶瓷微滤膜相结合来处理自来水，对低分子有机物如苯、苯酚的去除率>95%，细菌的截留率>99.99%。用粉末活性炭与陶瓷微滤膜相结合，也可以获得同样的效果，该工艺可根据进水的水质不同可添加不同量的粉末活性炭，陶瓷微滤膜的作用主要是截留粉末活性炭和细菌。

微滤是目前所有膜技术中应用最广泛的一种。在1998年世界使用的各种膜中，微滤膜及组件的销售额达9亿美元。我国微滤膜的研制起步于近40年前，发展很快，目前已形成商品生产的微滤膜以纤维树脂等材料为主，以聚酰胺、聚偏氟乙烯、聚砜、聚丙烯腈、聚丙烯、聚碳酸酯、聚四氟乙烯等材质的微滤膜制品问世。微滤膜在我国主要用于制药行业的过滤除菌和电子工业中高纯水的制备。近年来食品工业的许多领域已实现工业化，并在饮用水生产方面得到广泛的应用。总之，微滤膜的技术为我国水资源开发和健康饮水事业的发展作出了重大贡献。与国外水平相比，其部分品种性能相近，而更多品种的平均孔径和孔径分布方面仍有较大差距，膜的装配技术也相对落后。目前国外微滤膜市场份额约占整个膜市场的40%～50%，我国微滤膜的占有额较低。目前我国从事微滤膜及组件研制和生产的单位有近百家，具有一定实力和规模的单位有杭州水处理技术开发中心、无锡市超滤设备厂、无锡化工研究院、核工业部八所、庆江化工厂、上海医药工业研究院、旅顺化工厂、辽源市膜分离设备厂、机电部北京第十设计研究院、化工部南通合成材料实验厂、苏州净化设备厂、上海第十制药厂、上海集成过滤器材厂、中科院大连化学物理所、中科院高能物理所、中日原子能科学研究院、天津纺保工学院、中国纺织大学、东莞新纪元微滤设备有限公司等。其中，东莞新纪元公司是中法合资的民营科技企业，是广东乃至全国惟一专业从事优质饮用水处理而且规模最大的微滤技术开发单位，公司采用自己的专利成果，并结合引进世界领先的法国膜处理技术，已成功地开发、生产出100～50000m^3/d功能齐全、技术先进的全自动化微滤成套水处理设备。

二、超滤

超滤（Ultra filtration，UF）主要是依靠膜的物理筛分作用来去除污染物，在一定压力的作用下，原料液中的溶剂和小的溶质粒子从高压原料液侧透过膜到达低压侧，而大分子及微粒组分被膜阻挡，原料液逐渐被浓缩而后以浓缩液的形式排出。超滤膜的切割相对分子原量（MW-CO）为10^3～10^6，孔径为0.001～0.1μm，在动态条件下能有效截留水中大部分胶体、大分子化合物、热源和细菌等杂质。

1965年，由美国Amicon公司首先开发出中空纤维超滤器，我国超滤技术的开发始于20世纪70年代初，最初开发出CA（醋酸纤维素）管式膜组件；80年代初，聚砜（PS）中空纤维超滤组研制成功。目前，国内在水处理行业中，聚砜和聚丙烯中空纤维组件应用最多。

超滤不仅适合于处理地下水，而且也适合于处理地面水。尽管40%的膜分离净水厂所处理的原水浊度大于10NTU，但几乎所有的膜分离水厂的出水浊度均小于0.1NTU，所有的出水中的大肠菌为零。超滤对水中小分子有机物的去除率很低，仅在20%左右。目前世界上最大规模的超滤膜分离纯净水厂位于美国Calif. San Jose的Saratoga水厂，水量$1.9\times10^4m^3/d$。LAINE等人用4种超滤膜对位于美国伊利诺伊州的DECATUR湖进行试验，进水水质TOC为4.25mg/L，UV254为0.922，浊度为0.12NTU。

1998年，全世界超滤膜和组件的销售额达5亿美元。我国超滤技术研制开始于20世纪70年代初，以平板膜起步，最先使用的膜材料是醋酸纤维素（CA），80年代已由平板膜发展到管式和中空膜，膜材料从CA和聚砜两种扩大至聚丙烯腈（PAN）、聚氯乙烯、聚砜酰胺、磺化聚砜、聚醚砜、聚酰亚胺，以及MMA-PAN、CA-钛板动态形成膜等10余种。复合膜与荷电膜的研制已在议程上，中空超滤膜组件更成为当前广泛应用的主要品种。近年来，陶瓷超滤膜也有重大进展，目前相继完成γ-Al、TiO_2、ZnO_2膜的实验室研制，正待工业化生产。

据不完全统计，国内共有100多家超滤膜生产厂，但大部分规模较小，全国膜产品总值约1亿元。与国外先进水平相比，生产线的技术配套不完善，环境条件和工艺参数都不够稳定，未能满足高水平膜质量的要求。性能上的主要问题是截留分子量还较高，孔径分布的均一性差。此外，组器配套也存在较大差距，影响综合性能的发挥。因此，今后仍需在制膜技术、条件和器件开发方面努力改进和提高。目前主要的科研与开发单位有杭州水处理技术开发中心、天津纺织工学院、中科院大连化学物理所、中科院生态环境研究中心、上海纺织科学研究所、无锡市超滤设备厂、江苏常能集团、辽源市膜分离厂、湖州水处理设备厂、武汉仪表厂、山东招远膜天集团、荆州市水处理设备厂、余姚膜分离设备厂、国营8271厂、中科院上海原子核研究所等。

三、电渗析

电渗析（Electro dialysis，ED）是在直流电场的作用下，以电位差为推动力，利用离子交换膜对溶液中的阴阳离子的选择性，从水溶液和其他一些不带电离子组分中分离出小离子的一种电化学分离过程。电渗析用的是离子交换膜，这一膜分离过程主要用于含有中性组分的溶液的脱盐及脱酸。电渗析的发展经历过三次大的革新：① 具有选择性离子交换膜的应用。② 设计出多层电渗析组件。③ 采用倒换电极的操作模式。

电渗析技术是利用离子交换膜对离子的选择透过性，在直流电场的作用下，水溶液中的阴阳离子选择性地透过膜，达到对水脱盐的目的。电渗析不需再生，只要通电即可运行，除盐率可达80%～90%，对中等盐度的水质，电渗析不失为较好的方法，但用于制备饮用水时存在一些不足，主要表现为水回收率低，脱盐率不彻底，膜堆水滴漏现象严重，通常后面配以离子交换进一步除去水中的阴阳离子。

电渗析技术曾在海水淡化、苦咸水脱盐、锅炉给水软化、初级纯水设备、生产工艺用水和工业废水处理方面发挥重要作用，遍及化工、电子、电力、轻工、纺织、医药、饮料和饮用水处理等许多行业。我国第一套具有世界水平的海水淡化装置日产水量200t，以及第一套沙漠地区苦咸水淡化车均采用电渗析技术。在海水淡化和纯水生产方面，随着RO（反渗透）技术迅速发展，当前电渗析技术的部分应用市场已被RO取代，其原因是反渗透能耗比电渗析更低。但是由于电渗析具有自身价格低廉、适用性广、预处理简单、操作方便等优点，故仍保持持续发展的趋势，尤其在化工分离方面更是得天独厚。近年又推出一项名为EDI的新技术(Electrode deioniza-tion)，即离子交换树脂填充床电渗析新工艺，可直接制备高纯水而无需对离子交换树脂进行酸碱再生，很有发展前途。目前我国电渗析技术发展与国外先进水平相比，主要差距在离子交换品种少，而且生产单一异相膜，耐温、耐腐蚀、耐污染等性能较差，电渗析器的集成化和自动化方面也有待改进和提高。据报道，1998年全球电渗析器销售额约11亿美元，年增长率达15%，前景看好。我国膜和器件生产厂有100多个，国内至少有5000台套电渗析器在运行。

离子交换膜主要生产厂有：上海化工厂，浙江省临安有机化工厂，北京顺义水处理设备厂等。电渗析主要生产厂有：杭州水处理技术开发中心，浙江湖州水处理设备厂，嘉兴市竹林电渗析器厂，湖州四通给水设备厂，嘉兴塑料电器厂，镇海环保设备厂，无锡市纯水设备厂，无锡塑料三厂，宜兴市电渗析器厂，宜兴南新纯水设备厂，上海塑料工程设备厂，北京东光水处理工程公司，河北沧州电渗析器厂，吉林通化塑料厂，锦州市环保设备实验厂，丹东市日正纯水设备厂，锦州市有机玻璃制品厂，江苏常熟市制药轻工机械总厂，广东湛江市净水设备厂，广州市花都伟力净化厂，广东净源水处理设备公司等。

杭州水处理技术开发中心、晨光化工研究院、上海医药工业研究院、中科院上海有机化学研究所、核工业部北京五所、上海原子核所、南通合成材料研究所等单位是我国目前最有实力和基础的离子膜科研单位。

四、纳滤

纳滤（Nano filtra-tion）是膜分离技术的一个新兴领域，是20世纪80年代初继典型反渗透复合膜之后研制和开发的又一项新技术。纳滤膜（Nanofiltration Mem-branes）是20世纪80年代末期问世的一种新型分离膜，其截留分子量介于反渗透膜和超滤膜之间，它主要去除1个纳米左右的溶质粒子，用于百量级分子量物质（如抗生素多糖、染料等）的纯化、分离和浓缩，可替代或部分替代沉淀、pH调节和蒸发工艺，成为生物制药和精细化工重要的高效节能单元操作技术。在饮用水领域中可用于脱除三卤甲烷中间体、异味、色度、农药、合成洗涤剂、可溶性有机物、Ca 和 Mg 等硬度成分及蒸发残留物质，将成为新世纪饮用水净化的关键技术之一，近 10 年来技术发展较快。

纳滤膜大多是复合膜，其表面分离层由聚电解质构成，因而对无机盐具有一定的截留率。目前国外已经商品化的纳滤膜大多是通过界面缩聚及缩合法在微孔基膜上复合一层具有纳米级孔径的超薄分离层。纳滤也是根据吸附扩散原理以压力差作为推动力的膜分离过程，它兼有反渗透和超滤的工作原理。在此过程中，水溶液中低分子量的有机溶质被截留，而盐类组分则部分透过非对称膜。纳滤能使有机溶质得到同步浓缩和脱盐，而在渗透过程中溶质损失极少。纳滤膜能截留易透过超滤膜的那部分溶质，同时又可使被反渗透膜所截留的盐透过，堪称为当代最先进的工业分离膜。由于它具有热稳定性、耐酸、碱和耐溶剂等优良性能，所以在工业领域有着广泛的用途，随着纳滤分离技术越来越广泛地应用于食品、医药、生化行业的各种分离、精制和浓缩过程，纳滤膜分离机理的研究也成为当今膜科学领域的研究热点之一。

纳滤技术采用具有纳米级孔径的滤膜对水进行处理，是一种低压反渗透技术，它对重金属离子、有机物、细菌和病毒等具有良好的截留性能。纳滤膜有松散的表层结构，由于膜内氨基和羧基两种基团，对低浓度的盐类有较高的截留效果，但该种纳滤膜对进水要求几乎不含浊度，一般要求进水的 SDI＜3，位于法国巴黎郊外的 MERY SUR QISE 水厂，其工艺流程为沉淀、臭氧、双层滤池、微孔过滤和纳滤。国内有人在实验室中用纳膜（TRISEP 公司生产的 2514 卷式 TS80NF）制备饮用水，能有效去除水中的 NH_4^+—N、NO_2^-—N、TOC 致病菌等杂质。上述处理结果表明，应用纳滤技术能制备出优质的饮用水，该技术既能有效地脱除水中的有害物质，又能在一定程度上保留水中对人体有益的金属离子，该技术在优质饮用水制备中，有极大的吸引力，引起了各国工程人员的兴趣。就目前来说，我国纳滤技术处于实验室和中试阶段，膜组件大都从国外进口。

我国现已开发出平板膜、卷式膜及中空纤维式多种纳滤膜组件，其中以 CA 为材质的纳滤膜已有系列化产品，对 NaCl 的截留率（10%～90%）达到较好的要求。纳滤技术的研制和开发应用目前在我国尚处于研究阶段，组件和器件方面还存在较大差距，尚未形成产业化生产能力和水平，现在仅对粗料脱盐和饮水净化方面开展相应工作，所用的膜组件目前以进口为主。

五、反渗透

我国反渗透（RO）技术研究起步于 1965 年，从膜的研制开始。反渗透过程主要是根据溶液的吸附扩散原理，以压力差为主要推动力的膜分离过程，在浓溶液一侧施加一外加压力（1000～10000kPa），当此压力大于溶液的渗透压时，就会迫使浓溶液中的溶剂反向透过孔径为 0.1～1nm 的非对称膜流向稀溶液一侧。反渗透过程主要用于低分子量组分的浓缩、水溶液中溶解的盐类的脱除等。在这方面，今后应优先发展抗氧化膜、耐细菌侵蚀的膜、透水性好的易清洗和消毒的膜。

反渗透是利用压力差为推动力的膜法水处理技术，它能除去水中大部分的杂质、各种离子、分子、有机胶体、细菌、病毒等。反渗透膜具有透过水而不透过溶质的选择性，从含有各种无机物、有机物和微生物的水体中，分离纯水。1960 年，Locd 和 Sourirajan 制备了世界上第一张高脱盐率、高通量的不对称醋酸纤维素（CA）反渗透膜；20 世纪 70 年代，美国 Dupont 公司开发了芳族聚酰胺（PA）反渗透膜；80 年代末，高脱盐率复合膜及元件投入生产，90 年代中期，超低压高脱盐率聚酰胺复合膜及元件投入市场。我国反渗透技术的研究始于 1965 年。80 年代初，第 1 个 CA 中空纤维膜组件研制成功，国产 CA 低压中空纤维膜组件投入市场；到 90 年代，反渗透技术在制备纯净水上取得了长足发展。1995 年，膜法制取医用注射用水获得成功，并在北京协和医院投入示范考核运行。与国外比，我国反渗透技术已接近国外先进水平，但膜和膜组器技术与国外同类产品仍有较大的差别。

目前，工业上应用最广泛的膜材料主要是醋酸纤维素和芳香聚酰胺。醋酸纤维素原料价格便宜，透水量大，除盐率高，其主要缺点为不耐细菌的侵蚀；芳香聚酰胺原料价格高，透水和除盐性能都很好，特别是机械强度极好。

一级反渗透装置可以去除水中大部分无机物、胶体和有机物，一般去除率为 95%～98%。一级反渗透的淡水经过加压再经过二级反渗透，总去除率可达 99%。二级反渗透制取纯净水新工艺，是目前最先进的工艺，该工艺技术已在许多著名的纯净水制造企业中被采用，如杭州娃哈哈、康师傅、维维等，该工艺能长期稳定运行，制造的纯净水透明度很高，口感很好。细菌控制安全稳定，其制造工艺为自来水—砂滤—炭滤—软化—保安过滤—一级反渗透—二级反渗透—臭氧—精滤—灌装。上海宝钢电厂从国外引进一套反渗透装置用于处理长江水，其运行系统为长江水—搅拌澄清池—双层过滤器—精密过滤器—加热器—保安过滤器—高压泵—反渗透装置—离子交换除盐系统。该系统能有效地脱盐，使离子交换设备的树脂用量可以大大降低。但反渗透技术运行压力高，为 1～10MPa，能耗大，操作费用高，对进水水质要求高。如卷式复合膜（RO）对进水要求为：SDI＜5，COD＜1.5，余氯＜1.5，pH 值为 2～11。

迄今为止，我国 RO 商品膜绝大部分是 CA 类高分子材料，复合膜研制已取得成功，但未投入工业化生产。目前 RO 主要应用在水处理方面，以脱盐为主，尤其在海水、苦咸水淡化、纯水、超纯水制备以及物料预浓缩方面显示出独特优势。此外，在电子、化工、医药、食品、饮料、冶金、环保和饮用水方面的应用日益广泛，并发挥重要作用。1998 年全世界 RO 膜和组件的销售额达 4 亿美元，其后每年以 10% 的速度递增。在海水淡化方面，全世界总造水量 $3\times10^7 m^3/d$，电耗已降至淡水 $3kW\cdot h/m^3$；在苦咸水淡化方面，总造水量 $5\times10^7 m^3/d$，电耗仅为 0.5～$3kW\cdot h/m^3$ 淡水。1997 年，我国进口反渗透膜的价值约为 1.9 亿元，近年仍然有增无减，国内市场约 90%依赖进口。国内研制和生产 RO 膜和器件的单位有数十家，主要的科研和生产单位是杭州水处理技术开发中心、天津纺织工学院、山东招远膜天集团公司、江苏常能集团、国营 8271 厂、湖北水处理设备厂、杭州华滤工程公司、甘肃省膜科学技术研究所、核工业部八所等。

六、反渗透法举例

据国内专家周广田介绍，采用反渗透法也可将水中的盐较彻底地除去。此外，采用反渗透法还可以除去水中的有机物、细菌、病毒等。

1. 基本原理

渗透是液体借助浓度梯度穿过半渗透膜的过程。如果用一块半渗透膜把一个容器分成两个相等的部分，并加入两种不同浓度的溶液，可以发现，液体从浓度低的一侧流向浓度高的一侧达到平衡后，两种液体具有不同的液位（图 10-7）。

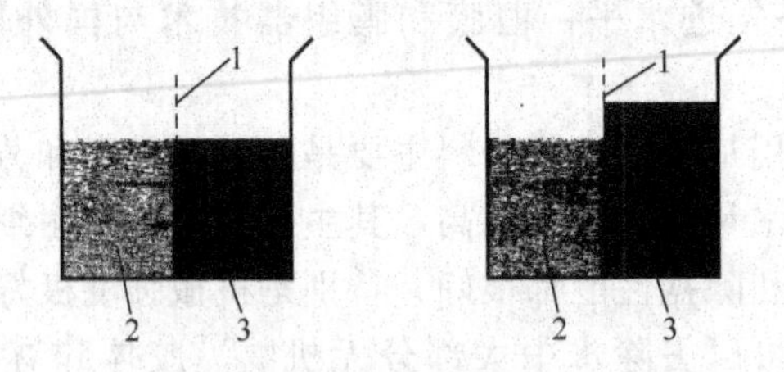

图 10-7 渗透的形成

1—半渗透膜；2—低浓度液体；3—高浓度液体

达到平衡时的液位差，就是两种液体的渗透压差。如果低浓度的溶液是纯溶剂，则液位差就是溶液的渗透压 H。在两侧采用同样压力的渗透过程中，如果使高浓度一侧的压力 P_2 大于低浓度一侧的压力 P_1，则能减缓低浓度的液体向高浓度一侧流动。当该压力达到渗透压 H 时，该过程完全停止（图 10-8）。

如果高浓度的一侧压力大于两种溶液的渗透压差，则溶剂会从高浓度一侧向低浓度一侧流动，这就是所说的反渗透现象（图 10-9）。在用反渗透技术进行水处理时，所施加的大于渗透压的压力，通常为 2.8MPa。

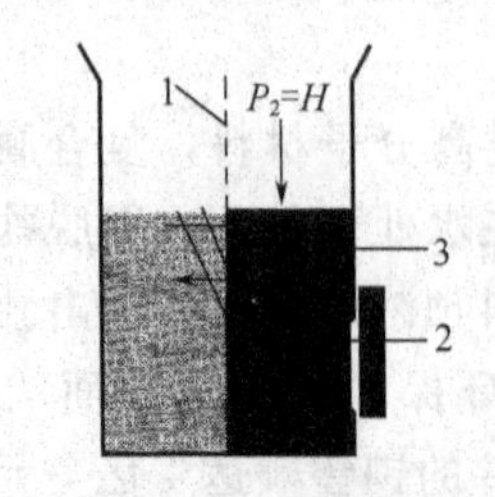

图 10-8 渗透停止

1—半渗透膜；2—低浓度液体；3—高浓度液体

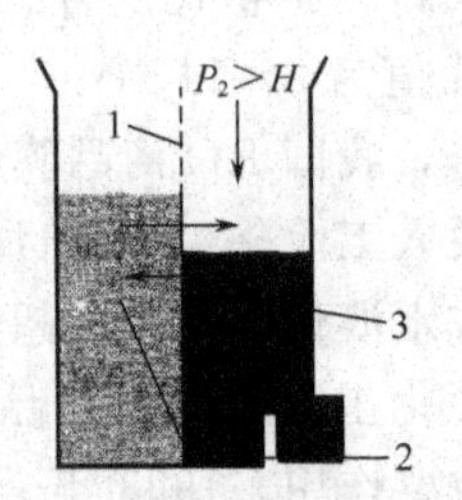

图 10-9 反渗透的形成

1—半渗透膜；2—低浓度液体；3—高浓度液体

2. 反渗透膜的材料和性能

反渗透膜多由醋酸纤维素或聚酰胺等合成材料制成。现在，普遍采用结构紧凑的空心纤维式聚酰胺组合薄膜（图 10-10）。该薄膜在 pH 值为 4～11 时，化学稳定性较高，它不易受化学和生物因素的影响，可以长时间使用，其反渗透能力的下降非常小。工作时，原水由中心分配器以辐射状向外围流动，穿过空心纤维束和支撑网后，即可得到较低含盐量的水。

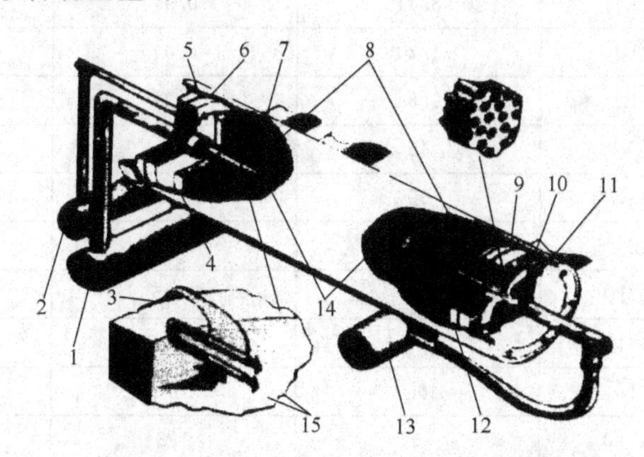

图 10-10 空心纤维式聚酰胺组合反渗透膜的工艺设计

1—入口；2，3—浓缩液；4—环氧树脂转向块；5，9—O 形环；6—进口端板；7—分配管；8—中空纤维束；10—空心支撑板；11—渗透液端板；12—环氧树脂管板；13—渗透液、收集液；14—金属支撑网；15—渗透液

3. 反渗透水处理的工艺过程

首先，原水经过滤器过滤，除去有可能与聚合电解质形成化合物的胶体、悬浮物、天然的无机物、有机物、铁、锰等物质，避免反渗透膜的堵塞。所以，每隔几周就要用水清洗一次反渗透膜，以除去附着在反渗透膜上的堵塞物。

接着，水借助于高压泵通过超微过滤机（5～10μm）后进入反渗透装置。如果将水轻微加热，处理效果会更好。为了避免浓液区因盐的浓度增高在膜面上形成盐类沉积物，可在水中加入二氧化碳或硫酸，使部分硫酸氢盐转变为硫酸盐，释出的二氧化碳须经脱气塔除去。为了稳定其他的硬度组成物质，还可加入专门的磷酸盐。将渗透液与原水混合，可以达到理想的残余硬度即残余碳酸盐硬度；如果不与原水混合，则可添加石灰水达到所需的残余碳酸盐硬度（碳酸氢钙）。

4. 处理效果

如果用反渗透设备制备低盐水，原水的收得率只能达到 75%，这对于酿造用水的制备通常是不必要的。如果水的收得率达到 90%，则不可避免地会形成稍高的透盐量（约 10%），这主要取决于原水中的含盐量，当原水中的含盐量低于 1000mg/L 时（以 NaCl 表示），不会影响设备的工作能力。不过，这足以满足绝大多数类型的水的处理要求。反渗透处理的浓缩液可作为清洗水加以利用。硬水的反渗透除盐效果见表 10-3。

表 10-3　反渗透法的除盐效果

项目	原水	渗透液	浓缩液
总硬度/(mmol/L)	4.64	0.13	12.7
碳酸盐硬度/(mmol/L)	3.00	0.25	5.01
非碳酸盐硬度/(mmol/L)	1.64	−0.13	5.94
钙硬度/(mmol/L)	3.44	0.99	8.81
镁硬度/(mmol/L)	1.20	0.04	3.92
残碱度/(mmol/L)	1.84	0.21	3.92
钠离子/(mg/L)	15	12	38
硫酸根离子/(mg/L)	90	1.6	420
氯离子/(mg/L)	49	6.0	141
硝酸根离子/(mg/L)	40	14.5	60
硅酸根离子/(mg/L)	4.5	1.0	85
游离 CO_2/(mg/L)	10.0	13.2	74.8
侵蚀性 CO_2/(mg/L)	0	128	0

七、用特殊的酸洗替代啤酒厂常规的酸碱洗举例

1. 低碳特点

常温清洗，降低清洗温度；免去碱洗时将发酵罐 CO_2 排放的过程；缩短清洗时间，节省用电。

2. 浓缩试剂

艺康的曲涤 ES 单相低温酸性清洗剂主要用于啤酒饮料企业中的贮罐和发酵罐的清洗，不仅可以帮助客户节省清洗前 CO_2 的排放时间，而且可减少 CO_2 对大气的排放（目前一般啤酒生产企业，CO_2 排放后均为不回收的）。

减少清洗步骤的同时又不会影响啤酒的风味。以一北方啤酒生产厂为例，其 2009 年的年产量为 25 万吨，全年曲涤 ES 清洗剂的用量为 19.4t，与之前的五步清洗工艺相比，可节省电能 9981kW·h，节省用煤 276t，温室气体年减排 582678t。

艺康的曲涤 ES 单相清洗工艺一年于啤酒酿造业累计贡献：

曲涤 ES 清洗工艺促使温室气体总计减排：3025325t

节省的包装空桶折合 CO_2：4904kg

节省电能：51819kW·h

节省的电能折合成 CO_2：37206kg

节省煤：1433835kg

节省的煤折合成 CO_2：3021090kg

该清洗可以减少 CO_2：4192500kg

第十一章

啤酒的检测技术与解决方案

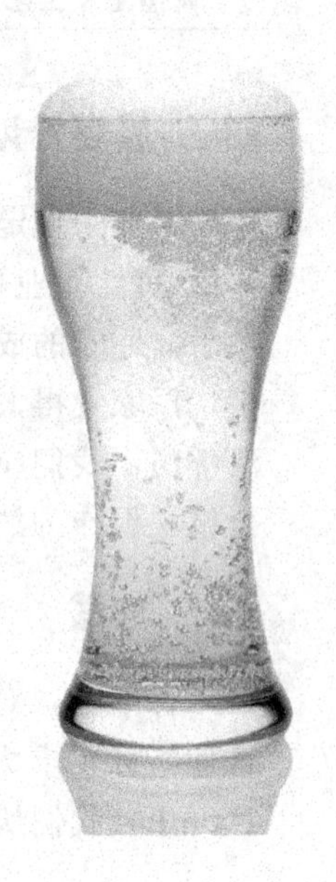

第一节 《啤酒》国家标准与修订建议

一、透明度

《啤酒》国家标准中规定啤酒应为清亮透明，无明显悬浮物和沉淀物。在实际检测中，我们发现无论什么品牌的啤酒，也无论出厂时间的长短，啤酒中都会有一些沉淀物（或悬浮物），仅是数量多少的差别。《标准》中“无明显沉淀物”就是一个含糊的词。所谓“无明显”，我们的理解是“不应有肉眼随意就能看见的异物”，企业为了给自己的产品质量辩护，往往对比较明显的沉淀，也认定为“不明显”，因此产生判定误差，作为执法检验部门也没有足够的理由说服。

二、色度

标准要求8～12度淡色啤酒为5.0～9.5EBC（优级）。现在的啤酒正向着淡爽型方向发展（尤其是南方），消费者对啤酒颜色的要求是浅一些好。为迎合消费者，啤酒厂家将啤酒的色度做得越来越浅，经常检测到色度为4.0EBC左右的啤酒，标准中认为不合格，厂家却认为很自豪，因为消费者喜欢。

三、香气、口味

对香气和口味的鉴定只有专业的评酒师才能做出客观公正的判断，作为检验、执法部门的工作人员对此很难予以正确的评价，除非酒质已变坏到了相当“惊人”的程度。

四、原麦汁浓度

标准中规定为（$X+/-0.3$）度才符合要求，在实际检测中，若低于（$X-0.3$）度，企业也认可为不合格，但若高于（$X+0.3$）度，则企业认为是自己多投入了，厂家的成本上去了，实际上也就是让消费者多得了实惠，若再判定为不合格，厂家觉得太委屈。设身处地地想想，企业的这些想法也不无道理，作为检验执法部门，我们应当维护标准的严肃性，依据标准应该判定为不合格的还是判定为不合格，但作为消费者，我们对企业表示充分的理解。

五、总酸

标准中，对8～12度啤酒规定为＜2.6mL/100mL，我们在实际检测中感到，这项指标要求太低了，大部分啤酒的总酸都＜2.0mL/100mL，最高也＜2.2mL/100mL，我们认为，指标放得太松，不利于企业产品质量的提高。

六、保质期

标准中规定熟啤≥120 d，而实际上，大部分啤酒60天后，口感就有明显变化（老化），但目前仍没有有效地检测方法。

七、《啤酒》的修订建议

近二十年来，啤酒的产量迅猛增长，客观地说，啤酒的质量也在不断提高，但良莠不齐。应该看到，现在的啤酒检测项目还不够齐全，检测手段还不够完善，作为产品的质量标准也应随着产品质量的不断改进作相应的调整，以适应时代发展的要求。针对以上存在的问题，对今后《啤酒》的修订提几点不成熟的建议。

① 增加可能危害人民身体健康的项目的检验，例如微生物的厌氧菌、含硫化合物等。

② 判断指标应尽可能“量”化。例如沉淀物的多少用百分比含量表示，香气、口味是否纯正，用几种典型的成分含量为代表来表示，这样可以避免争议的产生。

③ 指标数值要考虑企业的实际情况，如色度的范围放宽，尤其下限可以适当放开；原麦汁浓度可以确定下限而不固定上限。

④ 随着啤酒生产技术的提高，有些项目的要求应该相应地有所提高，如双乙酸含量应降低一些，大部分啤酒的检测结果都在0.05～0.10mg/L（有波动）；总酸含量也应适当降低。

⑤ 啤酒的保质期不仅仅要从时间上予以限制，还应从某些成分的变化上加以限制，如啤酒的老化程度，现在普遍认为随着老化的加重，反-2-壬烯醛的含量有所提高，是否可以用它作代表，用作判断老化程度的依据。

总之，产品标准合理与否，将直接关系到企业的经济利益和消费者的身心健康。我们希望全国的啤酒企业、检验机构以及执法部门共同关心啤酒标准的制订和执行。

第二节 高浓稀释水质量的检测与控制

水是啤酒的主要成分，水在啤酒中约占90%左右，水的质量对啤酒口味影响很大。目前啤酒厂为了降低成本、提高产量，大多采用高浓稀释的技术，水的质量对啤酒口感、风味影响更大。因此稀释水质量的检测与控制对保证啤酒的口感、风味稳定性尤为重要。稀释水的质量应从生物纯净性、水的含氧量、碱度、温度、CO_2的含量、水的色泽、口味品尝等方面军进行检测与控制。

一、稀释水的检测项目与控制指标

作为浓稀释水，应符合表11-1的质量要求，并按一定的检测频次对几个点进行检测控制。

表11-1 稀释水的检测项目质量要求

检测指标	控制指标	测定频次
色泽	透明、无色、无沉淀	2次/天
浊度/EBC	≤0.3	1次/天
溶解氧/(mg/L)	≤0.03	1次/天
CO_2含量/(g/L)	≥3.0	1次/天
余氯/(mg/L)	≤0.1	2次/周
残余碱度/°d	≤3°	2次/周
气味、口感	20℃及50℃时无杂味、口感正常	2次/天
温度/℃	0～4	2次/天
微生物指标	细菌总数≤50CFU/100mL、大肠菌群≤3MPN/1000mL、酵母、厌氧菌不检出/100mL	2次/周

二、稀释水的质量检测

1. 溶解氧的检测

用orbispher 3650型便携式溶解氧测定仪或使用同等分析效果仪器对稀释水罐的水的溶解氧进行检测。检测时，将溶解氧分析仪的连接口接到稀释水罐的取样口，打开取样阀，调节酒液流速，让水稳定、连续地流出，待数值稳定（约30s）后读数。一般测制备时及放置时稀释水的溶解氧含量，并作比较，若检测结果有明显变化，说明罐体或管道有漏气。

2. CO_2含量的检测

用DIGITAL便携式二氧化碳测定仪或使用同等分析效果仪器对稀释水罐的水的CO_2含量进行检测。检测时，接通电源，打开显示器，将二氧化碳测定仪的连接口接到稀释水罐的取样口，打开稀释水的取样阀，调节水的流速，使二氧化碳测定仪充满水（不能有泡沫），按下开关，待读数稳定后记录二氧化碳的含量。二氧化碳的含量最好在稀释水制备完成后测定。

3. 残余碱度的检测

水的残余碱度（RA值）是衡量水质的一项重要指标，可以预测水中碳酸盐、钙硬、镁硬对麦汁和啤酒的影响程度，从而找出调整措施，保证啤酒的风味稳定性。

（1）检测方法（甲基橙指示剂法）　吸取适当水样（100mL），加入0.1mL（2滴）甲基橙指示液，若溶液呈橙黄色，则用0.02mol/L盐酸或硫酸标准溶液滴定到溶液呈橙红色。

（2）残余碱度的计算　总碱度的计算：总碱度(°d)＝1000NV/VS＝10NV(VS＝100mL)

式中　N——硫酸或盐酸标准溶液的当量浓度；

　　V——硫酸或盐酸标准溶液的滴定量，mL；

　　VS——水的取样量。

残余碱度的计算：残余碱度＝总碱度－（钙硬/3.5＋镁硬/7）。

4. 游离余氯的测定

① 游离余氯是以次氯酸、次氯酸根或溶解元素氯形式存在的氯。传统的测定法是邻联甲苯胺法和碘量法，这些方法操作繁琐，分析周期长，若水中氯含量低，更难测定，而且邻联甲苯胺试剂有致癌性。因此，目前采用游离余氯快速检测法。

② 游离余氯快速检测操作方法。取试剂盒中的专用比色管加待测水样至管的刻度线，再加入一粒试剂，摇动至药片完全溶解，待溶液澄清后即与标准比色卡自上而下目视比色，与管中溶液色调相同的色即是水中余氯的含量，加入药片后应在5min内完成比色。采用此方法可检测到水中游离余氯浓度低至0.05mg/L。

5. 水的微生物检测

① 高浓稀释水是直接加入酒中，因此应严格要求高浓稀释水的生物纯净性。从对人体的健康考虑，稀释水应符合饮用水的微生物要求，不能含有致病菌，因此须检测水中的大肠菌群；从酒体的卫生安全考虑，细菌、酵母菌、厌氧菌应控制一定范围内，才能保证酒体的安全。

② 检测方法　将取样阀全部开启，放水2～3min，冲洗并将管道内的存水排出，关闭取样阀，用镊子夹取蘸有酒精的消毒棉花擦其外部，用火烧几分钟，开启取样阀，使水稳定流出数秒，用无菌夹锁瓶收集样品。用孔径0.45μm的无菌滤膜，各抽滤100mL的水样，水样中含有的微生物截留在滤膜上，然后将滤膜分别贴在细菌培养基、酵母培养基、NBB-A培养基、大肠菌群培养基上，经不同温度恒温培养后，直接计数滤膜上生长的菌落，即为100mL水样所含的微生物数。

6. 水的外观检测与品评

每天用三角玻璃瓶取脱氧水观察是否透明无色、是否有沉淀物，并测水的浊度、温度。水的浊度应控制在≤0.3EBC、温度控制在0～4℃。

7. 水的品尝

每天取2次脱氧水进行品尝。品尝方法：把所取水样分成2份，一份置恒温20℃水浴，一份加热至50℃后品尝，水在20℃及50℃时应无杂味、口感正常。

三、高浓稀释水质量对酒体的影响及控制

1. 脱氧水浊度的控制

（1）水浊度对酒体的影响　高浓稀释水应透明无色、无沉淀物，浊度≤0.3EBC。若达不到要求会使啤酒产生浑浊、沉淀。

（2）水中悬浮物胶体的处理　对水中悬浮物、胶体的处理一般采用凝聚法或物理过滤方法进行处理。凝聚法是通过加化学药品与水中和悬浮物或胶体凝聚而沉淀去除；物理过滤法是将水穿过一层介质，介质把悬浮物、胶体截留而达到去除悬浮物、胶体的目的。一般采用砂滤器、活性炭过滤、精密过滤器过滤。若水的浊度达不到要求，应对每一级处理后的水浊度进行检测分析，找出混浊的原因。

2. 脱氧水溶解氧的控制

（1）水溶解氧对酒体的影响　水中含有一定量的氧气，氧气不利于啤酒的质量和稳定性。高浓稀释水是直接加达酒体中，若没有把水中的氧去除，会使清酒溶解氧大幅度增加，酒体老化快。高浓稀释水溶解氧应控制在0.03 mg/L以内，才能保证酒体的新鲜度。

（2）水脱氧的方法及控制　水脱氧有物理或化学方法进行处理。物理方法一般有高温热处理方法、真空脱氧法、二氧化碳洗涤脱氧法；化学方法化学方法一般有与氢气进行还原反应法、与亚硫酸盐进行还原反应法。目前一般采用二氧化碳洗涤脱氧法。要使稀释水的溶解氧控制在0.03 mg/L以内，应从如下几方面控制。

① 脱氧设备系统的检查。每天应按要求检查脱氧设备系统，保证脱氧设备系统正常运行。

② 二氧化碳纯度的控制。充入的二氧化碳纯度达到99.98%以上。若二氧化碳纯度达不到要求，含有一定量的氧，充二氧化碳时会使水的溶解氧增加。因此，每天应对所充的二氧化碳纯度进行检测，发现二氧化碳纯度不够，及时处理。

③ 管道及罐体漏气点的检查。若罐体及管道有漏气，外界的空气就会进入水中，使脱氧水的溶解氧大大提高。通过检测制备后脱氧水及放置一天后脱氧水的溶解氧作比较，若放置一天后脱氧水的溶解氧有明显增高，说明罐体及管道有漏气，须及时检查维修，才能保证脱氧水溶解氧能控制在较好的水平。

3. 稀释水的微生物控制

水一旦与地面接触就会变脏，水的污染程度与地层深浅有关。渗入地层越深，水的生物性越好。高浓稀释水是直接加入清体中，须达到一定的微生物要求。为使稀释水达到规定的要求并保持纯净状态，水须通过如下几种方法除菌。

（1）无菌过滤除菌　无菌过滤是通过一定孔径的介质把水中的微生物截留，以

达到除菌的目的。采用无菌过滤除菌的水须预处理把水中的悬浮物去除达到澄清状态，才能保证，滤膜不会被堵塞。

（2）紫外线灭菌　此方法是通过紫外线照射杀死水中的微生物以达到灭菌的目的。此方法既卫生又可靠。但紫外线灯管要定期更换，设备损耗；且处理水层必须很薄，浑浊和色泽会影响灭菌效果，须定期清洗紫外线灯管表面，因此处理能力低；另一方面微生物数量大时，照射量也必须随之提高，才能达到灭菌的效果。

（3）臭氧灭菌　对空气中的氧气进行放电处理可获得臭氧。氧化作用会破坏细菌的细胞膜，从而达到杀菌的目的。此方法既卫生又可靠，但投资费用很高。

（4）通氯气灭菌　往水中通氯气产生次氯酸。次氯酸分解为盐酸和氧气，从而形成较高的氧化力，通过氧化力破坏微生物的细胞膜，并杀死微生物。此方法所需设备很少，但如果水中存在有机物和或酚，则会产生有害物质（AOX，氯酚等）。

（5）二氧化氯灭菌　二氧化氯是很不稳定的气体，它由盐酸和亚氯酸钠反应形成。同上述方法相比，这种方法有以下优点：水的口味不发生改变；形成的 AXO 和氯很少；费用很低；生产过程非常安全；灭菌效果可靠；但二氧化氯灭菌受温度影响很大，采用二氧化氯灭菌必须考虑到，温度越高，二氧化氯就越不稳定。

（6）银离子灭菌　银离子具有杀菌效果。水在银极间流过，银离子会杀死水中的细菌。采用臭氧灭菌、通氯气灭菌、二氧化氯灭菌要注意控制水中的臭氧和活性氯的残留量，残留量不得超过0.001%。

稀释水微生物处理一般不单一采用一种方法，通常两种方法结合使用效果更好。通常把无菌过滤除菌和紫外线灭菌两种方法结合使用。

4. 稀释水中离子的控制

水中溶解了不同的盐，这些盐电离形成无化学作用和有化学作用的离子。无化学作用的离子直接进入啤酒，对啤酒口感有正面和负面的影响。如 NaCl 可使啤酒口味圆润柔和，但有些离子含量高对啤酒口感及稳定性不好，应去除。去除有害离子、降低总硬度一般采用离子交换法、电渗析法、反渗透法。

5. 稀释水中残余碱度的控制

水的残余碱度（RA值）是衡量水质的一项重要指标，直接影响着啤酒的风味稳定性。稀释水的残余碱度须控制在一定的范围内，才能保证稀释后啤酒口感不改变。要降低水中的残余碱度主要通过降低碳酸盐硬度，去除碳酸盐、提高非碳酸盐硬度、添加酸中和使碳酸盐硬度转化为非碳酸盐硬度。降低水的残余碱度采用的方法有加热法、加石膏法、离子交换法、电渗析法、反渗透法。一般几种方法结合使用效果更好。

6. 稀释水二氧化碳含量的控制

目前高浓稀释比达40%以上，会使啤酒中的二氧化碳含量大大降低，从而影响啤酒的口感。直接添加到酒中稀释水，须通过充二氧化碳到水中，使稀释水中二氧化碳含量达到规定的要求，才能保证稀释后啤酒二氧化碳的含量，使啤酒的爽口性不受影响。充二氧化碳时须注意二氧化碳的纯度，保证稀释水溶解氧能控制在一定范围内，同时要保证二氧化碳微生物纯净性。因此须检测所充二氧化碳的纯度和微生物指标。

高浓稀释水除上述几方面的控制，水的温度、口感、气味也须严格控制。须每天对稀释水的温度进行检测，控制水温度在0～4℃。同时对水进行品评，发现口感、气味异常应及时查找原因，并把稀释水排掉，才能保证稀释后的酒口感的稳定性。

第三节 麦芽的理化指标及检验

一、 麦芽的理化指标及意义

1. 麦芽的物理指标

① 千粒重即指1000粒麦芽的质量。一般麦芽的千粒重为29～38g。麦芽溶解程度越大，千粒重越低，因而可以通过比较大麦和麦芽的千粒重来衡量麦芽的溶解程度。

② 麦芽密度麦芽的密度表明麦芽的松软程度。麦芽质量越好，就越松软，密度也越小。可以通过沉浮试验表明麦芽的密度情况，即取定量麦芽粒倒入水中，观察沉降情况：沉降粒＜10％，优良；沉降粒介于10％～25％，良好；沉降粒介于25％～50％，满意；沉降粒＞50％，不佳。

③ 分选试验麦粒颗粒不均匀是由大麦分级不良造成的，可引起麦芽溶解的不均匀。

④ 切断试验切断试验是用来检查胚乳状态的，一般分为粉状粒和玻璃质粒。粉状粒指断面呈乳白色、不透明、切断疏松不平整的麦粒；玻璃质粒指断面呈透明或半透明状且有光泽的麦粒。

可以通过200粒麦芽胚乳断面情况进行分析评价，粉状粒愈多者愈佳，玻璃质粒越多者越差。计算玻璃质粒的方法是：一个全玻璃质粒为1，半个玻璃质粒为1/2，尖端玻璃质粒为1/4。计算其百分粒，指标规定如下：玻璃质粒介于0％～2.5％优秀；玻璃质粒介于2.6％～5.0％，良好；玻璃质粒介于5.1％～7.5％. 满意；玻璃质粒7.5％以上，不佳。

⑤ 叶芽长度叶芽长度也是评价麦芽溶解度的一种方法。浅色麦芽的叶芽长度为麦粒长度的2/3～3/4者占75％以上，说明该麦芽溶解良好；浓色麦芽的叶芽长度为麦粒长度的3/4～1者占75％以上，说明该麦芽溶解良好。

⑥ 脆度试验通过脆度仪来测定麦芽的脆度，以麦明麦芽的溶解程度。其指标如下：81％～100％，优秀；71％～80％，良好；65％～70％，满意；低于65％，不佳。

⑦ 发芽率表示发芽的均匀性。指发芽结束后，全部发芽麦粒所占有的百分率，要求大于96％。如果发芽率低，未发芽麦粒易被霉菌和细菌感染，给正常发芽的绿麦芽也带来污染。这样制得的麦芽霉粒多，可能造成啤酒的喷涌。麦芽的溶解性差，浸出率低、酶活力弱，给整个啤酒的生产带来一系列的不利影响。

⑧ 发芽力指发芽3天，发了芽的麦粒占麦粒总数的百分比。是衡量大麦是否均匀发芽的尺度。此值高说明大麦的发芽势很好，开始发芽的能力强。

2. 麦芽的化学指标

(1) 一般检脸 (标准协定法糖化试验)

① 水分浅色麦芽 3.5%～6.0%；深色麦芽 2.0%～5.0%。

② 糖化时间 (协定法麦汁) 在麦汁制备过程中，从 70℃保温开始，每隔 5min，用 0.1mol/L 碘液检查一次糖化情况，直至糖化彻底无碘液反应为止，该段时间称为糖化时间。优良的浅色麦芽，糖化时间为 10～15min；优良的深色麦芽，糖化时间为 20～30min。如果糖化时间过长，说明麦芽溶解不足，会导致浸出率下降；如果糖化时间过短，说明麦芽溶解过度，也会导致浸出率下降。

③ 过滤速度及透明度溶解好的麦芽过滤速度快，麦汁澄清；溶解差的麦芽过滤速度慢，麦汁浑浊。

④ 色度麦芽色度与其生产过程有关，发芽温度高，干燥时间长，色泽深。浅色麦芽 2.0～5.7EBC；中等深色麦芽 11～17 EBC；深色麦芽 17～27EBC。

⑤ 浸出率表示麦芽经过糖化过程溶解成分的数量，数值越高，说明麦芽质量越好。浅色麦芽的无水浸出率为 78.5%～83.5%；深色麦芽的无水浸出率为 78.5%～82%。

⑥ 香味和口味协定法糖化麦芽汁的香味与口味应纯正，无酸涩味、焦味、霉味、铁腥味等不良杂味。

(2) 细胞溶解度检验

① 粗粉和细粉的浸出率差利用粗粉和细粉糖化浸出率的差值来评价麦芽胚乳的溶解情况。麦芽粉碎机一般采用 EBC 粉碎机。EBC 粉碎机Ⅰ号筛粉碎的细粉 (细粉占 90%左右) 与Ⅱ号筛粉碎的粗粉 (细粉仅占 25%左右) 分别按协定糖化法进行糖化，计算其浸出率的差值。评价如下：浸出率差<1.3%，麦芽溶解度很完全；浸出率差 1.3%～1.9%，麦芽溶解度完全；浸出率差 2.0%～2.6%，麦芽溶解度正常；浸出率差 2.7%～3.3%，麦芽溶解度低；浸出率差>3.3%，麦芽溶解度很低。

② 麦汁 a 度。麦汁 a 度可以反映出麦芽胚乳细胞壁半纤维素 (α-葡聚糖) 和麦胶物质的降解状况，因而也能表示麦芽的溶解程度。根据麦汁勃度的大小，可预测麦汁和啤酒过滤的难易。测定方法是将协定法麦汁的浓度调至 8.60°P 后进行测定。黏度指标如下：低于 1.53mPa·s，优秀；1.53～1.61mPa·s，良好；1.62～1.67mPa·s，一般；大于 1.67mPa·s，不佳。

(3) 蛋白质溶解度检验

① 蛋白质溶解度 (又叫库尔巴哈值) 用麦芽协定法麦汁中可溶性氮与总氮之比的百分率来表示。其值越高，说明蛋白质分解越完全，其指标如下：大于 41%，优；38%～41%，良好；35%～38%，满意；35%以下，一般。

② 隆丁区分隆丁区分是将麦芽汁中的可溶性氮，根据其相对分子质量的大小分为三组：A 组，相对分子质量为 6 万以上，称为高分子氮，占 25%左右；B 组，相对分子质量为 1.2 万～6 万，称为中分子氮，占 15%左右；C 组，相对分子质量为 1.2 万以下，称为低分子氮，占 60%左右。可通过此比例关系，估计蛋白质分解情况。

③ 甲醛氮与α-氨基氮通过测定麦芽汁中此类低分子含氮物质的含量，衡量蛋白质分解情况，代表低肽和氨基酸水平。以协定法麦芽汁为例，规定指标见表 11-2。

表 11-2 甲醛氮与α-氨基氮的规定指标（协定法麦芽汁）

甲醛氮（甲醛滴定法）/(mg/100g 麦芽干物质)	α-氨基氮（EBC 茚三酮法）/(mg/100g 麦芽干物质)	评价
>220	>150	优
200～220	135～150	良好
180～200	120～135	满意
<180	<120	不佳

(4) 淀粉分解检验

① 糖、非糖。利用麦芽汁中糖、非糖的含量来衡量麦芽的淀粉分解情况是早期啤酒工业常用的方法，现在不少工厂仍将其作为控制生产的方法。有些工厂已用最终发酵度取代，其具体指标规定（协定法麦芽汁）：浅色麦芽是糖、非糖为 1∶(0.4～0.5)；深色麦芽是糖、非糖为 1∶(0.5～0.7)。

② 最终发酵度用以检查可发酵浸出物和非可发酵浸出物的关系。麦芽溶解越好，其最终发酵度越高。一般来说，正常麦芽协定法麦汁的外观最终发酵度应为 75%～85%。

③ 糖化力 100g 无水麦芽在 20℃，pH=4.3 条件下，分解可溶性淀粉 30min，产生 1g 麦芽糖汁为 1 个糖化力（WK）。指标如下：浅色麦芽 200～450WK；浓色麦芽 100～250WK。

(5) 其他

① 哈同值哈同值又叫四次糖化法，是指麦芽在 20℃、45℃、65℃和 80℃下，分别保温糖化 1h，求得四种麦汁的浸出率，然后与协定法麦汁浸出率之比的百分数，取其平均值，以此值减去 58，所得差即为哈同值（VZ）

$$哈同值=\frac{VZ_{20}+VZ_{45}+VZ_{65}+VZ_{80}}{4}-58$$

式中，VZ 代表不同温度的浸出率与协定法麦汁浸出率之比的百分数。

利用哈同值，可以评价麦芽的酶活性和溶解情况，指标如下：0～3.5，溶解不良；4.0～4.5，一般；5.0，满意；5.5～6.5，良好；6.5～10.0 优秀。

② pH 值溶解良好和干燥温度高的麦芽，其协定法麦汁的 pH 值较低；溶解不足和干燥温度低的麦芽，其协定麦汁的 pH 值较高。浅色麦芽协定法麦汁的 pH 值为 5.55～6.05；浓色麦芽协定法麦汁的 pH 值为 5.30～5.80。

3. 麦芽的主要理化指标及意义

以上任何一种理化指标都不能对麦芽做全面评价，只有进行综合评价才较为可靠。在实际生产中麦芽的主要理化指标及意义见表 11-3。

表 11-3　麦芽的主要理化指标及意义

项目	单位	浅色麦芽		深色麦芽		小麦麦芽		在实际生产中的意义
		实际值	理论值	实际值	理论值	实际值	理论值	
水分	%	3.5~6.0	<5.0	2.0~5.0	<3.5	3.5~6.0	<5.0	计算绝干麦芽
无水浸出率	%	78.5~83.5	>80.5	78.5~82.0	80.5	82.0~86.5	>83.5	涉及糖化室收得率，啤酒产量，计算绝干麦芽
最终发酵度（外观）	%	76.5~83.0	81.0	63.0~78.0	>75.0	75.0~82.0	>79.5	麦汁质量，对酵母活性的影响，啤酒的口味
pH 值		5.55~6.05	5.70~5.95	5.30~5.80	5.50~5.70	5.70~6.30	5.90	糖化时酶的活性，麦汁的缓冲性，硫化物的挥发
色度	EBC	2.0~5.7	比尔森型<2.5 贮藏啤酒<3.5	11.0~17.0 17.0~27.0	根据用途确定	2.5~6.5	根据用途确定	啤酒的色度，麦芽投料量
煮沸色度	EBC	3.0~7.0	<5.5	2.0~6.0	根据用途确定	3.5~8.0	根据用途确定	啤酒的色度，麦芽投料量
粗粉和细粉的浸出率差	%	0.5~3.5	1.2~2.2	0.5~4.5	1.2~2.2	0.5~3.5	1.2~2.2	细胞溶解度，收得率，对麦汁和啤酒过滤的影响
黏度	mPa·s	1.43~1.65	1.48~1.55	1.48~1.65	1.48~1.55	1.50~2.20	<1.75	对麦汁过滤和啤酒过滤的影响
脆度仪值	%	75.0~95.0	82.0~90.0	75.0~95.0	>82.0	无分析意义		麦芽溶解度
全玻璃质粒	%	0~6.0	<2.0	0~6.0	<2.0	无分析意义		不能发芽的麦粒，β-葡聚糖
β-葡聚糖（绝干计）	mg/100g	100~700	<250 哈同45℃麦汁	不经常分析		无分析意义		对麦汁过滤和啤酒过滤的影响
全蛋白质	%	8.5~13.0	比尔森型<10.5 贮藏啤酒<11.5	8.5~13.0	<12.0	10.5~14.0	<12.5	糖化室收得率，细胞溶解度，啤酒的稳定性等
可溶解性氮（绝干计）	mg/100g	580~800	相当于库尔巴哈值为38%~42%	530~750	相当于库尔巴哈值为35%~39%	650~950	<730	啤酒的泡沫及稳定性

续表

项目	单位	浅色麦芽		深色麦芽		小麦麦芽		在实际生产中的意义
		实际值	理论值	实际值	理论值	实际值	理论值	
库尔巴哈值	%	33.0~48.0	38.0~42.0	31.0~45.0	38.0~42.0	31.0~45.0	<36.0	蛋白质的溶解性
α-氨基氮（绝干计）	mg/100g	120~190	135~155 大约为20%的可溶性氮	110~170	135~155	85~150	>90 大约为17%的可溶性氮	酵母的营养，啤酒的泡沫和口味
哈同值（45℃）	%	28.0~50.0	>35.0（36）	32.0~52.0	>35.0（36）	30.0~45.0	>35.0（36）	蛋白酶活力
α-淀粉酶	ASBC	25~80	>45	15~40	>30	25~65	>40	发酵速度，碘值，最终发酵度
糖化力	°WK	200~450	>250	100~250	>150	200~450	>250	最终发酵度
DMS 前体物	mg/L	2.0~11.0	<7.0 开口煮沸	无分析意义		无分析意义		麦芽中蛋白质的溶解，煮沸强度

二、 麦芽的感官鉴定方法

淡色麦芽：淡黄色、有光泽、具有麦芽香味、无异味、无霉粒。

着色、黑色麦芽：具有麦芽香味和焦香味、无异味、无霉粒。

一般情况下，如下可以从麦芽的外观、色泽和香味等方面进行综合鉴定。麦芽应外观整齐、除根干净，不含杂草、谷粒、尘埃、枯芽、半粒、霉粒、损伤残缺粒等杂质。

麦芽应有一定的颜色及光泽，如浅色麦芽，与大麦一样应具淡黄色而有光泽；深色麦芽，应呈琥珀色、深褐色且有光泽。

发霉的麦芽呈绿色、黑色或红斑色；含铁质的水也能影响麦芽色泽，使其发暗。麦芽应有特殊的香味，不应有霉味、潮湿味、酸味、焦苦及烟熏味等；麦芽香味与麦芽类型有关，浅色麦芽香味轻一些，深色麦芽香味浓一些；长期贮存或保管不善的麦芽会逐渐失去其固有的香味。

第四节 测定啤酒原麦汁浓度

原麦芽汁浓度用来计量发酵前可发酵糖分的含量，是指开始发酵时原料中麦芽汁的糖度。原麦芽汁浓度是啤酒潜在烈性的代表性标志。1.040 原麦芽汁浓度相当于10度的麦芽汁能产生出大约百分之四体积酒精度的啤酒。

一、 原麦芽汁浓度

一般饮料酒的度数表示酒精的含量，所以简称为“酒度”。而啤酒的“度”却指的是麦芽汁的浓度。

制造啤酒的大麦芽和辅助原料大米等，经过麦芽淀粉酶和蛋白酶的作用，转化为麦芽糖类，以糖的含量来测定，如每公升麦芽汁含有120g糖类，就是12°。

当麦芽汁浓度为7°～9°时，称低浓度啤酒。麦芽汁浓度在18°～20°的称黑啤酒。据测定，黑啤酒的酒精含量在4.8°～5.6°之间。

麦芽汁浓度越高，营养价值就越好，同时泡沫细腻持久，酒味醇厚柔和，保管期也长。

因此，“原麦芽汁浓度”是鉴定啤酒的一个硬性参考指标，根据它的浓度来鉴定啤酒可储存期。

二、 鉴定啤酒硬性指标

另外，鉴定啤酒有很多的硬性指标，这些指标就是鉴定啤酒的硬性依据。

(1) 根据麦芽汁浓度分类，啤酒分为以下三种。

① 低浓度型：麦芽汁浓度在6°～8°（巴林糖度计），酒精度为2%左右，夏季可做清凉饮料，缺点是稳定性差，保存时间较短。

② 中浓度型：麦芽汁浓度在10°～12°，以12°为普遍，酒精含量在3.5%左右，是我国啤酒生产的主要品种。

③ 高浓度型：麦芽汁浓度在14°～20°，酒精含量为4%～5%。这种啤酒生产周期长，含固形物较多，稳定性好，适于贮存和远途运输。

（2）根据酵母性质分类，啤酒分为以下两种。

① 上面发酵啤酒：是利用浸出糖化法来制备麦汁，经上面酵母发酵而制成。用此法生产的啤酒，国际上有著名的爱尔淡色啤酒、爱尔浓色啤酒、司陶特啤酒以及波特黑啤酒等。

② 下面发酵啤酒：是利用煮出糖化法来制取麦汁，经下面酵母发酵而制成。该法生产的啤酒，国际上有皮尔逊淡色啤酒、多特蒙德淡色啤酒、慕尼黑黑色啤酒等。我国生产的啤酒均为下面发酵啤酒。

（3）根据啤酒色泽分类，啤酒分为以下两种。

① 黄啤酒（淡色啤酒）：呈淡黄色，采用短麦芽做原料，酒花香气突出，口味清爽，是我国啤酒生产的大宗产品。其色度（以0.0011mol碘液毫升数/100mL表示）一般保持在0～5mL碘液之间。

② 黑啤酒（浓色啤酒）：色泽呈深红褐色或黑褐色，是用高温烘烤的麦芽酿造的，含固形物较多，麦芽汁浓度大，发酵度较低，味醇厚，麦芽香气明显。其色度一般在5～15mL碘液之间。

（4）根据灭菌情况分类，啤酒分为以下两种。

① 鲜啤酒：又称生啤酒，是不经巴氏消毒而销售的啤酒。鲜啤酒中含有活酵母，稳定性较差。

② 熟啤酒：熟啤酒在瓶装或罐装后经过巴氏消毒，比较稳定，可供常年销售，适于远销外埠或国外。

三、啤酒分离麦汁中可发酵糖、有机酸

1. 概述

采用高效液相色谱（HPLC）法分离单糖和寡糖，较多采用氨基柱，乙腈和水作为流动相，此法具有完全分离麦汁、发酵液和啤酒中的果糖、葡萄糖、蔗糖、麦芽糖和麦芽三糖的优点。

至今尚未见到采用反相高效液相色谱（RP-HPLC）法分离测定啤酒中的各种有机酸的报道，本文采用直接RP-HPLC法，应用Nucleosil C18柱，测定啤酒、发酵液和麦汁中的草酸、酒石酸、苹果酸、乳酸、乙酸、柠檬酸等有机酸。

2. 实验部分

（1）药品和试剂　葡萄糖、果糖、蔗糖、麦芽糖、麦芽三糖、木糖、草酸、酒

石酸、丙酮酸、苹果酸、乳酸、乙酸、柠檬酸、琥珀酸、延胡索酸、磷酸氢二钾药品均为分析纯，乙腈为色谱纯。

（2）仪器与色谱条件　PE200 系列高效液相色谱仪（PE 公司）；PE200 系列泵，ISS200 自动进样器，PE101 柱炉。

① 可发酵糖。色谱柱：预柱 PE PEEK-C18 4.6 mm×10mm，分析柱 Hypersil 5μmNH_2 4.6 mm×250；柱温 30℃；示差折光检测器；流动相为重蒸＋水，流速 1mL/min，进样量均为 10μL。

② 有机酸。色谱柱：预柱 PE PEEK-C18 4.6 mm×10，分析柱 Nucleosil 5 μm C18 4.6 mm×250；柱温为 18℃；二极管阵列检测器检测波长 215nm；流动相为 0.1mol/L 磷酸氢二钾，流速 0.8 mL/min，进样量均为 50μL。

（3）样品前处理　测试样品需在室温（20±0.5）℃平衡后取样，啤酒和发酵液样品纸滤后再膜滤，取入样品瓶后直接进样；麦汁杀菌后离心取上清液依浓度而稀释，先纸滤后再膜滤，取入样品瓶直接进样。

（4）定性定量方法

① 可发酵糖。以保留时间（R_t）和标样添加定性，外标法和内标法定量。

② 有机酸。以保留时间、标样添加和各有机酸紫外吸收光谱来定性，外标法定量。

3. 结果与讨论

（1）可发酵糖测定方法

① 方法的线性关系和最小检测限。配制一定浓度的果糖、葡萄糖、蔗糖、麦芽糖、麦芽三糖，进样体积 1～100μL，进样量 C（微克，μg）与峰面积（A）之间建立回归方程，以上各种糖的线性范围、回归方程及相关系数 r 分别为：果糖 5～100μg，C=0.6631＋7.642×10－6A，r=0.9999；葡萄糖 50～100μg，C=2.8024＋6.601×10－5A，r=0.9992；蔗糖 5～50 μg，C=0.1274＋8.173×10－6A，r=0.9995；麦芽糖 32～320 μg，C=4.4336＋8.402×10－6A，r=0.9997；麦芽三糖 6～120 μg，C=2.3689＋8.763×10－6A，r=0.9993，最低检出限量分别为 0.2685 μg、0.1844 μg、0.2261 μg、0.3585 μg、0.427 μg。

② 方法的精密度（内标计算）。以木糖为内标，配制一定浓度的果糖、葡萄糖、蔗糖、麦芽糖、麦芽三糖混合标样，采用单点平均校正因子，同一样品重复进样 6 次，计算平标准偏差和相对标准偏差，结果为标准偏差＜0.03，相对标准偏差＜0.4%。

③ 方法的回收率。对已知含量的样品添加一定量的果糖、葡萄糖、蔗糖、麦芽糖、麦芽三糖，计算回收率，结果为 97.2%～99.9%。

④ 分析样品时内标法与外标法测定结果的比较。同一样品内标法和外标法测定结果的比较，说明测定三糖以内的糖类，两种定量方法均可采用。

⑤ 结论。采用 Hypersil NH_2 柱，以重蒸水和乙腈作流动相，以保留时间和标样添加法定性，外标法和内标法定量，测定麦汁、发酵液和啤酒中的果糖、葡萄

糖、蔗糖、麦芽糖及麦芽三糖，此法已用于实际样品的测定。

（2）有机酸的测定方法

① 定性方法。啤酒中各有机酸保留时间的相对标准偏差＜1.4%；加入纯标样于啤酒中；对照峰高，如试样某一组分的峰高增加，表示试样中可能含有所加入的组分。啤酒中各有机酸紫外吸收光谱为：草酸、酒石酸、丙酮酸、苹果酸、乳酸、乙酸、柠檬酸、琥珀酸和延胡索酸在210～215 nm处均有吸收，草酸、丙酮酸和延胡索酸在254 nm处亦有吸收，其它有机酸254 nm处无吸收。

② 定量方法的精密度和回收率。取有机酸混合标样，采用单点平均校正因子，混合有机酸标样重复进样5次，采用平均校正因子，定量测定啤酒和加标啤酒样品，取5次测定值（g/100 L），计算相对标准偏差及回收率，结果为：各有机酸的相对标准偏差＜2.3%，回收率89.4%～107.8%。可见采用Nucleosil C_{18}柱，二极管阵列检测器，以磷酸二氢钾为流动相，等速洗脱，以保留时间和标样添加及各有机酸的紫外吸收光谱定性，采用平均校正因子外标法定量，此方法适于分析啤酒、发酵液和麦汁中的草酸、酒石酸、丙酮酸、苹果酸、乳酸、乙酸、柠檬酸等有机酸。

第五节 啤酒行业解决方案

采用高新技术改造传统的啤酒行业，已经成为啤酒行业的当务之急，也是啤酒行业求发展的必由之路。

一、工艺关键性作用

完整的啤酒生产过程划分为糖化、发酵和灌装3个工段。前两大工段对啤酒的产量和品质起着关键性作用。其中糖化工段主要包含粉碎、糊化、糖化、过滤、煮沸、沉清、冷却以及CIP等生产工序；发酵工段主要包含麦汁充氧、酵母系统、啤酒发酵、啤酒处理、清酒以及CIP等工序；其他辅助工序包含CO_2回收、脱氧水制备、热水制备、CIP液制备等。

二、控制方案与策略

1. 常规控制方案与策略

（1）糖化过程　糖化过程工艺指标控制的好坏，对啤酒的稳定性、口感、外观有着决定性的影响。糖化生产过程工艺比较复杂、技术要求高，控制难度较大。糖化过程工艺指标控制主要包括以下几个方面。

① 备料及粉碎系统的控制。

② 糊化糖化控制。

③ 过滤槽控制。过滤槽结构复杂，过滤过程影响变量多，且耦合关系非常严重，过滤槽的全过程自动化控制难以实现。浙大中控充分利用糟层差压、麦汁浊度、平衡柱液位、麦汁收集器液位、洗糟水流量、过滤麦汁流量等可测参数，开发了一套高效的人工模拟智能过滤槽控制系统，实现了过滤槽的自动控制，并使过滤速度达到最优。

④ 煮沸锅控制。麦汁煮沸流程是糖化车间的一项关键性操作。麦汁煮沸流程充分吸收了先进的工艺技术的基础上，针对动态低压煮沸和麦汁强制内循煮沸工艺分别设计了相应的煮沸控制系统。

此外，煮沸过程控制具体还包括：酒花添加控制，糖浆添加控制，煮沸锅防溢锅控制，补水定量控制，加热蒸汽压力检测，液位控制，煮沸锅麦汁循环过程控制，二次蒸汽压力控制，储能热水温度控制，进出料过程顺序控制，自动清洗、排污控制。

⑤ 沉淀与冷却的控制　主要包括沉淀槽、蛋白糟罐液位控制，沉清过程控制、自动进出麦汁及杀菌过程顺序控制，冷却麦汁温度控制，自动清洗、排污控制。

⑥ CIP 清洗。CIP 清洗可分为全过程联动清洗和单位设备自清洗两种方式，所有阀、泵实现联动联锁控制、在过程中可无扰动进行“手动”和“自动”切换。

⑦ 辅助设备控制。辅助设备控制主要包括冷、热水罐温度控制，酸、碱罐的 pH 值控制，蒸汽分气缸的压力控制，排糟压缩空气储罐、仪表用压缩空气储罐的压力控制，淡麦汁罐的控制，蒸汽、自来水流量的测量等。

(2) 发酵过程　啤酒发酵为厌氧型生物发酵，发酵周期长，随机干扰多，控制难度大，技术要求高。浙大中控可实现包括酵母扩培、麦汁冲氧、酵母添加、酵母回收、发酵罐、硅藻土过滤、啤酒修饰、清酒、CIP 以及脱氧水制备、集中取样等若干环节在内的整个发酵过程的全自动控制。

① 酵母扩培。酵母扩培控制要点主要包括整个扩培过程的温度压力的自动控制、自动 CIP、自动冲氧、自动杀菌及其他相关的控制。

② 发酵控制。在整个啤酒发酵的前后两个阶段均需要对发酵罐内发酵液温度和发酵罐压力作严格的控制。

③ 清酒罐系统。发酵成熟的啤酒经冷却过滤后送往清酒罐，然后输送到灌装车间装瓶。

④ 激冷系统。针对激冷系统温度控制，浙大中控采用特有的逆模型反馈控制算法，有效地抑制了冷却器的滞后性，防止了冷却器冻结现象发生。

⑤ 脱氧水系统。脱氧水系统的控制包括脱氧水罐温度控制、脱氧水罐压力控制、出水联动控制、自动 CIP 控制等。

⑥ CIP 系统。CIP 系统主要用于对啤酒生产设备的清洗，其控制内容有：酸碱罐 pH 值控制、热碱温度控制、管路清洗、阀泵联动等。在控制过程中需采用合理安全的联锁技术，保证生产的绝对安全。

2. 特色控制策略

浙大中控针对啤酒生产设备与工艺特点成功开发了涵盖工艺、设备与自控的综合自动化系统，在实现啤酒生产过程自动化的同时，采用了以下优化控制策略实现了对生产过程的快速、稳定控制。

① 过滤槽全自动控制技术。综合利用糟层差压、麦汁浊度、平衡柱液位、麦汁收集器液位、洗糟水流量、过滤麦汁流量等可测参数，浙大中控研发了一套针对过滤槽过滤过程的人工智能模糊控制软件包，既可根据糟层上下压差，也可根据平衡柱液位控制麦汁过滤过程，保证了控制系统在必要时做出快速反应。过滤槽能在最短时间内被有效地优化至预定目标，很好地满足了不同用户的特殊需求。

② 带有强制内循环的列管式内加热器煮沸系统的控制技术。浙大中控设计了麦汁强制内循煮沸控制系统，该系统包括煮沸二次蒸汽回收装置的控制，有效地提高了麦汁的质量，并大大降低了能耗，节省了煮沸时间。目前已在多家啤酒厂投入使用，实际使用效果非常好。

③ 动态低压煮沸系统的控制技术。浙大中控根据其工艺技术特点，设计了动态低压煮沸控制系统，并结合二次蒸汽回收装置的控制，在保证麦汁高质量的前提下，有效地减小了蒸发量，降低了能耗，提高了糖化批次，很好地满足了用户的需求。

④ 啤酒发酵温度的先进控制技术。

3. 发酵罐的温度控制

具有大滞后性多变量耦合等特性，一直以来是发酵车间控制的难点。浙大中控结合发酵罐制冷原理，设计了针对啤酒发酵的多模态 PID 时间分割开关控制方案及不同的模态变量，有效地实现了发酵罐多点（一般为 3～5 点，视罐体大小而定）温度控制，控制精确度＜0.3℃。

参考文献

[1] 王文甫．啤酒生产工艺．北京：中国轻工业出版社．
[2] 陆寿鹏．酒工艺学．北京：中国轻工出版社，1999.
[3] 彭德英．食品酶学导论．中国轻工业出版社，2002.
[4] 徐斌．啤酒生产问答．北京：中国轻工业出版社，1994.
[5] 丁耐克．食品风味化学．北京：中国轻工业出版社，2007.
[6] 管敦仪．啤酒工业手册．北京：中国轻工出版社，1998.
[7] 尹光琳．发酵工业全书．北京：中国医药科技出版社，1992.
[8] 吴谋成．食品分析与感官评定．北京：中国农业出版社，2003：7-33.
[9] 孙俊良．发酵工艺．北京：中国农业出版社，2004：12.
[10] 周广田主编．现代啤酒工艺技术．北京：化学工业出版社，2007.
[11] 熊亮，肖永霖．PLC 应用及应注意的问题．科技广场，2001，(9)．
[12] 董新篁．关于啤酒生产发展高新技术的思考．中国酿造，2004，(4)．
[13] 蔡军曹，慧英．基于 PLC 的温控系统设计与研究．微计算机信息，2007.
[14] 朱月海．啤酒废水处理工艺及浅析．同济大学环境工程学院．
[15] 吴坤彦．浅谈如何降低啤酒溶解氧．石家庄珠江啤酒有限公司．
[16] 蔡定域．酿酒工业分析手册．北京：中国轻工业出版社，1988：85-89.
[17] 葛向阳，田焕章，梁运祥．酿造学．北京：中国高等教育出版社，2006：12.
[18] 管敦仪．啤酒工业手册．北京：中国轻工业出版社，2000.
[19] 张志强．啤酒的口味与品评．中国食品发酵研究所，2003，10-14.
[20] 崔居红．啤酒酿造中外加酶的使用．啤酒科技，2003，(6)：56-57.
[21] 孙黎琼．高浓稀释水质量的检测与控制．福建省燕京惠泉啤酒股份有限公司．
[22] 胡阶明．啤酒饮料生产过程中的检测设备．热电（上海）科技仪器有限公司．
[23] 啤酒感官分析理论与培训基础．啤酒质量技术协作，2005，(1)：5-6
[24] 陈永超．啤酒异杂味简介与控制措施．啤酒科技，2008，12 (132)：55-56.
[25] 李永山．耐高温-葡聚糖酶在啤酒糖化中的应用研究．酿酒，2002，(2)：81-83.
[26] 姜锡瑞，段钢．酶制剂在酿酒生产上应用技术．山东食品发酵，2003，(2)：12-16.
[27] 王振．6°P 柠檬啤酒生产技术，华夏酒报．
[28] 姚琳，高瑞亭．糖化岗位无能耗半密封式余热回收与利用．河南哈曼啤酒有限公司．华夏酒报．
[29] Benriker 黑啤．德国黑啤．华夏酒报．2012-12-13.
[30] 朱风涛．吴茂玉苦瓜啤酒的生产及有效成分的检测．华夏酒报．
[31] 宫传立．啤酒酵母自溶的原因及解决措施．酒・饮料技术装备．
[32] 朱月海．啤酒废水处理工艺及浅析．酿酒科技，2010.
[33] 薛业敏，杨燕红．利用啤酒糟生产营养食醋．中国酿造，1999，(6)：13-14.
[34] 刘军．酱油酿造中鲜啤酒糟利用的研究．中国酿造，2005，(9)：31-33.
[35] 朱玉强．啤酒糟综合利用研究进展．啤酒科技，2007，(12)：64.
[36] 刘晓牧，吴乃科．酒糟的综合开发与应用．畜牧与饲料科学，2004，(5)：9.
[37] 吕建良，吕安东，马桂亮．啤酒糟的深加工．酿酒科技，2001，(5)：74-75.
[38] 王异静，吴会丽．从啤酒糟中提取水溶性膳食纤维的研究．酿酒，2007，34 (3)：96-98.
[39] 李娜，李志东，李国德等．醇-碱法提取啤酒糟中蛋白质的研究．中国酿造，2008，(5)：60-61.
[40] 曾莹，杨明．发酵啤酒糟产饲用木聚糖酶的基质条件及其酶学性质研究．中国酿造，2006，(9)：12-15.
[41] 郭雪霞，张慧媛，来创业等．啤酒废弃物在食品工业中的应用．中国食品添加剂，2007，(6)：130.

[42] 肖连冬，李彗星，臧晋．啤酒糟中蛋白质的酶法提取及功能特性研究．中国酿造，2008，(19)：36-39.
[43] 郭雪霞，张慧媛，来创业等．啤酒副产品在饲料工业中的应用．饲料工业，2007，28 (21)：61.
[44] 郭建华，窦少华，邱然等．利用糖糟和啤酒糟生产蛋白饲料的研究．饲料工业，2005，26 (21)：48-50.
[45] 时建青，徐红蕊，曹恒春等．啤酒糟和稻草混合发酵研究．牧草与饲料，2006，(2)：27.
[46] 陈健旋．啤酒糟生产单细胞蛋白饲料．漳州职业技术学院学报，2007，9 (1)：10.
[47] 马晓建，陈俊英，张如意等．酒糟综合利用的发展前景．酿酒科技，2006，(4)：97.
[48] 张徐兰，郑岩，吴天祥等．MP1104 固态发酵啤酒糟生产 GABA 的初步优化培养．酿酒科技，2008，(5)：105-107.
[49] 赵新海，徐国华，张庆华等．利用啤酒糟为主料生产酱油工艺的研究．微生物学杂志，1994，(1)：41-43.
[50] 李兰晓，杜金华，商曰玲等．黑曲霉固态发酵啤酒糟生产纤维素酶的研究．食品与发酵工业，2007，33 (6)：61-63.
[51] 朱玉强．浅谈对啤酒糟的综合利用．华夏酒报．
[52] 王家林．王煜啤酒糟的综合应用．华夏酒报．
[53] Mettler-Toledo AG 啤酒厂内的浊度/色度测量
[54] Ucfen P. Recovery of insoluble fibre fractions by filtration and centrifugation. Animal Feed Science and technology，2006，(129)：316.
[55] Goodwin J A S，Finlayson J M，Low E W. A further study of the anaerobic biotreatment of malt whisky distillery pot ale using an UASB system. Bioresouree Technology，2001，(78)：155.